〔精華版〕

旅館客房管理實務

Hotel Front Office and Housekeeping Management

李欽明◎著

揚智觀光叢書序

觀光事業是一門新興的綜合性服務事業，隨著社會型態的改變，各國國民所得普遍提高，商務交往日益頻繁，以及交通工具快捷舒適，觀光旅行已蔚爲風氣，觀光事業遂成爲國際貿易中最大的產業之一。

觀光事業不僅可以增加一國的「無形輸出」，以平衡國際收支與繁榮社會經濟，更可促進國際文化交流，增進國民外交，促進國際間的瞭解與合作。是以觀光其有政治、經濟、社會與文化教育等各方面爲目標的功能，從政治觀點可以開展國民外交，增進國際友誼；從經濟觀點可以爭取外匯收入，加速經濟繁榮；從社會觀點可以增加就業機會，促進均衡發展；從文化教育觀點可以增強國民健康，充實學識知能。

觀光事業既是一種服務業，也是一種感官享受的事業，因此觀光設施與人員服務是否能滿足需求，乃成爲推展觀光成敗之重要關鍵。惟觀光事業既是以提供服務爲主的企業，則有賴大量服務人力之投入。但良好的服務應具備良好的人力素質，良好的人力素質則需要良好的教育與訓練。因此，觀光事業對於人力的需求非常殷切，對於人才的教育與訓練，尤應予以最大的重視。

觀光事業是一門涉及層面甚爲寬廣的學科，在其廣泛的研究對象中，包括人（如旅客與從業人員）在空間（如自然、人文環境與設施）從事觀光旅遊行爲（如活動類型）所衍生之各種情狀（如產業、交通工具使用與法令）等，其相互爲用與相輔相成之關係（包含衣、食、住、行、育、樂）皆爲本學科之範疇。因此，與觀光直接有關的行業可包括旅館、餐廳、旅行社、導遊、遊覽車業、遊樂業、手工藝品以及金融等相關產業，因此，人才的需求是多方面的，其中除一般性的管理服務人才（如會計、出納等）可由一般性的教育機構供應外，其他需要具備專門知識與技能的專才，則有賴專業的教育和訓練。

然而，人才的訓練與培育非朝夕可蹴，必須根據需要，作長期而有計畫的培養，方能適應觀光事業的發展；展望國內外觀光事業，由於交通工具的改進，運輸能量的擴大，國際交往的頻繁，無論國際觀光或國民旅遊，都必然會更迅速地成長，因此，今後觀光各行業對於人才的需求自然更爲殷切，觀光人才之教育與訓練當愈形重要。

近年來，觀光學中文著作雖日增，但所涉及的範圍卻仍嫌不足，實難以滿足學界、業者及讀者的需要。個人從事觀光學研究與教育者，平常與產業界言及觀光學用書時，均有難以滿足之憾。基於此一體認，遂萌生編輯一套完整觀光叢書的理念。適得揚智文化事業有此共識，積極支持推行此一計畫，最後乃決定長期編輯一系列的觀光學書籍，並定名爲「揚智觀光叢書」。依照編輯構想，這套叢書的編輯方針應走在觀光事業的尖端，作爲觀光界前導的指標，並應能確實反應觀光事業的眞正需求，以作爲國人認識觀光事業的指引，同時要能綜合學術與實際操作的功能，滿足觀光科系學生的學習需要，並可提供業界實務操作及訓練之參考。因此本叢書將有以下幾項特點：

1.叢書所涉及的內容範圍儘量廣闊，舉凡觀光行政與法規、自然和人文觀光資源的開發與保育、旅館與餐飲經營管理實務、旅行業經營，以及導遊和領隊的訓練等各種與觀光事業相關課程，都在選輯之列。
2.各書所採取的理論觀點儘量多元化，不論其立論的學說派別，只要是屬於觀光事業學的範疇，都將兼容並蓄。
3.各書所討論的內容，有偏重於理論者，有偏重於實用者，而以後者居多。
4.各書之寫作性質不一，有屬於創作者，有屬於實用者，也有屬於授權翻譯者。
5.各書之難度與深度不同，有的可用作大專院校觀光科系的教科書，有的可作爲相關專業人員的參考書，也有的可供一般社會大衆閱讀。
6.這套叢書的編輯是長期性的，將隨社會上的實際需要，繼續加入新的書籍。

身爲這套叢書的編者，謹在此感謝中國文化大學董事長張鏡湖博士賜序，產、官、學界所有前輩先進長期以來的支持與愛護，同時更要感謝本叢書中各書的著者，若非各位著者的奉獻與合作，本叢書當難以順利完成，內容也必非如此充實。同時，也要感謝揚智文化事業執事諸君的支持與工作人員的辛勞，才使本叢書能順利地問世。

李銘輝 謹識

自　序

台灣旅館業的發展受到若干熱潮的衝擊，其一為加入世界貿易組織（WTO），其二為週休二日制的實施，這些對觀光旅遊利多的消息亦將直接衝擊旅館業的生態。如果將未來兩岸直航的因素涵蓋在內，旅館的投資事業勢必再掀起一股浪潮。未來的台灣將是高科技產業、國際貿易和服務業興盛的局面，而這三個層面也是互為因果關聯的，旅館業的競爭也將進入一個新的局面。競爭的法則"Winner takes all"亦適用於旅館業，業者宜未雨綢繆，調整經營的步伐。

目前我國旅館的管理技術已臻相當水準，經過多年來從外國的經營管理技術中淬鍊，而形成一套適合本土的管理模式。旅館業者的自信與成熟不但在國內逐步發展連鎖據點，更雄心勃勃地大步跨足國外，準備以一股奔放跳躍的活力，競逐於世界旅館的舞台。正由於國內的產業與生活形態在蛻變之中，國內旅館投資，無論都市旅館或是休閒渡假旅館的籌建也方興未艾。投資旅館的好處，除了獲取利潤外，即是企業形象的塑造，進而發展業主或企業良好的公共關係。但目前業界最大的困難可能是專業人才的缺乏。所以旅館界有一現象，即是每當新旅館出現，就造成業界人才的大流動，人事的大搬風。究其原因，乃源於實際經營與操作專業人員的缺乏。

筆者基於上述背景，並以在業界工作多年的經驗，乃決心寫出一本適合各界人士研讀的此方面書籍，將此書的重心放在實務作業上，而較少談理論，供業界人士、學生及對旅館管理有興趣的社會人士參考。本書共分為三大篇，第一篇為導論，希望透過對旅館的整體介紹，使讀者對旅館產業深入瞭解。第二篇為客務篇（前檯），其撰寫編排乃是按照一般人的旅館住宿程序著墨，從訂房開始至登記遷入，以至於退房的全程作業程序與規範。第三篇為房務篇，詳細介紹客房的作業與服務方式（包括公共區域）。希望這種編排方式有助於讀者對客房作業的瞭解。

對年輕而準備踏入旅館界的朋友們，筆者願與之共勉，其實這是一份理想的工作，筆者對此份工作的熱愛，至今不改其衷。旅館良好的工作環境、整齊美觀的制服、優雅的儀態訓練，還可以有學習外文的機會……但實際上，這是一份很辛苦、既勞心又勞力的工作，任何人想在業界闖出一片天空，不能全憑僥倖。在工作中，除了努力外，為人處事也是一門必修的課程，所以抱定在工作中自我成長的信念是很重要的。而對於已在業界服務的朋友，如果想更上層樓，那麼除了已具備的專業技能外，多方涉獵管理方面的書籍，如人事管理、財務管理，以及觀光學、心理學等，充實各方面的知識，將使你終生受益無窮。

偶然間，讀到嚴長壽先生的新著《做自己與別人生命中的天使》，內容提到，他主持的新飯店開幕時，有些餐旅學校優秀的學生自信滿滿地前來應徵，且斬釘截鐵表達了對工作的熱愛與服務的熱忱，等到眞正進入旅館工作，才不到幾個月，便有一半的同學開始打退堂鼓了。這段描述給我帶來深忱的省思，也就是這些年輕人缺乏那份「堅持」，只因理想與實務間落差太大。另一方面，我也碰到許多飯店的中堅幹部，對此份工作甘之如飴，將辛苦工作當做享受，把旅館業當爲終生職業，這眞令人敬佩。投資家巴菲特說：「爲你最崇拜的人工作，這樣除了獲得薪水外，還會讓你早上很想起床。」我們不妨稍改一下：「爲你最喜愛的職業工作，這樣除了獲得薪水外，還會讓你早上很想起床。」旅館工作雖勞心勞力，那些旅館的經理人不就這樣上來的嗎？

當此書完成後，筆者如釋重負，回首多年來「旅館人」生涯，酸甜苦辣，百感交集，願此書的誕生，能對業界有點小小貢獻。同時我也要十分感謝過去提攜與鼓勵我的諸位先進，如通豪大飯店的已故老董事長劉文通先生，他是一位可敬的長者；福華大飯店的前總裁廖東漢先生，他的企業家風範，使我在台中福華大飯店工作期間受益良多。我的老長官，前西華飯店副總經理鄭學瑾女士的愛護與教導；前全國大飯店總經理陳阿洪前輩對我的多方指導與照顧；前劍湖山王子大飯店總經理李政雄先生，還有作者十分尊敬的觀光界耆宿黃溪海老師的支持與鼓勵，我最親近與尊崇的環球科技大學校長許舒翔博士，平常總是對此書是否完成的殷殷關切，在此一併致上最深摯的感謝。此外，在本書寫作過程中，我的碩士、博士論文指導教授，現任台灣觀光學院校長李銘輝博士，不僅提供了許多寶貴的資料，並在內容篩選與撰寫方式方面提供意見和給予協助，在此特別向他致謝。

也要藉此機會表達我對內人最衷心的愛與感激，由於她對家庭的照顧，使我無後顧之憂地唸研究所、撰寫碩士及論文，到畢業數年間，她茹苦含辛地支撐這個家庭，我願以此書作爲對她的回報以及對小女兒與小兒子的疼惜和愛意。

這本書是在倉促間完成的，雖然筆者以嚴謹的態度寫作，但謬誤之處在所難免，尙祈各界先進不吝指正是盼。

李欽明 謹誌

目　錄

第二篇 客服 69

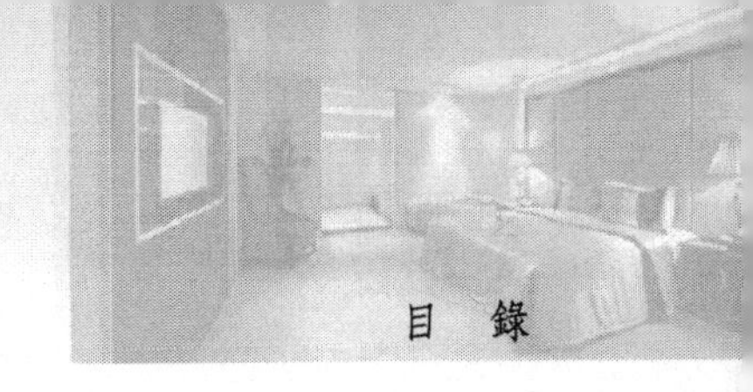

第三篇 房務 277

Hotel Front Office and Housekeeping Management

第一篇 導論

構成旅遊業的所有環節裡，旅館業是非常重要的一環。在瞭解整個旅館運作之前，我們應當先對旅館產業的本質有一明確的概念，即「什麼是旅館」。

旅館一年三百六十五天、一天二十四小時都在經營，旅館都是全年無休的。住房、商店／附屬場地、餐飲、宴會／會議服務，所有的項目都必須隨時可以提供顧客服務與使用，這意味著員工必須肩負整個旅館的正常運作，而主要的這些服務項目，則必須讓員工用輪班的方式不停地來維持運作，因為提供客房住宿是旅館存在的主要原因。基於旅館「需要連續不斷的職員輪班」，「管理」（Management and Administration）於焉產生，然而旅館設施、服務部門的多元化，就必須要有細緻的管理，才能提供給客人最好的服務。旅館管理的複雜性很難一語道盡，無論員工與顧客，基本上是「人」的相互對應關係，人的行為有其不確定性，稍一不慎或疏忽，服務就會「凸槌」，這又讓我想起郭台銘董事長的一句名言：「魔鬼藏在細節裡」，這句話非常適用在旅館業。客人評斷旅館的好壞，就是「服務會說話」。本書將在「客務篇」與「房務篇」不憚其煩的把這些複雜的管理一一呈現。

本書第一篇將先從旅館產業的歷史沿革說起，作者憑著多年在國內外的工作經驗、研究觀察與蒐集資料，終於描述出西洋、台灣及中國的旅館業發展軌跡，值得一提的是中國旅館業，從一九七八年改革開放以來經濟快速發展，其高檔旅館，特別是外來的旅館集團在中國遍地開花，至今數十年，其累積的管理經驗與旅館學術，有凌駕我國的趨勢，這是我們應努力的地方。其次介紹旅館產業商品的功能與特性，再其次敘述該產業的各種類型與內部的組織概況，尤其企業內非正式組織往往影響整個企業運作，所以作者也花了一些篇幅來加以闡述。為了讓讀者進一步瞭解旅館的住宿價格是如何形成與決定的，在本篇將會清楚的逐一說明，讓讀者對於旅館客房價格決策的過程與方法豁然開朗。隨著環保意識的高漲，環保風亦吹進旅館，所以本篇詳細說明環保旅館的最新概念，讓我們一起攜手做環保。一般較少被著墨的旅館評鑑以及評鑑與ISO的異同，也會做詳細討論。旅館連鎖與合併似乎是一種旅館不可避免的經營型態，本篇將討論到近年來旅館經營的大趨勢，即旅館的連鎖經營——關於其連鎖的型態和未來的展望。最後要談的就是旅館的開發與籌備，一家旅館從無到有，的確是一段專業而艱辛的歷程，主事者要籌備一家旅館，特別是中大型以上的旅館，對有過這段經驗的人而言，眞可以「勞其筋骨，餓其體膚，空乏其身」，甚至「行拂亂其所為」來形容這段刻骨銘心的日子，惟本篇著重在開業前期的客房籌備，至於草創之前期規劃及餐飲的籌備非在主題範圍，所以未予著墨，未來有機會將專題探討。

第一章

旅館產業

- 旅館的定義
- 飯店的歷史沿革
- 旅館的功能
- 旅館商品的特性

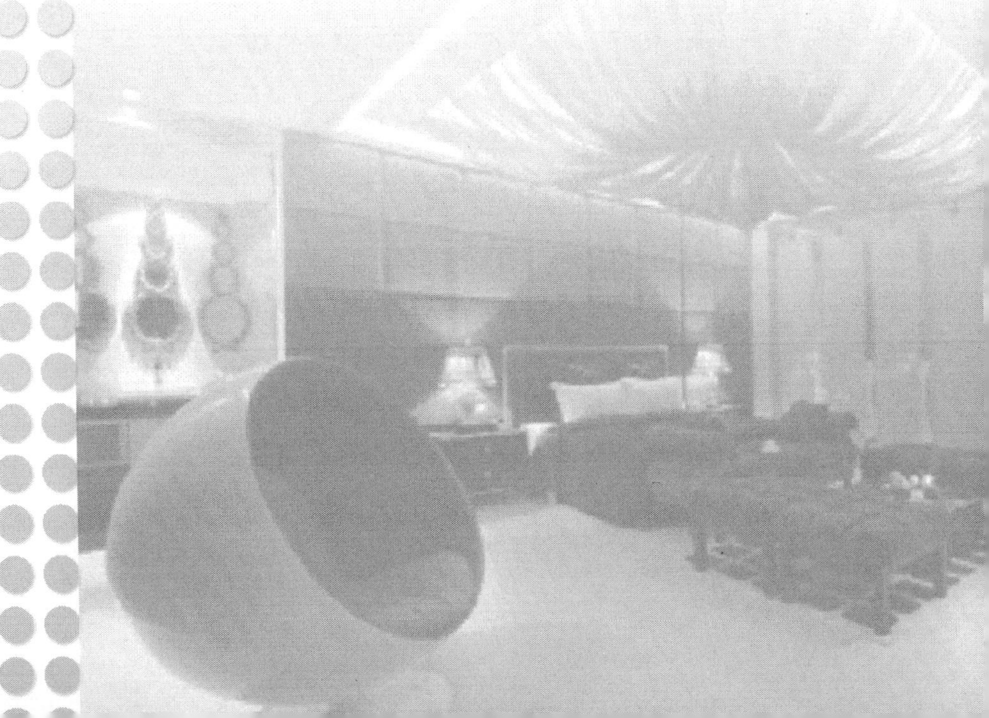

旅館是旅行者的家外之家（Home Away From Home），渡假者的世外桃源、城市中的城市、大千世界裡的小世界。它巍峨堂皇的外觀和光鮮亮麗的內部，似乎誇耀著無與倫比的魅力與活力。也說明人類文明高度的進程。本章擬就旅館的定義深入探討，以一窺其全貌。

第一節　旅館的定義

在人類歷史上，旅館業是一門古老而永不衰退的事業。對於旅館的稱呼，英文裡有Hotel、Motel、Inn、Guesthouse、Tourist、Resort、Tavern、Lodge、House、Hostel等。在國內，按不同的習，慣它也被稱爲賓館、酒店、飯店、旅館、旅社、旅店、渡假村、俱樂部、客棧、休閒中心等。

旅館爲服務顧客的一種勞力密集產業，每天不間斷地二十四小時營業，周而復始，全年無休。旅館是一個以提供服務爲主的綜合性服務企業。旅館是指能夠接待客人，爲客人提供住宿、飲食、購物、娛樂和其他服務的綜合性服務企業。從本質上講，旅館生產和銷售的只是一種產品——服務。旅館的產品是由旅館本身產生的爲旅居者在旅館停留期間提供之使用價值的總和。旅館向客人提供的是由設備設施和勞務服務相結合的使用價值，這種使用價值從總體上被視爲一個產品時，它是無形的，即沒有在空間上可攜帶和可移動的實物之商品形態，這種產品是就地消費的，且消費與生產是同時發生的。這就決定了旅館是一個服務性行業，它所提供的產品是服務。爲將該產業輪廓明確化，茲就其基本條件、內部設施、營運結構與服務概念來闡述旅館之定義。

一、基本條件

旅館的成立具有下列的基本條件：

1.提供餐飲、住宿及休閒娛樂設施。
2.提供各類型會議、社交、文化、資訊情報的場所。
3.爲一營利事業，以賺取合理的利潤爲目標。
4.對公衆負有法律上的權利與義務。
5.是一座設備完善且經政府核准的建築。

由此可知旅館乃是公衆活動的場所，具有法律性、社會性、經濟性、文化性、教育性及娛樂性。不僅在旅遊業中有舉足輕重的作用，在整個國民經濟中也占有一定的地位。

二、內部設施

旅館是一種綜合藝術的企業，不論其規模大小，爲顧客大衆提供食、衣、住、行、育、樂以及因應顧客需求而產生的各種服務，所以是一種服務性的產業（Hospitality Industry），其內部設施應包括：

▲旅館大型會議室

- 客房／私人浴室
- 二十四小時接待服務
- 客房音樂、電視節目、錄影片、衛星頻道
- 保險箱設備
- 各式餐廳
- 各型會議室
- 宴會設施
- 酒吧、舞池
- 客房餐飲（Room Service）
- 客衣送洗服務
- 健身房／三溫暖
- 室內外游泳池
- 各種遊樂設施
- 停車場
- 各式賣店（書報攤、美容沙龍等）
- 精品名店街
- 商務中心

▲旅館小型會議室

旅館設施完善與否、設備水準的高低，以及服務品質的優劣，不僅影響遊客的旅遊經驗，同時影響一個城市、地區乃至國家整

▲旅館健身房

▲旅館室內游泳池

旅館室外游泳池▶

體形象的評價。

三、營運結構

旅館具有兩個不同性格的世界，各有其職務範圍，茲介紹如下：

1.直接與公衆接觸的外務部門（Front of the House），其任務爲服務客人，在客人滿意的前提下，圓滿供應顧客食宿等服務，爲旅館的營業單位。
2.不與公衆接觸的內務部門（Back of the House），其任務爲以有效的行政支援、協助外務部門做好對客服務，使之圓滿達成工作事項，爲旅館的後勤單位。

以上兩者職責雖然不同，但卻要分工合作、相輔相成，才能適時適切的服務顧客，使其有賓至如歸的感覺。

旅館的重要部門不外「客務」、「房務」、「餐飲」、「會議」、「人事訓練」、「財務」、「工程」以及「行銷」等部門。大型旅館組織複雜，分工細膩，所需分工合作的程度較高。小型旅館組織簡單，分工較粗，一人可能身兼數職，部門分化功能的程度不高。

第二節　飯店的歷史沿革

旅館的產生和發展過程源遠流長，已有幾千年的歷史。現代的旅館，就是從中國的驛館、中東的商隊客店、古羅馬的棚舍、歐洲的路邊旅館及美國的馬車客棧演變而來。

一、歐美旅館業的發展

現代的旅館是在傳統的飲食和住宿產業基礎上發展起來的，它的發展進程大體上可以分爲四個時期：

(一)古代客棧時期（十二世紀至十八世紀）

客棧是隨著商品生產和商品交換的發展而逐步發展起來的。最早期的客棧，可以追溯到人類原始社會末期和奴隸社會初期，是爲適應古代國家的外交交往、宗教和商業旅行、帝王和貴族巡遊等活動的要求而產生的。

在西方，客棧作爲一種住宿設施雖然早已存在，但眞正流行卻是在十五至十八世紀。當時，雖然歐洲許多國家如法國、瑞士、義大利和奧地利等國的客棧已相當普遍，但以英國的客棧最爲著名。

客棧的特點是，通常規模都很小，建築簡單，設備簡易，價格低廉；僅提供簡單食宿、休息場所或車馬等交通工具；服務上，客人在客棧往往擠在一起睡覺，吃的東西也是和主人吃得差不多的家常飯。當時的這些住所，只是個歇腳之處，毫無服務可言；管理上，以官辦爲主，也有部分民間經營的小店，即獨立的家庭生意，是家庭住宅的一部分，家庭是客棧的擁有者和經營者，沒有其他專門從事客棧管理的人員。後來，隨著社會的發展、旅遊活動種類的增加，客棧的規模也日益擴大，種類不斷增多。

後期的英國客棧有了很大的改善。到了十五世紀，有些客棧已擁有二十間到三十間客房，當時比較好的客棧通常擁有酒窖、食品室和廚房，還有供店主及管馬人用的房間。許多古老客棧還都有花園草坪，以及帶有壁爐的宴會廳和舞廳。

此時的英國客棧已是人們聚會並相互交往、交流資訊的地方。實際上，在十八世紀，歐洲許多地方的客棧不僅僅是過路人寄宿的地方，還是當地的社會、政治與商業活動的中心。

可以說這些簡單的住宿設施不是完整意義上的飯店，而是飯店的雛形。

(二)豪華飯店時期（十八世紀末至十九世紀中葉）

隨著資本主義經濟和旅遊業的產生與發展，旅遊開始成爲一種興盛的經濟活動，此一時期史稱「大旅遊時代」（Grand Tour），專爲上層階級服務的豪華飯店應運而生。

在歐洲大陸上出現了許多以「飯店」命名的住宿設施。無論是豪華的建築外形，還是高雅的內部裝修；無論是奢華的設備、精美的餐具，還是服務和用餐的各種規定形式，都是前王公貴族生活方式商業化的結果。飯店與其說是爲了向旅遊者提供食宿，不如說是爲了向他們提供奢侈的享受。所以人們稱這段時期爲豪華飯店時期（又稱爲「大飯店時期」）。

一般認爲，歐洲第一個眞正可稱之爲飯店的住宿設施是在德國的巴登（Baden）建起的一家豪華別墅。隨後，歐洲許多國家大興土木，爭相修造豪華飯店。當時頗有代表性的飯店有一八五〇年在巴黎建成的巴黎大飯店；一八七四年在柏林開業的凱撒大飯店；一八七六年在法蘭克福開業的法蘭克福大飯店和一八八九年開業的倫敦薩伏伊（Savoy）飯店等。

十九世紀末二十世紀初，歐美也出現了一些豪華飯店，其中在這些飯店中，瑞士籍飯店業主凱撒．里茲（Cesar Ritz）（其尊號爲King of the Hoteliers and the Hotelier of Kings「旅館大王」）開辦的飯店，可以說是豪華飯店時代最具有代表性的飯店。他建造與經營的飯店以及他本人的名字變成了最豪華、最高級、最時髦的代名詞。里茲在飯店服務方面所做出的創新和努力、飯店經營法則和實際經驗，在今天被世界各國高級飯店繼承和沿用，其著名的經營格言：「客人是永遠不會錯的」（The customers are always right）被許多飯店企業家當作遺訓而代代相傳。

豪華飯店的特點是：

1.規模宏大，建築與設施豪華，裝飾講究。
2.供應最精美的食物，布置最高檔的家具擺設，許多豪華飯店還成爲當代乃至世界建

▲César Ritz (1850~1918)

築藝術的珍品，飯店內分工協調明確，對服務工作和服務人員要求十分嚴格，講究服務品質。

3.飯店內部出現了專門管理機構，促進了飯店管理及其理論的發展。

豪華飯店是新的富裕階級生活方式和社交活動商業化的結果。

(三)商業飯店時期（十九世紀末至二十世紀五〇年代）

商業飯店時期，是世界各國飯店最為活躍的時代，是飯店業發展的重要階段，它使飯店業最終成為以一般平民為服務對象的產業，它從各個方面奠定了現代飯店業的基礎。

二十世紀初，世界上最大的飯店業主出現在美國，他就是被譽為「商務旅館之父」的艾爾斯華思．斯塔特拉（Ellsworth M. Statler）。一九〇八年斯塔特拉在美國水牛城（Buffalo）建造了第一個由他親自設計並用他的名字命名的斯塔特拉飯店。該飯店是專為旅行者設計的，適應了市場的需求，創造了以一般平民所能負擔的價格條件，但確提供世界上最佳服務為目標的新型飯店，開創了飯店業發展的新時代。

▲商務旅館之父 Ellsworth M. Statler

斯塔特拉在飯店經營中有許多革新和措施：他按統一標準來管理他的飯店，不論你到波士頓、克利夫蘭，還是紐約、水牛城，只要住進斯塔特拉的飯店，標準化的服務都可以保證；他的飯店裡設有通宵洗衣、自動冰水供應、消毒馬桶坐圈、送報上門等服務專案；講究經營藝術，注重提高服務水準，親自制定「斯塔特拉服務手冊」，開創了現代飯店的先河。斯塔特拉的飯店經營思想，以及既科學合理又簡練適宜的經營管理方法，如「飯店經營第一是地點，第二是地點，第三還是地點」等，至今對飯店業仍大有啓迪，對現代飯店的經營具有重要的影響。

商務飯店的基本特點是：

1.服務對象是一般的平民，主要以接待商務客人為主，規模較大，設施設備完善，服務項目齊全，講求舒適、清潔、安全和實用，不追求豪華與奢侈。

2.實行低價格政策，使顧客感到收費合理，物超所值。

3.飯店經營者與擁有者逐漸分離，飯店經營活動完全商品化，講究經濟效益，以盈利為目的。

4.飯店管理逐步科學化和效率化，注重市場調研和市場目標選擇，注意訓練員工和提高工作效率。

(四)現代新型飯店時期（二十世紀五〇年代以後）

第二次世界大戰後，隨著世界範圍內的經濟恢復和繁榮，人口的迅速增長，世界上出現了國際性的大衆化旅遊。科學技術的進步，使交通條件大為改善，為外出旅遊創造了良好條件；勞動生產率的提高，人們可支配收入的增加，對外出旅遊和享受飯店服務的需求迅速擴大，加快了旅遊活動的普及化和世界各國政治、經濟、文化等方面交往的頻繁化，這種社會需求的變化，促使飯店業由此進入到了現代新型飯店時期。

二十世紀六〇年代，大型汽車飯店開始在各地出現，並逐漸向城市發展，建築物也越造越高，使汽車飯店（Mobil Hotel）與普通飯店變得很難區分，其奢華程度大大超過原先的同類飯店。鮮豔奪目的店內裝飾，用來招徠顧客。花磚浴室、地毯、空調、游泳池等皆為每家飯店必備的標準設施。至二十世紀六〇年代中期，汽車飯店聯營和特許經營得到迅速發展，一家飯店生意的好壞，在很大程度上就靠聯營網路中飯店之間的互薦客源。

▲現代飯店外觀講究氣派、高雅、簡單

在現代新型飯店時期，飯店業發達的地區不僅僅局限於歐美，而是遍布全世界。亞洲地區的飯店業從二十世紀六〇年代起步發展迄今，其規模、等級、服務水準、管理水準等方面，毫不遜色於歐美的飯店業。美國權威性雜誌每年評選的頗具水準之世界十大最佳飯店中，亞洲地區的飯店往往占有半數以上，並名列前茅。由香港東方文華飯店集團管理的泰國曼谷東方大飯店，十多年來一直在世界十大最佳飯店排行榜上名列榜首。在亞洲地區的飯店業中，已湧現出較大規模的飯店集團公司，如日本的大倉飯店集團、日本的新大谷飯店集團、香港東方文華飯店集團、香港麗晶飯店集團、新加坡香格里拉飯店集團、新加坡文華飯店集團、中國錦江集團等，這些飯店集團公司不僅在亞洲地區投資或管理飯店，均已擴展到歐美地區。

現代飯店的主要特點：

1.旅遊市場結構的多元化促使飯店類型多樣化，如渡假飯店、觀光飯店、商務飯店、會員制俱樂部飯店。
2.市場需求的多樣化引起飯店設施的不斷變化，經營方式更加靈活。
3.飯店產業的高利潤加劇了市場競爭，使飯店與其他行業聯合或走向連鎖經營、集團化經營的道路。
4.現代科學技術革命和科學管理理論的發展，使現代飯店管理日益科學化和現代化。

二、台灣旅館業的發展

台灣旅館發展的歷程與台灣歷史發展是息息相關的，從清朝的傳統農業社會，到日治時期，大量的接觸西方文明，一直到現代二十一世紀，台灣旅館業一直跟隨時代邁步而行，如今已飛上枝頭當鳳凰，管理技術已臻成熟，並將觸角伸向海外。

▲台北圓山大飯店，在1960年代被美國財星雜誌評選爲世界十大飯店之一

(一)清末民初客棧時期（一八四二年至一九一一年）

在清末民初時台灣有客棧、洋行招待所，這是一般中等經濟階級以上的商旅人士出外棲身的場所，但也有類似客棧的「販仔間」出現，這些販仔間係專供身上阮囊羞澀者，只求有個洗澡、睡覺的地方足矣的小販住宿而得名，其收費低廉，設備又非常簡陋。這種販仔間的設施粗糙不堪，通常都在木板上鋪草蓆而多人合宿一起。因此，「販仔間」在一般人的印象中幾乎是「簡陋」的同義語，其大部分集中於當時有「一府二鹿三艋舺」之稱的台南、鹿港、萬華三地，因爲此三地商業最爲繁榮，往來商旅亦多，才有販仔間的出現以因應需要。因爲「販仔間」陳設以木床大通鋪爲主，房間內還有板凳，提水及打掃由女傭服侍，由客人自行打賞。客人反正走累了，簡單洗個澡，草草吃頓飯，倒頭便睡，一覺醒來，又要趕路了，爲了生活，爲了圖一家人溫飽，辛苦點，也不覺什麼，人生就是如此。

馬偕博士來台時，因爲傳教夜宿民間旅館，他的日記裡就寫著：「床上鋪著破舊且骯髒的草蓆，地上潮濕、牆上發霉，更有令人發昏的鴉片煙味，門外有豬在污泥中打滾……」。現在要找「販仔間」，已無遺跡可尋，只有存在歷史的記憶了。

戰後台灣於萬華車站及台北重慶北路、太原路圓環一帶，尚可見到傳統型旅館，通常都是老闆兼伙計，並由自己人權充侍應，不另僱用他人，收費低廉，甚受歡迎。假如今天我們到台北圓環一遊，發現附近大小旅館林立，密度高於其他地方，也不足爲怪，係因存在著一頁滄桑的歷史。

(二)日式旅館時代（一八九五年至一九四五年）

滿清割台後，原先營業的老店及成立的新旅館改以外來語「ホテル」或「旅館（りょかん）」稱呼，或稱「旅社」，此名詞尚沿用至今；或是名稱後以「亭」、「屋」、「閣」、「園」、「苑」、「樓」、「莊」、「湯」（溫泉旅館）合稱之，例如秀山園、萬翠樓、清峰莊、白木屋、家翠苑、星乃湯等，有些名稱目前在北投還找得到。日式旅館於焉在台開展，但都以小規模營業。直到一九〇八年，台灣才出現第一家專業的現代化旅館——台北鐵道飯店，它是一座以紅磚建造的英國後期文藝復興式的三層樓花園洋房，非常美觀，客房及餐廳所有配件都是英製舶來品。從業人員爲男性，穿著有衣襟白衫、黑褲，接受國際禮節訓練課程，其內部設施爲歐式獨立客房，附設浴缸及

▲日治時代台北鐵道飯店全貌

蹲式便器。其他還有西餐廳、咖啡廳、大小宴會場所、撞球室及理髮室等，室內裝潢、餐具都很講究。當時來台訪問的日本皇族、財政界的大人物都投宿於此。一八九九年殖民政府開始闢建南北縱貫鐵路，並經營六大航線往來神戶、琉球、鹿兒島、香港、廈門等地，開啓了旅遊風氣，觀光飯店也應運而生。一九〇八年縱貫鐵路通車，日本皇室組了一百六十多人的貴賓團參加台中的通車典禮後，返北參拜台灣神社，晚間即下榻鐵道飯店，成爲開幕後的第一批客人，轟動日本島內。這是台灣旅館產業受到現代化洗禮的第一步。台灣鐵道飯店在一九四五年五月三十一日台北大空襲中被炸毀，戰後曾小規模修建復業，改稱「台灣鐵路飯店」並繼續營業，招攬如台灣環島十二天遊的休憩飯店，與台灣大飯店、台北招待所、台旅飯店、台旅食堂、淡水沙崙海濱飯店、草山衆樂園飯店、台中鐵路飯店、台南鐵路飯店、日月潭涵碧樓招待所齊名，並排首名。惟五〇、六〇年代間即因「金華飯店」（後被希爾頓大飯店併購重建，今日爲台北凱撒大飯店）及新光人壽總部成立，連同拆除。建物今已不存，現址分別爲新光三越百貨公司台北站前店及統一元氣館（原大亞百貨、Kmall）。當時旅館的客層多爲政府官員、富商與地方士紳，這是因爲當時經濟條件尙未普及，價錢昂貴，一般庶民望而卻步，不過大體而言，旅館市場形勢已初具規模。

(三)傳統式旅社時代（一九四五年至一九五五年）

台灣於一九四五年終戰後，國民政府於一九四九年遷台，國家處境艱難，百廢待舉，無暇顧及觀光事業，當時的旅社在台北只有永樂、台灣、蓬萊、大世界等旅社專供本地人住宿，以及圓山、勵志社、自由之家、中國之友、台灣鐵路飯店及涵碧樓等招待所可供外賓接待之用，其中圓山飯店可視爲現代旅館之先鋒。當時全台旅社共有四百八十三家，其客房仍保有傳統與現代交錯之風格。以當時設備而言，所謂「通鋪」客房（多人同寢於一大房間之榻榻米上，但個人各自擁有一套鋪被、蓋被、枕頭及蚊帳）仍然十分盛行，雖然有私人客房（但無附衛浴設施），但兩者都一樣使用公共浴室及衛生設備。

當時由於業者業務聯繫的需要，一九四六年五月八日國內首成立「台北市旅館商業同業公會」，由南興旅社老闆余圳清將日本時代的南北兩區「旅館組合」共五十一家合併改組後成立，並出任首任理事長。

(四)觀光旅館發軔時代（一九五六年至一九六三年）

自一九五七年起，觀光事業普遍受到重視，同時東西橫貫公路之完成，使太魯閣成爲聞名國內外之觀光勝地。而政府又宣布一九六一年爲中華民國觀光年，實施七十二小時免簽證制度（自一九六〇年一月一日實施，於一九六五年八月一日取消）。此時台灣經濟已在穩定中蓄勢待發，旅館需求正殷。一九五六年四月民間經營的紐約飯店開幕，是第一家在客房內有衛生設備的旅館。接著在一九五七年石園飯店也正式獲得政府許可，由民間興建之飯店也出現了。繼而有綠園、華府、台中鐵路飯店及高雄圓山飯店等接踵而來。一九五九年高雄華園、一九六三年台北中國飯店、台灣飯店等一時興起本省興建觀光旅館的熱潮，一共興建二十六家觀光旅館。

(五)國際觀光旅館時代（一九六四年至一九七六年）

一九六四年國賓大飯店、中泰賓館、統一飯店及台南大飯店等相繼開幕，開啓了旅館大型化之扉頁，一九七一年高雄圓山飯店開幕，同年六月二十四日觀光局成立。至一九七三年希爾頓飯店開幕，在經營、管理權分開之理念下於台北市營運，使我國旅館經營正式邁入國際化新紀元。

一九六四年九月六日政府頒訂「台灣省觀光旅館輔導辦法」，將觀光旅館分爲「國際觀光旅館與一般觀光旅館」兩種。同年三月二十五日「中華民國旅館事業協會」創立，第一次大會由籌備會主任委員張武雄先生主持，名譽會長黃朝琴先生（國賓飯店創辦人），副會長爲游彌堅先生，總幹事爲黃溪海先生（也是旅遊、旅館界倍受尊敬的耆老）。「發展觀光條例」在一九六九年七月三十日正式公布，觀光事業獲得國家立法之肯定。一九七五年十二月十六日「台北市觀光旅館商業同業公會」成立，首任理事長由國賓大飯店董事長許金德先生擔任。

在這段期間，觀光旅館增加九十五家，到一九七六年，全台共有一百零一家觀光旅館。從一九六一年至一九七六年的十五年間，堪稱我國旅館業的黃金時期。由於時事所趨，爲了聯繫業界與共同提高經營水準，一九六七年六月《觀光旅館月刊》雜誌創刊號出爐，發行人爲黃溪海先生，內容除了增進業界的聯繫與感情交流外，也提供旅館業新管理技能的資訊，可惜於二〇〇五年元月停刊。

黃朝琴先生
（1897~1972）

一九六三年，黃朝琴辭卸台灣省議會議長職務。鑑於台灣觀光事業的勃興，全力投入旅館業，以其所住花園房屋「蘭園」，召募股東，蓋造當時唯一能和圓山大飯店抗衡的國賓大飯店。他曾告誡其家人說：「如無錢支付國賓帳單，就不要住進去，也不要在內飯食，更不能利用飯店的交通和洗衣等服務。」台灣民間大型國際觀光旅館今日如雨後春筍，實賴黃朝琴創導之功。

(六)大型國際觀光旅館時代（一九七七年至一九八〇年）

一九七七年由於經濟復甦帶來大量旅客，又一次刺激了民間投資興建觀光旅館的熱潮。當年政府公布「都市住宅區興建國際觀光旅館處理原則」及「興建國際觀光旅館申請貸款要點」，除了貸款新台幣二十八億元外，並有條件允許在住宅區內興建國際觀光旅館，在這些辦法鼓勵下，台北市兄弟、來來、亞都、美麗華、環亞、福華、老爺等大型國際旅館如雨後春筍般的興起。一九七九年，澎湖第一家觀光旅館「寶華大飯店」也宣告落成營運（董事長爲薛根寶先生）。在此期間台灣地區的客房成長率，超過旅客成長率。尤其一九七八年高達48.8%，而一九七七年至一九八一年間觀光旅客人數平均成長僅爲6.19%。

這四年內共增加四十五家，房間數約一萬多間。當然投資興建的另一個原因是政府於一九七七年七月公布「觀光旅館業管理規則」，使觀光旅館之經營脫離了特定營業的範圍，而一九八〇年夜總會也劃出特種營業，無形中提高其社會地位與形象。隨後在同年十一月二十四日，修正公布「發展觀光條例」再次認定觀光旅館專業經營的地位與特性。

(七)整頓時期（一九八〇年至一九八三年）

一九八一年初的第二次能源危機，使得全球經濟衰退，來台旅客幾乎零成長。由於大型旅館的增加過速，因此競爭更加激烈，再加上賦稅增加，迫使老舊、經營不佳的旅館進入整頓時期以因應大環境的衝擊。

從一九七三年到一九八二年間，共有二十家關門，平均壽命十七年，最短十三年。

一九八〇年旅館的夜總會跳脫特種營業之管理，大大降低了特許費用，而成爲國民日常休閒生活的娛樂場所，但仍然不抵景氣衰退的大環境。因此旅館業者紛紛尋求減輕壓力的途徑，如提高房租、節約開支、爭取政府的獎勵，加速折舊率、建議工業用電或是同工業、便利融資、免簽證等措施，並請政府加強取締無照旅館，在在顯示業者對當時的困境之突破所採取的措施。

(八)重視餐飲時期（一九八四年至一九八九年）

客房供過於求，故逐漸改變客房爲主的經營模式，而展開富有彈性的餐飲宴會業務，並各自引進國際美食，以期改善產業內因客房供過於求所造成的低住房率問題。

另一個主因則是此時期台灣的經濟成長已發展至穩定成熟的階段，國際化程度頗高，國人對生活水準的提升普遍深入人心，生活要求精緻化，不再像以前僅求溫飽而已。飯店適時推出多樣化的美食，正好水到渠成，贏得消費者的歡心。從此也逐漸改變飯店營收結構，餐飲宴會的營業收入平均凌駕於客房收入，這也是旅館業的普遍趨勢。

此一時期，一九八四年，凱撒大飯店與歐克山莊，首創我國BOT案例。政府取得土地後租與民間業者投資開發興辦觀光事業，觀光局提供墾丁地區公開招標，由凱撒大飯店及歐克山莊得標，首創我國BOT案例，當時政府簡化民間投資觀光事業計畫之審查流程，以加速建設進行。

▲餐飲的營收已成爲台灣飯店業的主力

一九八七年政府修訂「觀光旅館建築及設備標準」開放觀光

旅館之建築物，除風景區外，得在土地使用分區範圍內，與百貨公司、商場、銀行、辦公室等用途綜合設計共同使用基地，爲觀光旅館建築設計之一大突破。

(九)國際連鎖旅館時期（一九九〇年至二〇〇八年）

自一九九〇年後國際知名的連鎖旅館開始進入台灣市場，而這些國際連鎖旅館由於引進歐美旅館的管理技術與人才，除了爲台灣的旅館經營邁向國際化之外，也培養了不少的旅館管理人才，當然也造福了本地的消費者，提供了更多的客房及更多精緻多樣的餐飲服務。此時期，凱悅、晶華、西華、遠東、長榮桂冠、漢來、霖園等旅館相繼開幕。其後，華園飯店於一九九六年與洲際大飯店、華泰飯店於一九九九年與美麗殿飯店合作，同年六福皇宮加入威斯汀（Westin）連鎖系統。至此，台灣的觀光飯店，已引進大部分馳名於世的歐美旅館之經營管理技術與人才，使台灣堂堂進入國際化連鎖時代。

二〇〇三年三月間，爆發SARS疫情，使得亞洲地區觀光旅遊市場受到衝擊，台灣亦難倖免，二〇〇三年五月來台僅40,256人次創下歷史新低。這是旅館業界從一九九九年九二一地震以來的二度受挫。世界衛生組織（WHO）自二〇〇三年七月五日宣布台灣從SARS感染區除名，台灣再度從事努力於國際宣傳工作。

二〇〇六年首家飯店BOT案——「美麗信花園酒店」成立。主要是鑑於舒緩大台北地區三至四星級旅館設施不足，由政府與民間業者聯手打造優質旅館，提供價格合理的住宿環境。

(十)休閒旅館興起與國內連鎖旅館時期（一九九七年至二〇一〇年）

我國國際觀光旅館之經營，在朝向國際化管理與技術合作的同時，旅館業者於經營管理專業知識之吸收與實務經驗下，已能掌握市場動脈與經營技巧，業者漸採自有品牌方式經營。此外，隨著台灣經濟成長，國民所得提高、社會價值觀及生活型態改變下，國人對休閒活動之安排日趨重視，加上都會區土地取得之成本過高，因而加速旅館業者積極布局休閒產業，以多角化、跨區經營來拓展其事業版圖。一九九三年知本老爺的經營成功，使得休閒旅館更受重視。因休閒旅館之投資相對於商務旅館爲低，且平均房價高，故回收較快，因而掀起投資熱潮。溪頭米堤、花蓮美侖、天祥晶華、墾丁福華等休閒旅館相繼成立。

▲吳寶田董事長布局全台十五家連鎖飯店

在國內自創連鎖品牌異軍突起的應是福容飯店集團。福容連鎖大飯店為國內知名營造建設集團「麗寶機構」之關係企業。麗寶機構董事長吳寶田先生深察時勢脈動，認為觀光休閒產業將是二十一世紀最有潛力的行業，遂以優質的營建技術為基礎，邀集國內外飯店設計、規劃、經營專才，著手擘劃，成立連鎖福容大飯店，旗下目前共有五家飯店正式投入營運，包括：台北、三鶯、桃園、中壢、淡水溫泉會館；林口、墾丁已於二○○九年開幕，新板、高雄、月眉、深坑、彰化、埔里、花蓮、淡水漁人碼頭等飯店，已在積極籌建中，預計將成立至少十五家連鎖飯店。作者本人曾與吳董事長開會討論旅館開發案，發現他是一位腳踏實地，作風務實卻又眼光獨到，分析力過人的企業家，可預見台灣連鎖旅館將加入一活躍的生力軍。

二○○○年代起被稱「台灣後山」的東部地區，終於石破天驚地連續誕生花蓮理想大地渡假村、遠雄悅來休閒大飯店，以及台東的池上日暉國際渡假村（台東縣政府首宗與民間的BOO案），為東部地區的觀光事業注入了新的強力針，其貢獻令人刮目相看；另外，「溫泉標章使用申請辦法」自二○○五（民國九十四年）年七月十五日發布實施後，首座溫泉標章由宜蘭縣政府經營的礁溪湯圍溝溫泉公園獲頒。二○○七年十月二十二日苗栗縣泰安溫泉區錦水飯店是溫泉法公布實施後，台灣第一個獲頒溫泉標章的民間溫泉業者。

在此同時國內品牌連鎖飯店集團福華飯店、國賓飯店、凱撒飯店也藉由不斷擴點，壯大了福華連鎖集團、凱撒連鎖集團及國賓連鎖集團。而部分原來加

▲花蓮理想大地渡假村建物與景觀

▲台東池上日暉國際渡假村一景

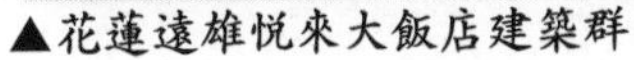
▲花蓮遠雄悅來大飯店建築群

▲福泰企管顧問公司CEO（前福華總裁）廖東漢先生

盟國際連鎖的旅館業者也已陸續在國內發展自有連鎖品牌建立加盟體系，如：亞都麗緻、老爺酒店等；值得一提的是本土企業的福泰飯店（Forte）這幾年間也異軍突起，在前福華飯店總裁廖東漢先生主持下已交出亮麗的成績單，在新竹、宜蘭、台中及中國的北京、上海、無錫、廈門均設有飯店，將是台灣自創品牌連鎖飯店的一支新力軍。

三、全球旅館業的五大發展趨勢

隨著時代的進展，全球旅館發展將邁入新的紀元，服務個性化、顧客多元化、經營管理集團化、廣泛應用科技新技術和創建「綠色飯店」將是二十一世紀飯店業發展的五大趨勢。

(一)服務個性化

二十一世紀飯店業將從標準化服務向個性化服務發展，但並不是說飯店業將要放棄標準化。標準化是飯店優質服務必不可少的基礎，但標準化服務不是優質服務的最高境界；眞正的優質服務是在標準化服務基礎上的個性化服務，這才是完全意義上的優質服務。

而且，隨著社會的進步、技術的發展，人們對富有人情味的服務之需要越來越高。滿足人們受尊重與個人特殊需求的個性化服務，是符合現代化飯店發展趨勢的最高境界的服務。在這方面，崇尙以提供專業個性化服務，創造高附加價值爲宗旨的「金鑰匙」服務，有其得天獨厚的潛力，這也是二十世紀飯店業發展的新趨勢。

(二)顧客多元化

二十一世紀飯店業面對的顧客將呈現更加多元化趨勢，包括：顧客構成多元化、顧客地域多元化和顧客需求多元化。

(三)經營管理集團化

在二十世紀時世界上先後出現了諸多跨國飯店集團，如假日、雅歌、馬里奧特、希爾頓等。兩百家最大的飯店集團基本上壟斷了飯店市場，或可說是主導了飯店市場。在飯店業競爭中，飯店集團比獨立經營的飯店有明顯的優勢。

(四)廣泛應用科技新技術

過去二十年以現代資訊技術為代表的新技術的持續發展，對飯店業產生了深遠影響，飯店業的繁榮發展和競爭力的提高，將更大程度地依賴高科技、新技術的應用，二十一世紀新技術將在飯店業的管理、服務、行銷等方面發揮更大的作用。

(五)創建「綠色飯店」

目前，飯店業作為第三產業的重要組成部分，在全球性的綠色浪潮推動下，飯店經營中的環保意識逐漸成為廣大從業人員和消費者的共識。創建「綠色飯店」（又稱環保飯店），走可持續發展之路已成為二十世紀飯店業發展的必然選擇。以環境保護和節約資源為核心的「綠色管理」，也成為全球飯店業共同關注的大事。

創建「綠色飯店」推行綠色管理的基本內容可概括為「5R原則」：即研究（Research）、減量（Reduce）、再生（Recycle）、替代（Replace）、保育（Reserve）。可以預見：今後將會出現大量的「綠色飯店」宣導綠色消費，提供綠色服務將成為飯店的主要服務產品。

專欄1-1

「世界傑出及領導飯店」組織簡介

「世界傑出及領導飯店」（The Leading Hotels of the World）是由一群歐洲極具影響力的飯店高階主管於1928年創立。如今它已發展成為全球最龐大且最具權威的飯店行銷及訂房系統的組織。該組織目前擁有三百家會員飯店，其會員飯店遍布全球六大洲、六十餘國，且皆為當地最富盛名的頂尖飯店，例如巴黎麗池酒店、比佛利山的四季飯店、東京的帝國飯店、香港的半島酒店、曼谷的東方酒店，當然還包括台北的西華飯店。該組織總部設在美國紐約，另外在全球十四個大城市裡，亦有將近二十一個分公司，協助其會員飯店策劃推動國際行銷、訂房等業務。

「世界傑出及領導飯店」在全球旅行社及飯店業界享有極崇高的地位。因為其所屬的三百家會員飯店無論是在飯店結構、裝潢、設備、服務、管理、餐飲及顧客滿意度等方面，皆必須符合該組織所訂的嚴格標準。另外，該組織並不主動召募會員，若欲加入，則其申請必須先經過該組織委員會過濾，然後再經由其委員會的資深委員，根據該組織所訂的一千多項標準，一一審核；因此，若能膺選成為該組織的會員，則飯店的設備及服務水準，必然不同凡響。另外，該組織每年皆會指派資深檢查員，以不預警方式，到各家會員飯店暗中進行評估，以確保其服務品質，並且視為下年度續約的依據。

資料來源：《觀光旅館》第三四八期。

註：世界傑出及領導飯店組織還把房間數量在一百間以下的一些頂級小酒店單列出來，成爲The Leading Small Hotels of the World。還有的歐洲評比會非常側重酒店的歷史價值，設施再好的新酒店也很難躋身其中。

專欄1-2

「世界最佳飯店」組織簡介

「世界最佳飯店」（Preferred Hotels & Resorts Worldwide）組織，跟「世界傑出及領導飯店」一樣同屬於世界知名的頂尖飯店形象代表和全球性飯店行銷、訂房組織。它目前擁有105家遍布世界的會員飯店，世界許多知名的高級豪華飯店常同時為這二大組織的會員。「世界最佳飯店」組織的總部設在美國芝加哥，因此它對美國、加拿大市場有著相當大的影響力（「世界傑出及領導飯店」則偏重歐洲市場）；此外，其行銷訂房網路也遍及全世界各大城市。

「世界最佳飯店」的入會標準，與「世界傑出及領導飯店」一樣嚴苛。申請入會的飯店除了必須通過該組織多達九百多項的評選標準，例如：Check-in後五分鐘內將行李送達客房，館內電話鈴響不超過三聲，十五分鐘內將文件、包裹送達客房，浴室地板上沒有一根頭髮。此外，該飯店還必須要有其獨特的建築特色、管理風格及完備的軟硬體設備與服務。也因為該組織要求甚嚴，因此每年僅有不到一成的飯店入選。此外，該組織每年同樣也會以不預警方式，暗中派調查員到各會員飯店檢查，以作為續約與否的依據。

資料來源：《觀光旅館》第三四八期。

第三節　旅館的功能

旅館隨著市場個性化、多樣化的需求而調整它的功能。傳統的靜態需求，蛻變成與生活緊密相關的動態活動場所。

基本上，人們因出外旅行而須投宿於旅館，乃出於生理的需求，要求能住得舒服、用餐愉快，或從事交際，則感到滿足。易言之，住宿旅館除了含有生命、財產的保全（生理上的）之外，還須獲得精神或心理層次的滿足。旅館的硬體設施（Physical Element），如客房、餐飲等，加上一套周全的軟體服務

（Human Element），即產生了商品價值。旅館的商品價值提供多種功能服務顧客，豐富了人們的生活。其功能如下所述：

一、住宿的功能

現代人外出投宿旅館的目的和期望，是爲了得到「舒適與安全」、「新奇而豐富的感受」，舉凡客房的格局方正、面積大小適中，其裝飾清新高雅、設備完善、備品齊全、溫度宜人、燈光柔和；最重要的是整齊清潔，一塵不染，這種獨特的氣氛，顧客身處其中，倍感舒適溫馨。

二、餐飲的功能

旅館提供各式餐飲，中、西餐或各國美食，不論大宴小酌，讓顧客有充分的選擇，旅館所注重的除了美味可口外，也注重衛生營養。多重的美食選擇，的確迎合現代人的消費傾向。

三、集會的功能

忙碌的工商社會是一個人與人之間互動頻繁的社會，旅館提供各式場所供顧客集會使用，小至三、五友好的聚談，大至宴會或其他型式之聚會，例如：懇親會、祝賀會、週年慶、就任宴客、歡送會、同學會、慰勞會、紀念會、頒獎會、協調會、竣工慶賀、新居慶賀、開張慶祝會等不一而足。

四、文化服務的功能

旅館爲傳播文化的先鋒，往往很多新的觀念、時尚藉旅館的活動場所而孕育出領導社會的風潮，例如各機構的集訓、講習或各種演說、藝文表演、音樂會、時裝秀、各種展覽（畫展、攝影展、插花展等）。

五、運動休閒的功能

在舒適的環境下從事運動休閒，的確是一件樂事，館內的健身房、三溫暖、高爾夫練習場、保齡球館、撞球場等多元的運動休閒設施，爲顧客提供最佳的運動休閒服務。

六、流通的功能

旅館也扮演著生活情報的蒐集與流通者，例如購物的情報，常能帶動流行時尚；商務訊息的有效提供、新產品的發表，代表著「流通」的功能。

七、健康管理服務的功能

旅館也提供健康醫療、保健諮詢、美容服務，尤其是休閒渡假旅館，有很多人是因保健養生的目的而去，旅館內的健康水療、藥療蒸氣、熱泉、冷泉更是使人趨之若鶩。

八、商業服務的功能

商務會議、產品展示、產品發表也都在旅館舉行，商務中心所帶給商旅的方便更是不在話下，秘書、翻譯人員、個人電腦、通訊設備、商場資訊等，是商務旅館的主要設施之一。

第四節　旅館商品的特性

旅館商品（Products）即是出售空間（Space）、時間（Time）與服務（Service）。它的特性分爲一般性與經濟性，茲分述如下：

一、一般性

1.合理性：按設施與服務分等級，物與值相稱。
2.舒適性：舒暢愉悅的氣氛，且尊重個人隱私。
3.服務性：注重人的因素，款待殷勤，個性化服務。
4.高級性：華麗氣派，社經地位的表徵。
5.禮節性：顧客與從業員有須遵守的社交禮儀。
6.安全性：保障顧客生命與財產，注重安全設施。
7.確實性：能迎合客人要求，迅速完成履行之事。
8.流行性：新的生活價值、經驗、領導時尚。

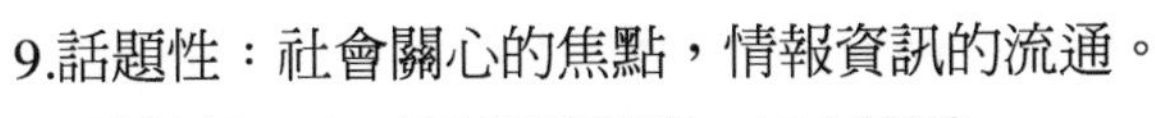

9.話題性：社會關心的焦點，情報資訊的流通。

10.持續性：全天候提供服務，沒有間歇。

二、經濟性

(一)產品不可儲存及高廢棄性

旅館基本上是一種勞務提供事業，勞務的報酬以次數或時間計算，時間一過，其原本可有之收益，因沒有人使用其提供之勞務而不能實現。舉例來說，旅館的客房若無人投宿，翌日則商品形同腐壞，無法把賣不出去的客房商品庫存至第二天再賣。

(二)短期供給不彈性

興建旅館需龐大資金，由於資金籌措不易，且施工期長，短期內客房供應量無法很快地適應需求的變動，因此短期供給是無彈性的。就個別旅館而言，旅館房租收入額以客房全部出租爲最大限度，旅客再多也無法臨時增加客房而增加收入。

(三)資本密集且固定成本高

國際觀光旅館往往興建在交通方便、繁榮的市區，其價格自然昂貴，建築物又講究富麗堂皇，具藝術性，館內設備亦講求時髦、豪華，因此於開幕前必耗費鉅資，這些固定資產的投資將占總投資額八至九成。由於固定資產比率大，其利息、折舊與維護費用的負擔相當重。而在開業後尚有其他固定及變動成本之支出，因此提高其設備之使用率是必要的。

(四)受地理區位的影響

旅館的建築物興建在某一地方是固定的，它無法隨著住宿人數之多寡而移動其立地位置，旅客要投宿，就必須到有旅館的地方，故受地理上的限制很大。

(五)需求的波動性

旅館的需求受外在環境如政治動盪、經濟景氣、國際情勢、航運便捷等因素影響很大。來台旅客不僅有季節性，還有區域性。近年來之統計資料顯示，來自日本的旅客占全體旅客之大部分，同時住宿國際觀光旅館之日本旅客大約可占四至六成左右，並且這些旅客集中在日本的連休假日，這點可由統計月報中顯示，每年三、四月的住房率較高。至於十、十一月份國家慶典期間，也顯示出高住宿率。平均而言，各國際觀光旅館住用率以八月、十二月份爲最低。

(六)需求的多重性

旅館住宿之旅客有本國籍旅客也有外國籍旅客，其旅遊動機各有不同，而經濟、文化、社會、心理背景亦各有異，故旅館業所面臨之需求市場遠較一般商品複雜。

第二章
旅館的類型與組織

- 旅館的分類
- 旅館的等級
- 旅館的組織

長久以來，「旅館」與「旅行」兩者始終密不可分，並且隨著旅客的需求及市場的變化，不斷地調適而有各類型態的旅館出現。人們利用郵輪、火車、汽車、飛機作爲旅行工具，對旅館的成長、型態及立地都有必然的影響。人口大量增加且集中於大都會的趨勢，也是影響旅館產生各種型態的因素。

由於旅館有不同的類型，也各有其組織來調整其營運情況，本章將討論旅館的類型與組織，以瞭解旅館的實際運作。

第一節　旅館的分類

旅館各有不同的類型，其劃分的目的爲讓旅館經營有清楚的定位，使其行銷時有明確的市場銷售對象，且根據市場情報制訂有效的行銷計畫，同時讓顧客在選擇旅館時有明確的目標。分類的另一好處在於方便同業比較，根據同業規模大小、新舊程度、立地條件、設備狀況，以便調整營業策略。

旅館之分類及型態分述如下：

一、按所在地區分

(一)都市旅館

在都會區的旅館稱爲都市旅館（City Hotel）。其規模較大的具有宴會、結婚式場、大型集會設施，具有迎賓的能力，國內外人士均樂於下榻使用，有些更有舉辦國際會議的能力。近年來「都市旅館休閒化」已是潮流，都市旅館內也有休閒設施，例如健身房、有氧舞蹈室、迴力球場、蒸氣室、沐浴池、三溫暖、美容沙龍、游泳池，還有綠意盎然的庭園式陽台、高爾夫練習場及旅遊諮詢服務。

(二)休閒旅館

又稱渡假旅館，設於風景優美地區，無論靠近海濱、湖畔、山岳、溫泉、海島或森林。建築物造型較富變化，有較明顯的季節性。「休閒旅館都市化」也蔚爲潮流，如大小型的會議室和宴會設備，也出現在休閒旅館（Resort Hotel）內。

二、按特殊立地區分

(一)公路旅館

公路旅館（Highway Hotel）設於公路旁的旅館，供旅客做短暫的停留，在美國稱爲Highway Motel或是Roadside Motel，其特色爲價格便宜且出入、停車方便。

(二)鐵路旅館或機場旅館

鐵路旅館或機場旅館（Terminal Hotel）係指設於交通起終點，包括鐵路車站、港口、機場的旅館，供旅客作爲短期停留使用。

三、按特殊目的區分

(一)商務旅館

供商務人士作爲短期停留的旅館稱爲商務旅館（Commercial Hotel）。

(二)公寓旅館

公寓旅館（Apartment Hotel）係供長期住宿的住客使用，旅館內部的設施較傾向家庭化，房租價格較爲經濟。

(三)療養旅館

療養旅館（Hospital Hotel）以提供住客療養、治病爲主要目的，通常設於寧靜的郊區或風景區。

四、按停留時間的久暫區分

(一)短期停留旅館

短期停留旅館（Transient Hotel）係供旅客短期停留的旅館，如商務旅館，或是設於交通要站的旅館，例如鐵路、公路、港口、機場之旅館均是。

(二)長期停留旅館

長期停留旅館（Residential Hotel）係供旅客作爲長期住宿使用，例如公寓旅館即是。

專欄2-1

短期停留旅館

短期停留旅館（Transient Hotel）是以收短期住宿客人為主的旅館，與長期停留旅館為對稱。Transient為英語形容詞，有「短暫的」、「過境通過」、「短期間滯留」的涵義。至於短期的意義如何界定，各旅館的設定並不盡相同，但大都傾向為一星期以下。假如我們設定一星期以下為短期，一星期至一個月為中期，一個月以上為長期，永住型的為超長期，那麼，超長期的客人固然有，長期的住客也為數不少，但以台灣旅館的特性而言，短期停留旅館占絕大多數，則當然與長期停留旅館的服務設施有所不同。短期停留旅館，顧客熙來攘往，在作業方面就必須付出更多的關注，在辦理進住（Check-in）後，能夠提供的首要服務就是向客人說明整個館內情形，客房內要有簡潔的館內指南，有的則在客房電視螢幕裡顯示館內說明，無非是要讓住客在短時間內能很快地利用旅館的設施。

專欄2-2

長期停留旅館

長期停留旅館（Residential Hotel）當然以收長期住客為主要對象，其住宿時間大抵都超過一個月以上，甚至數月或數年之久。它與出租公寓、租賃業性質有別，屬不同範疇的行業。休閒旅館（Resort Hotel）事實上也有不少長期客，因此也隱含著長期停留旅館的性格，惟住宿取向傾向於養身、渡假或特殊目的，例如寫作。這裡所指的為一般長期住宿旅館，且是立地於都市的旅館，客層中以經商者、公司駐外人員、技術人員占絕大比例，在美國稱為公寓旅館〔Apartment Hotel，所謂Apartment在英國以

Flat稱呼，是指分讓式的公寓住宅（Condominium）〕。公寓旅館就是分租的公寓加上旅館提供的服務，所以在租金上考慮長期住客的經濟負擔而訂定，故採自助式服務（Self-service），餐飲或其他服務以自助方式進行，短期停留旅館恰好與之相反，是一種全程服務（Full Service），例如二十四小時的客房餐飲服務（Room Service）。至於客房的設計，因考慮長期住宿，所以空間稍大，以使住客感到舒暢而無壓迫感。衣櫥、衣櫃的尺寸也相對加大，以迎合長期住客之實際需要。

五、按住宿設施區分

(一)都市地區

都市（City）旅館的分類請參考**圖2-1**。

(二)觀光地

觀光地（Resort）旅館的分類請參考**圖2-2**。

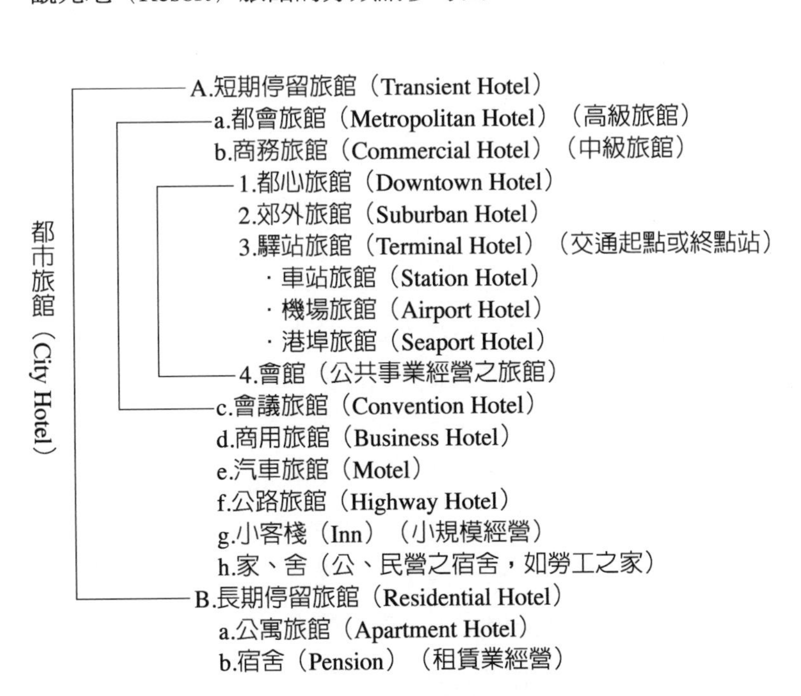

圖2-1　都市旅館分類系統圖

圖2-2　觀光地旅館分類系統圖

資料來源：鈴木忠義編（1993）。《現代觀光論》。東京都：有斐閣雙書。

第二節　旅館的等級

世界各國都有不同的旅館等級區分，依旅館的投資金額、規模大小、歷史價值、服務深度、價位高低等而有所區分。

一、我國旅館等級制度

一九五七年政府爲了發展觀光事業，擬訂「國際觀光旅館建築及設備標準要點」及一九六三年頒布「觀光旅館建築設備標準要點」，另外亦制定「台灣省觀光旅館輔導辦法」作爲民間投資興建旅館的輔導管理依據，同年日本開放觀光，大批日本觀光客來台。一九六六年交通部成立「觀光事業委員會」，一九七一年改組爲觀光局；一九六九年公布「發展觀光條例」完成了觀光事業的基本法，直至一九七七年經交通部、內政部研擬訂定「觀光旅館業管理規則」，並於一九八〇年修訂「發展觀光條例」，增訂「觀光旅館定義、業務範圍、許可制度、處罰依據」等管理條文，以確定觀光旅館之法律地位與管理規則，因此觀光旅館的相關制度與條例均在此時奠定了基礎。

觀光局為了提升國內觀光旅館的服務水準，對飯店業比照國外星級的評鑑方式（Star Rating System），採取梅花的等級。於一九八三年聘請國內產、官、學界參與評鑑工作。同年八月五日公布結果，將台灣的國際觀光飯店區分為「五朵梅花國際觀光旅館」及「四朵梅花國際觀光旅館」。其評鑑項目共有五十三項，分別是：建築設計、室內設計、建築管理、防火防空避難設施、衛生設備管理、一般經營管理、觀光保防措施等七小組分別評分。其所訂定的標準為九百分以上者為五朵梅花級，四朵梅花標準則為七百分以上者。

到了二〇〇八年，為了和世界旅館分級接軌，觀光局捨棄二十年前曾經採用的「梅花」分級方式，改「星級」方式，而且只要是旅館都可參與評鑑分星級，取消現行一般旅館、國際觀光及一般觀光旅館等分類方式。旅館星級評鑑採自願制，政府不強迫業者參加評鑑，不過，為鼓勵旅館加入星級評鑑，觀光局將提供設置專屬星級旅館網站，提供旅館資訊交易平台，向國內及國際行銷。未來旅館業者不得再標榜自我旅館的等級，否則將觸犯觀光發展條例。根據觀光局公布新的評鑑規制如下：

(一)評鑑期程

三年一度的評鑑模式（我國過去即採三年一度）。為使評鑑之辦理不因過於頻繁而紊亂，亦不因週期過長而使旅館之等級名實不符，將採以三年為一辦理期程。

(二)分層負責

觀光旅館及一般旅館因分屬不同主管機關，觀光旅館係由觀光局主管，至於一般旅館則由各縣市政府主管。觀光旅館八十六家將由觀光局負責規劃辦理，且觀光旅館將全部參與評鑑，惟評鑑執行事項因須投入大量人力和物力，並須同時具備評鑑專業性以及全國公信力，因此觀光旅館評鑑執行事宜將由觀光局依採購法規定委由民間機構辦理。一般旅館原規劃由各縣市政府主政，但為避免各縣市執行方法不同而影響評鑑結果，故將由觀光局規劃協調各縣市政府辦理，並由各旅館業者自願申請參加評鑑。

(三)評鑑標識

以國際間較普及之「星級」標識，取代過去「梅花」標識。由於過去觀光旅館評鑑標識採「梅花」標識，目前仍有業者懸掛該標識，爲與過去評鑑有所區隔，且能便利國際旅客瞭解其意義，將改採國際上較普遍之「星級」標識。

(四)評鑑方法

評鑑實施方法將參酌美國AAA評鑑制度之精神及兼顧人力、經費等考量，規劃採取兩階段進行評鑑。首先是「建築設備」評鑑，依評鑑項目之總分，評定爲一至三星級。此項評鑑列爲三星級者，可自由決定是否接受「服務品質」評鑑，而給予四、五星級。

旅館等級評鑑標準表整體配分，四、五星級旅館之評定將採取軟、硬體合併加總得分，四星級旅館須爲軟、硬體總分合計六百分以上之旅館，五星級旅館則須軟、硬體合計總分達七百五十分以上之旅館。

前開評鑑之執行與評分將由曾受旅館評鑑專業訓練或選定之評鑑人員（學者專家）依據「評鑑標準表」辦理。

(五)評鑑費用

評鑑實施方式規劃區分爲兩階段，第一階段「建築設備」評鑑採強制參與，費用將由政府編列預算支付；第二階段「服務品質」評鑑係由各旅館自行決定是否參加，評鑑實施費用將由旅館業者自行負擔。

(六)管考機制

爲利於評鑑實施後之後續管理考核措施，擬於評鑑標識標明有效期限，並於不同年度製發不同底色之標識，以利消費者區別。此外，觀光局亦將於評鑑結果確定後，公告於局內網站內以方便查詢。

二、國外旅館的分級制度

全世界旅館評鑑制度沒有一定的標準，所重視的部分也不盡相同，以美國汽車協會（American Automobile Association; AAA）爲例，在一九三〇年即開始有旅遊手冊刊載各地旅館的資訊，但一直到一九六〇年代才眞正開始對旅館做等級劃分。剛開始也只做簡單的等級劃分：好、很好、非常好、傑出一共四個等級劃分。從一九七七年開始，每年就用鑽石來劃分爲五個等級，以一至五顆來表示。每一年美國汽車協會評鑑超過三萬二千五百家營運中的旅館及餐廳，地區包括了美國、加拿大、墨西哥及加勒比海地區，其中只有二萬五千家能夠入選在協會所出版的旅遊指南刊物上，這些旅遊指南每年有超過二千五百萬本以上的需求。

所有被評鑑的旅館大約只有7%能獲得美國汽車協會四顆鑽石的殊榮，在做評鑑之前，協會先將所有旅館、汽車旅館、民宿等先分成九大類別，依各類別再做評鑑，協會評鑑超過三百個項目，內容包括：旅館外觀、公共區域、客房設施、設備、浴室、清潔、管理、服務等包羅萬象。

全世界旅館等級評鑑有些國家用鑽石，有些國家用星或皇冠來表示，但一般都是五個等級，有些國家的旅館評鑑是由民間企業或協會來執行，例如美國的美孚（Mobil）石油公司及美國汽車協會（AAA）、法國的米其林（Michelin）輪胎公司等，所以參與被評鑑的旅館是可以有選擇性的。但也有一些國家是由政府官方來主導，例如以色列、西班牙、愛爾蘭等國家是要求該國境內所有各類型旅館都必須接受評鑑。無論如何，旅館評鑑等級劃分制度如果做得完善而又具公信力的話，對觀光的發展將會有重大的影響。

所以目前國際並沒有一個既定的標準去為豪華度假酒店評級，不過很多國際旅遊機構以及雜誌，例如英美版*Conde Nast Traveler*、美國版*Travel & Leisure*等等，都會訂立自己的一套標準去為度假酒店評級，其內容大多包括設計、裝修、有否私人泳池以及服務質素等。同時，雜誌及組織對度假酒店的評價也會慢慢建立起其專業信譽。

實際上，目前國際間普遍較能接受的評等概念為五顆星制的評等概念，茲列表如**表2-1**，以簡單方式說明各個不同等級的價位與設備水準。

表2-1　國際之旅館星級評等表

星級	價位	設備水準
★★★★★	豪華旅館（Luxury Hotel）	Deluxe
★★★★	高價位旅館（High-price Hotel）	High Comfort
★★★	中等價位旅館（Moderately Priced Hotel）	Average Comfort
★★	經濟型旅館（Economy Hotel）	Some Comfort
★		Economy

第三節　旅館的組織

旅館為提升對客服務的效率，將各個職能區分成不同部門，並各司其職。而為使旅館員工能齊心協力將服務工作做好，部門與部門的相互瞭解也是相當重要的。

本節將對旅館組織性質加以介紹，說明其在整個經營環境中所扮演的角色與功能，並探討各級職員工以及各不同部門間協調合作的重要性。

一、組織管理特點

就組織管理角度而言，旅館是一個群體，是一個團體單位，旅館管理就是要用好的組織方式即行為規則，包括工作規範、作業方式、獎懲制度等，使這個團體的一分子養成和發展一種良好的工作習慣。例如，旅館在沒有繁複決策的情況下即能完成日常工作，只要建立日常的工作規則，就能使這一點成為可能。這樣，管理者就可以從日常的事務中擺脫，將注意力投向更重要的問題：適應市場變化，進行不斷地創新，從而保持旅館活力，使旅館不斷地成長。壞的習慣與好的習慣是並存的，好的習慣，管理者就要強化；壞的習慣，管理者就必須予以改變。員工的積極主動、獎勵與懲罰是改變行為的有力武器。透過使用激勵和獎懲制度，旅館管理者就可以使自己工作得更容易一些。

旅館組織需要從自身的經驗中不斷地學習。這種知識經驗對旅館而言是很重要的。事實上，人總是在不斷地嘗試新的思想，將嘗試成果儲存在「經驗資料庫」中，在以後的歲月裡不斷地取用。失敗的教訓會給管理者提供新方向，好的主意會被重視使用。這樣，旅館組織才能逐漸成熟起來，自己的管理行為才能達到講求效率的程度。

綜上所述，旅館有效的組織方式必須具有下列特點：

1.能創造出使每一個人獨立和主動的環境。如事先給每一位員工一份工作計畫和作業流程，讓他清楚地知道「做什麼」和「如何做」。
2.管理者要將他的精力投入到創新工作去，而不是沉浸在重複的日常工作裡去適應不斷變化的經營環境。
3.獎勵、強化積極性的行為，懲罰、摒除消極性的行為，以培養全體員工

良好的工作習慣。

4.累積知識和經驗。這往往表現在管理者與員工的專業化分工，同時，能夠留住有經驗的、優秀的技術管理人員，也能蒐集與累積專業資訊及資料。組織是一個工具，旅館管理者可以自覺地用它來實現旅館所有者、管理者、顧客、員工和社區的各種有價值的願望。

二、旅館組織設計

(一)如何設計旅館組織

本著「市場—戰略—結構」的原則，我們可以按下列步驟進行旅館組織設計。

一是環繞旅館的戰略目標、市場定位和產品定位，進行業務流程的總體設計，並使流程達到最優質化，這是旅館組織設計的出發點與歸宿點，也是檢驗旅館組織設計成功與否的根本標準。

二是按照優質化後業務流程的工作職位，根據工作職位數量和專業化分工的原則來確定管理工作職位和部門機構。它們是組織結構的基本單位，可以用組織圖來表示（見**圖2-3**至**圖2-4**及**表2-2**）。旅館一般選擇以層級管理爲基礎的業務區域制、直線職能製作爲主要的組織架構方式。部門和工作職位是爲旅館的經營管理目標服務的，它不是永恆不變的。經營管理目標變了，部門和工作職位也應做出相應的變化，這也是我們常說的「因事設位」。

三是對各工作職位負責、定員、定編。要對每個職位進行工作目標與工作任務分析，規定每個職位的工作標準，如：職責、內容、作業流程。透過「工作規範」（Job Specification）、「工作說明書」（Job Description）、「項目核檢表」等方式把這些內容固定下來。然後按照職位工作的需要確定相應的人員編制，尤其要確定職位所需要的人員的素質要求，因爲它直接影響著工作效率與整體發展，此謂「因位設人」。一旦某一工作職位上管理者的素質和能力不再適應職位要求，就應該讓其他有更高素質和能力的人來承擔其職責。在現實中，它要求管理者要做到「能上能下」。

四是制定相應的管理制度。管理制度是對管理工作中的基本事項、要素關係、運作規程及其相應的聯繫方式進行原則性的規定。它對整個組織運作進行

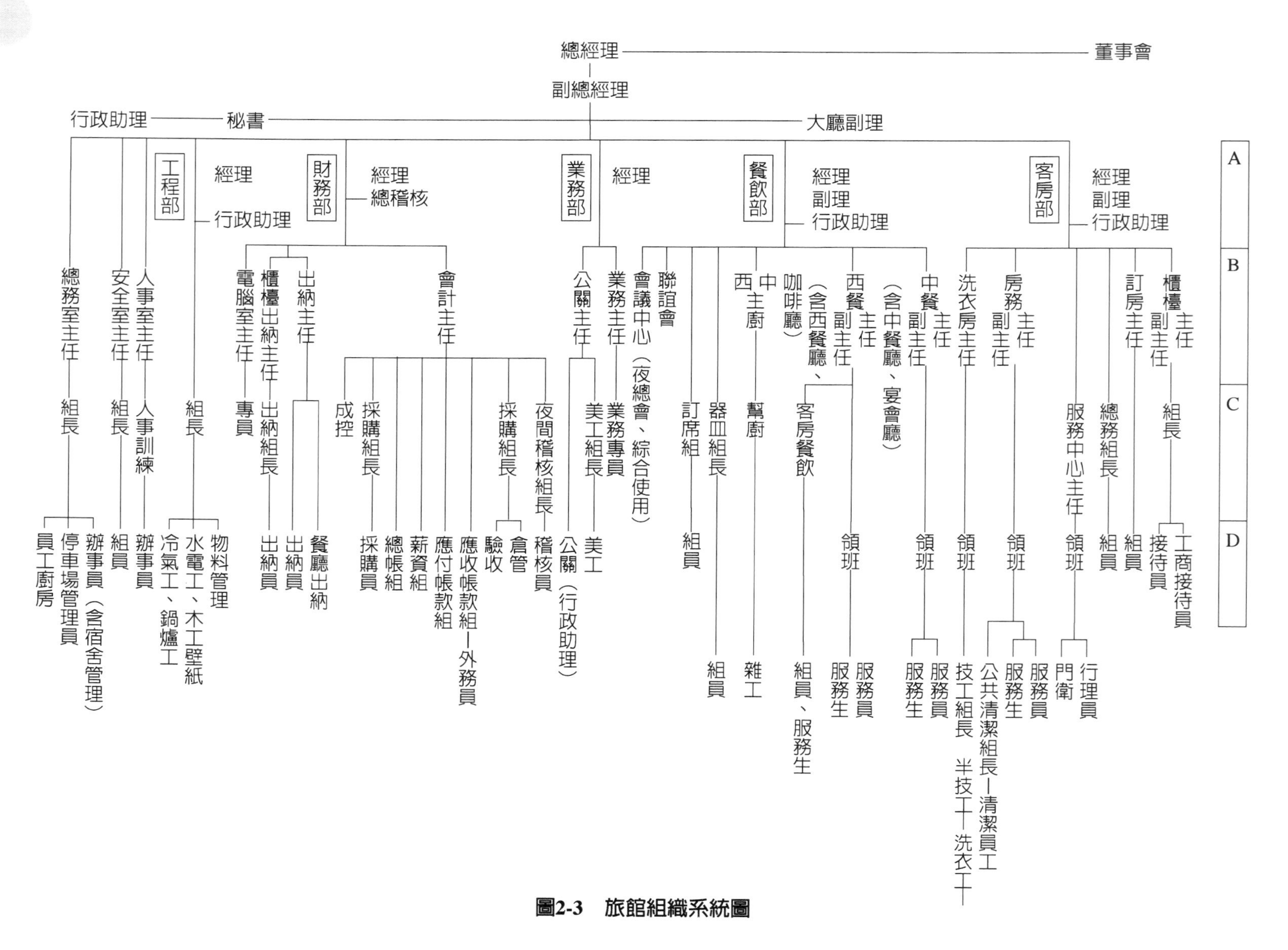
A
B
C
D
董事會
總經理
副總經理
大廳副理
秘書
行政助理
客房部
經理
副理
行政助理
櫃檯主任
副主任
組長
工商接待員
接待員
訂房主任
組員
總務組長
組員
服務中心主任
領班
行理員
門衛
房務主任
副主任
領班
服務員
服務生
公共清潔組長—清潔員工
洗衣房主任
領班
技工組長
半技工—洗衣工
餐飲部
經理
副理
行政助理
中餐主任
副主任
（含中餐廳、宴會廳）
領班
服務員
服務生
西餐主任
副主任
（含西餐廳、咖啡廳）
領班
服務員
服務生
客房餐飲
組員、服務生
中
西
主廚
幫廚
雜工
器皿組長
組員
訂席組
組員
聯誼會
會議中心（夜總會、綜合使用）
業務部
經理
業務主任
業務專員
公關主任
美工組長
美工
公關（行政助理）
財務部
經理
總稽核
會計主任
夜間稽核組長
稽核員
採購組長
倉管
驗收
應收帳款組—外務員
應付帳款組
薪資組
總帳組
採購組長
採購員
成控
出納主任
餐廳出納
出納員
櫃檯出納主任
出納組長
出納員
電腦室主任
專員
工程部
經理
行政助理
組長
物料管理
水電工、木工壁紙
冷氣工、鍋爐工
人事室主任
人事訓練
辦事員
安全室主任
組長
組員
總務室主任
組長
辦事員（含宿舍管理）
停車場管理員
員工廚房

圖2-3　旅館組織系統圖

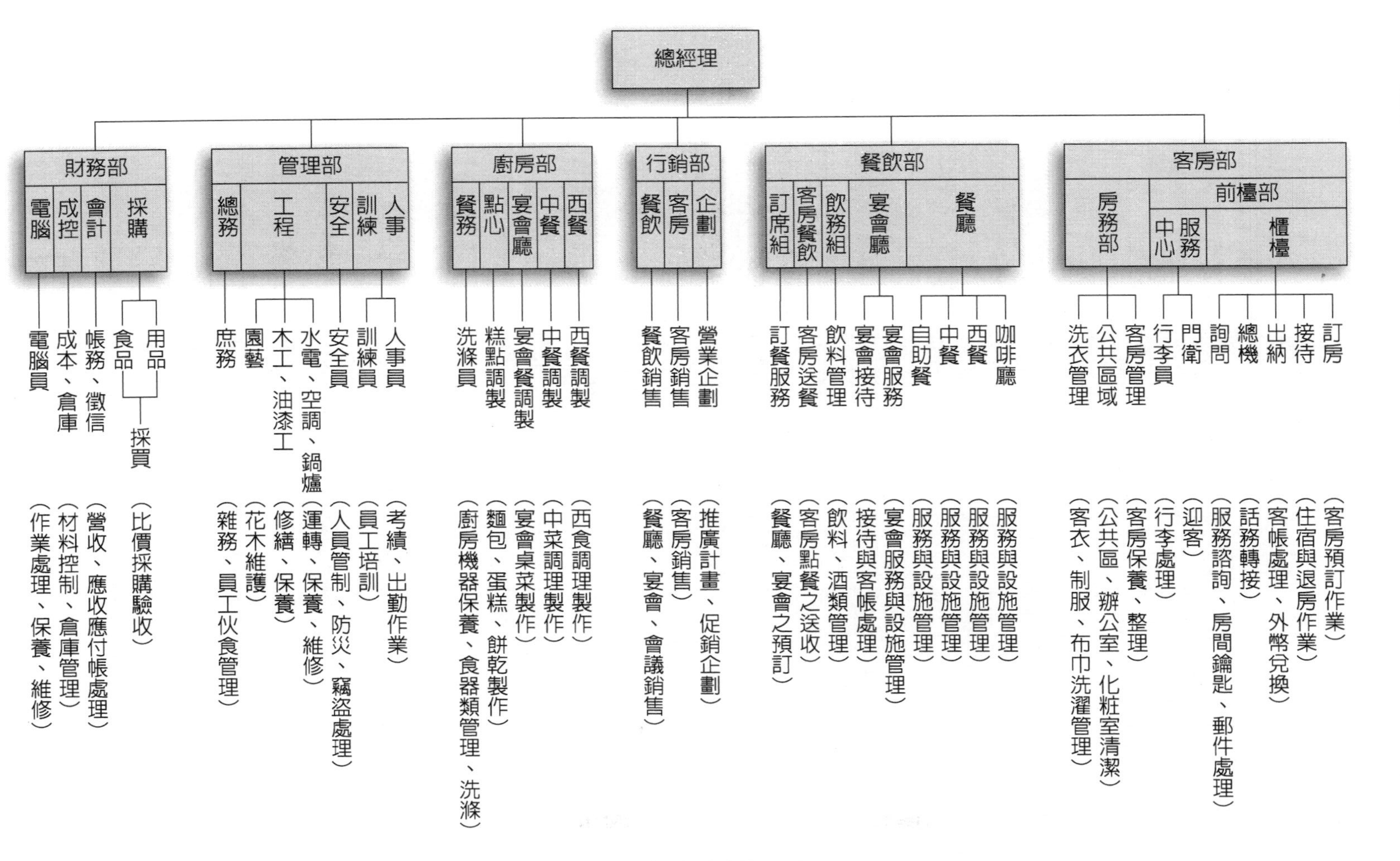

總經理
財務部
電腦
成控
會計
採購
電腦員（作業處理、保養、維修）
成本、倉庫（材料控制、倉庫管理）
帳務、徵信（營收、應收應付帳處理）
用品
食品
採買（比價採購驗收）
管理部
總務
工程
安全
訓練
人事
庶務（雜務、員工伙食管理）
園藝（花木維護）
木工、油漆工（修繕、保養）
水電、空調、鍋爐（運轉、保養、維修）
安全員（人員管制、防災、竊盜處理）
訓練員（員工培訓）
人事員（考績、出勤作業）
廚房部
餐務
點心
宴會廳
中餐
西餐
洗滌員（廚房機器保養、食器類管理、洗滌）
糕點調製（麵包、蛋糕、餅乾製作）
宴會餐調製（宴會桌菜製作）
中餐調製（中菜調理製作）
西餐調製（西食調理製作）
行銷部
餐飲
客房
企劃
餐飲銷售（餐廳、宴會、會議銷售）
客房銷售（客房銷售）
營業企劃（推廣計畫、促銷企劃）
餐飲部
訂席組
客房餐飲
飲務組
宴會廳
餐廳
訂餐服務（餐廳、宴會之預訂）
客房送餐（客房點餐之送收）
飲料管理（飲料、酒類管理）
宴會接待（接待與客帳處理）
宴會服務（宴會服務與設施管理）
自助餐（服務與設施管理）
中餐（服務與設施管理）
西餐（服務與設施管理）
咖啡廳（服務與設施管理）
客房部
房務部
前檯部
中心
服務
櫃檯
洗衣管理（客衣、制服、布巾洗濯管理）
公共區域（公共區、辦公室、化粧室清潔）
客房管理（客房保養、整理）
行李員（行李處理）
門衛（迎客）
詢問（服務諮詢、房間鑰匙、郵件處理）
總機（話務轉接）
出納（客帳處理、外幣兌換）
接待（住宿與退房作業）
訂房（客房預訂作業）

圖2-4　旅館組織職能圖

表2-2 職級分配表範例

A級	1A	協理以上（副總經理、餐飲部協理、特別助理）、餐飲部經理
	2A	各部門經理（房務部、前檯、業務部、工程部、人事部、財務部、企劃部、電腦中心、市場研究室）
B級	1B	直屬總經理之副理／主任，各部門副理／大廳副理（採購部副理、安全室主任、設計室副理、餐飲部副理、房務部副理、前檯副理、業務部副理、工程部副理、訓練中心副理、財務部副理、大廳副理）
	2B	各部門主任／工程部工程師／餐飲部內外場主管（人事部主任、總務部主任、財務部主任、電腦中心主任、前檯主任、服務中心主任、總機主任、訂房主任、洗衣房主任、工程部工程師、餐飲部各廳經理、餐飲部內場主廚、訂席主任、餐飲部業務主任）
	3B	工程部助理工程師／餐飲部內外場主管／各單位副主任（工程部助理工程師／餐飲部各廳副理、餐飲部內場副主廚）
C級	1C	各部門組長、專員／工程部領班／餐飲部助理／餐飲部A領班／儲備幹部
	2C	各部門副組長／工程部領班／餐飲部B領班
D級		一般員工
E級		工讀生、實習生、幫工

「標準化作業」、「整體目標導向」，並從根本上把旅館作爲一個整體的企業來加以塑造。如果說前面三個步驟製造了組織結構中的「標準項目」的話，那麼，各項管理制度則是作爲一個整體的旅館所不可缺少的「連接元」。

五是規定各種職位人員的職能薪資和獎勵級差。總體的原則是根據各職位在業務流程中的重要程度、對人員的素質與能力的要求、任務量輕重、勞動強度大小、技術複雜程度、工作難易程度、環境條件差異、管理水準高低、風險程度大小等指標，按等量投入獲取等量收益的邊際生產力原理來考慮各職位人員的報酬差別。報酬不是固定的，工作職位、企業經濟效益改變，各職位相應的報酬也要做相應的調整，這就是酬勞有高低之分。

由於基層員工和各級管理人員承擔工作的風險程度不同，其酬勞設計原則也不一樣。一般來說，在企業裡，基層員工是較不承擔經營風險，且其勞動努力程度容易量化，所以傾向於無風險的固定工資或「風險較小的固定工資＋少量的計畫期效益工資」的報酬方案；管理者一方面是風險的承擔者，另一方面其工作成果與自身努力程度之間的關係不易量化觀察，所以報酬方案傾向於有一定風險的「較優工資＋計畫期效益工資」的模式。

組織設計的成果具體表現在組織圖、職位工作說明書和組織手冊上。「組織圖」又稱組織樹，它用圖形的方式表示組織內的職權關係和主要職能。組織圖的垂直形態顯示權力和責任的關聯關係，其水平形態則顯示分工與部門化的分組現象。

爲了強化組織，發揮其功能則必須有下列兩種文件配合，茲說明如下：

1.工作說明書：包括工作的名稱、主要的職能、職責、執行此責任的職權、此職位與組織其他職位及外界人員的關係。
2.組織手冊：通常包括員工手冊與經理手冊，載明全體員工應有的工作理念、旅館對各契約主體的特殊定位、工作制度、直線部門的職權與職責、每一職位的主要職權與職責和主要職位之間的相互關係。

(二)現實因素的制約

在現實運作中，上述組織設計模式必然受到下述現實因素的制約：社會經濟現況、企業歷史與文化、階段性工作重點、員工素質、管理人員的工作能力與管理風格。這些因素構成了企業組織設計的制度背景，離開這一背景，就無法設計出眞正有效的旅館組織結構，也無法理解現實中一些行之有效的方法。例如按照科學組織原則，一個部門只能有一位經理和若干副經理，但是當高層管理者暫時無法從候選人中確定最佳人選時，就可能會在某一階段不設部門經理，而是讓兩個預備人選同時做部門副經理，經過一段時間在職位上競爭和觀察，再確定正式人選。這樣做，表面上看來與組織設計的標準不盡符合，但卻更能使組織設計具有現實性。

(三)眞正有效的組織設計是科學組織原理與現實的有機結合

一個眞正有效的組織設計必定是理想性與現實性的有機結合，既遵循管理科學的基本理論，又要考慮到與現實制約因素的相容性。另外，企業的組織與動作機制又是動態發展的。上述的制約因素變了，旅館的組織形態和運作機制也要做相應的變革。只有如此，組織才能最大限度地提高旅館的經營管理績效。

由上之說明，旅館組織圖必須能反應下列組織特質：

1.決策層：這一層是由旅館高層管理人員組成。如總經理、副總經理和總經理助理等。在這一層工作的員工主要職責是對旅館的主要經營管理活動進行決策和宏觀控制，對旅館重要發展戰略和產業經營目標進行研究並組織實施。

2.管理層：這一層由旅館中層管理人員擔任。如各部門經理、經理助理、行政總廚、廚師長等，他們的主要職責是按照決策層作出的經營管理政策，具體安排本部門的日常工作，管理層在旅館中起著承上啓下的作用，他們是完成旅館經營目標的直接責任承擔者。

3.執行層：這一層由旅館中擔任基層管理崗位的員工組成。如主管、領班、值班長等。執行層人員的主要職責是執行部門下達的工作計畫，指導操作層的員工完成具體的工作，他們直接參與旅館服務工作和日常工作的檢查、監督，保證旅館經營管理活動的正常進行。

4.操作層：這一層包括旅館的一線服務人員。如迎賓員、廚師、服務員等，操作層員工職責是接受部門指令爲顧客提供標準化、規範化服務。

三、客房部與各部門之間的關係

客房部的工作可說是整個旅館的業務重心，並與其他部門有密切配合的關係，唯有緊密合作，才能把工作正確無誤地加以執行。

(一)餐飲部

客房部與餐飲單位須聯繫的事項有散客（FIT）用餐的代爲預訂或帳務處理、團體客（GIT）用餐的協調與帳務處理、客房餐飲的處理等，至於餐飲部門所需的布巾類備品，如桌布、口布、制服等，須與房務所屬的洗衣部合作協調，尤其遇有大型宴會時，要事先安排備妥。

(二)財務部

櫃檯的零用金、外幣兌換、客房收入、簽帳、佣金等需會同處理，帳務的核對與客房部所有庫存品之盤點（定期及不定期），也是雙方合作的工作項目。客帳較高額度的減讓折扣（Rebate），前檯主管亦須做成報告知會財務部處理。

(三)工程部

客房部內各種設施的維護與保養則需聯繫工程單位。設施如有故障，或將有損害之虞，應迅速通知處理，以使各項設備保持在最完整而能立即使用的狀態。大型的設施如鍋爐、空調、消防系統、機械、電力供應系統等，工程部須做定期檢查，並做成紀錄。

(四)人事訓練部

客房部人力的來源與管理，即是出於人事部門的面談、甄選、任用、考勤、考績，除此之外的重要工作就是工作職場訓練（On Job Training），房務與前檯的專業知識與操作的訓練計畫須雙方的協調配合，還有一些重要周邊課程如社交技巧／顧客抱怨處理、推銷技巧、外語訓練（英、日語爲主），也是訓練的重點，訓練部與客房部主管要追蹤訓練成效，使員工發揮服務精神，在每位賓客面前做完善的演出。

(五)安全部

爲了保障住客生命、隱私、財物的安全，客房部需要安全部門的協助與配合，才能使住客在住宿期間生活舒適而無安全的顧慮。舉凡消防安全、竊盜的預防及處置和突發事件的處理，客房部與安全部門的合作無間，可以提供客人另一層的保障。給予客人一個安全住宿的環境，也是服務的重要一環。

圖2-5爲表示客人從訂房開始，一直到住宿退房，以客房部前檯接待爲樞紐的整個作業溝通程序和相互關係圖。

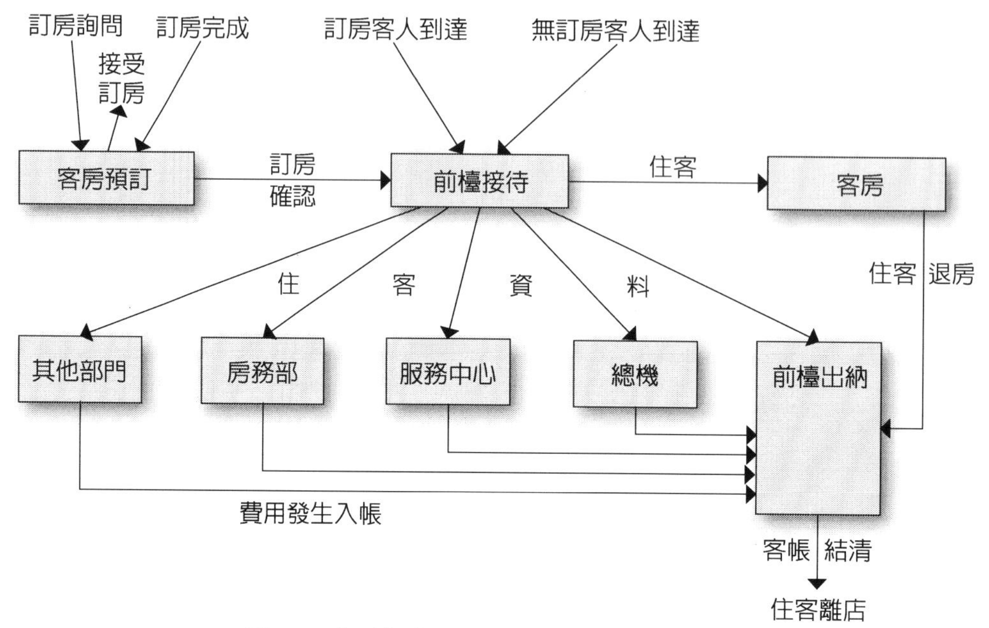

圖2-5　客房部前檯接待與各單位聯繫程序圖

第三章

客房分類與計價

- 客房的分類
- 房價的種類

旅館爲因應客人不同的需求，設有各種不同種類的客房讓客人選擇；而不同的客房因內部設備及空間大小的不同，亦呈現不相同的房價。本章主要目的即是對各類不同的房間逐一介紹，以瞭解各種房間的有關設備和使用性質，並對房價的計算種類與方式加以探討。

第一節　客房的分類

客房的種類分爲標準客房與套房，茲說明如下：

一、標準客房

標準客房的數量在全館的客房總數中，占有較大的比例，一般而言有下列數種：

(一)單人房

單人房（Single Room）是指客房內僅有一張床鋪的房間而言。至於床鋪則大小各異，有容單人睡的單人床，也有容雙人睡的一張雙人份大床。後者的房價也因而高於前者。

(二)雙人房

雙人房（Twin Room）是指客房內備有兩張床鋪的房間而言。兩張床鋪是

▲旅館的雙人房

分開的，中間放置床頭櫃者稱為"Twin Style"。若兩床合併，兩側各置一床頭櫃，稱之為"Holywood Style"。

(三)三人房

三人房（Triple Room）是指客房內備有一大床和一小床而能容三人睡者，此種房間以休閒旅館供家庭使用者居多。

(四)連通房

連通房（Connecting Room）是指兩間獨立單元的客房，以連通門（Connecting Door）連接，將連通門關閉時可成為兩間獨立的客房出售。通常兩獨立客房的連通門在兩邊客房內均各有一扇，當各自獨立售出時，兩扇門則合關起來，兩扇門各有所屬的門鎖，這除了是安全因素的考慮外，也有較佳的隔音效果。

二、套房

套房的住宿價格相對較一般客房為高，其種類分述於下：

(一)標準套房

標準套房（Standard Suite）是指同時使用兩個單元空間的客房而言，一單元空間作為客廳起居使用，另一單元空間供寢室、浴室使用。寢室的床鋪通常

▲豪華套房

使用Double Bed以上的規格，以示服務升級。

(二)豪華套房

豪華套房（Deluxe Suite）爲三個以上的單元客房（客廳、寢室、浴室、會議室或是其他設施）規劃而成的大型客房，供貴賓住宿使用，價格高昂。

(三)商務套房

在都市的商務旅館裡備有此種客房，通常專爲都市的商務客而規劃的，在設備上儘量滿足商務客人的需求，例如辦公桌、小型酒吧、休閒椅、傳眞機等，這種商務套房（Executive Suite）的房價較一般客房高，但廣爲商旅人士所喜用。

(四)總統套房

總統套房（Presidential Suite Room）是一種超級套房，使用率低，但可爲大型旅館做宣傳廣告與建立高級之形象。內部陳設匠心獨運，華麗舒適，設有小型會議室、酒吧、圖書室、廚房等。而浴室的豪華亦不遑多讓，有按摩浴缸、烤箱、蒸氣浴室、三溫暖等。套房內另設有侍衛房。有些高級旅館，住客還須視身分才可被接受訂房。

(五)雙樓套房

套房也有以樓中樓方式出現的雙樓套房（Duplex），其設備一如標準套房，只不過寢室設於上樓，客廳起居間設於下樓而已。

第二節　房價的種類

按國際慣例，旅館的計價方式通常有五種，在旅館的價目表（Tariff）上通常會註明。而房價的種類很多，主要是因應不同的消費客層與銷售策略的運用。旅館的計價方式和房價的種類分別說明如下：

一、旅館的計價方式

在國際上旅館客房計價方式的劃分，可以分爲以下五種：

1.歐式計價（European Plan; EP）：這種計價只計房租，不包含餐飲費用，為世界上大多數旅館所採用。

2.美式計價（American Plan; AP）：這種計價的特點是房租中包括一日三餐的費用，多為渡假型旅館或團體（會議）客人選用。

3.修正美式計價（Modified American Plan; MAP）：此種價格包括房租和早餐費用，還包括一頓午餐或晚餐（二者可以選擇其中一種），這種計價方式比較適合普通遊客。

4.歐陸式計價（Continental Plan; CP）：房租中包括歐陸式早餐（Continental breakfast），歐陸式早餐比較簡單，一般提供果汁、烤麵包（配奶油、果醬）、咖啡或茶。

5.百慕達式計價（Bermuda Plan; BP）：房租中包括美式早餐（American breakfast）。美式早餐除提供歐陸式早餐的種類之外，通常還提供煎、煮雞蛋、火腿、香腸、培根、水果等。

二、計算房價的種類

旅館的房價並非一成不變，它因應市場的變化、銷售策略調整而有不同種類的房價。

(一)標準價

標準價（Rack Rate）由旅館決策階層制訂，把各種不同類型客房的基本價格標示在旅館價目表上，這是客房的原價，不包含任何折扣因素。當旅館提出不折扣政策時，FIT客人面臨的就是支付標準房價。

(二)團體價

團體價（Group Rate）分為下列數種：

■旅行業者

旅行業者（Tour Operator）在未組團出遊時，即事先向旅館訂房若干（俗稱押房），然後再招客組團成行。旅館也會告知業者，若未能組團成行時，須在某一期限前（Cutoff）知會旅館解除訂房（Release）。因為旅行業者也有可能組團不成，只要在約好的期限前告知旅館即可。否則旅館會採取對策，例如下次預訂時提高房租，或縮短Cutoff期限，如旅館住房率高時乾脆拒絕訂房。旅館也視業者年度實際住宿的成績給予分級，把旅行業者的成績歸類，潛在力強、住宿業績理想者爲A級，享有較優惠房價，其次爲B級，以此類推。

■會議團體

會議團體（Conventions / Conferences / Meetings）是前來參加會議而需住宿訂房的團體，大多由行銷部門的業務員所接洽，商談所有住宿期間的安排與細節，也有自行向旅館預訂房間，旅館訂房人員仍需要與之商妥一切細節，以使顧客開會順利、住宿愉快。

■航空公司

航空公司（Airline Reservation）的班機遲延（Delay）或取消（Cancel）時（一般通稱爲Distressed Flights）所安排的旅館客房，以便供搭乘該班機的旅客住宿過夜。此外，因任務關係航空公司員工也被安排住宿，其細節由雙方協議訂之。

■獎勵旅遊團體

獎勵旅遊團體（Incentive Group）爲公司或機構，爲酬勞其員工的優良表現或業績之提升，給予至外地或出國旅遊的機會，作爲一種獎勵的手段。這種團體消費力頗強，食宿皆包括，所以由行銷部門人員來進行接洽，安排若干住宿細節。

(三)散客價

散客（Free Individual Tourist; FIT）爲團體客之對稱，若遇旅館有打折或促銷活動時，可以享受折扣價，否則就得按標準價支付房租。

(四)套裝價

旅館打出套裝價（Package Rate）的時機往往都是生意較淡的期間，要不然就是廣告銷售的手法，其意爲讓住客使用若干設施或服務的整套支付價格，例如除了住宿客房之外，配合餐食的使用、機場來去的載送爲成套的服務。又例如旅館的會議套裝價，會議團體的每人只要支付一定額度價款，該團體整套在館內開會、住宿、用餐的費用均已包括在內。

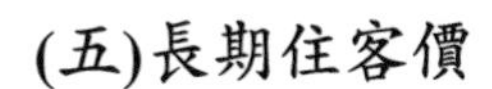

(五)長期住客價

長期住客（Long Stay Guests）的定義各旅館標準不同，有的訂為住宿十日以上即視為長期住客，可以取得較好的折扣價。

(六)旅遊躉售業者（IT Wholesale）

旅館允許旅遊業者出售客房給他的顧客，這種價格較為特殊。旅行社或旅遊業者支付房租給旅館而賺取差價，因此旅館負有保密之義務，不能告訴客人。客人憑旅行業者所發的住宿券（Voucher）付給旅館。住宿券中所記載之消費項目之外，如有其他消費，則須自行付帳。例如住宿券載有住宿包括早餐在內，則限住宿及早餐使用，其他的費用就要自己支付給旅館了。

(七)躉售業者配額（IT Allotment）

這種方式仍然是旅館將客房出售給旅遊業者，再轉售顧客而賺取差價，但方式與前一種稍有不同。旅館給予旅遊業者數間客房銷售的權利，但必須在規定時間內賣出。舉例來說，某家旅館分配給瑞士航空公司四間客房，並且須在四十八小時內售出的期限，這意味著瑞士航空可以在四十八小時內不必再徵詢旅館，而逕自出售這四間客房。這種只是配額訂房（Allotment Reservation），絕不是航空公司訂房，兩者意義不同。

(八)折扣價

折扣價（Discount Rate）可以分為下列幾種：

1.基於旅館銷售策略，在促銷期間（Promotion）任何FIT來客皆可享受折扣。

2.旅館給常住客或特殊待遇的客人提供優惠價格，但應明確規定哪些類型的客人可以享受折扣優惠，何種職級的主管才有權批准折扣實施，以免折扣泛濫，損害旅館的收益。

3.公司機構與旅館之間往來的折扣價格稱為公司價（Corporate Rate），又分有簽約及無簽約兩種。以前者而言，旅館視其年度所提供的住宿間數而給予高低不等的折扣而簽訂合約，每年換約一次。如果整年公司住宿業績好，則與旅館有談判籌碼，次年簽約可能會有更好的折扣，反之亦然。另一種公司價雖然與旅館無合約存在，但住宿業績相當良好，旅館方面也會酌情給予該公司好的折扣，以維護雙方良好的合作關係。

4.旅館在國際慣例上，會給予同是旅館業界的從業人員、航空公司、旅行社職員折扣價，但必須經旅館的高級主管核准才可實施。

5.外交官／政府官員價：訂房的來源可能是領事館、大使館或政府機構，往往可得到較好的折扣，甚至客房升等（Upgrade）的禮遇。

6.信用卡折扣價：為旅館與信用卡公司或發卡銀行所簽訂的折扣價，只要持有該卡的顧客即可享受折扣優惠。

(九)淡季價

淡季價（Low Season Rate）是旅館在營業淡季採行的價格，是一種折扣優惠價，通常在標準價的基礎上，下降一定的百分比，目的在鼓勵淡季使用以增加客房營收。

(十)旺季價

旺季價（High Season Rate）是旅館在營業旺季採行的價格，例如採不折扣的完全房價，或是高出標準房價，目的是要最大限度提高客房的經濟效益。

(十一)免費

在下列情況下，經過申請經由總經理批准後，旅館可能提供免費服務：

1.**House Use**：這是旅館的職員或主管因公事而住宿客房，或利用旅館其他設施，旅館不予收費。

2.**Complimentary Rate**：旅館對於特別重要的VIP客人，或與旅館有業務關係單位的住客，出於公關等原因，往往免收房租，但旅館應明確的規定享受的範圍和批准的對象。

3.**FAM Tour**：未曾與旅館有往來的國內外旅遊業者或事業機構，為求對旅館的整體認識，以便決定將來合作與否。因此，其先遣人員來旅館洽商以瞭解合作可行性時，旅館為了爭取後續源源不斷的商機，給予先遣者的住宿、餐飲免費招待或是部分免費招待，謂之FAM（Familiarization Tour）。

實際上，旅館爲應付形形色色的廣大客層，針對市場特性而予不同種類的房價，此乃中大型旅館不得不然的銷售手法，俾使住宿率有效提高，並增加旅館總營收。小型旅館由於客房數量有限，應儘量避免繁複的價格操作，房租種類的單純化是一種較有益的策略。

三、客房的定價

客房是旅館主要經營項目，而客房這一商品與別的商品不同，有著強烈的時間性。制定客房價格務必保證：(1)所制定的房價應能使旅館在經濟上收到最大效益；(2)應能使旅館達到最高的客房住房率（Occupancy）。

客房住房率是決定旅館經營效益好壞的關鍵，是實際出租的客房數與旅館可提供的客房數的比值。用公式表示爲：

本月出租總客房數÷旅館可提供的客房數×本月天數×100%＝本月客房出租率

爲達到上述兩項目標，制定客房價格可採用如下方法：

(一)千分之一定價法

千分之一定價法即是以投資額的千分之一作爲客房的出租價格。由於旅館房屋及其附屬設施通常占旅館投資的70%左右，因而客房造價與房價之間有著直接的聯繫。如果旅館投資情況如下（假設以美元爲單位）：

每間客房投資：
土地　3,000元
建築物　22,500元
家具和設備　4,500元
合計　30,000元

每間客房置存費用爲：

稅金、利息和保險費（占投資的2.7%）　810元
折舊：建築物（2.5%）　563元
家具和設備（10%）　450元
投資收益率（占總投資的8%）　2,400元

合計　4,223元

假設置存費用占客房銷售收入的55%（此假設參照了國際間飯店統一慣例），那麼該客房的銷售額為：

4,223（元）÷55%＝7,678（元）

若客房出租率保持在70%（由於旅館有淡旺季之分，常年均數定為70%是適中的，且歷來被作為估算旅館經營狀況的計算基礎），那麼全年客房出租天數為：

365（天）×70%＝255.5（天）

知道了全年客房出租天數，每間客房的銷售額為7,678元，那麼平均房價就為：

每間客房全年銷售額7,678（元）÷年出租天數255.5（天）＝30.05（元）

該飯店每間客房投資額為30,000元，要想取得旅館通常的利潤水準，平均房價就應定為30.05元（約為30元，也就是上面計算的結果），正好是投資額的千分之一，這就是千分之一定價法計算的依據。

採用千分之一定價法，可以迅速地作出價格決策。如某旅館有客房500間，總投資為5,000萬元，平均每間客房的造價為100,000元，按千分之一定價法，每間客房標準房價就應定為100元。

千分之一定價法對不同旅館設備、設施、服務條件等各種差異進行了取捨，用簡潔統一的價值尺度來表述旅館水準和房價的關係。千分之一定價法反映了一種供需平衡的關係。對消費者來說，是可以接受的價格，既符合其支付能力，又能滿足食宿要求；對旅館本身來說，也是可以採用的價格，其既反映了飯店本身的價值，也表示投資者可在一定期間內收回投資。千分之一定價法適用於以住宿為主，餐飲為輔的飯店，但由於現在旅館經營結構發生了一些變化，餐飲收入的比重越來越大，隨著這種變化，對宴會廳、中／西餐廳、酒吧、大廳等公共場所的建築投資相應增加，因此，雖然千分之一定價法可以作為制定房價的出發點，但在正式的定價過程中，應結合實際情況進行。

(二)赫伯特公式定價法

赫伯特公式定價法又稱「目標利潤定價法」，也稱之為「倒向研究法」。就是以科學管理利潤，要求在客房成本計算的基礎上，且在保證實現目標利潤的前提下，各項費用支出及所需得到的利潤計算確定客房價格。茲以實例說明如下：

某旅館可出租的客房數為500間，全年住房率為70%，全年費用總額（包括固定費用和各項變動費用及稅金等）為1,000萬美元，全年目標利潤為100萬美元。根據上述資料可知，其全年營業收入目標為：

全年費用總額1,000萬美元＋全年目標利潤總額100萬美元＝1,100萬美元

因此，要達到全年實現目標利潤100萬美元，也就是營業收入指標要達到1,100萬美元，那麼平均房價則為：

500（間）×70%×365＝127,750（間）（全年實際出租客房間數）
營業收入指標11,000,000（元）÷127,750＝86.1（美元）（平均房價）

採用赫伯特公式定價法的前提，是要保證預計的全年費用總額和目標利潤及客房出租率等指標要相對準確。因此由這個公式確定的房價是否合理，是由計算過程中使用的許多假設是否有效和正確而決定的。

值得注意的是這個數字近似值為86美元，它只是平均房價，並不一定是某一特定客房的價格，因為絕大多數旅館都擁有不同大小和種類的客房，每種客房當做單人房時有一種價格，而雙人房則價格高些。在擁有多種客房和多種房價的旅館中，平均房價的計算僅是一個指標性數字。客房的大小、裝潢和客房外面所能看到的景色等因素都應該加以考慮，以使房價達到一個平衡點，這一個平衡點既是合理的又能使由此而來的平均房價能夠達到所希望的數字。為釐清這個問題，我們來探討單人房與雙人的房價計算。

我們以上述500間客房的旅館來說明，我們知道86美元是基本房價，也就是為投資收入所需的平均房價。客房住房率為70%，從過去經驗中得知雙人房住房率為40%，並且我們希望單人房與與雙人房的差額為10美元，雙人房住房率的計算方式如下：

年客人總數　35,770
占用的房間數　25,550
雙人房占用數　10,220
雙人房使用率＝10,220÷25,550×100%＝40%

這個40%告訴我們，所有已銷售的客房中有40%是由兩個人占用的。在這500間客房的旅館裡，一般情況下住房率爲70%，於是我們有：

70%×500＝350（間）已占用客房

其中將爲雙人占用的客房爲：

350×40%＝140（間）

而將爲單人占用的客房爲：

350－140＝210（間）

另外，該旅館一夜住宿的總收入爲：

350（間）×86（平均房價）＝30,100（美元）

現在的問題是，我們應該以什麼樣的房價銷售210間單人房和140間雙人房（雙人房高於單人房之房價10美元），以獲得30,100美元的收入？數字表示法即爲（假設X爲未知的單人房價）：

210X＋140（X＋10）＝30,100（美元）

這個方程式的解法如下：

210X＋140X＋1,400＝30,100（美元）
350X＝30,100－1,400（美元）
350X＝28,700（美元）
X＝28,700÷350
X＝82（美元）

因此我們得知，單人房的房價爲82美元，雙人房的房價爲：

82＋10＝92（美元）

今驗證一下其正確性：

①單人房：82（美元）×210（間）＝17,220（美元）
②雙人房：92（美元）×140（間）＝12,880（美元）
①＋②：17,220＋12,880＝30,100（美元）

所得結果與350（間）×86（平均房價）＝30,100（美元）一致。
實際上，旅館決策者也許未必全然採用這種價格，以下有兩種可能：

1.競爭因素、市場的反應以及資產壽命等因素迫使旅館決策者降低價格，在這種情況下，投資收益將比預期的小。
2.如果旅館所在的地區內也有許多新的旅館，它們擁有高層建築，同時經營費用也高，房價自然提高，但那裡的客人仍能接受，那麼房價也許能再提高到上述計算出來的標準房價之上，這樣投資收益可能比預期的要高些。

在確定一個合適的房價之過程中，影響房價使之趨於下降的有下列因素：

1.家庭房價（Family Plan）。
2.企業折扣。
3.旅行社的回扣。
4.會議價或團體價。
5.給與某些特殊公司或政府機關的優惠價。
6.週結算或月結算的特殊價格。

另一方面，一間客房中住三人或更多客人時，額外的加床費用將使平均房價上升。

(三)客房面積定價法

另一決定房價的可行方法是根據客房面積來制定客房價格。

假設一家旅館有兩種不同大小的客房，其中250間客房爲每間30平方公尺（包括走道、浴室和櫥櫃的面積），其他250間爲20平方公尺，此兩種房間的需求量大致相等，可以出租的總平方公尺爲：

250×30（平方公尺）＝7,500（平方公尺）
250×20（平方公尺）＝5,000（平方公尺）
總計　12,500平方公尺

可出租總面積爲12,500平方公尺，但因爲客房的住房率爲70%，所以每晚平均銷售：

12,500（平方公尺）×70%＝8,750（平方公尺）

由上述例子知道，每夜需要營收30,100美元才能達到目標利潤，因此售出每一平方公尺應獲收入：

30,100（美元）÷8,750（平方公尺）＝3.44（美元）

所以大小客房的房價各爲：

小客房：3.44（美元）×20（平方公尺）＝68.8（美元）
大客房：3.44（美元）×30（平方公尺）＝103.2（美元）

我們可以檢驗上列數字之準確性，由於這兩種客房的需求量是相等的，因此每夜應平均銷售這兩種客房各175間。

①小客房：68.8（美元）×175（間）＝12,040（美元）
②大客房：103.2（美元）×175（間）＝18,060（美元）
①＋②：每夜總收入為30,100美元

以上三種定價方法是旅館制定客房價格的基本方法。但在實際定價時，還需考慮到同行的競爭、顧客的需求、環境變化等因素，對透過公式計算制定的房價做必要的調整。

第四章 旅館的連鎖經營

- 連鎖經營的型態
- 連鎖旅館未來趨勢分析

國際環境的變遷，旅館的活動空間不再局限於特定的國家或區域。跨國經營的型態除了提升旅館集團的全球知名度外，其所帶來的管理技術也給當地業界的管理方式產生衝擊。

旅館連鎖經營（Hotel Chain）指在本國或全球各地直接或間接地控制兩個以上的旅館，以相同的店名和商標、制式化的經營管理、標準的操作程序和服務方式，來進行聯合經營的企業。美國爲全球旅館連鎖經營的霸主，其次爲歐洲和日本。其發展方式爲在各地建造旅館、接受委託經營或加盟等方式出現，以致風起雲湧，足跡遍布全球各地。

第一節　連鎖經營的型態

旅館的經營連鎖化可將營運資源做最適當的分配，而使投資收益極大化，以確保競爭的優勢，更可達成技術移轉，共同生產（客房），共同運銷（訂房連鎖系統）的目的。本節將對連鎖經營的好處及其成因與型態加以分述。

一、連鎖經營的好處

旅館連鎖經營的好處列舉如下：

1.規模經濟：如果有多家連鎖旅館，可以成立一個管理中心來規劃所有營業空間之管理，並做研究發展，可以提高經營效率。
2.學習效果：可學習主店的管理經驗、Know-how及標準化的作業制度，是連鎖經營成功的關鍵因素。
3.降低成本：共同採購旅館用品、物料及設備，以降低經營成本，並使利潤最大化。
4.分擔風險：建立更多的連鎖據點，可以一起分擔經營的風險。
5.資金調度：資金相互支援，或以營業收益發展更多的連鎖據點。
6.整體訓練：統一訓練員工，訂定作業規範，提高服務水準，以提供完美的服務。
7.人才的培育：可一路培養旅館專業人才，暢通升遷管道，對人事的安定、服務品質的提升有莫大幫助。
8.廣告效果：合作辦理市場調查，共同開發市場，加強宣傳及廣告效果。

9.集中訂房：成立電腦訂房連線，建立完整的訂房制度。
10.樹立形象：提高旅館的知名度，樹立品牌形象，給予顧客信賴感與安全感。
11.共同利益：共同建立強而有力的推銷網，聯合推廣，以確保共同的利益。

二、連鎖經營的成因

旅館連鎖經營的型態與背景有其複雜性，端視企業體的結構情形或利益分配的考量等多種原因，茲列舉數端：

1.風險的分散：連鎖體系下，各旅館爲獨立企業體，財務不相統屬，如一家經營不善，可免波及其他旅館。或是有法律的訴訟，不影響其他連鎖店。
2.節稅的考慮：假設國內外的連鎖店同屬一家母公司，則海外連鎖店不但要被本國課營業稅，也須繳納海外當地政府的稅，爲避免被雙重課稅，連鎖系統設立各自獨立的企業單位以便節稅。
3.企業主利益的分配：股東或合夥人出資的方式、多寡不同，對利益的分配不同，也影響到企業的結構，從而影響連鎖的型態。
4.企業利益的考量：企業本身的知名度不夠，或多角化經營的因素，對旅館的營運經驗與技術闕如。

三、連鎖經營的型態

旅館連鎖型態有直營連鎖（Company Owned）、租賃連鎖（Lease）、管理經營委託連鎖（Management Contract）、特許加盟連鎖（Franchise License）、業務聯繫連鎖（Voluntary Chain），以及會員連鎖（Referral Chain），其中直營連鎖乃涉入程度最高的一種，所有的資源設備、軟體硬體皆爲連鎖主體所有，經營管理方式亦是連鎖主體全權掌控，風險及盈虧自己承擔。會員連鎖涉入程度最低，屬於公會型連鎖。而租賃連鎖則與直營連鎖差別不大，差別在土地建築及硬體是向原資本主租賃而來，而經營管理方面亦如直營連鎖由連鎖主體負責。管理經營委託連鎖亦即透過資本主與連鎖主體間簽訂管理契約，由連鎖主體代爲管理經營。第四種特許加盟連鎖是利用授權加盟的方式，透過技術指導及名稱的移轉來連鎖經營。業務聯繫連鎖則強調其廣告，訂房特性的連鎖。旅館主要連鎖型態如同上述六種，但在同一種連鎖型態中，有時還是會因契約訂定之經營方式、範圍及彼此間權利義務不同而有所差異。**表4-1**即依土地建物設備所有權、經營方式、連鎖方式、經營負責人、公司名稱、連鎖主體的收入來源等，將上述六種型態作一比較，而其方式與內容說明如下：

(一)直營連鎖

直營連鎖亦即由總公司直接經營的連鎖店，是由總公司所擁有的（Company Owned，又稱Regular Chain）。直營店的優點是經營完全在總公司的操控之中。缺點在於由於完全由總公司出資，總公司派人經營，在市場的開拓方面進展較慢，尤其在地價房租高漲的今天更是如此。直營店的典型例子在日本如王子大飯店、東急大飯店等，在台灣直營連鎖皆是屬於本土連鎖系統，如老爺、國賓、福華、晶華、中信等都是只有直營店而沒有加盟店。台北老爺大酒店不僅

表4-1　旅館連鎖型態表

連鎖內容 連鎖名稱	土地建物設備所有權	經營方式	連鎖方式	經營負責人	公司名稱	連鎖主體的收入來源
直營連鎖 Company Owned	部分或全部屬連鎖主體	連鎖主體直營	自主性經營	連鎖主體直派	同一連鎖主體名稱加上地名	連鎖主體本身就是營利主體
租賃連鎖 Lease	屬原來的資本主	連鎖主體直營	向資本主租借旅館	連鎖主體直派	連鎖主體名稱	連鎖主體即是營利本體
管理經營委託連鎖 Management Contract	屬原來的資本主	連鎖公司管理經營	管理經營委託連鎖	連鎖主體直派	連鎖主體名稱	以手續費、佣金收入維持
特許加盟連鎖 Franchise License	屬原來的資本主	由原來的資本主經營	經營技術指導和用連鎖名稱、商標	資本主自派人員獨立	連鎖體與各旅館名稱不同，併稱	收取技術指導及商標使用費
業務聯繫連鎖 Voluntary Chain	屬原來的資本主	由原來的資本主經營	只有廣告及訂房聯繫	各旅館自派人員獨立	連鎖體內各旅館成員名稱不同	收取佣金
會員連鎖 Referral Chain	屬原來的資本主	由原來的資本主經營	公會型連鎖	各旅館自派人員獨立	連鎖體與各旅館名稱不同	向會員旅館收取會費

資料來源：阮仲仁（1991）。《觀光飯店計畫》。

是屬於老爺大飯店直營連鎖系統系列之一，也委託Nikko經營管理；台北國賓大飯店、台北福華大飯店同樣皆有各自的直營連鎖系統，但同時也加入SRS國際訂房系統。由此可知，國內國際觀光旅館連鎖型態已朝全方位而且多樣化方式合作經營。由於直營連鎖須面臨高土地成本、資金等壓力，屬於外商的國際連鎖旅館業者並不願意承受如此的高風險，故避免此種連鎖型態，而以收取管理費、權利金的連鎖型態為主。

直營連鎖的特點是：所有權與經營權統一和集中，各成員旅館經理是雇員而非所有者。優缺點：優點是旅館完全在總公司的控制之中，有強大的議價能力，兼有聯合行銷的效率，可以利用廣告傳媒，有明確的長期規劃；缺點是完全由總公司出資，總公司派人經營，在市場開拓方面進展較慢，缺乏靈活性，限制了個人的獨創性。

(二)租賃連鎖

作為旅館所有者，把旅館按一定的租金租給旅館管理公司去經營管理，是一種租賃行為。其特點是可以充分發揮旅館管理公司的積極性，因為除了不可測因素外（如天然災害、經濟不景氣等），旅館管理公司的報酬是自身努力的結果，從交易成本角度看，由於旅館所有者是旅館資產的擁有者，管理公司又是資產的使用者，雙方必須有清楚的共識下才能合作愉快，所以「界定租賃使用到何種程度」是合約的重要礎石，例如設備的維護與維修、建築物的使用（租賃者為營業需要能否改變建物結構）都要把這些條件釐清。從風險分擔的角度看，對旅館所有者來說，這種管理方式是一種有效的風險轉嫁方式，因為旅館管理公司承擔了旅館經營的全部風險，除非旅館管理公司破產，旅館所有者總能得到一筆固定的租金。企業經營總有風險存在，當然這種風險可以通過「免責條款」來減輕，例如重大天然災害（地震、水災、火災等）、重大傳染病（像SARS期間），經濟環境蕭條等不可抗拒因素，旅館管理公司可向旅館所有者要求減少租金、免租或緩繳，但須雙方有共識而後在合約中載明。這樣對旅館管理公司來說，總是有幾分保障，能少掉幾分風險。此外，最重要的是旅館管理公司本身要有積極作為，努力建立旅館的品牌。

(三)管理經營委託連鎖

管理經營委託指的是透過合約的方式取得企業的經營管理權，運用法律約束的手段，明確規定委託人和受託人之間的義務、權利及責任，使合約之雙方當事人的權益得到保護和落實。旅館委託管理的特點是透過管理技術的輸出，對委託旅館進行緊密的控制和直接的經營管理。

旅館所有人願意簽訂管理經營委託主要是因爲自身品牌知名度低，缺少專業經營管理人才，欠缺有效的管理方法，造成市場競爭力不足。業者期望自己的旅館能與知名品牌管理公司（或旅館集團）合併以得到更多優勢資源，藉以提升自己旅館競爭能力。

旅館委託管理是經營模式中特許經營的一種形態，在這種連鎖加盟關係中，特許人（受託人，指旅館管理集團）對被特許人（委託人，指旅館所有人）享有更多控制權，在某種程度上可以將其視爲直營連鎖店。

受託的管理公司（或旅館集團）往往在簽約當中向委託人（旅館所有人）要求應得的報酬，例如：

1.每年收取營業總收入的X%作爲基本管理費。
2.每年收取毛利（GOP）的X%作爲獎勵管理費。
3.每年收取統一電腦訂房系統的服務費。
4.收取市場行銷費和廣告費。

一般來說，國際品牌旅館集團的管理期平均約爲十年，星級越高，管理期限越長。管理的一方可以續簽管理合約，目前較爲常見的是五年續簽一次，視業績續簽二至三次。

依實務而言，受託的管理公司（或國際品牌旅館集團）向委託人（旅館所有人）收取上述各項費用是應該的，問題是要收取多少百分比才是合理。依筆者觀察，國內外雙方合作成功的例子固然不少，但發生糾紛的也所在多有。國內業者若有意委託經營管理宜多審慎評估。

(四)特許加盟連鎖

特許經營加盟作爲一種現代行銷形式，起源於美國。從其產生之日起，就作爲獨特的經營機制而顯現出強大的生命力，在餐飲業、零售業和旅館業應用尤其廣泛。一般來說，特許加盟是一種根據合約進行的商業活動，即特許人按照合約要求、約束條件給予受許人（又稱加盟者）的一種權利，允許受許人使用特許人已開發出的企業象徵（如商標、品牌）和經營技術、訣竅及其業界知識產權。特許人爲受許人提供幫助，有時還會對其運作方式行使制約管理權。相應地，受許人爲使用此種品牌和經營方法，要向特許人支付首期特許費和持續發生的特許權使用費。

旅館特許經營加盟方式，通常是指國際旅館管理集團將其具有知識產權性質的國際品牌，包括先進的全球訂房網路與行銷系統、成熟定型的國際管理模式與服務標準等的使用權出售給旅館業主，由旅館業主依照國際品牌的品質標準與規範營運要求自主經營管理飯店。它的特點是以品牌爲核心，迅速擴張加盟店，並提供一致的服務。特許經營對特許者的品牌知名度、管理知識和經驗要求很高，同時必須有強而有力的銷售網路和總部管理支援。另外，對加盟旅館業主的要求也較高。

旅館委託管理是特許經營的一種形態，在這種連鎖加盟關係中，特許人對被特許人享有更多控制權，在某種程度上可以將其視爲直營連鎖店。旅館特許加盟經營與管理經營委託的區別是：特許加盟經營中，加盟主之旅館管理集團沒有直接經營管理權，只有指導及監督權；管理經營委託中，旅館管理集團有直接經營管理權，並透過派出一支飯店中高級管理人員隊伍來保證旅館品質及效益。

特許加盟連鎖的特點以及優缺點如下：

1.對加盟主而言，投資小、擴張快，分散低風險。
2.有一個加盟主的總部和許多加盟連鎖店。
3.特許加盟核心是特許權轉讓授予，總部是轉讓授予方，加盟店是接受方。
4.特許加盟連鎖是透過總部與加盟店一對一地簽訂特許合約而形成的。
5.所有權是分散的，而經營權集中於總部。
6.特許加盟連鎖關係主要是總部與加盟店的縱向聯繫，加盟店之間沒有横向聯繫。
7.總部在進行Know-how輔導時，還要授予加盟站店名、店號、商標、服務標誌等在一定區域內的壟斷使用權，並且在開店後繼續進行Know-how指導，而加盟店對這些權利的授予和服務的提供，以某種形式（銷售額或毛利的一定百分比等）報償。

(五)業務聯繫連鎖

業務聯繫連鎖又稱自願加盟或自由加盟。顧名思義，是自願加入連鎖體系的商店。這種商店（不限於旅館業）由於是原已存在，而非加盟店的開店伊始就由連鎖總公司輔導創立，所以在名稱上理應有別於加盟店，爲了區分方便，稱爲「自願加盟店」，在世界各國都存在。而在日本卻是一個比較特殊的經營形式，其他國家一般沒有，即使有也不普遍。依照日本Voluntary Chain協會賦予加盟店的定義是多數分散在各地的商店（偶爾也有批發商），爲了使其商店的經營現代化，一方面保存其商店的獨立性，同時又能享有永續經營的連鎖體系的優勢，在大部分由其自己做主的情況下，加入連鎖系統成爲其體系內的一家商店。總公司對於加盟店的幫助，通常僅止於加盟店要求的部分。而這些要求的部分中又以由總公司共同進貨爲最重要的一環。由於由總公司進貨量大，可以壓低成本，所以小商店要和大型連鎖店抗衡，最起碼也要和大連鎖店擁有同樣低廉的進貨成本，這也是小商店願意成爲志願加盟店的最大原因。

自願連鎖雖然出現在某些行業（包括旅館業）不是常見，但是在此對其特點和優缺點也做一個介紹：自由連鎖的優點是靈活性強，各店自主權大，主動性高；缺點是統一性差，決策遲緩。

對旅館業而言，則是在業務方面採取聯合訂房、促銷等活動，如Utell或SRS等，其目的主要在於吸引國際散客，再加上網際網路的發達，業者期望能加強預約訂房的效果。其效率僅次於管理經營委託連鎖及會員連鎖，而加入此連鎖型態的費用較低廉且資格限制也較寬鬆，希望增加旅館的國際知名度但又不願讓出經營管理權之業者，大多是以此形式參與連鎖。

(六)會員連鎖

有些旅館以會員的方式作爲連鎖經營，亦即是說，旅館本身以獨立之身分加入類似連鎖組織而成爲其中一員。不過，旅館雖然是會員之一，但旅館只願獲得管理技術、市場推廣或訂房支援等協助。旅館也會根據所受到的服務、協助的程度支付會費。

“The Leading Hotels of the World”及“Preferred Hotels”爲世界知名的兩個旅館連鎖系統，本質上，它是經過認證的會員連鎖，我國亞都麗緻及西華皆爲The Leading Hotels of the World之一員；西華又經由認可而加入Preferred

Hotels。要加入此種會員連鎖不僅在軟、硬體上須符合標準，且也要維持高水準的服務品質，這也是爲何此兩家旅館100%爲個別旅客（FIT）的原因。會員連鎖的經營效率爲所有連鎖型態次佳者，僅次於管理經營委託連鎖。

▲此國際標章代表旅館的榮譽與尊貴

以上爲六種旅館集團經營的連鎖型態，但並非每一旅館集團單純屬任何一種，也有跨型態經營的。例如洲際旅館集團中特許加盟店占88.9%，管理經營委託占6%，直營占5.1%。凱悅飯店集團分三個品牌：凱悅（Hyatt Regency）、君悅（Grand Hyatt）、柏悅（Park Hyatt），以特許加盟爲主；在中國有四家，均爲委託經營管理。

第二節　連鎖旅館未來趨勢分析

目前旅館集團數量日漸增多，規模日益擴大，勢力不斷增強，在全球觀光市場的重要性也日趨重要，茲以兩個面向加以分析：

一、旅館未來之展望

(一)連鎖化擴大加速

由於旅館的連鎖經營有若干優點，例如管理技術的取得、情報的蒐集、訂房系統的連線、企業形象的維護、不動產投資等，連鎖化經營已蔚爲風潮，以一九八三年之美國爲例，該年就有十萬間客房的增加，其中70%爲大規模旅館集團所有。

(二)大型跨國旅館集團的優勢經營

大型的國際性旅館集團挾其卓越的商譽、形象、技術與資本，縱橫全球，形成一種獨占的優勢，發展相當迅速。

(三)中小規模連鎖旅館的崛起

中小型連鎖旅館爲因應廣大的潛在市場，正迅速在都市崛起，以完善的設備和服務招徠顧客，甚至以價格經濟實惠爲訴求手法開拓市場。

(四)連鎖旅館以自有特色爲訴求重點

連鎖旅館強調本身的特色，加強客源的集中。諸如商務性之旅館以個人化服務或大型集會性爲旅館的訴求重點。

(五)客源的區隔化趨勢

旅館的經營有其設定的客層，但也同時開拓不同的客源，這種區隔化的經營相當成功，例如假日旅館爲大衆化的都市旅館，但該集團也設有專走高級路線的"Crown Plaza"級旅館，在全球各地設立，目前台灣也有一家。而拉馬達旅館集團也設定"Ramada Renaissance"爲豪華級的旅館，遍布全球各大城市。法國最大旅館集團"Accor"旗下的Sofitel旅館公司定位爲高級旅館，專開發高價位市場。

至於走平價路線的大型旅館集團以設立子公司的方式經營，如希爾頓集團之Crethil旅館，馬里奧特集團之Courtyard旅館、假日集團之Hampton Inn及精品國際集團之Comfort Inn。

(六)事業多角化經營

旅館集團多角化經營不僅可提高營運績效，且可分擔經營風險。例如跨足休閒產業，經營高爾夫球場、健身運動俱樂部、觀光賭場（Casino）或是出租公寓、食品業、外燴業、豪華郵輪、集合住宅管理業，而不動產、金融業也有他們的足跡。

Hotel Front Office and Housekeeping Managment

第二篇 客服

第五章

客務部組織與功能

- 客務部的角色與功能
- 客務部的職責與工作內容
- 大廳的服務設施
- 個案研究

客務部扮演著客房銷售、客帳管理及聯絡協調對客服務的工作，可說是客房部（Room Division）的管理重心，本章將先對客務部做初步之介紹。

第一節　客務部的角色與功能

客務部（Front Office）亦稱前檯部，是旅館處理顧客事務的管理中心，爲旅館非常重要的部門，由各種不同職能的部門組成，有接待、訂房、詢問、大廳服務中心（門衛、行李員）、總機等，爲客人提供二十四小時服務。客務部人員服務品質的好壞，常會給客人留下深刻的印象，因此是旅館管理中最重要的部門之一。

一、客務部與顧客之間的關係

旅館與旅客住宿交易的發生，有四個循環性的步驟（Guest Cycle），亦即抵店前、抵店、住房、離店，如以下程序：

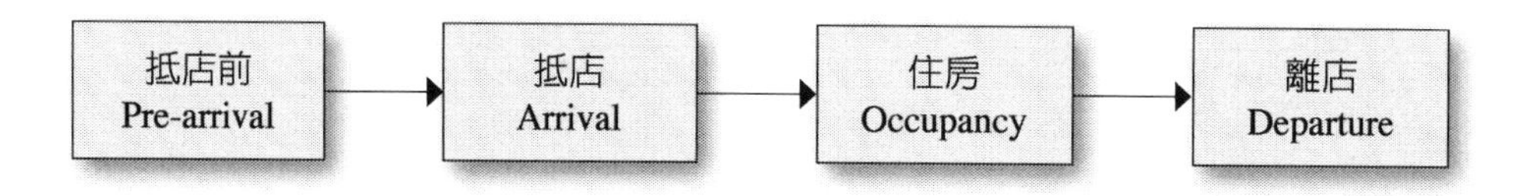

而這一連串的活動中，所接受的旅館服務階段亦隨之分爲訂房、住宿登記、住宿服務、退房與建立客史資料，如以下程序：

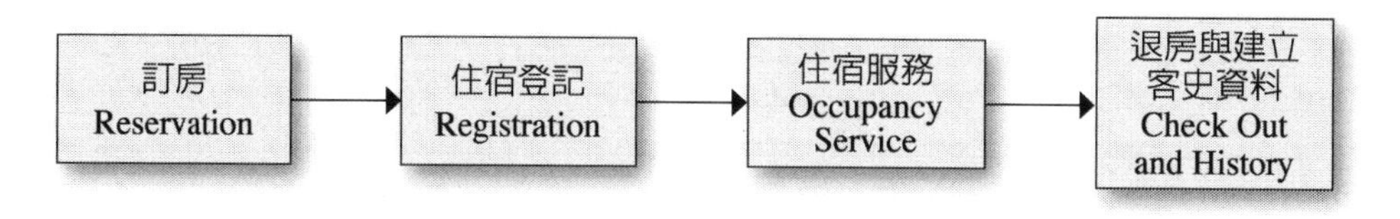

茲簡要說明如下：

(一)抵店前

客人抵店前選擇一家旅館住宿可能基於下列原因：

1.以前居住旅館的經驗。

2.經由旅行業者、親友、公司的介紹推薦。

3.旅館的地點或商譽。

4.對旅館或連鎖店的印象或先入爲主的評價。

不過上述這些因素易受到一些實際情況所左右，例如旅館訂房容易與否、訂房員解說後的接受程度（旅館設施、房價、環境等）。所以客務部門的人員服務態度、效率和專業知識對旅客決定住宿與否往往有關鍵性的影響力。客務部人員應具有積極性的銷售取向（Sales-oriented），以爭取顧客的認同。

(二)抵店

當顧客到達旅館時，接受旅館的住宿登記和分配房間；旅館與顧客的交易於焉產生。旅館人員的工作就是將「旅館的服務與顧客的期望」連結起來。

(三)住房

在四個循環性步驟中以住宿階段最爲重要。作爲客務部主體的櫃檯作業人員，必須處理、協調對客的一切服務，而部門的所有人員也要盡力去迎合顧客的要求，以使客人感到滿意。

客務部人員更須把循環步驟中的每一環節做好，以期建立良好的顧客關係，以留住客人。如果客人有所抱怨，要非常熱誠地協助解決，尤其櫃檯作業人員常是顧客抱怨的對象，故要小心翼翼地處理一切客人的投訴，而處理的方式須朝向雙贏的策略，兼顧客人與旅館之利益。

(四)離店

服務客人的最後步驟爲辦理客人的退房手續，顧客帳單的清算必須正確而迅速，此時客人交回房間鑰匙而離店；顧客的個人資料也歸檔並建立起客史資料（Guest History），櫃檯應在電腦中改變房間爲待整理之狀況，聯繫房務部人員清掃整理，以待下一波住宿之客人。

旅館經常利用客人住宿登記資料及住宿狀況記錄建立客史資料檔案（Guest History File），因爲這些資料透過分析，能使旅館更瞭解顧客的偏好和需求，以便多方面迎合客人，使住客滿意而成爲旅館常客，這是旅館市場行銷策略的方法之一。

櫃檯同時也須製作營業日報表（Daily Report），內容包括帳目情況如現金帳、應收帳等，同時也顯示各種住宿結構分析報告，例如住宿率（Occupancy

Rate）、房間種類銷售狀況、本地人與外國人的比例、散客（FIT）或團體（GIT）結構、營業額分析、平均房租等，將有助於經理人員對旅館營業走向和市場評估。

爲便於讀者瞭解整個旅館與顧客往來之循環性步驟，茲以**圖5-1**說明這些循環階段及雙方互動關係情形。

二、客務部的任務

客人從訂房之後，客務部即以密集的作業爲客人安排住宿事宜，而終使客人順利完成登記，享受旅館各方面的服務。由此觀之，客務部各職能的人員，其任務是多樣化的。

(一)對客人的歡迎

對於來館客人表示誠摯的歡迎，讓客人感覺旅館爲出外人的「家外之

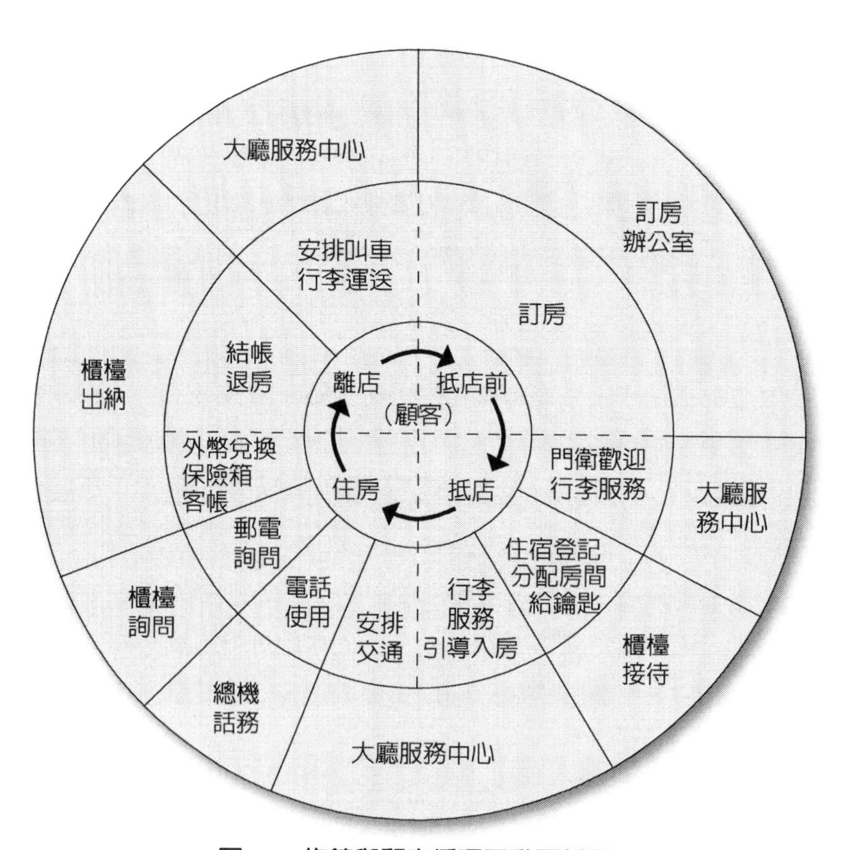

圖5-1　旅館與顧客循環互動關係圖

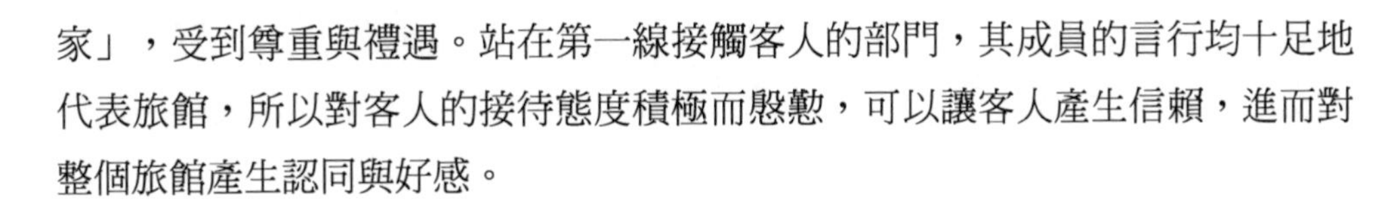

家」，受到尊重與禮遇。站在第一線接觸客人的部門，其成員的言行均十足地代表旅館，所以對客人的接待態度積極而慇懃，可以讓客人產生信賴，進而對整個旅館產生認同與好感。

(二)安排與完成旅客住宿登記

客人的住宿登記是一種必備的法律程序。客人將護照或身分證的資料提供給旅館登記，於簽名後完成。櫃檯接待最好能向顧客要求名片，以便登記住宿資料和建立客史檔案，作爲日後促銷和業務推廣使用。旅客住宿登記的另一聯也須送警察機關存查，各國皆然。

(三)記錄與確認訂房

訂房組接受客人的訂房，基本上也是銷售房間的利潤創造者（Profit-Maker），所以要非常仔細而謹愼地處理任何訂房細節，並且做好對客確認（Confirmation）工作，俾使訂房過程保持在最新而正確的狀況；假若出了差錯，將日期搞錯或是房型弄錯了，一旦客人站在櫃檯前面，將是何等的窘狀與尷尬，並引起客人的不悅。

(四)管理客帳

客帳的登錄也要求迅速和正確。每間客房依房號都有一份總帳卡，除每日登錄房租外，接受其他各營業單位所匯轉來的消費帳單，再登入總帳卡內累計金額，每天晚上並加以稽核，以保持最正確的帳目，直到客人退房辦理結算爲止。

客帳的項目相當多，這裡僅列出其中常見的項目：

1.每日房租與服務費。
2.餐廳消費。
3.迷你吧（Mini Bar）飲料與食品。
4.客衣送洗（Laundry）。
5.電話費（又分爲國際電話、長途電話、市內電話）。

(五)提供館內館外情報資料

櫃檯接待、大廳服務中心往往是客人詢問館內外情況或資訊的焦點，所以應該熟悉館內所有設施，包括客房、餐廳、娛樂設備等詳細情形，尤其館內的特賣、促銷、活動節目等也應相當瞭解，以滿足客人的需要。此外，關於當地的交通道路狀況，各公私機構、教會、醫院、娛樂場所或是藝文活動等，也要備有相當資料，以方便客人的詢問。

(六)處理客人的投訴或抱怨

櫃檯接待員或大廳副理必須有心理上的準備，因爲所接到的住客抱怨是各式各樣的，從設備、服務、價格等問題的不滿，要求獲得解決，到千奇百怪的狀況之處理；無論如何，總是要誠心協助客人，讓客人產生信賴或心有感激。

(七)館內商品的銷售

除了客房外，客務部的人要十分瞭解館內所有營業設施或是各種活動，以便適時推介給客人，因爲對館內的一切熟悉，對客人的解說也較有說服力，易爲客人接受。所以客務部各職能的人員也應是館內的銷售高手，來提高旅館的收入。

(八)提供安全服務

旅館經營，基本上有風險的存在和若干安全上的問題。櫃檯要具備敏銳的判斷力去預防，避免客人未付款而離店的逃帳情況，要做好保險箱管理制度，以確保客人所寄存的貴重品。對於客房鑰匙管理亦須謹慎，客人領取的鑰匙要確定與所分派的房號是一致的。

(九)聯絡和協調對客服務

旅館提供各種不同的服務，所以對各部門的有效溝通非常重要。例如接受訂房時，客人有其他要求，需通知與協調相關部門，做好跨部門服務之工作。又例如VIP客人在住宿之前，櫃檯要聯絡鮮花部門準備鮮花、盆花，聯絡客房餐飲部門準備水果及迎賓酒，聯絡房務部門準備VIP備品等。

(十)提高住宿率

住宿率是指客房銷售與整體客房的比例而言。如果客務部各職能人員有良好的銷售技巧，可能會挽回無數猶豫不決的客人決定住宿本旅館。這種銷售技巧表現在訂房、接待員的臨場應對，甚至在做參觀客房（Show Room）時陪同人員的解說技巧與說服力，往往能促使客人做出訂房的決定。

三、客務部的地位和扮演角色

客務部的工作是旅館對客服務的第一線，必須認識到自身責任的重大，以肩負起旅館的營運，茲分述如下：

(一)客務部代表旅館的門面

客務部代表旅館的門面，工作人員穿著整齊、設計巧思的制服，和豪華的大廳整體環境相配，可謂光鮮亮麗，令人賞心悅目。但是除此之外，還需要有實質的良好管理與人員訓練，才能產生卓越的服務。顧客的第一印象和最後印象，都視前檯人員的表現；獲得正面的評價，才能眞正實至名歸。

(二)客務部是旅館的訊息中心

由於擔負著客房銷售和對客人的各種服務，各種不同的訊息都會集中到客務部來。例如房間狀況、促銷活動內容、作業情報、客人的抱怨投訴、訪客留言等各種訊息。客務部彙總這些訊息，成爲旅館的訊息中心。

(三)客務部是旅館管理系統的關鍵部門

客務部所處理的各項工作，幾乎無不涉及整個旅館的運作。從客人的訂房、接機、住宿到退房離店，一系列的工作無所不包，這過程中包括了客帳的處理、房間狀況的管制（故障、清潔中、住宿房、可售房、未整理房等）、館內服務、對客的溝通與聯繫等工作，所以又被形容爲旅館的中樞神經。

(四)客務部的營運情形直接決定旅館的營業收入

客務部一直被強調親切與效率，第一印象和最後印象的決定者，因此它是一種「銷售取向」的營業單位，不但要銷售客房產品，還要設法提高平均房租和住宿率，使旅館的總營業額增加。

客務部的工作性質基本上是充滿挑戰性的，但也是多采多姿的，爲了處理來自各方所賦予的各式各樣工作，客務部各職能也就須擁有以下的特質與角色扮演：

1.外交家（Diplomat）。

2.資料記錄者（Record Keeper）。

3.訊息供應者（Information Source）。

4.心理學家（Psychologist）。

5.推銷員（Salesperson）。

惟客務部人員上述所須具有的資質是否透過訓練而能具備則有待評估，所以管理階層在人員引用時，從面談開始至最後錄用的決定，最基本的個人特質要求必須是個性開朗、心細、耐心與反應能力。

第二節　客務部的職責與工作內容

客務部其下設有若干不同的職能，共同負擔接待來客的責任與一起創造企業利潤的使命。很多旅館爲了提高客務人員的工作效率與責任感，設有密集的輪調訓練（Cross-training），使成員深入體認自身工作的重要性，而自動地把工作做好。

一、客務部的組織

組織設計的原則是針對工作效率而來的。一個部門能夠分工明確、組織合理化，則工作自然順利。客務部各職能不但分工各司其責，卻又須相互合作與協調，以保證提供明確而快速的服務。

旅館因其規模、類型、管理的不同，其組織設計有大有小，有繁有簡。大中型旅館的部門分工而專業化，小型旅館的部門中劃分較模糊，客務部人員可能一人身兼數職，集接待、出納、總機、訂房於一身，至於郵電、詢問，甚至行李寄存，也由櫃檯所包辦。

圖5-2爲大型及中型旅館客務部組織圖。

二、客務部各職能的職責

客務部的各職能雖有分工，但卻須密切合作以發揮團隊精神，達成服務客人的任務，茲分述如下：

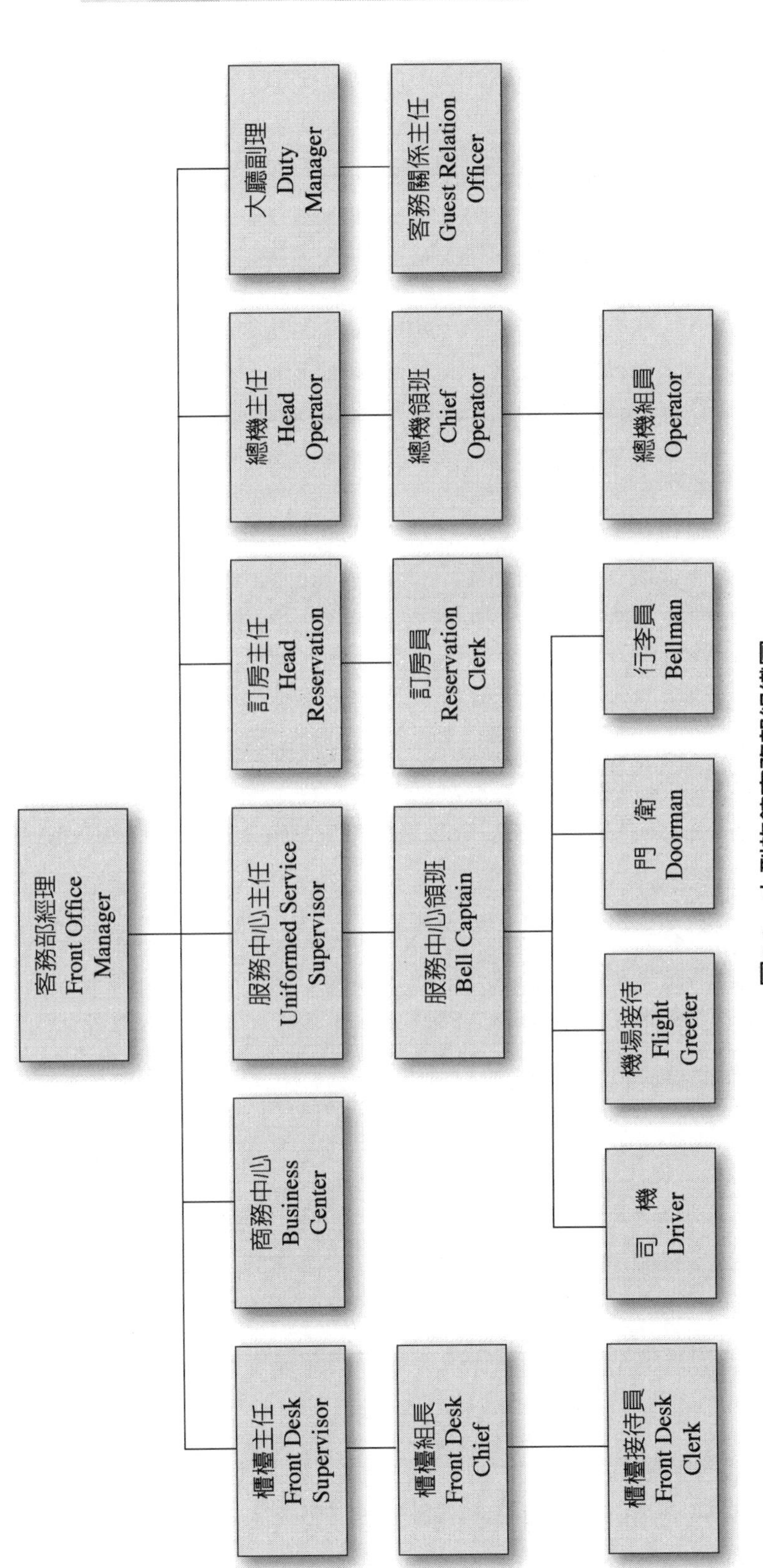

圖5-2　大型旅館客務部組織圖

(一)訂房組

訂房組（Room Reservation）的重要工作分爲三個方面：

■**接受訂房**

接受個人、團體、公司行號、旅行社或其他公私機構的訂房。接受訂房的方式有信件、電話、傳眞或是訂房中心（Central Reservation System）之預訂。在接受訂房時，可在權限範圍內決定給予房價或折扣程度。向訂房的客人製作並寄發確認信函，對取消、變更訂房做處理，並不斷與櫃檯保持作業聯繫。

■**保持訂房資料的正確**

訂房組對未來可出售房間要保持正確資料，以便隨時接受預訂，同時須根據訂房狀況將未來的營業收入及住宿率做出預測（Forecasts）工作。此外，訂房員須準備當日預訂到達名單（List of Expected Arrivals）提供給櫃檯，以便櫃檯能預先安排房間。有預付訂金的訂房，也要做好記錄，以免屆時出現差錯。

■**推銷客房**

與櫃檯員一樣，訂房員也要扮演推銷員的角色。對全館客房狀況須瞭若指掌，才能有效地推銷房間，例如每間客房的設施與格局或客房面對的外部景觀，都能毫不加思索地回應。對於旅館的套裝計畫（Package Plan）要十分熟悉，譬如套裝價格、內容及客人享受的利益須融會貫通，在推介給客人時才能靈活地解說。當大型團體訂房時要與行銷部門充分配合協調。國內有些旅館規定，凡接受十五間以上訂房之情形，必須移轉至行銷部門處理，因爲數量龐大的訂房在價格、日期和細節上有很大的談判空間，由專業的行銷部門處理較適合。

(二)櫃檯接待組

櫃檯接待（Reception）的傳統工作在替散客與團體，有訂房或無訂房客人的住宿登記辦理手續及分配房間。惟隨著時代變遷，櫃檯的工作已轉爲服務取向（Service-oriented），客人可能詢問館內的餐飲情形、娛樂節目或是到機場的叫車服務、館內各種服務與活動，櫃檯接待和顧客的關係逐日強化，其重要工作分述如下：

■**為客人辦理遷入遷出手續**

接待員協助客人完成住宿登記和分派房間，同時要確認住客的付款方式，

除了收現外，以信用卡付款者，櫃檯員有責任加以徵信。

■保持最新最正確的房態

接待員爲了使房間狀況保持在最新、最正確的狀態，必須與房務部保持聯絡，對於需要整修的故障房，接待員也要一直保持追蹤。

■做好安全控制的工作

至於在安全方面，接待員要做好房間鑰匙的管制，同時要做好貴重品的保管，對任何可疑狀況或緊急事件要有敏銳的判斷力和處理能力。

■接受詢問的服務

櫃檯接待也接受客人的詢問（Information）服務，例如交通、遊覽、購物等內容之詢問，或接受住客委託代辦事項等工作，所以有些工作也要和服務中心的人員密切相互配合，特別是委託代辦事項，如代購車票，代訂機票、戲票，或包裹郵寄、快遞等，均與服務中心配合處理。

■推銷旅館的產品

接待員也要善於推銷旅館設施讓客人知道，以利於客人的消費。因爲新來的客人不知道館內的設施與服務項目，而來過的客人也不一定瞭解館內新的活動和新的服務措施，所以適時的推介是必要的。接待人員也須十分清楚房間和房號之位置所在、價格和內部陳設，俾能投客人所好把客房銷售出去。

作爲一個成功的櫃檯接待，其條件爲內心充滿自信、精熟外語、受過良好的培訓，並且熱愛這份工作。

(三)櫃檯出納

櫃檯出納（Front Office Cashier）的主要工作分述如下：

■辦理退房遷出結帳

出納做帳的原則就是正確與迅速。櫃檯出納最重要的工作環節就是客人退房時的結帳。

當住客在館內任何地方消費時，住客的總帳卡中便會登錄該筆款項，而每筆款項的帳單要有客人的簽名，以便於查閱核對。大多數旅館的各營業單位採電腦連線方式，一旦住客在某營業單位消費，只要鍵入該房號的帳，便會自動登錄在住客總帳裡。

■客帳的處理

出納向退房客人收取的現金、信用卡帳單及總帳卡須轉至財務部門處理。出納的每一班（Shift）無論早班、午班或大夜班，必須所有帳目平衡，假若帳沒有平衡，表示有錯，須查出錯誤所在，直到正確爲止。

■保險箱服務

有很多旅館將貴重品保管箱（Safe Deposit Boxes）的工作歸給櫃檯出納管理，同時也兼銀行性質的工作，例如兌換旅行支票和外幣，所以在櫃檯出納處也會有國際主要貨幣的每日行情表。

(四)大廳服務中心

有些旅館將大廳服務中心（Uniformed Service）稱之爲Bell Service，但其功能與工作內容是完全一樣的。

它的主要工作爲迎送賓客、爲住客搬送行李、提供行李寄存和托運服務、代客叫車等。實際上，本部門的人員是住客第一個及最後一個接觸旅館的人。行李員、門衛、停車服務員、小客車司機，其一舉一動、一言一行均會給客人留下深刻印象，而據此來評價旅館。

因爲他們有機會直接與客人接觸，所以也須是優秀的推銷員，把旅館的餐廳、酒吧和其他營業設施推介給客人。因爲本部在大廳設有服務台，以及有機會在館內走動，同時也要負起維護旅館安全的責任，如有不尋常或是可疑的狀況，要向櫃檯報告，提高警覺。

本部服務人員也代辦一些客人要求的事項，或傳送訪客留言給住客等工作。

(五)電話總機

總機（Switchboard Operator）人員在客務部中是沒有面對面接觸客人的單位，然而在整體旅館的運作中也扮演一份吃重的角色。其所發出的友善、禮貌和明確、清晰的聲音，也代表著旅館的服務品質。

總機的工作以女性爲主，主要工作爲轉接電話、爲住客做訪客留言、回答電話詢問有關旅館活動之訊息、館內外緊急和意外事件的通知，提供叫醒服務（Wake-up Calls），有些旅館採用全自動設定叫醒服務，不過當自動叫醒機故障時，仍然得由總機負起叫醒的責任。

總機也負責音響器材的保管與操作。

(六)夜間稽核

櫃檯一整日營業的所有帳目必須做核算、更正與整理的工作，以便使各項營業報表清楚而正確，進而做總結與統計工作，這是夜間稽核（Night Auditor）的主要職責。

大夜班的夜間稽核必須每日在客房的總帳中逐一登錄房租和服務費，之後開始核算當日的各項費用發生帳項，如電話費、洗衣費、迷你吧飲料費、客房餐飲等各項營業項目的消費，其次查核收入項目，例如現金、信用卡、住宿券、退款、招待等，以各單項憑據逐一查核後做統計工作，檢視是否借貸平衡。

現代旅館的作業均已電腦化，由電腦作業系統處理營業報表，但仍需夜間稽核從電腦報表查核當中交易情形，以便第二天把最完整而正確的營業報表呈送管理階層核閱，作爲決策的參考。

有些旅館櫃檯的大夜班只有一人，所以必須集接待與稽核於一身，所以也須懂得Check-in和Check-out的程序；即使夜間櫃檯將接待與夜間稽核分開由兩人以上來運作，夜間稽核仍然要懂得住宿與退房的程序，以便在接待人員忙碌的時段加以協助，特別是夜間十一時起至凌晨二時止的這段時間，因爲通常這時段的櫃檯是忙碌的另一波高峰。

(七)商務中心

商務中心（Business Center）爲商務客人提供影印、打字、傳眞、會議室出租、商業訊息查詢及安排個人秘書等服務。

三、客務部管理人員的職責與工作內容

客務部的管理人員必須有相當豐富的實務經驗，才能對各種不同的狀況做最有利於旅館的處理，是旅館的前鋒幹部。

(一)客務部經理

客務部經理負責管理客務部的所有工作，必須懂得運用部門的有效資源去達成旅館要求的目標。他也必須知道如何去組織、協調和善於用人，以便把工作井然有序地完成，同時也能指導成員使用各項設備，並保護旅館的資產。客務部經理對部門的銷售計畫能做出分析與評估，並指導部門員工去執行。最

後，客務部經理應長於溝通和協調其他相關部門，使工作順利完成。客務部經理主要工作有：

1.參與本部門員工的甄選。
2.訓練與教育部門人員，並安排輪調訓練。
3.對屬下員工進行人事安排。
4.督促屬下員工的工作。
5.對部門裡的員工做績效評估。
6.協調、溝通、聯繫其他部門，確保部門各項工作順利進行。
7.對客房總鑰匙（Master Key）的監督控制。
8.與房務部溝通，確保房間狀況的正確。
9.迅速、有效和圓滿地解決客人所遭遇的各項問題和抱怨。
10.督導部門內工作所需之用品的申請，並妥善保管儲存。
11.對於簽帳、減讓、折扣的客帳做審慎決定。
12.監督櫃檯出納員的工作，確保每一班的金錢出入與帳目相符，沒有差錯。
13.制定客務部的工作計畫。
14.本身在執勤時穿著整齊制服，並要求屬下於執勤時間服裝儀容整齊。
15.處理訂房事宜：
(1)必要時和客人溝通訂房的事務與細節。
(2)與各部門協調有關FIT客人的特殊要求。
(3)協調行銷部門對有關團體的訂房事宜。
(4)對不接受訂房的日子（Dates to be Closed Out）做出決定，並通知訂房組和旅行社。
16.每日審閱相關營業報表：
(1)客房營業日報表（Daily Rooms Report）（昨日的）。
(2)每日抵店顧客名單（Daily Arrival List）（次日的）。
(3)每日離店顧客名單（Daily Departure List）（次日的）。
17.提供上級有關每日、每週、每月、未來三個月的訂房預測報表，以作爲決策參考。
18.主持部門的每月定期會議：

(1)對部門作業情況提出檢討。

(2)討論未來的政策與現行遭遇的問題。

(3)檢討與改善工作效率。

19.對VIP客人致意問候，並提供必要的服務與協助。

(二)大廳值班經理

大廳值班經理（Duty Manager）即是大廳副理（Assistant Manager），分爲三班制，即上午班、下午班和大夜班。其辦公桌設於大廳靠近櫃檯處。由於其職銜及易於接近之故，所以顧客有任何問題，都會直接找值班經理解決，其主要工作也就是滿足客人需求，解決問題，協同櫃檯接待對客服務，使客人獲致滿意。大廳值班經理須具有良好的個人素養，能用流利的外語交談，熟悉館內狀況，具有高雅的氣質、親切感人的作風、敏銳的判斷力，以及清晰的表達能力。

大廳值班經理的主要工作爲：

1.每日上班即翻閱前班記載的工作日誌（Duty Manager Log Book），瞭解非尋常事件及應注意事項。

2.遵照旅館的政策和程序處理客人帳務上的質疑與糾紛，審愼接受個人支票、旅行支票、旅行社／航空公司住宿券和顧客簽帳。

3.問候與護送VIP客人進客房，並提供住宿期間的協助與服務。

4.處理客人的抱怨，尋求解決，並追蹤是否完成履行客人的要求。

5.要求相關部門，維持公共區域及大廳的整潔。

6.協同安全部門調查、處置影響安全的事件：(1)火警；(2)水災；(3)意外事件；(4)暴力事件；(5)竊盜案；(6)色情；(7)醫療協助；(8)不受歡迎的客人；(9)可疑的人、事、物；(10)停電；(11)電梯故障。

7.巡視樓層及館內外區域，瞭解狀況，確保安全。

8.每日例行查房，特別檢查預定當日抵店的VIP房間及其擺設是否有按照要求。

9.協助各部門主管，對其部門內的問題和員工的困難予以襄助、解決。

10.過濾無事先約定而欲拜訪高層主管的客人。

11.協同安全部門人員，注意和預防員工的偷竊與不法行爲。

12.協同客務部經理，共同培養與增進顧客之間良好的關係。

13.必要時向櫃檯領取主鑰匙，並記錄領取時間。

14.處理客人將房間用品私自帶走或損壞設備的事件。

15.協助客人並提供館內外資訊讓客人知道。

16.瞭解今日的重要會議、聚會及時間，並做必要準備與處理。

17.維持大廳秩序，防止兒童在大廳奔跑、叫喊以及在電梯內外嬉戲。

18.一切行事原則均要以旅館最高利益爲考量。

四、客務部櫃檯接待工作流程自我檢查

(一)早班（07: 00～15: 00）工作內容

※ 檢查服裝儀容，遵守規範

1.仔細查看每日活動報表。

2.瞭解是否有VIP或旅館招待房預訂或住宿中。

3.瞭解會議資訊，核對會議用房數。

4.認眞閱讀交班本，瞭解上一班待完成事項，然後簽字認可跟辦。

5.查看各部門鑰匙領用、歸還記錄情況，並將鑰匙分類放置。

▲除了親切服務外櫃檯接待人員每項紀錄要詳實

6.查看當天訂房情況，並將預訂輸入電腦，並瞭解近幾天訂房情況。

7.核對房態，確保房態正確。

8.查當天預離店客人，並知會櫃檯出納。

9.按續住客人名單開餐券，爲有早餐的入住客人開餐券。

10.確認住店客人資訊、房價已完整且正確地輸入電腦。

11.如有客人換房，確認已通知房務部並已更改電腦資訊。收回鑰匙及開出換房通知單。

12.客人要求的喚醒時間是否已通知總機。

13.與中班同事口頭和書面交接，並隨時與下一班取得聯繫。

交班人：______________接班人：______________

(二)中班（15:00～23:00）工作內容

※檢查服裝儀容，遵守規範

1.仔細查看每日活動報表。

2.瞭解會議資訊，核對會議用房數。

3.口頭與書面交接。

4.查看各部門鑰匙記錄情況。

5.整理訂房單，並估計當天售房狀況。

6.核對房態，確保房態正確。

7.按在住客人抵店開餐券，並確定第二天用餐人數，下訂餐單。

8.確認住店客人資訊、房價已完整且正確地輸入電腦。

9.如有客人換房，確認已通知房務部並已更改電腦資訊。收回鑰匙及開出換房通知單。

10.客人要求的喚醒時間是否已通知總機。

11.交接下一班未完成事項跟辦。

12.隨時與下一班同事聯繫。

交班人：＿＿＿＿＿＿＿接班人：＿＿＿＿＿＿＿

(三)夜班（23:00～07:00）工作內容

※檢查服裝儀容，遵守規範。

1.仔細查看每日活動報表。

2.瞭解會議資訊，核對會議用房數。

3.口頭與書面交接。

4.查看各部門鑰匙記錄情況。

5.整理訂房單，並估計當天售房狀況。

6.檢查未開餐券房間，並補開。

7.確認住店客人資訊、房價已完整且正確地輸入電腦。

8.如有客人換房，確認已通知房務部並已更改電腦資訊。收回鑰匙及開出換房通知單。

9.客人要求的喚醒時間是否已通知總機。
10.整理當天訂房記錄情況，並瞭解第二天售房情況。
交班人：＿＿＿＿＿＿接班人：＿＿＿＿＿＿

第三節 大廳的服務設施

大廳（Lobby）是旅館的重要門面，是所有來館客人，無論住宿、用餐或聚會所匯集往來的場所。住客（散客和團體客）在此辦理住宿及離店的手續。所以大廳的設計格局應有寬敞的交通面積、休息等候區和服務來客的各種設施與辦公處所。理想的大廳不僅僅要設施完善，適宜的溫度、設計的格調和光鮮亮麗的裝潢，能形成一種感人的氣氛，以襯托出旅館的價值。

大廳的面積由旅館的規模、等級和性質來決定，除了櫃檯和辦公室外，其他周邊設施，旅館規模愈大也就愈完善，舉凡商務中心、咖啡廳、閱覽室、商場、銀行、航空公司服務台和娛樂設備等一應俱全。所以基本設計就要考慮不同需求的客層動線，讓住客與非住客的走動路線不會互相妨礙，如此也能迎合安全與管理上考量。大廳內的主要服務設施說明如下：

一、旅館櫃檯的設置原則及標準的重要性

(一)櫃檯設置的基本原則

服務總櫃檯（General Service Counter），簡稱「櫃檯」，是爲客人提供住宿登記、結帳、詢問、外幣兌換等綜合服務的場所。突出這些服務的特點，在設計時都要遵循這些基本的原則，以利於作業的運轉。

■經濟性

櫃檯一般是設在旅館的大廳，而大廳是旅館的寸金之地。旅館可以充分利用這一客流量最大的地方，設置營利設施。因此，櫃檯的設置要儘量少占用大廳空間。

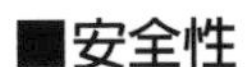

■安全性

櫃檯的設置應遵循安全性原則。其涵義一方面是指櫃檯的設置必須確保「出納」的安全，預防有害旅館現金和帳務活動的事情發生；另一方面，櫃檯的設計要能夠爲客人保密，不能讓客人輕易得知其他客人的情況。因此，旅館的前檯以直線形、半圓形爲多，而圓形較少。

■明顯性

櫃檯的位置應該是明顯的，也就是可見度比較強。客人一進入旅館就能夠看得到，同時櫃檯員工也能夠看清楚旅館大廳出入的來往客人。如果一家旅館的櫃檯不易讓客人找到，那麼其設置是不合理的。此外，其明顯性原則還包括櫃檯各業務處的明確中、英文標示。此外，在設計上要注意可及性（accessibility），要離大門比較近的距離，且創造一無障礙空間，讓行動不便的顧客及老人易於到達。

■效益性

櫃檯的設置還應該注意各工作環節的銜接，確保接待人員工作效率的提高和節省客人的時間與體力，絕大多數旅館的櫃檯都是以電腦或電腦操控的「客房控制架」（Room Indicator Rack）爲中心進行設計的。這種方法最利於提高接待工作效率。「時間與動作研究」是設計櫃檯必須要進行的工作。

■美觀性

櫃檯不僅要高效率、準確完成客人的入住登記手續，而且要能夠給客人留下深刻的良好形象。因此，櫃檯的布局、燈光、色彩以及氣氛都是不容忽視的內容。

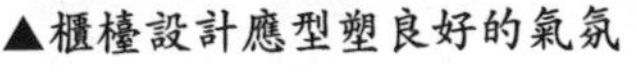

▲櫃檯設計應型塑良好的氣氛

(二)櫃檯設置的基本標準

櫃檯尺寸的大小儘管受到旅館性質、規模、位置等因素影響，但是，一般而言應該符合以下基本標準：

■櫃檯的高度與寬度

在西方國家，旅館櫃檯的高度通常是1.01～1.05公尺，寬0.6～0.7公尺，過高或過低都不利於前廳的接待工作。

■櫃檯的長度

櫃檯的長度通常受到旅館規模和等級影響。一般是按床位數量計算的。在歐洲國家，按每個床位需要0.25公尺來推算；美國又有如**表5-1**的推算標準。

此外，旅館大廳的面積也和客房的數量有密切的關係。一般情況下，旅館的主櫃檯或大廳（包括主櫃檯）的面積按每間客房0.8～1.0公尺計算。

總之，櫃檯的設置是整個前廳業務運轉的基礎，而且，檯架一旦落成又很難改變，因此在設置前一定要進行可行性研究。

二、大廳其他設施的介紹

大廳設施除了櫃檯外，尚有其他必備的設施，以使大廳備有完整的機能。

(一)話務總機室

是館內外聯絡與接觸的樞紐，爲作業與管理上的方便，其位置通常連接櫃檯。由於話務相當繁忙，總機室的內部環境與條件以減輕話務員的干擾爲首要，使話務人員能專心工作，避免出現差錯狀況。而其空間應有良好的照明、舒適的座椅和適宜的空調系統等。

(二)大廳服務中心

服務中心設有行李服務台（Bell Captain Station），其位置必須靠近櫃檯，

表5-1　櫃檯長度推算表

客房數（間）	櫃檯長度（m）	檯面與作業面積（m^2）
50	3.0	5.5
100	4.5	9.5
200	7.5	18.5
400	10.5	30.5

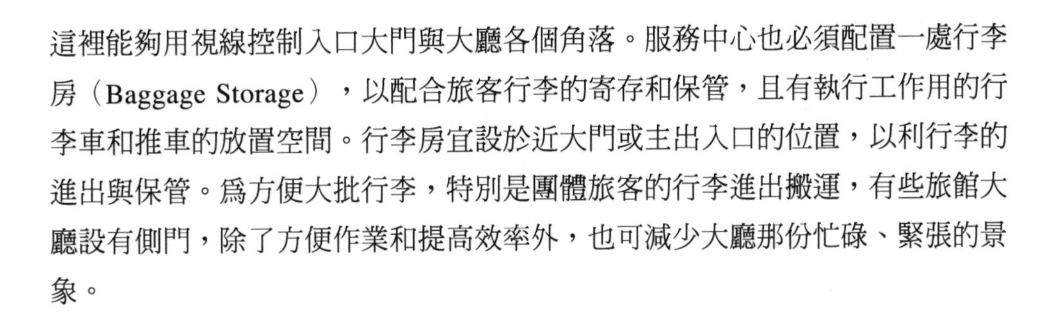

這裡能夠用視線控制入口大門與大廳各個角落。服務中心也必須配置一處行李房（Baggage Storage），以配合旅客行李的寄存和保管，且有執行工作用的行李車和推車的放置空間。行李房宜設於近大門或主出入口的位置，以利行李的進出與保管。爲方便大批行李，特別是團體旅客的行李進出搬運，有些旅館大廳設有側門，除了方便作業和提高效率外，也可減少大廳那份忙碌、緊張的景象。

(三)衣帽間

在較大型的旅館裡都設有衣帽間（Cloakroom），以供來參加會議、宴會的客人存放衣物，特別是外套和帽子。衣帽間多設於大廳入口或餐廳、宴會廳、會議室及舞廳旁，通常和休息室緊鄰在一起，裡面要有良好的照明和通風設施。

(四)洗手間

洗手間（Toilet）往往被視爲旅館管理的指標，且出於清潔衛生和公共禮儀的需要，洗手間要有很高的清潔衛生標準。洗手間又稱化粧室，除男女分開外，另設有殘障人士專用洗手間，各設有中英、文標示牌，裡面寬敞亮麗，有掛畫、鮮花、音樂，各種衛生用品齊全，有專人管理，至少要每隔一小時巡視一次。

(五)公共主梯、電扶梯與電梯

較大型的旅館爲了配合連結低樓層的營業場所，例如餐廳、宴會廳、會議室或精品商店街，必須設有公共主梯（Main Staircase）或是電扶梯（Escalator），以供顧客往來使用。其設計動線則避免與住宿旅客動線，尤其往電梯之行進路線產生衝突或是互爲交錯。

電梯（Elevator）之位置的選擇以旅客進入大廳即可容易看到的地方爲佳，並且在櫃檯人員和服務中心的視線範圍內。電梯內部應有足夠的寬度以便容納等候與進出電梯的客人。客用電梯的容量一般按客房最多人數的10%來設計，以滿足乘客集中使用的情況。

(六)值班經理辦公桌

值班經理（Duty Manager）又稱大廳副理，主要爲處理客務公共關係。辦公桌通常配合服務中心，設置於大廳的各一邊，方便布置與視線管理。其桌旁設有電腦作業系統，作爲輔助其工作之用。

大廳的設置除上述之外，也在醒目之處設有訂宴辦公桌，桌前有供訂席客人坐的舒適座椅，方便客人使用。根據旅館的空間、等級和性質，大廳還分別設有商務中心、閱覽室、咖啡廳、商店或書報攤等。

第四節　個案研究

個案

周玉玫是一家國際觀光旅館的接待員。有一天，她接到兩位住客求助的案例。其一爲長期住客美國人傑森先生，他對有關帳目方面有質疑，因他發現房帳多了一筆莫明的國際電話費，且略帶慍色，要求馬上解決這個問題。另外一位住客是國內知名大公司的高級主管，他打電話來說，他要趕時間外出開會，才發現身邊的行動電話不見了，可能午間在外用餐忘了帶走而遺留在該餐廳內，是否能協助他處理。由於周玉玫是一位有經驗的接待員，對這兩個求助案例能從容地應付。對於前一件事，她立即調閱昨晚大夜班值勤記錄簿，上面記載傑森昨夜歸來時醉得不省人事，被友人攙扶回來至其房內，其友人停留約半小時後離去。而這通電話的發話時間也與傑森朋友停留時段相符，合理的推測應是友人所打的，於是委婉地解釋說明緣由，最後傑森悻悻地接受這番說詞而願承認這筆帳。對另一案例，周玉玫首先向該名主管詢問是在哪家餐廳用餐，並查出餐廳的電話並聯絡查詢。結果她得知餐廳服務人員有發現他遺忘的電話，且已保管起來。這名主管慌張的心情才如釋負重，但因急著去主持一重要會議，不克取回，周玉玫也答應旅館將派人把行動電話領回來，客人心中充滿感激。

分析

一、一般而言，當住客遇有問題或困難時，自然會先想到與櫃檯聯繫，他們提出各式各樣的問題，身爲旅館之職員要眞誠相助，爲客人解決困難。

二、本案例中的周玉玫在接獲客人的求助之後，能有條不紊地進行處理，使問題得到圓滿的解決，表明她能針對不同的服務對象，靈活地做好接待服務工作，也達到了良好的服務效果，贏得客人對旅館的信賴及向心力。

個案思考與訓練一

原本打算要住宿A旅館一星期的史密斯先生，才第一天清早，就受不了在牆壁上敲敲打打的整修工程，使得他不能睡好。因此，在用完早餐後就到櫃檯辦理退房結帳，並氣憤地要求櫃檯人員給予房租半價作爲補償，否則就拒付房租。

個案思考與訓練二

某飯店一位姓王的常住客人，最近突然從飯店遷到對面的一家飯店住宿。客房部經理得知後，親自去拜訪客人，問其原委。這位客人說：「你們的客房服務員是『鸚鵡』，每次見到我只會鸚鵡學舌地說『您好，先生』，而這邊飯店服務員是『百靈鳥』，我每次碰到服務員時，總能聽到曲目不同的悅耳歌聲，這使我心情舒暢。」

第六章 客房預訂作業

- 客房預訂的意義
- 客房預訂的種類
- 訂房組的責任與工作內容
- 客房預訂的服務程序
- 超額訂房作業處理與訂房的問題和對策
- 個案研究

房間預訂是旅館與客人建立良好關係的伊始。訂房員的素質及良好的作業系統是訂房作業的兩大要素。整體而言，訂房的主要工作爲：「接受訂房詢問」、「決定客房的選擇與價格」、「塡寫訂房記錄」、「確認訂房記錄」、「製作各項訂房表格」。

把對客接觸的第一步做好，讓客人產生良好的印象，將有助於旅館業務的提升。

第一節　客房預訂的意義

訂房的意義就是顧客透過旅館的預訂程序之後，旅館提供客人所期望的客房產品，等待顧客的光臨謂之。所以訂房也是旅館的行銷業務之一，訂房員的能力和態度，對預訂作業是否成功有關鍵性的決定力。

訂房員處理的時候，所要求的便是快速、正確與禮貌誠懇。在作業的一連串程序中，就是做訂房記錄、確認、資料保存和訂房統計報告。顧客訂房的資料將有助於櫃檯接待在辦理住宿手續時對房間的分配、控制、客帳製作和客史檔案的建立。綜言之，訂房有以下三方面的意義：

一、提高旅館的住宿率

客人接觸旅館的第一印象就是訂房，可見站在業務第一線上的訂房人員是多麼的重要。由於市場的競爭相當激烈，各旅館無不加強訂房人員的訓練，以便確保客源不致流失，訓練的主要課程爲：

1.訂房作業程序（作業流程的控制與記錄）。
2.社交技巧（個人特質和人際溝通技巧的增進）。
3.銷售技巧（熟悉旅館產品以及如何去推銷、要推銷什麼）。

須知訂房員銷售成功，不僅是爲客房創造住客、增加客房住房率而已，同時也創造其他部門收入的來源。

二、預測未來的業務

對於訂房的散客和團體資料之保存，集中分析，可以預測將來的客源流動情

況，及時調整客房部和其他部門（尤其是餐飲部）的銷售與管理策略。例如：

1.各部門業績的預估。
2.安排每週、每月的人力資源和菜單製作設計、採購的預估。
3.有助於費用和預算的估計（例如工資的預算和採購費用的估算）。
4.成本的控制，包括材料、勞務和一般開銷等。
5.長期的規劃（例如旅館的全面改裝或擴大計畫）。

三、提高櫃檯的接待效率

客房的整套銷售是由訂房員和櫃檯接待員共同合作的成果，訂房員將顧客的資料如姓名、地址、特殊偏好等個人資料提供給櫃檯，櫃檯則據以安排適當的房間和服務事項，當客人入住時亦能簡化住宿登記過程，提高接待效率。

第二節　客房預訂的種類

大多數的旅館住客，在其外出之前都會向旅館預訂房間。然而訂房又有幾種不同的形式，也會產生不同的待遇和結果，其分類如下：

一、無保證訂房

無保證訂房（Non-guaranteed Reservation）即是沒有預付訂金（Deposit）的訂房，當客人的訂房被旅館接受及確認後，客人將按照約定日期到達旅館。惟旅館會向客人聲明，房間只保留到抵達當天下午六時爲止。如果下午六時以後客人尙未到達，訂房就自動被取消，旅館有權將之售給其他客人，當然，如果訂房客人晚來，而旅館還有房間的話，就無此問題。像這種自動取消訂房的時間稱之爲「解除時間」（Release Time），設定「解除時間」的目的就是在保護旅館的收益，以免因訂房失約而使旅館招致損失。

二、保證訂房

保證訂房（Guaranteed Reservation）的意義爲一旦客人訂了房間，即使未予使用，仍然保證支付客房價金者謂之。當然，如果按旅館的規定事先辦理取消程序則除外。

保證訂房的目的是在保護旅館的權益，避免客人爽約（No Show，指訂房客人沒有到達，也沒有通知取消）而招致旅館損失。這樣一來，確保了旅館的營收，即使客人不到的話。但反過來而言，客人晚到些，旅館仍要爲其保留房間。訂房的保證方式有下列數種：

(一)現金支付

客人支付房租全部款項，這對旅館而言是最理想的付款方式。

(二)信用卡支付

客人只要在訂房時將持卡人姓名、信用卡種類、卡號等情況告訴旅館，由旅館驗證信用卡的有效性後，其訂房可視爲保證訂房。如此，儘管客人在預定抵店日期未到店，旅館亦可向銀行或信用卡公司收費，以作爲客房的收入。

(三)部分支付

這種支付方式的客人大部分可能會住上數天，因此大抵上會先支付一天的房租做保證，如果爲長期性住宿者，可能會預付更多。團體訂房的訂金也是部分支付的。如果客人在當天沒有到達，旅館則有權沒收這筆訂金以作爲損失補

償，同時所有的訂房也將被取消。

(四)合約保證支付

公司行號與旅館雙方簽訂合約，對該公司的訂房如果有不到者，仍然照付房租予旅館。這種與公司簽訂合約者以都市商務旅館居多。

三、其他種類訂房

訂房的種類以住宿前是否支付價金作爲區分外，若以訂房一方的身分或性質而言，有下列數種訂房的種類：

(一)貴賓訂房（VIPs and CIPs）

對於貴賓（Very Important Persons or Commercially Important Persons）訂房的處理，通常由訂房組主管或資深訂房員來操作，甚至以團隊合作來完成，即旅館的高級主管、行銷部門、公關部門及其他相關單位共同協調合作，以便做細密的安排。尤其是VIP以上或新聞性高的貴賓，旅館往往也會抓住機會替自己大肆宣傳一番，所以如何設計招待事宜，使賓主盡歡，又提高旅館的形象，對旅館主事者的智慧是一大考驗。

(二)團體訂房（Tours and Groups）

每一旅館對所謂「團體」之定義不同，有些旅館設定凡是同一團體訂房超過八間以上，視爲團體訂房。團體性質上的不同分爲旅行團體、會議團體、特殊團體等，旅館給予的房價與一般訂房有別。但因團體訂房數量多，旅館對其房租計價仍會考慮諸多因素，如以下所列：

1.年中的時段（Time of Year）。
2.星期中的時段（Time of Week）。
3.停留期間的長短（Length of Stay）。
4.是否有館內其他消費（What Other Facilities They Will Use）。
5.訂房數量（How Many Rooms）。
6.團體成員的身分（Who They Are）。

團體訂房在淡季享有較低價格的優惠，在旺季則有特殊的處理，否則對那些潛在性而願支付較高房價的散客造成排擠作用，使旅館的收入也蒙受損失。所以每家旅館在旺季時會考量本身營業特性與狀況，並參照歷年的住房變化，決定收受團體客的百分比，以保持最佳的營收。

而每星期中的時段，接受訂房的考量亦相當重要。因爲，即使在旺季裡，每週也可能有一、二天較低的住宿率，所以應隨時查閱紀錄以掌握訂房狀況，填補住宿率高峰之間的低谷，使旅館營業保持在理想狀態中。

(三)留佣訂房（Commissionable Reservation）

旅行社或訂房中心所預訂的房間，旅館須爲其保留佣金。至於佣金成數的多寡，由雙方協議之，通常爲一成。訂房員在訂房單上註明佣金成數。當旅客進住時，團體房帳卡上寫明旅行社名稱和佣金數目（百分比）。俟退房後把訂房單、帳卡合在一起，轉交財務單位。訂房員亦將佣金計算明細表，在表格內逐日記載，每月月底統計後送交財務部向旅行社按月結清一次。佣金帳卡及佣金計算明細表也可以作爲旅館與旅行社的往來紀錄。

(四)會員訂房

大型旅館所設的會員制之俱樂部（Club）或是聯誼會（Association），其會員訂房享有一定比率的折扣和優先訂房之待遇，這是旅館將顧客組織化的一種設計。有些旅館設有「最佳顧客方案」（Preferred Guests Program），一般都以旅館的常客爲對象，享有特別折扣或是優先訂房、客房升等的待遇，以此方式來維繫客人對旅館的忠誠度。

訂房的種類若依訂房的型式或旅館的促銷方案（Promotion Program），可衍生許多不同型式的訂房，例如結合住宿、用餐及旅館周邊地區遊覽的套裝旅遊（Package Tour）訂房，或是新婚專案訂房（多見於渡假性的休閒旅館）等不一而足。因爲旅館業的競爭激烈，業者無不努力推出招徠顧客的方案，使得訂房種類五花八門。

第三節　訂房組的責任與工作內容

訂房組是客務部的一部分，是調節和控制整個旅館客房預訂、銷售的中心，是旅館業務第一線的部門。

在訂房部工作的每位成員必須瞭解，雖然多數情況下不是面對面爲客人服務，但卻是客人接觸旅館的第一個人。扮演好這個角色，就要在電話聲中給客人慇懃和親切的服務。訂房組工作的最終目的也跟其他部門一樣，即是以最佳效益去推銷客房，所以每位職員必須熟悉旅館的產品和服務，以及訂房有關操作規程，並掌握部門的有關規定。

一、訂房的作業流程

訂房的作業方式分爲一般作業和VIP作業。平常的業務量以一般作業居多，但VIP作業程序卻較爲繁複，所以兩者在處理上都必須十分謹慎。

圖6-1和**圖6-2**即爲整個訂房的作業流程圖和訂房細部作業流程圖。

二、訂房組人員的職責與工作內容

訂房組人員的職責與工作內容分述如下：

(一)訂房組主管的職責與工作內容

■崗位職責

負責管理訂房組行政和日常工作，全面負責訂房工作各環節的通暢運作和提高有效訂房。

■工作內容

1.督導訂房員並安排其工作。

2.核對團體訂房和散客訂房的變更與取消之房間數。

3.負責發出各種信件、備忘錄和印製報表給各部門。

4.與旅行社確認團體情況，分配工作給職員做。

5.每月安排本組的備用品以供使用。

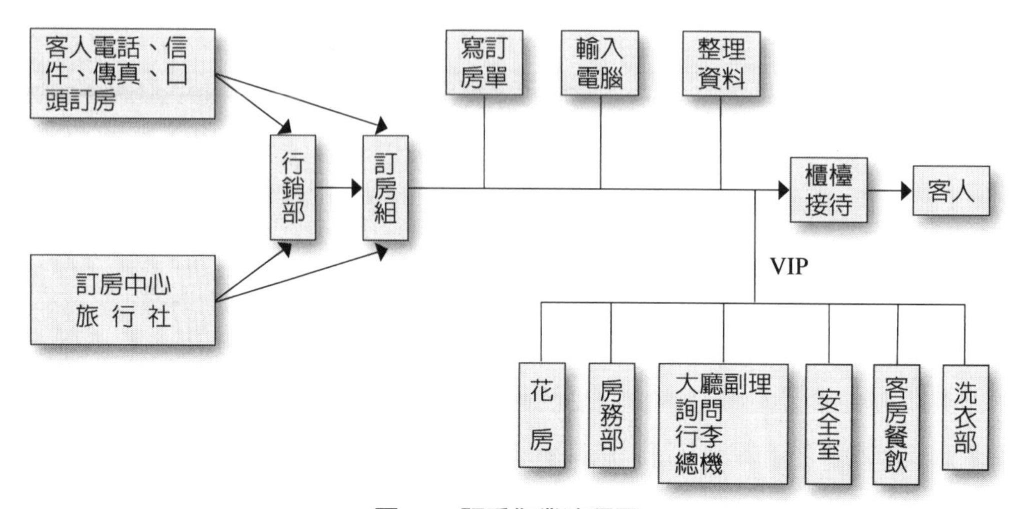

圖6-1　訂房作業流程圖

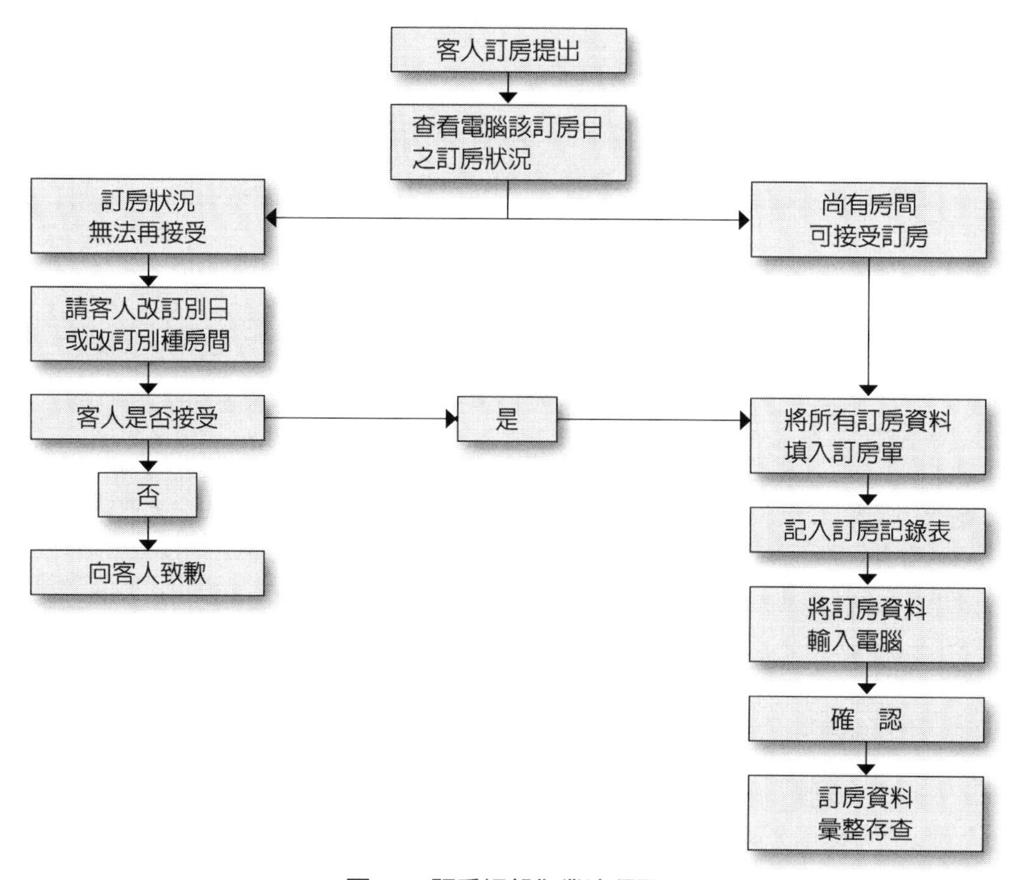

圖6-2　訂房細部作業流程圖

6.與行銷、接待、公關等部門的聯繫與協調。

7.每月做房間銷售分析表（Room Sales Analysis）分送總經理、客房部、行銷部。

8.負責訂房的全面工作，瞭解散客、VIP客人、團體的訂房狀況，以及文件處理和訂房控制。

9.負責整個訂房組的檔案存放工作。

10.接受客務部經理指示的工作。

11.審核抽查訂房要求，並親自處理需要特別安排的訂房要求。

12.負責處理客人對訂房的投訴，調解在訂房方面出現的任何爭執。

13.定期對下屬進行績效評估，按照獎懲制度實施獎懲並組織實施培訓。

(二)訂房員的職責與工作內容

■崗位職責

訂房員接受散客、團體訂房並正確輸入電腦，處理所有關於訂房的要求，如更改、取消及確認訂房。

■工作內容

1.處理所有的訂房，包括信件、電話、傳真及電子郵件訂房事宜。

2.處理由行銷部或其他部門所轉來的訂房以及旅行社訂房。

3.瞭解客房的類型、房號位置所在和房間內部的格局與陳設。

4.瞭解套裝企劃案（Package Plan）的內容、價格和旅館的利益。

5.瞭解旅館的信用卡政策及如何對之做徵信和入帳。

6.依顧客到達日期及姓名字母的順序，製作訂房記錄。

7.依旅館的銷售策略決定給予客人的房價。

8.填寫確認信函。

9.保持與櫃檯聯繫關於訂房之事宜。

10.處理訂房取消和變更訂房事宜，並據此迅速和櫃檯聯絡。

11.對保證訂房和爽約的事宜，旅館所持的政策有深入瞭解。

12.處理訂房所付的訂金。

13.對未來的房間預訂狀況及可售房間有相當的瞭解。

14.協助主管做收入及住宿率預測。

15.提供櫃檯旅客到達名單（Expected Arrival Lists）。
16.必要時協助櫃檯做住宿登記前的準備工作。
17.審視情況，在必要時提出預付訂金之要求。
18.處理詢問的函件，給予回覆，並代爲預訂客房。
19.不斷地保持訂房資料爲最新的資料。
20.服裝儀容保持整潔，並維持工作區域的乾淨整齊。
21.對同事、上司與顧客保持親切友善和禮貌。

■操作流程

1.早班：

(1)在交班簿上簽到，認眞閱讀交班內容，按照工作要求。
(2)閱讀當天及近期的房間狀況，房間有客滿的趨勢（尙未滿）應請示主管，不得擅接訂房。
(3)熟悉當天到館的VIP名單及抵達、離店之時間。
(4)瞭解當天旅行社的團體和散客訂房數，當天預計住房數、退房數，預計住房率、空房數，並把這些數據列印在團體總表上。
(5)整理前一天的訂房單並裝訂好，按日期排列歸檔。
(6)記錄團體的樓層數，並列印在團體總表上。
(7)發送團體總表至相關部門。
(8)星期天早上做出下週的房間預測情況表（Rooms Forecast Report）和VIP預測情況表（VIP Forecast Report），並發送至相關部門。
(9)完成當天的預訂工作未能及時完成的，要做好交班，由下一班完成。

2.中班：

(1)、(2)、(3)與早班相同。
(4)熟悉當天旅行社的訂房情況，掌握當天的房間狀態。
(5)繼續完成上一班未能完成的工作。
(6)列印一週的房間預測情況表。
(7)檢查第二天到館的散客訂房、團體訂房及電腦輸入狀況。
(8)列印第二天的團體訂房總表分送相關單位。
(9)完成第二天的VIP預測情況表。
(10)每個月第一天的工作：

· 統計上月的客房銷售和旅行社住宿成績的情況。

· 列印下月的團體訂單並且每日進行核對。

· 把旅行社的資料歸納好，裝訂成冊，便於歸檔。

· 將上月的訂單裝好放在固定地方。

(11)每週星期天的工作：

· 做VIP預測情況表，發送至相關單位並抄寫在白板上。

· 分發一週的房間預測情況表到有關部門。

(12)每月最後一個星期天的工作：填寫下月長期住宿客生日名單，送總經理批准。

第四節　客房預訂的服務程序

前面曾指出訂房員在接洽訂房時，必須迅速、正確和親切有禮貌。若是欲達到這些要求，首要條件就是對整個訂房制度的瞭解與融會貫通並熟悉作業程序。更進一步來說，訂房員本身要培養良好的溝通技巧，才能畢竟其功。

一、訂房的方式

訂房的方式有兩種，一種是口頭訂房，如面談預約、電話預約；另一種是書面預約，如信函、電報（Cable）、電子郵件（E-mail）、傳眞（Facsimile）等，目前電報及電傳已很少人使用，新成立的旅館幾乎沒有裝設了。傳眞的使用方便與迅速，被廣泛地使用。最新的電腦科技產物電子郵件也歸類爲書信，目前用來作爲訂房工具還不普遍，雖然現在已有很多旅館設有電子郵件地址（E-mail Address）。

選擇訂房方式及可能之結果可參考**圖6-3**。

(一)電話訂房

電話訂房是一種方便與快捷的方法，客人透過電話與旅館聯繫，能馬上瞭解到自己的訂房是否得到滿足。

旅館要求訂房員在電話三響內接聽，以充分表現工作效率。訂房員的聲調要友好與親切，以塑造良好的溝通氣氛。接電話後首先要報部門名稱，然後有禮貌地詢問客人要求。常言道「禮多人不怪」，這裡提供兩種表達方式作爲參考：

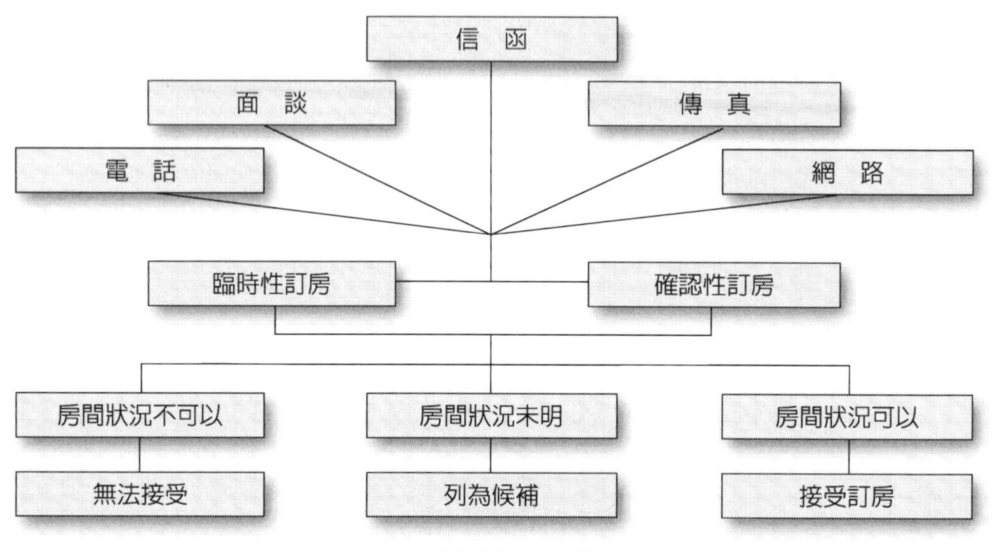

圖6-3 訂房選擇方式及結果

"Good morning. Reservation, May I help you."

或是

"Thank you for calling, Crown Hotel. This is the reservation office, Anna speaking."

當客人提出訂房要求時，立即查看電腦該日的房間預訂情況，是否還有客人要求的此類空房，再據以回覆對方。如果可接受，馬上記錄客人的訂房資料。在記錄時，應注意問清楚下列的內容：

1.客人的姓名（Full Name）和國籍。
2.抵店和離店的確實日期、時間。
3.需要的房間數量、類型及房價。
4.來電訂房者的姓名、公司名稱及聯絡電話。
5.問明付款方式，信用卡或預付訂金確保訂房。
6.客人是否需要訂車接機，並說明費用。
7.解釋預訂客房的保留時間。

在結束通話前應複述訂房的主要內容，包括房間的種類、房租、抵店日期、住店夜數等。若對方能以傳眞聯絡的話，應隨即塡寫確認單給對方簽名，俟訂房者簽名後再傳送回來。現在很多旅館都以這種傳眞回簽單的方式確認，

尤其在重要團體或尖峰日期的訂房時，更需要對方回簽單，作爲一種契約的憑證。如果是一般訂房，而時間允許的話，以郵寄確認信函亦無妨。

專欄6-1

臨時訂房與確認訂房

臨時訂房（Simple Reservation）

指訂房日與抵店日相當接近，可能是當天或可能一兩天之內抵館。無法書面確認，也無須預收訂金。

確認訂房（Confirmed Reservation）

指訂房日和抵店日相距較長時間，館方有足夠時間以書面確認並預收訂金。

專欄6-2

訂房對話

下列交談的範例為當客人提出訂房要求的時候，正確的對話程序：

訂房員：早安，這裡是訂房組，敝姓林。

客　人：早安，我想訂個房間，下星期二，本月十八日。

訂房員：是的，請問要住幾個晚上？

客　人：住兩個晚上。

訂房員：住兩晚，您是要什麼房間呢？

客　人：一間雙人房吧！拜託。

訂房員：我這邊有標準雙人房，每晚新台幣4,000元，或是豪華雙人房，每晚新台幣4,800元，都附加10%服務費。

客　人：嗯……那我要豪華雙人房。

訂房員：請您給我您的姓名好嗎？是全名哦！

客　人：我叫陳美麗，不過妳可以叫我洪太太。

訂房員：是您要和您的先生來住？

客　人：哦不！是替朋友代訂的。

訂房員：請問您可以給我您朋友的姓名嗎？

客　人：我的朋友名叫田中政雄，夫婦兩人同來。

訂房員：對不起，請問客人姓名如何拼音？

客　人：姓氏為T-A-N-A-K-A，名字叫M-A-S-A-O。

訂房員：可否給我您的聯絡電話？

客　人：好的，我的行動電話號碼是：09XX-837586，我住豐原。

訂房員：是的，再請問田中夫婦的班機號碼和抵台時間，我們可以為您安排接機，費用是新台幣3,000元。

客　人：他們搭乘日亞航的班機 EG-206，下午七時十五分抵桃園國際機場，我們夫婦將打算親自接機，再直接到台中的貴飯店。

訂房員：因為你們到旅館的時間已超過下午六時，建議您以信用卡做保證訂房，這樣能確保您的訂房，那一晚上您們可在任何時間進來，房間都會一直為您保留，如果您有變更行程，也在那天下午六時前通知我們，不知您是否做保證訂房？

客　人：好吧，你們接受美國運通卡嗎？

訂房員：有的，請您給我卡號和有效日期。

客　人：我的卡號是9533-125600-12345，有效日期至2015年12月。

訂房員：謝謝您，洪太太。我再重複您的訂房細節，您訂的是豪華雙人房，本月十八日，星期二到店，退房日期是本月二十日，住宿客人為田中政雄先生夫婦兩人，房租是每晚新台幣4,800元，外加10%服務費。

客　人：對的。

訂房員：洪太太，您還有其他需要特別注意的服務嗎？譬如房間安排在不吸菸樓層。

客　人：噢，很好，就這麼辦吧！

訂房員：真謝謝您，洪太太，感謝您的訂房。

客　人：謝謝您，再見。

訂房員：再見，洪太太。

對話要領解析

1.訂房員以積極的態度和親切的聲音回答客人的詢問，而聲音必須帶點自然而不輕佻的微笑，可以令對方覺得愉悅，而縮短彼此無形的距離。

2.訂房員表現得很有禮節，說話也使用禮貌用語（例如：「請」、「謝謝您」），並且稱呼客人姓名，使談話更為親切。

3.在電話中，語音要清晰，進退有度，訂房員在此談話中，語氣不急不徐，相當得體。對公司機構或是旅行社的訂房，也應同樣如此的表現，健談而積極。

4.訂房員藉此機會將更高房價的房間售出可說表現得很好，因為把更高價的房間介紹出去，不但讓客人知道有此類型的房間，也引起客人的興趣。

5.在此對談中，訂房員藉由強調「田中夫婦」讓對方瞭解，她已知道住客是一對夫婦，並且要求客人姓名的正確拼音。

6.告訴客人房價多少，是相當重要的。

7.由於客人將很晚到達，所以旅館的房間狀況及客人一方，都充滿不可知的變數，訂房員要求客人保證訂房是有必要的，如此能兼顧旅館與客人雙方之權益。

8.記錄訂房者的姓名與電話，以便做必要之聯絡，同時瞭解這次的訂房純粹是私人訂房，而非公司行號或是旅行社，這種瞭解也是有必要的。

9.訂房員詢問住客的班機號碼及抵台時間，以便能判斷客人何時到店，以做好接待工作，所幸客人做保證訂房，假如客人為無保證訂房（沒有預付訂金）的情況下，館方知道飛機已經抵台，而經過很久，包括行程時間，仍不見客人到店，館方則會以“No Show”來處理。

10.記得複述一遍客人訂房的細節資料，使旅館與客人雙方都確信訂房的內容正確無誤。

11.訂房員最後以愉悅的口吻，稱呼對方姓名及感謝訂房來結束這段談話。

(二)信函訂房

私人訂房以書信訂之者，多數爲距離到店日期還有一段很長的時間，在作業實務上也不多見。以信函方式訂房者仍以旅行社居多，惟旅行社會先以電話詢問訂房，待敲妥後，再補文書性的信函訂單，作爲類似契約的憑證。

訂房信函經由主管審核後，無論接受、回絕或列爲候補，應儘快以信函回覆客人。客人的信函和旅館的確認信副本應留作檔案存底，以備日後查閱核對。

(三)面談訂房

這是一種與客人面對面接觸的訂房方式。來店當面訂房者，大部分是代理住客訂房，這種口頭方式的預訂較易溝通，也能直接回答客人所提出的問題。最有說服力的就是帶領客人觀看房間，不但可提高客人興趣，也可爭取客人預訂較高價的房間；而且訂房員要積極說服客人預付一晚房租，以保證旅館爲住客保留房間。

也有不少住客在辦理退房同時，吩咐櫃檯下次來店的訂房，這也是一種面對面方式的訂房。

(四)傳眞訂房

當收到客人或旅行社的傳眞訂房時，具體操作如下：

1.詳讀並瞭解其內容。
2.把客人的要求填寫在訂房單上。
3.如果旅行社要爲客人安排早餐，則需要另塡訂餐單。
4.釐清所有費用是否由客人支付，或由旅行社統一收付。
5.如果客人提供的訂房資料不夠詳細，訂房員須按來件上的電話或地址與客人確認。

(五)網路訂房

由於電腦網路的普遍，使得線上網路訂房在現今已是訂房者最方便的選擇。通常線上訂房步驟爲：

1.輸入訂房條件→**2.**選擇房型→**3.**訂房須知→**4.**會員登入→**5.**詳填信用卡資料→**6.**訂房確認

在訂房須知會載明一些注意事項，茲舉例如下：

揚智大飯店訂房須知

1.一般訂房使用本站訂房系統訂房者，需同意支付所訂房價總金額，以保留線上訂房之房間與價格之權利。
2.您於網站上完成之信用卡付款，將立即由您所提供之信用卡帳號扣款。
3.為保障您信用卡交易的安全，本網站規範辦理住宿（check in）者應為線上訂房所登入之住房者，並須於辦理住宿的同時提供相同身分證明文件。
4.透過線上訂房確認後，若您需要更改住房時間，請直接由網上取消後，再重新訂房，本網站恕不接受人工或線上更改日期之服務。
5.網上之價格皆含稅及服務費。
6.飯店入住時間為下午3：00，退房時間為中午12：00。
7.登記住宿日若遇飯店所在地發生不可抗拒因素無法入住之外，如因地震導致交通中斷，或中央氣象局發布陸上颱風警報，請於預定入住日起三日內，與訂房中心聯絡。
8.透過本系統線上訂房確認後，如因故需取消訂房者，請直接由網上取消方能完成取消作業，飯店恕不提供人工取消訂房服務。取消訂房時以「每筆」訂房記錄為單位，恕不接受部分退房（如：訂2間退1間、訂2天退1天等）。線上取消訂房之扣款比率請見下項規定。
9.請注意！網路訂房專案僅限持中華民國身分證國民或有外僑居留證者使用，敬請見諒！
10.取消訂房注意事項：
★旅客於住宿日前1日內取消訂房扣房價總金額100%。
★旅客於住宿日前2日內取消訂房扣房價總金額50%。
★旅客於住宿日前3日內取消訂房扣房價總金額30%。
★旅客於住宿日前4日前（含4日）取消訂房扣房價總金額0%。

二、接受訂房或回絕訂房

當客人提出訂房要求時，訂房員就要查看房間狀況是否允許，其結果只有兩種選擇，就是接受訂房（Accepting Request for Reservations）或回絕訂房（Denying Request for Reservations）。

(一)接受訂房

接受客人的訂房要求，需要考慮四個因素：

1.抵店日期。
2.房間種類。
3.房間數量。
4.停留天數。

根據這四個條件，訂房員可以決定是否接受客人訂房的要求。當客人的要求不能迎合當日的房間狀況時，訂房員仍可透過深入的溝通徵詢客人的同意：

1.改變抵店日期。
2.更改房間的種類（例如：單人房改訂雙人房，或是標準房改爲套房）。
3.減少房間數量（例如：是否以加床的方式解決）。
4.減少停留天數。

不過若要成功，端視房間實際狀況和客人之意願的配合。房間狀況如果是客滿（Full House）就無法強求，雖然旅館仍可超額訂房（即訂房率超過100%以上），不過仍有控制的技巧，在後面單元將予探討。

(二)回絕訂房

訂房的回絕基於下列三種狀況：

1.客人所要求的房間種類已完全售出或不夠，例如客人要求訂單人房，但該種房間已售完，或是預訂五間雙人房，但旅館只剩兩間該種房間。
2.旅館完全客滿。此時只能要求客人是否願意列爲候補名單上。因爲其他已訂房的客人有可能沒有抵店（No Show），或是已近抵店日期或是抵店當天才通知館方取消訂房（Late Cancellation），候補的客人仍有機會。
3.客人被列爲黑名單（Blacklist）之內。所謂黑名單乃是基於某些理由，旅館的管理階層審核後，記錄於不受旅館歡迎的客人之名單。國內各地的旅館公會也不定期發函通告各會員旅館，稱爲「惡客通告」，公文內說明惡客事蹟，呼籲旅館同業勿予收留，以免遭受損失或帶來麻煩。

三、訂房的作業程序

訂房一旦被接受，則一連串的動作便開始了，這種作業過程依序爲訂房單的填寫、訂房記錄的登載，最後是在訂房控制表上劃記號，訂房前置工作就算完成；其次就是訂房的確認了。其程序爲：

(一)訂房的作業方法

訂房作業在過程中最重要的就是正確無誤，茲說明如下：

■填寫訂房單

訂房單（Reservation Form）的格式設計各旅館不盡相同，但內容則大致相同，茲詳述其內容與如何填寫（如**表6-1**）。

表6-1　訂房單範例

訂房單
RESERVATION FORM

顧客芳名：　1
NAME______

抵店日期：　2　　離店日期：　3
ARR. DATE______　DEP. DATE______

預定到達時間：　4　　住宿夜數：　5
ETA______　NO. OF NIGHTS______

房間種類：　6　　訂房數量：　7
ROOM TYPE______　NO. OF ROOMS______

住宿人數：　8　　房租：　9
NO. OF PERSONS______　RATE QUOTED______

住址：　10
HOME ADDRESS______

訂房者姓名：　11　　公司名稱：　12
CONTACT NAME______　COMPANY NAME______

公司地址：　13
COMPANY ADDRESS______

聯絡電話：　14　　傳真號碼：
PHONE NO.______　FAX NO.______

付款方式：　15
METHOD OF PAYMENT______

訂房型態：　□保證訂房　□無保證訂房　16
RESERVATION TYPE　GUARANTEED　NON-GUARANTEED

信用卡號碼：　17　　有效日期
CR. CARD NO.______　EXPIRATION DATE______

確認已否：　□是　□否　18
CONFIRMATION　YES　NO

承辦人：　19　　備註：　20
TAKEN BY______　REMARKS______

日期：
DATE______

1.全名（Full Name）：姓氏與名字須詳塡，並且要有正確英文字母的寫法，日本人、華僑除了漢字塡寫外，必須再寫羅馬字拼音，以方便查詢及電腦化作業，例如，日本姓氏：藤澤（FUJIZAWA）、井上（INOUE）、川田（KAWATA）、小泉（KOIZUMI）；華僑（閩系）姓氏：葉（YAP）、陳（TAN）、蔡（CHUA）、王（WON）、柯（KUA）；韓國人姓氏：金（KIM）、鄭（JUNG）、朴（PARK）、柳（YOU）、權（KWON）。

2.抵店日期（Date of Arrival）：旅館要規定統一的寫法，以免出現認知的不同導致作業的錯誤，大部分旅館的寫法爲日－月－年（日／月／年），美國人的習慣爲月－日－年，國內旅館也有人按年－月－日塡寫，所以一致性的規定是必要的。

3.離店日期（Date of Departure）：離店日期並非是客人住宿最後一夜的日期，而是翌日，例如某長期客住宿最後一夜爲10月5日，則離店日期爲10月6日。

4.預定到館時間（Estimated Time of Arrival; ETA）：能夠提供給櫃檯接待員做好工作準備及瞭解工作最忙的尖峰時段，俾採取因應措施，此欄另有客人搭乘之航空公司及班次號碼以供參考。

5.住宿夜數（Number of Nights）：客人住宿應以「夜」來計算而非「天」，以免產生誤解，住宿夜數也有益於抵店與離店日期的釐清。

6.房間種類（Room Type）：亦即客人要求住宿房間的種類，各旅館對於各式房間都有不同的簡寫代號，例如Deluxe Single代號爲DS，Executive Twin則爲TX。

7.訂房數量（Number of Rooms）：也就是客人所訂房間種類的數量。

8.住宿人數（Number of Persons）：住宿人數與訂房種類及數量相配合，如人數有超出常情，可據以要求客人加床或另再加開房間。

9.房價（Rate Quoted）：不同的公司、旅行社或個人都有不同的待遇，訂房員應瞭解對顧客給予房價的結構，同時應向客人說明房價附加的服務費及稅金。

10.住址（Home Address）：住宿者的現在住址，亦即是可以聯絡到的地址，同時也應留下住客電話。

11.訂房人姓名（Caller）：訂房人指代住客訂房者，可能是秘書、親友等，並且要留下電話號碼，以便聯絡。

12.公司名稱（Company Name）：住宿者服務的公司或機構，若其客帳是由公司支付時，必須填寫，以茲確認。

13.公司地址（Company Address）：公司可聯絡到的地址。

14.聯絡電話和傳眞號碼（Telephone and Fax Number）：即指訂房人、住宿者、公司的電話及傳眞。

15.付款方式（Method of Payment）：這是最重要的了，以便在住宿遷入時能及時收取房租，一般個人支票旅館是不收的，除非由經理核准。付款方式爲現金、信用卡、旅行支票或是簽帳（由經理核准，有些基於合約規定，統一於固定時期結清）。

16.訂房型態（Reservation Type）：亦即訂房是保證訂房或是無保證訂房（Guaranteed or Non-guaranteed Booking），付訂金或沒有訂金，訂金的支付最少爲付一天房租，以現金或信用卡支付。無保證訂房者旅館只保留房間至當日下午六時。

17.信用卡號碼（Credit Card Number）和有效日期（Expiration Date）：可作爲保證訂房的支付訂金用或是退房時付款結帳使用，旅館也可用來作爲對客人的徵信。

18.確認（Confirmation）：是否已確認過，應表示清楚填寫在訂房單上，旅行社寄來的確認函應與此訂房單訂在一起。

19.承辦人及日期（Taken By, Date）：這是由承辦的訂房員所簽名的欄位，及接洽訂房的日期，以示負責，如有任何疑問，可據以追蹤查詢。

20.備註（Remarks）：本欄供填寫其他特殊的事項，如是否要接機、嬰兒床、連結房（Connecting Room）或殘障房（Handicapped Room）或其他的服務要求。

以上爲一般旅館的訂房單內容，對任何旅館來說差別不大，有些旅館有附設高爾夫球場，訂房單上會再加一欄是否打球及打球時間。除此些微差異外，並無不同。

■填寫訂房記錄表

訂房記錄表（Hotel Diary）是按旅客到達日期爲順序編檔的一種流水帳，如**表6-2**。

表6-2　訂房記錄表

到達日期：_____年_____月_____日

訂房日期	旅客姓名	房間種類與數量	停留天數	房價折扣	訂房者姓名	聯絡電話	承辦人簽名	備註

訂房記錄表除了方便查閱外，也有助於櫃檯接待旅客到店名單（Arrival List）的正確性。電腦化作業系統的旅館可省去此表，直接以訂房單的內容全部輸入電腦，所有的電腦訊息隨時可以從電腦中查閱。製作訂房記錄表的目的是對訂房進行有效控制。訂房記錄表一式兩份，一份和訂房單、客人的訂房信件或傳眞裝訂在一起歸檔存放，另一份則與訂房控制表（Reservation Chart）放在一起，作爲訂房控制的參考。

訂房員將客人所給的資料，除了必須準確不漏的塡寫在訂房表格上，塡寫時應注意以下幾點：

1.若有其他需要特別註明的事項，應塡寫在備註欄。
2.若有折扣的房價，必須要在備註欄寫下理由。
3.所有特別折扣與招待房，一定要經過有關主管核准簽署在訂房表上。
4.負責訂房的訂房員應把其名字及記錄塡在訂房表上，訂房資料的存檔是否正確非常重要，在存檔過程中，以中文筆劃多寡爲順序，或以英文字母爲順序，或以身分證、護照號碼爲順序，皆可很快查出顧客檔案。

■把訂房記錄表資料彙總至訂房控制表上

訂房控制的方法，傳統式的做法有兩種表格，一種稱爲訂房情況標示表（Conventional Chart），另一種爲訂房情況顯示表（Density Chart），現在多數旅館則以電腦化系統來顯示訂房的控制（Status of Room Availability）。

1.訂房情況標示表

本表能以房號來顯示全館的客房訂房狀況及未出售狀況，請參閱**表6-3**。

表6-3的訂房情況以鉛筆來標示，以便在取消或變更訂房時方便作業。當有訂房時，訂房員用鉛筆在房號欄和日期欄上劃直線記號標示。像這種表格可固

訂房控制表
- 訂房控制 Reservation Chart
  - 訂房情況標示表 Conventional Chart
  - 訂房情況顯示表 Density Chart
- 電腦作業房間系統 Status of Room Availability

表6-3　訂房情況標示表

月份：二月							S=Single 單人房		T=Twin 雙人房		Su=Suite 套房		
日期 / 房號	1	2	3	4	5	6	7	8	9	10	11	12	13
201S													
202S													
203T													
204Su													
205T													

定掛於牆壁上或置於桌上，只要方便作業即可。

直線記號上通常寫上住客姓名，如果名稱太長的話，例如團體名稱爲「國際貿易考察團」，則可以用代號寫上去（如**表6-4**）。

這種表格的好處不只在隨時能保持最新、最正確的房間狀況，而且散客與團體均可適用。不過這種表格比較適用於規模小的旅館，如果大型旅館用起此表來較花費時間，也容易出錯。

2.訂房情況顯示表

本表能顯示在某日各類型房間的訂房狀況。例如，某家旅館有豪華雙人房120間，在某月某日被訂走108間，則豪華雙人房還有12間可售出，此圖表便可顯現出來。

表6-5說明了本表使用方法，圖表上顯示該旅館有20間單人房，其中標準單人房（Standard Single）有14間，其餘的6間爲高級單人房（Deluxe Single）。當8月10日有人訂標準單人房10間，欲住宿兩夜，另有人訂高級單人房4間，住宿一夜，則8月10日、11日標準單人房各剩4間，8月10日高級單人房剩2間，圖表

表6-4　人工作業訂房情況標示表使用方法

T=國際貿易考察團　G＝常勝高爾夫球隊

房號＼日期	1	2	3	4	5	6	7	8	9	10	11	12	13	14	15
201S				T					王大可				林月 美		
202S				T					宮本 正一					李小文	
203T				T											
204Su							G							JONES	
205T							G							BAKER	
206S										鈴木 弘士					

表6-5　人工作業訂房情況顯示表範例

月份：八月份		
10	11	12
標準單人房（14）	標準單人房（14）	標準單人房（14）
~~⑭⑬⑫⑪⑩⑨⑧~~	~~⑭⑬⑫⑪⑩⑨⑧~~	~~⑭⑬⑫⑪⑩⑨⑧~~
~~⑦⑥⑤~~④③②①	~~⑦⑥⑤~~④③②①	~~⑦~~⑥⑤④③②①
高級單人房（6）	高級單人房（6）	高級單人房（6）
~~⑥⑤④③~~②①	⑥⑤④③②①	~~⑥⑤~~④③②①

上相當清楚地表現出來。

訂房情況顯示表由於簡單易行，較適用客房多的大型旅館，能很快地處理大量訂房，也不易出錯。

3.電腦化訂房系統

電腦化訂房系統不僅能控制房間狀況，而且可以處理各式相關訂房作業。當訂房被接受後，所有的訂房客人資料即輸入電腦儲存，如此房間狀況就被電腦嚴密的控制，一有客滿狀況時，如果再接受訂房，旋即被電腦自動拒絕而把訂房資料轉列爲候補名單（A Waiting List）。電腦亦可將房間狀況，特別是訂房查詢時，列印出「可售房間狀況報告」（如**表6-6**），訂房員可據予接受或回絕訂房。

電腦作業的好處在於能夠很快地印製出各種報告，不但提高工作效率，對管理與決策都有莫大的幫助。茲將電腦作業中與訂房相關的電腦報表介紹如下：

- 每日訂房報告（Daily Reservations Report）
- 訂房取消報告（Cancellation Report）
- 房間凍結報告（Blocked Room Report）
- 訂房未到報告（No Show Report）
- 佣金報告表（Commission Agent Report）
- 回絕訂房報告（Refusal Report）
- 營業收入預測報告（Revenue Forecast Report）
- 每日抵店顧客名單（Daily Arrivals List）
- 續住與離店顧客名單（Stay-over and Departure List）

表6-6　可售房間狀況報告

Today's date：1 June
Total Number of Room：215

Room Available

	SR	DR	TR	ST
1 / 6	-2	21	20	4
2 / 6	-3	25	17	7
3 / 6	-2	22	14	5
4 / 6	2	27	18	4
5 / 6	1	28	18	7
6 / 6	3	29	18	7
7 / 6	3	29	20	7
8 / 6	4	31	21	7
9 / 6	7	29	25	5
10 / 6	7	32	26	7

專欄6-3

訂房號碼

訂房號碼的編排方式各旅館不一，依其作業方便或習慣為主，在此提供一種較為正式的訂房號碼：

133-JF-0508-0512-AE-120-SS-92763P

- 133為連鎖旅館的代號
- JF為接洽訂房的訂房員名字縮寫
- 0508為抵店日期
- 0512為退房日期
- AE表示使用信用卡種類
- 120表示房價為每晚美金120元
- SS表示標準單人房
- 92763P為訂房序號

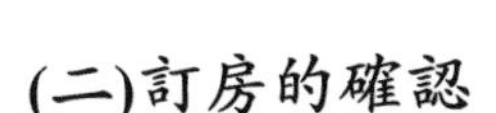

(二)訂房的確認

所謂訂房確認（Reservations Confirmation）就是旅館以電話或書信表示接受訂房，並確認顧客的個人資料和要求。書面上的確認，其內容主要爲顧客姓名、到達日期、房租、房間種類和確認號碼，並會寫明客人須保留此份書函以便憑此辦理住宿登記。

無論是保證訂房或無保證訂房，旅館都應做確認。訂房員在接受訂房當天做確認工作，確認信有一定之格式（如**表6-7**），各旅館的格式都不同，但基本上會有下列資料：

1.顧客姓名與聯絡地址。
2.到達旅館日期與時間。
3.房間種類與價格。
4.住宿夜數。
5.住宿人數。
6.訂房種類：保證訂房或無保證訂房。
7.訂房確認號碼。
8.其他要求。

確認書也可要求客人預付訂金。如果客人要求更改訂房或取消訂房時，則要做第二次的確認，例如訂房更改時，在確認書上註明「更改」。

四、訂房的變更與取消

旅館接受和確認訂房後，客人可能因各種的原因提出變更訂房的要求，甚至可能取消訂房，對這兩種情況，旅館有不同的因應措施。

(一)訂房的變更

客人變更到達的日期，作業較爲單純，只需把原日期挪移至改變後的日期即可，其他的條件，一切不變。要即時處理的爲到達時間的變更。一般而言，無保證訂房的客人比保證訂房的客人要多出很多，因爲這些客人大抵都能在下午六時的取消訂房時限內到達。但有時會因有事情而耽誤了行程，以致無法趕至旅館，例如交通阻塞、班機遲延等等多種原因，只好以電話聯絡旅館將之改

表6-7　訂房確認書

訂房確認書
RESERVATIONS CONFIRMATION

☐ RESERVATION訂房
☐ AMENDMENT更改
☐ CANCELLATION取消

Confirmation number確認號碼：________________

Guest name顧客芳名：________________No. of persons人數：________

Address住址：________________

Telephone聯絡電話：________________ETA / Flight到達時間 / 航班：________

Arrival date到達日期：________________Departure date離店日期：________

	CATEGORY & NO. OF ROOM 房間種類和數量	ROOM RATE 房租
SINGLE　單人房		
TWIN　雙人房		
SUITE套房		
EXEC FL　商務客房		

ALL ROOMS ARE SUBJECT TO 10% SERVICE CHARGE
所有客房附加百分之十服務費

Remarks備註：________________

注意事項：請於住宿登記時出示此確認書。除了預付訂金保證住宿外，房間只保留至下午六時止。

NOTE: PLEASE RETAIN THIS LETTER AND PRESENT IT TO THE RECEPTION AGENT. RESERVATIONS ARE HELD ONLY UNTIL 6 P.M. UNLESS OTHERWISE NOTIFIED OR THE BOOKING HAS BEEN GUARANTEED.

CONFIRMED BY RESERVATIONS DEPARTMENT訂房部確認：________

DATE日期：________

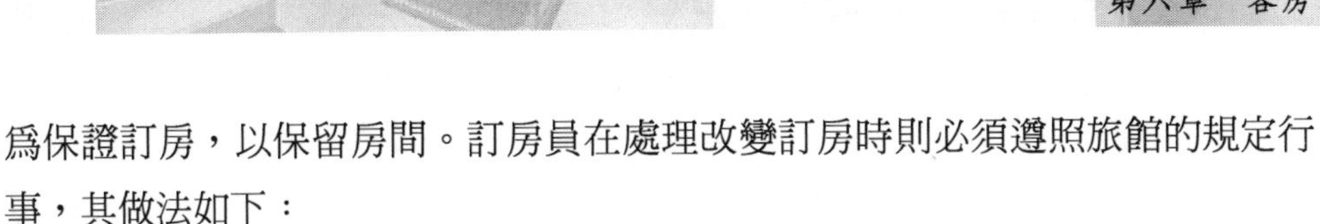

爲保證訂房，以保留房間。訂房員在處理改變訂房時則必須遵照旅館的規定行事，其做法如下：

1.瞭解客人姓名，並取出其訂房資料加以核對。
2.取得客人使用信用卡的種類、卡號、有效期限和持有人姓名，並加以徵信。
3.重新給客人訂房確認代號。
4.將無保證訂房改爲保證訂房。

(二)訂房的取消

客人基於某種原因而取消訂房，訂房員就要立即對訂房資料加以修改。有些經常維持高住房率的旅館規定，訂房取消必須在抵達前四十八小時或七十二小時前通知旅館，否則沒收訂金（以一天爲原則）。有的旅館對此政策表現得較爲彈性，至於取消訂房要多久前通知旅館，主要視旅館的訂房取消率、所招致的營業損失，以及依公共關係政策來全盤衡量，以免使潛在的忠誠顧客流失。

一旦接到客人的取消訂房，訂房員依規定要詢問客人基本資料，包括客人姓名、地址、訂房數量、抵店和離店日期，如果可能的話，包括訂房確認代號。如果與原訂房單的資料相符，表示取消訂房的作業正確無誤，並且要給客人取消訂房代號。

至於那些保證訂房的客人，在符合旅館規定下取消訂房的訂金有如下處理方式：

■以信用卡做保證訂房的處理

1.要告訴客人保留取消訂房代號，以後萬一信用卡公司或銀行要求付帳時可作爲消帳的證明。因爲旅館在訂房取消後會通知發卡銀行客人的取消訂房代號。
2.如果是由他人代理以電話取消訂房，則須問代理人姓名、聯絡電話和地址，並做記錄，當然也須給對方取消訂房代號。

■預付訂金做保證訂房的處理

對於預付訂金的處理，各旅館在做法上不盡相同，但在一般情形下，符合旅館規定的取消訂房，都會把訂金退還給客人。

附帶說明，旅館在訂房之初，接受訂金並不經由訂房員處理，訂房員並不接觸訂金，而是由財務部的總出納執行訂金的收受處理，且必須製作訂金收受日報表，轉知訂房單位，由訂房員記錄在訂房單上。

■**簽約保證訂房的公司機構或旅行社**

負責取消訂房的接洽人，訂房員要記錄其姓名與電話，也給予取消訂房代號。這樣旅館就可以在每月總結帳中扣除取消的訂房租金。

無論是何種類型的訂房，有預付款或無預付款，只要客人取消訂房成立之後，必須做記錄，以方便查詢及管理決策之參考。記錄表格如**表6-8**所示。

表6-8　訂房取消記錄

通知取消日期	取消方式	預定抵達日期	旅客姓名	取消代號

第五節　超額訂房作業處理與訂房的問題和對策

所謂超額訂房是指旅館在訂房已滿的情況下，再適當增加訂房數量，以填補少數訂房的客人沒有進住旅館而出現客房該賣卻未賣的現象。經驗告訴我們，即使客房全部預訂出去，也會有訂房者因故未能抵店，而使旅館出現空房，造成旅館收入的損失。

事實上，旅館的財務損失是可以估算出來的，根據國際觀光旅館管理經驗，訂房未抵店的比例爲5-15%。假設有100間經過確認後的房間有5%沒有來，意味著5間客房該售出而未售出。若旅館的平均房租爲新台幣2,500元，一天的損失爲12,500元，全年的話可達新台幣4,562,500元。這是一個龐大的數目，何況是以最保守的百分比所算的。職是之故，迫使旅館不得不對"No Show"作政策性的管理。

一、超額訂房的考慮因素

主導超額訂房的爲客務部經理，這是對其能力表現的一大考驗，因爲這也是一種冒險的行爲，然而作出超額訂房的決策應該是有相當的理性思考，而非盲目的瞎猜或是碰運氣。

執行超額訂房須考慮下列三方面因素：

(一)掌握團體訂房和散客訂房的比例

團體訂房一般指國內外旅行社、會議團體、公司機構等與旅館簽有住宿合約，所以訂房不來或臨時取消的可能性極少，即使有變化也會提前通知。而散客大多是沒有預付訂金的無保證訂房，隨意性很強。

所以在某段時間團體預訂較多，散客預訂少的情況較下，超額訂房的幅度就不可以過大；反之，在無保證訂房的散客居多，而團體與保證訂房少的情況下，超額訂房的數量又不宜過少。

(二)根據訂房資料分析訂房動態

一般旅館櫃檯接待都會製作每日訂房不來的日報表（No Show Report），旅館要做好這些資料的保存。在安排房間時將這些有不來紀錄的客人先列在“No Show”名單上，以免占用房間，可以增加超額訂房作業數據的準確性。

(三)超額訂房的百分比

超額訂房的百分比雖然是在5-15%之間，但是每家旅館的性質不同，如何較爲正確地統計出超額訂房百分比，客務部經理就要依據過去資料瞭解下列因素中所各自占有的比例去計算：

1.訂房不到者（No Show）。
2.臨時取消訂房者（Late Cancellations or Last Minute Cancellations）。
3.提前離店者（Under-stays）。
4.延期住宿者（Stay-overs）。
5.無訂房散客（Walk-ins）。

瞭解這些因素後，其計算公式爲：

客房總數
－訂房數
＋訂房未到者
＋臨時取消者
＋提前離店者
－延期住宿者
－無訂房散客
＝可以再接受訂房數，達成100%住宿率

茲列舉實例說明超額訂房的計算方式：

例如有家觀光旅館，客房總數200間，某日之訂房數量達180間，客務部經理該如何計算，尚可再接受的訂房數，以確保100%的住宿率。

解析：

1.訂房不到者：根據過去歷史資料統計，平均訂房不到者的百分比爲7%，得知預估數爲13間（180×0.07）。
2.臨時取消者：統計方法同上，得知平均臨時取消者的百分比爲2%，預估數爲4間（180×0.02）。
3.提前離店者：預估提前離店者，除了根據歷史資料外，也要考慮到季節、節慶、淡旺季、社會活動及住客結構（例如：會議、旅行團體、商務客等）。預估爲5間，提前離店後房間可以再售出。
4.延期住宿者：預估方法及考慮的因素同上，預估爲6間，延期住宿的房間不能再售出。
5.無訂房散客：參考歷史資料及一些影響因素，如觀光活動、同業的促銷活動及旅館附近的娛樂、餐館家數等。預估數爲10間。

所謂訂房數爲經過訂房員確認過的訂房總數，包括預付及未付訂金者。所有各別因素預估的數據得出後，演算方式如下：

200（客房總數）
－180（訂房數）
＋13（訂房未到者）
＋4（臨時取消者）

+5（提前離店者）

−6（延期住宿者）

−10（無訂房散客）

=26（可再接受訂房數）

經過一番評估及演算後，客務部經理必須再售出26間客房，以達100%的住宿率。由於數字是事前的預估，客務部經理可以審慎地做出研判，畢竟預估的數字還是有彈性調整的空間。

二、訂房的問題與對策

訂房作業過程中或多或少會產生問題而備受困擾。問題的形式和來源各式各樣，層出不窮。如果訂房員在作業進行時按照規定程序行事，或對問題點有相當警覺性，錯誤則可能減少。下面所敘述的爲常見的錯誤，以及因錯誤所產生與客人的互動關係。

(一)訂房記錄的錯誤

把客人抵店及離店日期寫錯或誤解客人姓名，例如「李、呂」、「林、淩」、「張、章」，或是把姓與名倒置，這種情形在外國人身上較常見，例如：William Gray寫錯爲Gray William。另一種常見的錯誤就是理所當然地誤以爲訂房人就是預訂住宿的客人，其實兩者不一定劃上等號，訂房人並不代表就是住宿的客人，而在接洽當中代理訂房的人也不查，就把自己的資料給予訂房員。

避免這種錯誤就是要按作業規定，務必複述訂房內容，讓雙方確信已完成正確的訂房手續。

(二)用語或語彙上的誤解

在與顧客對談中儘量避免使用專業術語，因爲客人不見得充分瞭解術語的意義而導致不同的見解。例如雙人床（Double Bed），無論中英文皆引起誤解：

對外國人而言，“Booking a double room”可能眞正本意是期望“A room with two beds”，亦即是兩張床的房間。對本國人而言，台語的「我要一間雙頂床的房間」，其實眞正本意是要“Double bed”，就是一張雙人份的大床，而非兩張床。

其他如“Connecting Room”（連通房，兩間獨立客房的內部有門互通）誤解爲“Adjacent Room”（鄰近房，可能在隔壁，也可能在對面），兩者意義相去甚遠。

避免這種語彙上的誤解，就是在訂房接洽過程中專心一意，充分瞭解客人的需求，不但要複述接洽內容，必要時須描述商品的特性使對方明白，讓對方知道旅館提供的商品符合客人的期望。

第六節　個案研究

個案一

台中一家國際觀光旅館客務部訂房組的訂房員小娟接到台北一位何姓客人的電話訂房，要求預訂一間標準單人房（房價爲每晚新台幣4,500元），時間爲一個星期後。

小娟立即透過電腦查看本月份的訂房狀況，發現恰好一星期後旅館要接待一個大型歐洲觀光團，標準客房已全被訂空。惟旅館還有較高級的套房。小娟機靈地向客人說：「何先生，很感謝您預訂我們旅館的房間，但一星期後我們的所有單人房都已全部被訂滿了，現在我們還有豪華套房，何先生您只需花6,800元，即可享受設備完善的套房，您可眺望風景十分優美的山景，還能享受多項優惠及服務，例如台中水湳機場的免費接送服務、免費享用一客自助式早餐、免費使用健身房及三溫暖設施、使用商務中心的服務設施可獲九折優惠等。」介紹到此，小娟稍稍停頓一下，等候對方回話。

何先生似乎陷入沉思而猶豫不決，「要是何先生您不介意的話，我們旅館還有標準套房，每晚新台幣5,600元。」小娟再向客人推介另一種房間。這時小娟意識到客人一時無法立刻決定，於是向他做了衷心的提議：「何先生，請問您何時到台中？到店時，我很樂意帶您參觀旅館房間，到那時再做決定吧！假若到時有人退訂單人房，我們會爲您保留下來！」小娟的建議令客人感受到極大之尊重，何先生終於答應選擇住宿豪華套房。

分析

一、優秀的服務員必須訓練有素、反應靈敏，同時也是一名傑出的推銷員。訂房員出色的推銷技巧不但不會漏失任何一名來客，還能使客人樂於來店住宿，並且能使旅館的營業收入得到提高。

二、從本案例我們得知，訂房員小娟在接到何先生預訂客房電話時，並沒有因爲標準單人房已客滿而把電話掛斷，漏失了找上門的顧客，而是積極推銷旅館的高級套房。她運用銷售技巧，從最高房價的客房開始向客人介紹，並清楚地說明房間的優點和客人可獲得優惠的服務等，還建議客人參觀旅館不同類型的房間，並答應萬一有退訂的單人房會爲他保留，這無疑是給客人下了一顆定心丸，並感受到對他的尊重，最後成功地令猶豫中的何先生訂了旅館的豪華套房。

個案二

「這住店的客人一外出就不回來了，房間內還有他的私人物品，卻已經空房好幾天，到底是怎麼回事呢？」1月11日，B飯店的大廳經理向總經理報告。

據該大廳經理彭先生的說法，今年1月1日，一名身分證顯示爲劉姓的男子預訂房間，入住該飯店，「先預付了一些費用，到了3日後，又續付費到5日，但5日晚上劉某外出沒有住宿飯店，也沒有退房，我們都以爲他還會再回來。」讓飯店工作人員沒想到的是，劉某卻再也沒回來過。「打預訂房間時留下的電話，有時開機卻一直沒人接聽，有時則是關機的。」

據彭先生稱，劉某入住該飯店時就和服務員打過招呼，除了得到允許之外，服務員不許進入該房間打掃或做其他工作。因此，劉某的不辭而別，讓飯店工作人員傷透了腦筋。他們隨後撥打電話報警，但相關人員僅表示，會備案處理。「到現在這房間還是空置著，眞令人著急！」彭先生說。

分析

幾乎每家飯店或多或少都會碰上這種棘手狀況，委實令主管們頭疼。

針對這種情況，律師界認爲，飯店爲了防止損失擴大，同時爲了避免在結帳時與住客發生糾紛，可就客房內的住客私人物品委託法院公證機關辦理公證。

除了拖欠的房費之外，這筆公證費用也應該由未履行續付費義務的住客承擔。

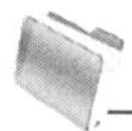

個案思考與訓練

台中Y旅館訂房員接到從外地打來的訂房電話，客人要預訂六間標準房，並表示他們每個月都會固定來台中一趟處理事情，每次需要的房間在六至八間，但都習慣於住宿X旅館，因看上Y旅館爲新開幕旅館且設施完善，有意成爲長期往來的顧客。但客人要求房租能否比照X旅館每晚新台幣2,420元（Y旅館標準房打折後每晚爲3,150元，並附贈一客早餐）。訂房員由於不願漏失任何潛在的客人，於是請示訂房主任處理。

第七章

服務中心

- 服務中心的工作要求與業務範圍
- 門衛的迎送服務
- 行李員的服務工作
- 個案研究

服務中心（Uniformed Service，或稱Concierge）在大型旅館中歸屬於客房部（Room Division）管理，與櫃檯、訂房、商務中心等分屬不同職能單位，中小型旅館則將其置於客務部（Front Office）的指揮下從事運作。

服務中心不僅對來館的住宿客人提供服務，只要是旅館的來客（用餐、開會）都是服務的對象。所以服務中心非僅與住客有直接關係，對來館使用公共設施的消費客人也是關係密切。其分屬職能爲：門衛（Door Attendant，一稱門僮）、行李員（Bell Attendant）、停車員（Parking Attendant）、機場代表、司機及委託代辦人員。他們是旅客來館住宿期間第一位和最後一位接觸的人，可說是站在業務的第一線，其言行舉止都代表著旅館，關係著客人對旅館的評價，擬分別加以詳述。

第一節　服務中心的工作要求與業務範圍

服務中心人員的制服顏色醒目引人，華麗而筆挺，在大廳中穿梭往來，十分引人注目，是旅館形象的代表，所以在執行服務工作時要符合旅館的要求、任勞任怨，發揮同舟共濟的精神。

一、服務中心的工作要求

服務中心（一稱禮賓部）其工作規則（Concierge Rules and Regulations）如下：

1.嚴禁強索或暗示小費，經發現立即解僱。
2.行李員接收或分送散客和團體的行李時，一定要看清時間、件數、團名、日期、房間號碼等，如將行李搞亂或損壞行李將受到議處。
3.嚴格執行操作標準程序，不遺漏任何細節。
4.禁止行李員隨便進出行李房，在內休息或吸菸等。
5.全體行李員在上班前將換上整潔的制服，並注意儀容外表。
6.上班、下班、用餐、休息等都要向領班報告。
7.大夜班行李員嚴禁睡覺，未獲批准不得擅自離開。
8.注重操守，如偷竊他人財物將重罰，嚴重者解僱。
9.上班時間內不講私人電話，若有私人急事須報備主管。

10.用餐時須報告領班，不得離開工作崗位，不得在樓層或其他地方休息，不得在大廳或其他地方嬉戲。
11.對上級的指示，一切要服從命令。
12.行李員如爲爭相服務入住旅館客人而爭吵，將受處罰，機場代表應做好迎接客人工作，不與同業代表互搶散客。
13.人人都應具四美：心靈、行動、儀表、環境。
14.未經領班同意，不得私自調班。
15.請假要提前二天向領班申請，予以批准才生效，否則作曠職處理。

▲行李員要服務親切並注意儀容外表

二、服務中心的業務範圍

服務中心人員可說是顧客的接待者、旅館安全的維護者與業務推銷者，其業務範圍列述如下：

1.到機場、車站迎接客人。
2.爲客人提供行李運送及保管業務。
3.在大門問候客人，引導客人至櫃檯登記，並帶領至客房做設備解說，反之則隨行李帶領客人至櫃檯辦理退房手續，其後帶領至大門口，安排交通工具，爲客人送行。
4.傳送訪客留言單（Message）給客人。
5.協助詢問處收回客人的房門鑰匙，並協助櫃檯出納通知客人付帳。
6.更換旅館的各種旗幟。
7.完成詢問處所交來的委託代辦事項。
8.負責旅客交通工具的安排（Limousine Service）。
9.注意大廳的安全及秩序的維護。

因爲他們工作上的性質，較多與客人接觸的機會，可以多介紹餐廳、酒吧（Lounge）及旅館的其他營業場所給客人，服務中心的人員其實也可以成爲優秀的推銷員。

三、服務中心主管的職責

服務中心設主任一職，稱為Bell Captain，在客務部經理的領導下負責指揮本部門的工作。服務中心主任的職責列述如下：

(一)崗位職責

全面協調管理行李員、門衛及機場代表等職員，為客人提供高效率和高品質的服務。

(二)工作內容

1.掌握旅館客房狀態、散客與團體情況和其他有關訊息，配合櫃檯做好客人遷入工作。
2.安排下屬班次，分派任務。
3.參加館內每週例會，彙報本部門工作情況，並將會議結論傳達給屬下。
4.檢查下屬服裝儀容、行為規範及出勤狀況。
5.督導行李員及機場代表工作，保證行李處理和機場接待工作流程的正常運行，和各環節的通暢運轉。
6.檢查交班日誌、行李房和各項登記本。
7.全面控制各樓層、部門設備完好和正常運轉。
8.與其他各相關部門溝通、協調、密切合作。
9.耐心聽取客人的意見，回答客人的詢問，辦理行李的保管。
10.處理客人投訴和各種緊急情況。
11.能熟練地使用各種行李車、行李推車，掌握各種行李箱的裝載技巧。
12.定期對本部門員工做績效評估，按照制度進行獎懲。
13.督導實施員工培訓，確保員工素質的提高。

第二節　門衛的迎送服務

門衛是第一線工作的最前線，當投宿的客人從轎車下來，第一眼就接觸到門衛。門衛親切的問好（如能叫出姓名，效果奇佳），並幫忙卸下行李，帶領

客人進入旅館，雖然是很平常的例行動作，然而誠懇的態度對客人而言是非常有意義的，旅館由此與客人建立良好的關係，同時也塑造了在櫃檯辦理遷入手續的良好氣氛。

客人在停留當中，也會向門衛要求服務，例如叫計程車，且協助客人進出車廂內，告訴客人餐館、劇院、旅遊景點及其他好去處。最後客人退房遷出時，門衛幫客人把行李送上車，成爲最後一位服務客人的員工，互道珍重再見。

由此可知，門衛工作的重要性，在服務客人整個一連串過程中，任何細節皆不可忽視。

綜言之，門衛的主要工作爲：來館客人的迎送、旅館大門前（玄關）交通的指揮與秩序的維護，和館內外介紹解說的服務，分述如下：

一、來館客人的迎送

迎送客人是門衛的主要任務，包括住宿客人與外來客人在內，要讓人感到一貫的慇懃服務。

(一)迎接客人

■迎接住宿的客人

當汽車抵達大門前面，應主動迅速地走向汽車，微笑地爲客人打開車門，用手擋住車沿以防客人頭部碰撞。隨後即招呼行李員前來協助卸下客人的行李，件數要確認清楚，門衛要再檢視車內是否有遺忘物件，再輕關車門。如果是計程車，要記下車號和時間。如果行李員不在場時，應主動卸下客人行李，與客人一起攜帶行李到櫃檯接待處辦理住宿登記手續。行李放好後向客人解釋，然後迅速報告主管，再返回工作崗位。

有時候住宿客或是外來客（指用餐或開會客人）數輛車同時抵達大門前面的情形亦會發生，服務中心主管應主動率行李員大家同心協力把迎客工作做好，在忙亂中不能忽略細節工作，以免忙中出錯。

■迎接外來客人

外來客不外乎是參加宴會、會議或用餐的客人，由於熙來攘往，大門進出頻繁，是門衛發揮迎送功能的時候。門衛要動作迅速有節，記住客人姓名、車號，甚至廠牌與顏色，最好身邊有小筆記簿，隨時做記錄。

外來客人大都開自用轎車，門衛做交通的調節與疏導是很重要的；尤其遇到大型宴會，人多混雜，如何維持秩序與招呼客人，的確要展現高超的能力。

迎接外來客與住宿客，方式大致相同，俟客人下車後，迅速引導司機開進停車場或離開現場，以免阻礙後車。

■迎接團體客

見到團體客的大巴士到來，隨即與行李員聯絡，並注意不要影響其他車輛的往來，所以門衛要引導大巴士至大門不遠處停車，以免妨礙車流，此時行李員忙著裝載行李上推車，門衛仍要做好接待其他散客到來的工作。

(二)送別客人

■送別住宿的客人

住客退房離店時，招呼候客的計程車讓客人搭乘，協助客人把行李搬上車，並向客人確認件數。門衛開車門讓客人進車，注意用手擋住車沿，坐妥後輕關車門，並留意不要讓客人外衣或女客長裙被車門挾住。客人如是外國人，要向司機說明去處。

車輛即將出發前，要離車身兩步距離，行禮如儀，向客人道別。別忘了車號、時間都要記錄下來。

■送別外來的客人

一般人在宴會或會議結束後，客人自行步向停車場開車離開。不過仍有些自用車輛會開至大門前接回客人的情形，因此要一部接一部地指揮疏導。一場宴會或會議下來，大門玄關區域一下子人車湧進，場面會很混亂。所以要冷靜機敏行事，不要因爲忙亂就忽略了應有的禮儀，注意自己的動作、態度。一旦有大型聚會，服務中心主管應先分配工作，召喚行李員幫忙，群策群力，共同把工作做好。

二、玄關前的整理

玄關即主大門前與道路接面一帶的區域。通常旅館設有車道，方便車輛直接停在大門口，並且也有美麗的景觀設計，如假山、噴水池等。門衛在此區域的工作有交通的疏導、玄關周邊的環境整理，以及玄關周圍的安全維護，茲分

述如下：

(一)交通的疏導

做好客人的迎送，最重要的是先把玄關一帶的交通疏導好。在宴會較頻繁的時日，玄關前的人車混雜是經常的事，門衛的指揮與疏導不當，將導致大門附近爲之阻塞不通。

門衛每天一上班，即要先瞭解住宿及退房的情況及今日旅館活動情形，以便能掌握道路及停車狀況。

(二)玄關周邊的環境整理

玄關是建築物的門面，要經常保持清潔。由於每天有很多人在此進進出出，難免弄髒環境，所以周邊區域要注意環境打掃。門衛有責任保持環境清潔與美化。

玄關周邊如果有放置行李車或雨傘套架子，要排列整齊，擺在適當位置。經常留意雨傘套是否需補充，架子有否擦拭乾淨，晴天時就存放起來。要時時注意景觀是否遭受破壞，燈光照明不亮時隨時更換或維修。

(三)玄關周圍的安全維護

對行跡可疑的人要注意其動態，如果進到館內也要報告主管及值班經理加以監視，必要時聯絡安全警衛做適當處理。對於衣衫不整、酒醉的人設法讓其離開，假若是自己能力無法應付者，應速聯絡安全警衛處置。

三、館內外介紹之服務

客人也經常向門衛詢問館內的各項設施和有關市區街道地理、各機構和名勝地區等情形，因此門衛也負擔著回答客人關於館內外的各項詢問。

(一)館內介紹服務

客人也常向門衛問起館內的各項設施情形，尤其外來客人大多詢問他們所參加的會議、宴會之場所的位置，以及各種娛樂、藝文活動。

所以門衛工作不僅是彬彬有禮地迎送客人而已，對於客人的詢問也要詳實以告，門衛因此就必須瞭解館內的各項設施、節目活動和營業時間。

(二)館外介紹服務

門衛對於市區內主要設施、位置、交通狀況要非常的瞭解，以因應客人的詢問。甚至客人坐計程車時，由於語言的不通，也要代爲說明去處。

第三節　行李員的服務工作

行李員的主要工作是爲抵店、離店的客人運送行李進出旅館；爲住店的客人遞送包裏、報紙、信件、傳眞等；爲館內其他部門分送文件、報表及暫時放置的歡迎牌、指示牌等；並負責掛起旅館的各種旗幟。行李員站立於大門兩側代表旅館迎送客人，同時也是大廳的服務員，主動爲客人服務，回答客人的各種詢問，向客人介紹旅館的情況，在執行工作時還要成爲旅館的推銷員與安全人員。

行李員是在大廳中相當重要的人員，其工作往往涉及到其他部門，爲便於對行李員工作有系統性的瞭解，茲以**圖7-1**說明。

一、行李員的職責與工作內容

茲介紹行李組領班與行李員的職責與工作內容：

(一)行李組領班

■崗位職責

管理並帶領行李員爲客人提供訊息服務、收送行李服務。其工作對服務中心主任負責。

■工作內容

1.掌握客房狀況與客情及其他有關必要訊息。

2.檢查行李員的服裝儀容、行爲規範及出勤狀況。

3.安排行李員班次，分派工作。

4.督導行李員日常工作，提高服務品質。

5.負責行李房的檢查與維持整潔。

6.檢查客人行李接送記錄。

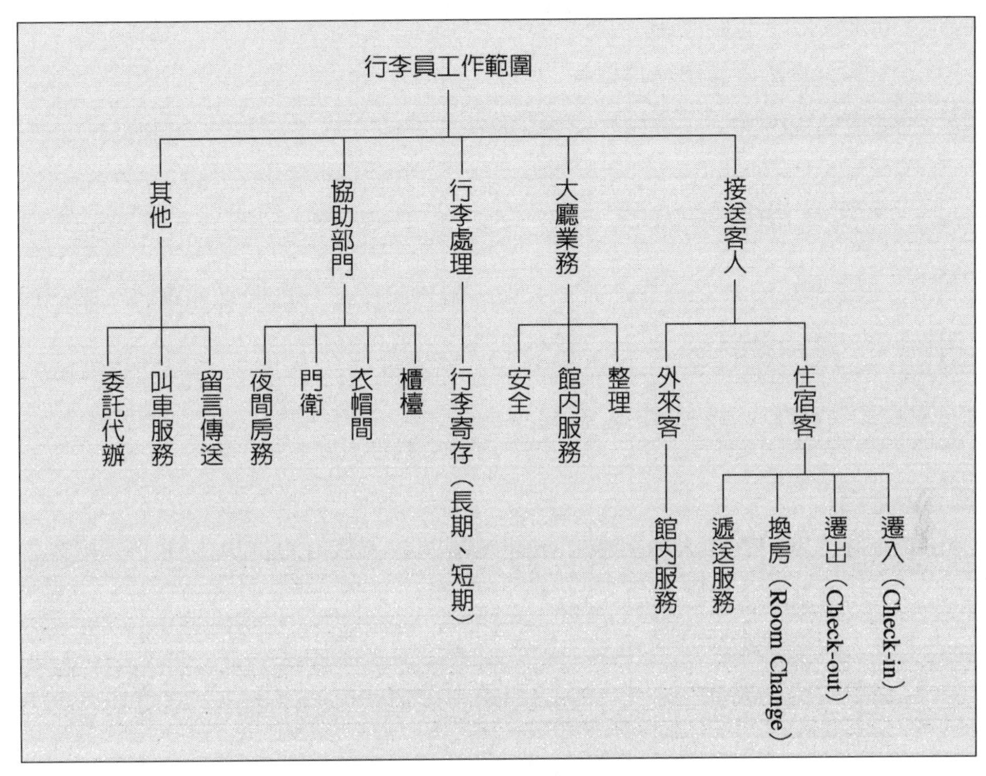

圖7-1 行李員工作系統圖

7.確保使用工具齊備完好。

8.與其他有關部門溝通協調，密切合作。

9.監督下班的交接班工作與下班者做好收尾工作。

10.定期對本班員工進行績效評估，向經理提出獎懲建議。

11.實施組員培訓工作，以確保員工素質的提高。

(二)行李員

■崗位職責

收送客人行李，爲客人送傳眞、包裹及其他物件，推銷旅館餐飲設施，爲客人展示房間設施。

■工作內容

1.掌握房間狀況與客情，以及客人可能提出問題方面的知識。

2.保管行李、收送行李。

3.向客人展示房間設施。

4.向客人推銷旅館服務項目。

5.當班結束後與下一班做好交接工作。

二、行李員的作業流程

行李員從迎接客人始至送別客人止，服務對象可分爲散客和團體，整個作業流程可以**圖7-2**表示。

(一)散客（FIT）接待作業流程

■客人進店

1.向抵達旅館的客人微笑表示歡迎，幫助客人將行李從車上卸下，和客人一起檢查行李件數和有無破損。

2.客人行李件數少時，可用手提，行李多時就要用行李車。注意大件行李和重的行李要放在下方，小的和輕的行李放在上方，並要注意易碎及不能倒置的行李之擺放。

3.在客人左前方二至三步距離，引領客人到櫃檯接待處登記。

4.以正確的姿勢在客人身後1.5公尺處，站立等待客人住宿登記，並把行李置於身前替客人看管行李，隨時聽從客人吩咐和櫃檯人員的指示。

5.等客人辦理完住宿登記後，應主動地上前向客人或櫃檯接待取房間鑰匙，護送客人到房間。行進間對客人熱情有禮，要在客人前面1公尺處靠邊行走。遇轉彎時，應回頭微笑向客人示意。如果客人有事到別處，要求行李員先將行李送到房間，此時行李員要看清楚客人房間鑰匙號碼，

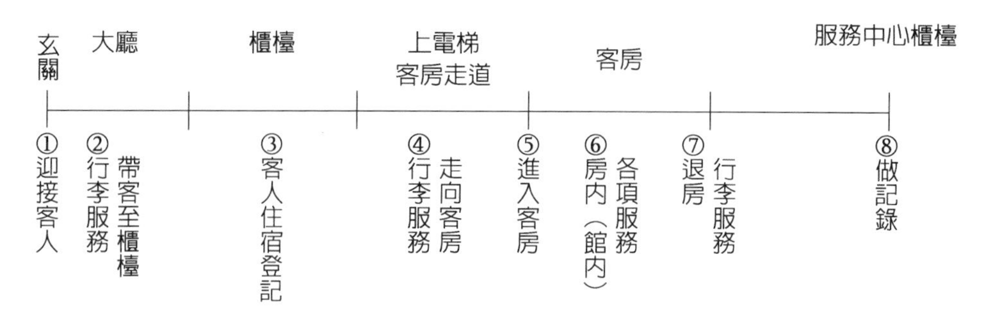

圖7-2　行李員的迎送客人流程圖

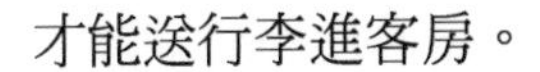

才能送行李進客房。

6.到達電梯口，當電梯門打開時，要用單手扶住電梯門，請客人先進電梯，然後自己再進去，要站在操控鈕前操作電梯。電梯打開時讓客人先出，然後繼續引領客人到房間。如果行李過多或過重時，需要使用行李車。可以引領客人到電梯口後請客人先到房間，然後推車到行李專用電梯送行李進房間。

7.到達房間門口應先按門鈴或敲門，房內無反應再用鑰匙開門。

8.開門後，立即打開電源開關（此時房間大部分燈已亮），立即退至房門一側，請客人先進房間。開門後，如發現房內有客人的行李或雜物，或房間未整理，應立即退出，並向客人解釋清楚，再和房務中心、前檯聯繫，完成換房後通知櫃檯。客人入房後如對房間不滿意，要求更換時，應立即與櫃檯接待聯絡。完成換房工作後，通知櫃檯接待。若換房後客人還是不滿意，可換回原來房間或別的房間，但務必要先請示櫃檯。

9.客人進入房間後，行李員將行李放在行李架上或按客人要求將行李放好，要注意行李車不能推進房間。

10.向客人介紹房間設施和使用方法。介紹次序為：開窗簾、告知收音機和電視機的開關位置（注意要讓客人知道節目分為付費與不付費電視節目兩種）、電話指南、電源插座、空調位置、洗衣服務、客房餐飲和餐廳指南、康樂設施等。

11.房間介紹完後徵求客人意見是否還有吩咐，然後向客人告別、道謝，祝客人愉快。迅速離開房間，輕輕將房門關上。

12.離開房間後迅速走員工通道返回服務中心，在散客行李入店的記錄表上逐項做好記錄（見**表7-1**）。

■客人離店

1.站立在大門口兩側及櫃檯邊的行李員見到有客人攜帶行李離店時，應主動上前幫忙，並送客人上車。

2.當客人用電話通知櫃檯要求派人運送行李時，應有禮貌地問清房號、姓名、行李件數及搬運時間等，並立即做記錄。根據行李的多寡和行李的大小，決定是否需要行李車，然後乘員工電梯到客人所住的樓層。

3.進入房間前，先按門鈴，再敲門，通報：「行李服務！」（Bell Service），

表7-1　遷入行李登記表

遷入行李登記表 CHECK-IN RECORD DATE：＿＿＿＿					
房號 Room No.	時間 Time	行李員 Bell	行李種類 Baggage Description	件數 Pieces	備註 Remarks

徵得客人同意後才能進入房間，並與客人清點行李件數，檢查行李有無破損，問清楚行李運往何地和何時取回，並按要求在寄存卡下聯填寫上姓名、行李件數、房號，把下聯交給客人，告訴客人憑卡取回行李。行李裝車後，與客人告別迅速離開。

4.如果客人不在房間，則請樓層服務員開門取行李，並與服務員共同清點行李件數和破損狀況，上下聯寫上行李件數、經手人姓名，上聯綁在行李上，行李放入行李房，下聯寫上房號，貼在保管行李登記本上，並做好存放記錄。

5.當客人表示一定要和行李一起離開時，要提醒客人不要遺留物品在房間，離開時要輕輕關門。當知道客人未付帳時，要告訴客人在何處結帳，並提醒客人將鑰匙交給櫃檯。當客人結帳時，要站立在離客人身後1.5公尺處等候，待客人結帳完畢後，將行李車推到大門口。

6.送客人離開旅館時，再次請客人清點行李件數，無誤後，關上後車蓋，請客人上車，關好車門，然後舉手致意。

7.送走客人後，回到服務檯填寫行李登記表（見**表7-2**）。

(二)團體（GIT）接待作業流程

大部分的團體，到店時已近晚餐時間。所以當團體一到旅館時，行李員就要很迅速地把團體行李從巴士的行李箱裡搬出來，用行李車運至大廳整齊排列集中起來，並把每件行李繫上名牌（Tag）等。這一連串的動作相當緊張忙亂，

表7-2　遷出行李登記表

遷出行李登記表 CHECK-OUT RECORD　DATE：＿＿＿＿					
房號 Room No.	帳 Bill	行 李 Baggage Description	時間 Time	行李員 Bell	備註 Remarks

行李員必須在客人從客房下來集體用餐前把所有行李按房號全部送完。反之，退房時亦同，行李員必須在團體用完早餐前把行李蒐集好準備運上車，時間相當緊湊，因爲這一連串動作都必須配合旅行團的行程安排。假始一家旅館一個晚上進來二、三團以上，行李員就會忙得不可開交，所以服務中心主管宜參照訂房狀況，事先安排人力。

■**團體行李進店**

1.巴士到達旅館後，行李員對客人表示歡迎，隨後把巴士行李箱的行李取出。

2.集中在大廳後，核算總數，並逐一繫上行李名牌。

3.如果行李是以托運方式送來，行李員要與運行李到店的人清點件數，檢查行李的破損情況。在團體行李一覽表上找出該團名單，寫上行李運送到店時間、件數，按編號取出該團的團體名單，核對團名、團號和人數無誤後，請運送行李來的人簽名，如行李有破損或異常情況，應在團體名單上註明，並請運行李的人簽名證明。

4.向導遊索取寫有房號的團體名單，把房號按人名逐一填寫。

5.按樓層別把行李搬上台車（Wagon）或推車（Trolley），並計算搬運件數記錄起來。

6.「團體客行李搬運記錄表」填好確認無誤後，把行李運至所屬客房裡（如**表7-3**）。

表7-3　團體客行李搬運記錄表

團體客行李搬運記錄表

團號：＿＿＿＿＿＿　團體名稱：＿＿＿＿＿＿

＿＿月＿＿日＿＿時＿＿分　BELL：＿＿＿＿＿＿

	房號	件數	確認	備考
1				
2				
3				
4				
5				
16				
17				
18				

（Check-in、Check-out兩用）

7.客人的行李確認無誤，則在記錄表上的確認欄上打“✓”做記號。

8.團體行李全部運送完後在記錄表上簽名，然後交給主管保存。

9.服務中心主任在團體住宿期間保管所有行李員簽過名的記錄表。

■團體行李離店

旅行社導遊在辦理團體住宿手續時，會告知櫃檯在旅館的退房時程，即是：

1.晨間喚醒（Morning Call）時間。

2.用早餐（Breakfast）時間。

3.下行李（Baggage Collection）時間。

4.退房（Check-out）時間。

通常導遊會告訴團體成員，退房時把行李置於門口，以方便服務人員收取。而行李員與導遊、櫃檯聯絡好後，大概在客人用早餐時，把行李車和團體名單準備好上樓蒐集行李，其作業程序如下：

1.上樓搬運行李時，要把每間客房搬運的行李件數填在記錄表上。

2.確認是否有房號或行李遺漏，如正確無誤即將行李運至大廳指定的放置場所。

3.將全數蒐集好的行李核算，與記錄表加總後數目相符，即報告旅行社導遊（Tour Conductor）。

4.將行李如數運上載客大巴士，注意整個過程時間的控制，在預定的時間內完成。

5.在巴士出發之際，導遊會再仔細詢問櫃檯，是否有任何問題，否則車子就出發離開。要是有若干客人有雜項費用尚未收，例如迷你吧飲料、電話費、電視收視費等，以及房間鑰匙未繳回櫃檯，或房間有遺留物之問題，櫃檯都委由行李員代收或處理。

6.行李離店前應有專人看管，如果行李需要很長時間放置，須用繩子穿綁好。倘若是托運的話，要請托運者在團體名單上簽名，行李交接完成後，把簽完名的團體名單保留於服務中心。

(三)換房作業

所謂換房，無論經客人的要求或是館方基於某種原因，把原已住房的客人遷移至其他房間謂之。換房的整個程序將在第八章櫃檯作業中討論。這裡僅就與行李員相關部分做說明。

換房作業又分為客人在時的作業與不在時的作業兩種。換房的時間大抵在下午比較不忙的時段中進行，除非客人有特別的要求。換房作業方式如下所述：

■客人在時的換房

行李員接到櫃檯要求為客人換房時，從櫃檯處領取新的房間鑰匙和住宿卡（Rooming Card，即Hotel Passport），並準備行李車至客人房間，聽從客人指示把行李搬上行李車，帶領客人至新的房間，待行李完全安置於新房間後，將新房的鑰匙及住宿卡交給客人，原來住宿房間的鑰匙向客人收回，道聲「祝您住宿愉快」，然後輕關門退出，把原來的房間鑰匙交還櫃檯。

■客人不在時的換房

客人外出時的換房，大都是客人前一天或當日早上外出前告知櫃檯，要求於不在時可以進入其房間做換房工作。而櫃檯也會向客人要求須把行李整理好。行李員領取新舊兩把鑰匙，並準備行李車至客人房，同時聯絡房務領班會同處理換房。

行李員須檢查浴室、抽屜、衣櫥等，以免把客人的東西遺漏而未收拾。萬一客人有部分東西未整理時，物品的所在位置予以記錄下來後再收拾整理好。

換房完成後，也要做換房的記錄，包括行李件數（如**表7-4**）和零散物品之記錄。

(四)館內服務與大廳管理

行李員也是旅館各營業場所的推銷員及大廳的看護者，其所扮演的角色也是多元的，茲分述如下：

■館內服務

來館的客人經常會向行李員問到一些館內設施的問題，例如宴會、會議、文娛活動的場所及內容。所以行李員除了熟悉客房外，各聚會場所、餐廳等，其特色、營業時間或是促銷方案等也須明確瞭解，才能滿足客人的問題，進而鼓舞其消費興趣。

服務中心每天會被分發一張有關旅館今日活動的日報表，行李員對宴會名稱、會議名稱、演說題目與演講者及各個地點都要牢記在心，尤其是有VIP參與的活動要知之甚詳。

本來，這種館內服務一般都是由櫃檯詢問處來提供的，大型的旅館則設有專職的Concierge來服務客人的各種需要與解答客人詢問。但是由於工作的特性，行李員有較多機會接觸住客與外來客，所以館內服務仍是行李員的重點工作之一。

表7-4　換房行李登記表

換房行李登記表
ROOM CHANGE RECORD

日期	時間	由（原房間）	到（新房間）	件數	行李員	領班	備註

■大廳管理

大廳是住客和外來客每天穿梭往來的場所，管理的責任自然落在以駐守大廳爲主的行李員身上。

服務中心的服務檯最好設於能面對大廳、視線可及於每一角落，同時也便於與櫃檯聯繫的位置，使大廳的管理與安全的維護能夠兼顧。

1.大廳內部的整理：大廳由於人來人往，所以要經常保持清潔衛生與光鮮亮麗的環境，以留給客人良好的印象。行李員要常留意下列地方的整理，保持大廳一個舒適愉悅的環境：

(1)桌子、椅子的清理：各種桌椅要置於定位，保持整齊，桌椅上客人隨意棄置的報紙、空香菸盒要收拾乾淨。

(2)菸灰缸的整理：無論桌上菸灰缸或立式菸灰缸，只要有一支菸蒂在內，就要立即清除，保持菸灰缸一點菸灰或其他碎屑都沒有。

(3)玄關玻璃門的擦拭：抹布與清潔光亮劑隨時準備好，玻璃門的污髒以手印最多，故要經常擦拭，使玻璃保持明亮如新。

(4)簡介架的擦拭整理：注意擦拭簡介架，各種簡介架內之簡介刊物、印刷品要隨時補充，擺設整齊。

(5)電話的擦拭整理：大廳的電話亭隨時擦拭，無論寫字檯、電話簿、市內電話、館內電話（House Phone）都要清理及擺設整齊。

(6)注意客人遺留物品（Lost and Found）：客人可能遺忘或掉落身邊物品，發現時應保管起來，並記錄品名、時間、地點於報表上。

(7)燈飾的更換：電燈若不亮時，應立即更換新的燈泡。

(8)地面的泥土或灰塵、髒物之清除：尤其在下雨天，大廳亮麗的大理石地面或是地毯很容易潮濕及弄髒，要不斷地清理。

(9)服務檯（Bell Captain Desk）的整理：服務檯內外、地面保持乾淨，各式報表、文具擺放整齊。

(10)景觀的維護：盆栽、盆景、花卉保持清潔，樹葉要常噴水，保持綠意盎然。

2.留意大廳客人動態：大廳是每天許多客人自由出入的場所，有句諺語「來者是客」，旅館因而要提供最好的服務讓客人覺得滿意。但是爲旅館帶來麻煩與困擾的客人亦時有所聞，其行爲後果不但使旅館形象受損，也會影響旅館的營業表現。行李員在大廳的工作也就須負起安全、留意客人行動之責任。行李員如果碰到這種客人，應速報告主管，必要時通知安全警衛來處理。有下列情形，行李人員就必須加以處理，或監視之，或勸導之，甚至請其離開，因爲旅館是不允許的：

(1)著睡衣或拖鞋在大廳走動。
(2)持外食進入本館大廳。
(3)在大廳使用收音機。
(4)在大廳販賣物品。
(5)在大廳做應徵及面談工作。
(6)在大廳座椅上睡覺。
(7)穿木屐或打赤腳在大廳走動。
(8)把床或折疊椅床帶進旅館。
(9)潮濕滴水的雨傘帶進旅館。
(10)小孩在大廳中跑動嬉戲。
(11)大廳中高聲談笑、喧譁。
(12)行動舉止可疑的人。

三、行李寄存服務

行李寄存主要爲給住店客人的方便。住客在退房後，因爲要另到別處，只須簡單隨身用品或小件行李，乃會要求寄存行李，以圖個方便。住宿當中也有可能將非日常用的行李或大件行李寄存，以免行李占用太多的客房空間。

由於每家旅館的行李庫房容納量有限，如果無限制地累積存放，長期下來勢必空間不夠，所以有些旅館會規定最多寄存日數來加以限制。有關行李的作業方式敘述如下：

(一)寄存行李

旅館經常會有客人要求寄放行李，因此要做好寄存登記。寄存只限於住店客人，對於非住宿客人的行李一般則不給予寄存。

1.先向客人解釋寄存的情況，若有相當脆弱或易腐爛的物品，或不予保管的物品，應向客人解釋，以免事後發生誤會或爭執。

2.檢查行李，如有破損，應向客人說明，並報知行李件數。

3.在行李寄存卡上填寫客人姓名、寄存日期、提取時間、件數、客人的房號等。然後在行李上掛上有編號的行李保管條（Baggage Storage），將保管條的下聯交給客人保存，到時憑行李保管條下聯取回行李（如圖7-3）。有些旅館行李保管條背面會有更詳細規定（如圖7-4）。

4.把已登記好的行李放到行李架上，如客人有兩袋以上的行李，應用繩子繫好，以免和其他人的行李混在一起。

5.如客人提出寄存物品由他人代領之要求時，請客人把代領人的姓名、服

行李保管條 No 007143
BAGGAGE STORAGE

日期 DATE ____________ 房號 ROOM NO. ____________
姓名 NAME ____________
行李件數 PIECES OF BAGGAGE
皮箱 SUITCASE ______ 件 PIECES
手提箱 HANDBAG ______ 件 PIECES
包裹 PARCEL ______ 件 PIECES
行李組經手人 BELL CAPTAIN ____________

貴客寄存行李請於1個月內親自領回，逾期本飯店恕不負保管責任。

お預かりしましたお荷物は必ず1ケ月以内にお引取り願います。尚1ケ月以上放置されました場合は保管についての責任は負いかねます。

For luggage left in our care, we would very appreciative if delivery could be arranged within 30 days.
The management will not be held responsibility for any articles left unclaimed after this period.

旅客簽字 GUEST SIGNATURE ____________

- - - - - - - - - - - - - - - -

行李保管條 No 007143
BAGGAGE STORAGE

日期 DATE ____________ 房號 ROOM NO. ____________
姓名 NAME ____________
行李件數 PIECES OF BAGGAGE
皮箱 SUITCASE ______ 件 PIECES
手提箱 HANDBAG ______ 件 PIECES
包裹 PARCEL ______ 件 PIECES
行李組經手人 BELL CAPTAIN ____________

貴客寄存行李請於1個月內親自領回，逾期本飯店恕不負保管責任。

お預かりしましたお荷物は必ず1ケ月以内にお引取り願います。尚1ケ月以上放置されました場合は保管についての責任は負いかねます。

For luggage left in our care, we would very appreciative if delivery could be arranged within 30 days.
The management will not be held responsibility for any articles left unclaimed after this period.

圖7-3　行李保管條

Please Note：
1. Luggage will only be released upon presentation of the appropriate deposit receipt which must be counter signed by the depositor in the presence of the bell clerk.
2. If the luggage is not collected within three months after the date of deposit, the hotel may dispose the luggage in accordance with prevailing regulations.
3. The hotel will not be help liable for loss or damage of stored luggage.
4. Flammable, dangerous or fragile items are not allowed to be kept in storage. We recommend that all valuables be placed in the strongbox at the Front Desk.

請注意：
1.行李須出示收據方可放行，並需在飯店職員前加以簽署。
2.若寄存之行李存放後三個月內未被認領，飯店可依照常規自行處理。
3.若所寄存之物品有任何遺失和損壞，飯店恕不負責。
4.易燃物品、危險品及貴重物品、易碎品禁止存放，貴重物品請放前檯保險箱。

圖7-4　行李保管注意事項

務單位和住址寫清楚。然後寫上寄存行李的客人姓名，並要求客人通知代領人須帶行李保管條下聯和身分證提取行李。

6.易碎物品，應貼上「易碎標示籤」（Fragile Tag），並將保管條上聯掛在行李顯眼的地方。

7.行李放進行李房時，均要做好登記手續，在「存放行李登記簿」上填寫存放日期、時間、序號、件數、保管條號碼、經手人等。

8.如果客人寄存行李超過一天時間，請客人在行李保管條的上聯簽名。

(二)提取行李

1.客人持行李保管條下聯取回行李時，行李員可詢問原住房號、寄存日期、行李特徵和件數。

2.進入行李房後迅速找到行李，行李員須聯絡櫃檯瞭解是否前帳已清。

3.請客人清點行李後，將行李交給客人或代搬上車，記下車牌號碼，隨後在「存放行李登記簿」上註銷，寫上註銷時間和車牌號碼。然後將保管條上下聯訂在一起，蓋上註銷印章。

4.對非當天存取的行李需要客人在行李保管條上聯簽名，客人取行李時則當場在下聯簽名，行李員再加以核對。

5.代領寄存的客人，需要說出該行李的特徵、所屬人的姓名、原住房號

碼，並出示本人有效證件（要影印存檔），由代領人寫下收據。

6.如客人不慎丟失保管條的下聯，則要求客人提供姓名、房間號碼、行李件數、行李特徵。拿出有效證件與保管卡的上聯影印在一起，要求客人在影印聯上簽名，然後才把行李交客人核對。最後經手行李員簽名，寫上日期，保管條的上聯和影印聯訂在一起，登錄於「無保管條取物登記簿」後存檔。

7.客人如果沒有能夠證明身分的證件及保管條下聯簽名與上聯簽名不符時，不可將行李交予客人。國內客人無保管條上聯取物時，無書面證明（如委託書）或原寄存人無特別交待委託別人提取時，行李不可交給來人。

四、機場代表服務

機場代表的主要任務是提供快捷舒適的服務，將旅客接回旅館，應把握每一個機會爲旅館做宣傳，爭取更多的客源，負責從接客開始到客人上車或到達旅館這段時間內客人的行李安全。

(一)崗位職責

1.按操作程序工作。

2.每日上班查閱訂房報告。

3.準時抵達機場以歡迎、接待旅館客人。

4.提供VIP訊息。

5.爲客人處理行李問題。

6.回答客人詢問，根據接待工作的原則，靈活處理客人提出的各種服務要求，並提供有關旅館及旅遊等方面的訊息。

7.在淡季積極爭取客源。

8.與司機協調配合無間，順利完成接機任務。

9.與其他旅館的機場代表維持良好關係。

10.完成上級所要求的任務。

(二)操作流程

1.領取通知：每天上班後，機場接待人員從訂房組領取當天需要到機場接機客人的名單及其班機號碼，然後到機場值勤。值勤前檢查好自己服裝儀容，配戴員工名牌。

2.迎接客人：

(1)製作迎接海報，書寫格式爲：海報左上角寫“WELCOME”的英文大寫，海報中間寫客人姓名（按訂房組通知的中文或英文姓名），海報右下角寫“XX Hotel”的英文大寫，按飛航班次將海報打出。

(2)班機到達後，機場接待人員面帶微笑，在旅館所屬接待台上，手舉標有客人姓名的接待牌，或將海報貼於櫜位前。

(3)發現要迎接的客人時，主動熱情上前向客人問候“Good Morning / Good Afternoon / Good Evening, Mr. / Ms. XXX , Welcome to XX Hotel.”。

(4)接待人員須自我介紹，包括：姓名、旅館名稱、職務，並介紹本地時間、日期、從機場到旅館時間。

3.送客人到旅館：

(1)接待員幫助客人拿行李，護送客人到泊車地點，乘旅館專車回到旅館。

(2)如果旅館沒有準備專車，則護送客人到計程車招呼站，告訴司機客人要到達的目的地，並告訴客人到達旅館的大概費用，並記下車號。

(3)向客人告別，祝客人「一路順風」，目送客人離開。

4.通知旅館準備迎接：回到接待台打電話回旅館，通知旅館櫃檯及服務中心有關客人情況，包括：所乘車輛的車型、車號、人數、行李件數及大概到達旅館的時間。

(三)向散客推銷自己旅館

1.掌握旅館訊息：瞭解並掌握旅館住房率、房價、各種服務設施及有關最新訊息。

2.接待問詢與推銷：

(1)積極熱情地接待每一位前來詢問的客人。

(2)向客人介紹旅館的優點。

(3)與旅館訂房組聯繫，以便給客人一個合理的房價。

(4)當客人決定下榻本館後，請客人塡寫住宿登記，並記錄下客人姓名及房價，以備查詢。

3.安排接待：

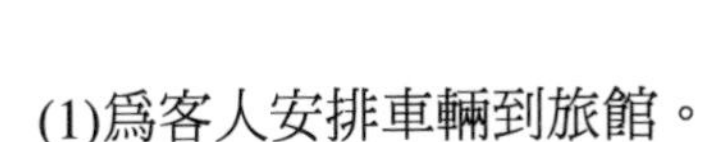

(1)爲客人安排車輛到旅館。

(2)迅速打電話通知旅館櫃檯接待處。

(四)注意事項

1.班機到達前應先核對訂房旅客名單，確認被接的旅客是否在該班機名單中。

2.不要認爲被接的客人不在班機名單上，就可以不接，還是要等到所有旅客出來爲止。尤其是末班機，因爲有些客人臨時搭乘，航空公司來不及將他的名字列入名單。

3.若班機誤點，掌握好該班機的到達時間，做好交接，務必等到客人，方可離開現場（班機誤點時間過長應打電話回去報告主管）。

4.對沒有接到VIP或特別指定的客人，回旅館後，到櫃檯接待處查核客人是否已到達，並報告客務經理或大廳副理，及時向客人做好道歉及補救工作。

第四節　個案研究

個案

某日，在黃曆上爲大吉之日，因此W大飯店的各個宴會廳幾乎都是結婚喜宴，而且客房也告客滿。飯店自是佳賓雲集、門庭若市。雖然大門口臨時增加了接待人員（兼做交通指揮），但停靠飯店門口的汽車眞可謂車水馬龍，進出飯店的客人川流不息，致使接待人員一時手忙腳亂。門衛老邱面對門口一長串排滿的車陣，自是加快手腳服務。他把最前一輛的來車側門打開之後，協助一位動作遲緩溫吞的老先生下車。之後又用左手示意下一部車趨前，老邱照例以快速的動作協助客人下車，下車的是位年輕女郎，全身白色禮服的盛裝打扮，應該是伴娘吧！其座位旁還有一盆花，女郎小心翼翼地用雙手捧著花出車門，這時後方的汽車因等得不耐煩，直按喇叭催促，老邱也心急如焚，在女郎將盆花捧出車門外面之際，立刻用力把車門一關，「碰！」「嘩嘩啦！」同時伴隨女郎驚聲尖叫，原來車門關閉得過早，女郎雙手上的盆花尚未完全捧出車外，關門的力道把盆花打落在地面，鮮花灑落一地，瓷製的花盆也摔得碎片處處，滿地狼藉。老邱嚇得臉色蒼白。

後來，門衛老邱遭到了客人的投訴。

分析

一、做好門口接待服務及交通疏導是飯店員工的職責。「親切」、「安全」、「確實」尤其是專責門衛的工作信條。

二、本案例中的老邱在主觀上是想趕快疏通客人，以免在大門口停車的車陣越排越長，影響飯店大門外之秩序，但是他卻忽視了安全的問題，以致關車門時打落伴娘的盆花。這種無可挽回的遺憾，光憑道歉是很難被諒解的，不但最後遭到客人投訴，飯店的聲譽也受到傷害。

三、不論任何大小的事件發生，都反應出飯店的管理水準和員工的素質。作爲一名飯店的從業人員，必須不斷地吸取經驗教訓，並能時時充實自己，努力提高自身的工作修爲和專業技能，使接待服務的工作更趨向完美圓熟。

個案思考與訓練

行李員小謝用行李車搬運客人若干件的行李與客人進入客房裡，之後小謝小心翼翼地把行李一件件擺放好，然後請客人點收。客人清點完畢之後臉色一變，焦急地說：「糟了！我有一件藍色小旅行袋放在計程車後座忘記拿出來！」小謝安慰客人一番，並答應協助客人把行李找回。

第八章

住宿登記

- 櫃檯接待的業務與職責
- 客房遷入作業服務
- 客房住宿條件的變化與處理
- 個案研究

櫃檯的主體作業每天總是很有規則地循環；當晨間客人退房的浪潮一過，午後又是另一波不同的浪潮蜂湧而至，也就是客務部的重要機能之一，爲住客辦理住宿的手續，旅館企業的營收由此開始。

爲了對住客的入住登記有詳實的討論，區分來客的性質爲：

1.團體客與散客。
2.訂房客人與無訂房客人。
3.預付訂金客人與無預付訂金客人（保證訂房與無保證訂房）。

每一種住客的性質與條件均不同，旅館也有不同的處理。基本上，無論何種客人，都是旅館極力爭取的對象。辦理住宿登記時的服務、效率與溝通，深深地影響客人對旅館的評價。

第一節　櫃檯接待的業務與職責

櫃檯接待是客務部服務和管理的中樞機構，其主要任務是客房的銷售。此外，接待組必須經常和訂房組、房務部、工程部等部門保持密切的聯繫，以求客房的設備完好及正確的房間狀況。客人從接待處所受到的服務也可以看到旅館的管理水準。

任何一家旅館，雖然各有獨特的作業細節，但其步驟皆有一固定模式，如**圖8-1**所示。

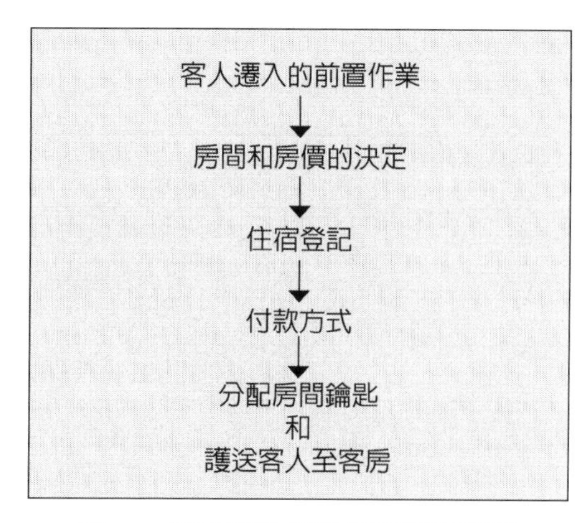

圖8-1　客人遷入作業服務的步驟圖

一、櫃檯接待組的業務

訓練有素的接待員，常常能使顧客在踏入旅館大廳時，就產生一種賓至如歸的感覺。因此，每位接待員都要奉行「客人永遠是對的」這一信條，努力把應有的風格——眞誠感、熱情感、親切感融入每一行動中。

(一)櫃檯接待員的職責

櫃檯接待員雖然主要工作爲服務客人，但其工作職責卻相當繁重，茲列舉如下：

1.接待住客辦理住宿登記與分配房間，並接受客人的詢問。
2.協助訂房組做住宿的前置工作和房間的鎖定與控制。
3.能夠有效處理公司既定的信用卡、支票、現金入帳作業程序。
4.掌握房態，製作有關客房銷售的各種報表。
5.瞭解各房間的位置、型態、陳設及房價。
6.運用銷售技巧，推銷客房和旅館的其他設施。
7.和房務部聯繫關於退房、晚退房（Late Check-out）、提早遷入（Early

Check-in），以及短時休息的房間情形，以使客房狀況保持在最新的情形。

8.瞭解訂房及取消訂房的作業。

9.處理客房鑰匙的管制。

10.辦理客人的退房。

11.爲住客開立住房總帳和各類明細帳。

12.辦理客人貴重物品的存取。

13.對客人信件、郵包、留言的收受與處理。

14.詳細閱讀交班簿的交待事項和白板上記載的特殊事項。熟知今日旅館的各項宴會、會議及其他活動節目。

15.協調、配合工程部作業，使客房保持在最佳狀況。

16.對一些不尋常的情況，向經理呈報。

17.瞭解安全與緊急狀況的處理，並極力預防意外事件的發生。

18.維持與各部門聯繫，透過電腦、電話、單據、報表等方式和途徑，把客人的有關資料傳送給旅館各個部門。

(二)櫃檯接待組主管的職責

接待組主管負有監督與管理接待員的責任，其職責範圍爲：

1.負責本組的管理工作，直接向客務部經理負責。

2.制訂各種規章制度和工作程序。

3.編制上班輪值表，負責員工的考勤。

4.負責檢查職員的服裝儀容、服務品質及工作狀況，督導員工依規章辦理客人的遷入手續。

5.協助員工解決工作所遇到的問題，及時處理員工與客人之間的糾紛。

6.做好客人遷入的接待工作，協調本組與其他部門的聯繫。

7.檢查物品消耗與補充，做好設備檢查及保養。

8.做好本組防火、防竊盜及其他安全事項的工作。

二、櫃檯接待組的工作流程

接待組分爲三班，上午班上班時間爲07:00－15:00，下午班上班時間爲

15:00－23:00，大夜班上班時間爲23:00－07:00，各有不同的工作範圍，分述如下：

(一)上午班

1.與大夜班接待員做好交接班工作，瞭解特別需要注意的問題，預計當天開房情形。
2.檢查夜班工作人員各項工作的完成情形。
3.做好櫃檯的清潔整理，檢查各種報表是否需要補充。
4.接待員要爲VIP客人、有特殊要求客人，以及團體客人進行預先分配房間。
5.核對散客和團體客人資料，然後影印送大廳服務中心和房務部。
6.與房務中心核對房態和房間整理情況，做好接待客人和分配房間的一切準備工作。
7.對當天中午十二時後才退房的客人，接待員在中午十二時打一份延長退房表送房務中心。
8.當班有未做完的工作和需要特別交待的任務，要做好記錄並做好交班。
9.將已到店的客人訂房單抽出，在訂房單上寫房號及住宿人數。
10.與下午班接待員做好交接工作。

(二)下午班

1.與上午班接待員進行交接。
2.瞭解今日抵店客人名單，尤其是VIP客人的住宿要求，避免出現差錯。
3.與房務中心核對房間狀態與房間整理情形。
4.塡寫住宿客人現況表送房務部。
5.與原定當天離店而又未離店的客人確認離店日期。
6.檢查輸入電腦的房租、客人姓名、住宿夜數及付款方式有無差錯。
7.如有本班未能最後解決的問題，必須寫在交班簿，做好交接工作。
8.與大夜班接待員交接班。

(三)大夜班

1.根據櫃檯接待組的工作特點，要與下午班接待員做好交接班。

2.為訂房晚到及深夜住宿的Walk-ins客人辦理住宿登記。

3.列印或製作各種統計、營業狀況報表。

4.做好團體資料的整理工作。

5.準備好翌日到店的團體訂房單資料。

6.辦理住客清晨時的退房。

7.與早班接待員進行交接班。

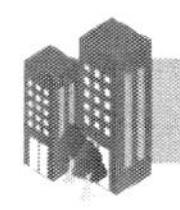

第二節　客房遷入作業服務

實行住宿登記的目的有三：其一為使旅館獲得客人的有關資料。利用客人資料的累積可作為旅館的市場行銷分析，調整經營策略以加強競爭力。其二為分派房間和訂定房間價格。有了客人的身分資料，再根據所需要的房間種類，確定房間的價格。旅館也將客人劃分為不同的範疇，例如有合約公司的員工與無合約公司的員工；旅館常客與臨時住客等不同的劃分，享受的折扣自不相同。其三為確定客人的住宿夜數，亦即館方知道客人的離店日期，以掌控房態。所以客人抵店前的訂房資料和到店後填寫的住宿登記單是旅館業務順利進行的關鍵，不僅可使館方知悉客人的特殊要求，以便儘量使客人滿意，做好接待服務工作，同時也使旅館掌握客人的地址及結帳、付款方式，提高旅館的業務預測和收款能力。

一、客人遷入的前置作業

在辦理客人住宿登記及分派房間前，櫃檯接待必須有充分而詳實的資料輔助其工作，以確保工作的正確與順利，茲敘述如下：

(一)房間狀況報告

在客人到達前，櫃檯接待必須持有一份最完整而正確的客房狀況報告表（The Room Status Report）。這份報表（如**表8-1**）顯示房間的各種情形，說明如下：

1.遷入（check in; C / I）：房客辦理住宿登記手續。

2.住宿房（occupied; OCC）：目前已有房客完成登錄遷入手續並住宿於該房內。

表8-1　客房狀況報告表

ROOM STATUS REPORT

Date: 6th June　　SS=Standard Single　DS=Deluxe Single
ST=Standard Twin　DT=Deluxe Twin　SU=Suite

Vacant / Clean
SS801　SS802　SS808　SS811　SS815　DS820　DS822
ST823　DT825

Vacant / Dirty
SS803　DT824

Occupied / Stay-on Rooms
SS812　SS814　DS818　SU825　SU826

Blocked Rooms
SS818　SS819　DT823

Departure Rooms
SS804　SS805　DS818　DS819　ST821　DT827

Out-of-Order Rooms
SS807　SU810

3.招待房（complimentary; COMP）：為旅館公關需要而將房間免費給房客使用，但內部需付費的部分（如迷你吧或洗衣費等），則是依招待的約定而有所不同。

4.休息（day use）：房客僅於白天使用該房間，並非所有觀光旅館都有此項產品，須視旅館政策而定。

5.完成房（vacant and ready或OK room）：該房已完成清理、檢查並已報前檯可以出售供下一位房客住宿。

6.故障房（out of order; OOO）：該房間無法出售給客人，可能因為需要維修、保養、消毒等等原因。

7.請勿打擾（do not disturb; DND）：該房房客掛出或按燈表示請勿打擾。

8.更換、打掃中（on change）：該房房客已遷出，但房間尚未完成整理的工作。

類似房間狀況有：

(1) O / D（Occupied / Dirty）：有住客但未整理之客房。

(2) O / C（Occupied / Clean）：有住客已整理之客房（英式寫法）。

(3) O / R（Occupied / Ready）：有住客並已整理乾淨的客房（美式寫法）。

(4) V / C（Vacant / Clean）：整理完畢可售之空房（此為英式寫法，美式寫法通常電腦上顯示available）。

(5) V / D（Vacant / Dirty）：退房未整理（此為英式寫法，美式寫法為on change）。

9.未回館過夜（sleep out或 not sleep in）：房客完成登錄手續但未在該房間過夜（或稱DNS, Did Not Stay），即已Check In，但因故沒住房。

10.簡便行李（light baggage; LB）：該房房客僅攜帶輕便的行李。

11.未帶行李（no baggage; NB）：該房房客未攜帶任何的行李，在此須註明房間狀況表中提醒服務人員及檢視人員特別注意，以免有跑帳的情況。

12.門反鎖（double lock）：該房房客仍在房間中，房門反鎖但未掛請勿打擾牌、按燈或曾指示前檯或辦公室。

13.預走房（due out）：該房房客預計於次日辦理遷出手續。

14. due in：今日預計住房。

15.遷出（check out; C / O）：房客辦理遷出手續，結完所有帳務並離開。

16.延時遷出（late check-out; LC / O）：房客要求比旅館規定遷出時間較晚，並事先取得旅館同意。

17.跑帳（skipper）：或稱逃帳，即房客未辦理遷出手續、未結帳就離開旅館。

18.DNCO（did not check out）：客人未辦退房手續，但之前已結清所有費用（所以不算跑帳），未經櫃檯而逕自離店。

19.提早到達（early arrival; EA）：該房房客比預計到達的時間早抵達旅館。

20.空房（vacancy; V）：未有房客預計住宿的房間。

21.長住客（long staying guest; LSG）：表示該房房客住宿時間超過兩週（視各旅館規定），亦稱長期客。

22.未遷入（no show; NS）：表示預計住宿該房房客未出現辦理遷入手續，也未通知旅館取消訂房（或稱DNA, Did Not Arrive，同No Show有預約訂房沒有Check In入住）。

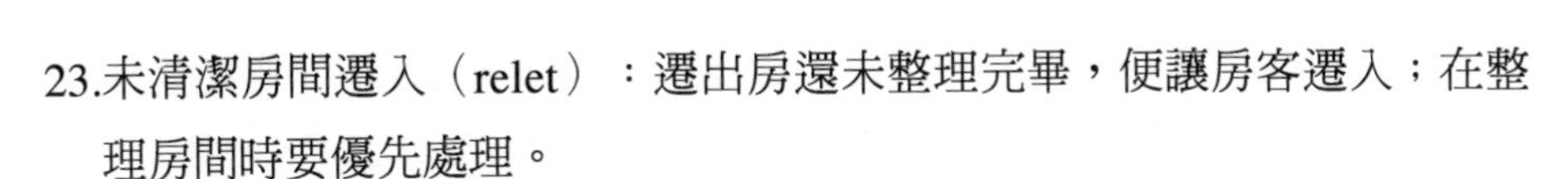

23.未清潔房間遷入（relet）：遷出房還未整理完畢，便讓房客遷入；在整理房間時要優先處理。

24.let room：已檢查之乾淨續住房。

類似房間狀況有：

(1) let room, DND：打掃過續住房，無法檢查。

(2) let room, guest back：打掃過續住房，檢查時客人回來。

(3) let room, guest in room：打掃過續住房，檢查時客人在房間裡。

25.內部使用（house use; H / U）：表示客房爲旅館內部職員所使用，通常由總經理批准。

26.自行遷入（walk in; W / I）：指此房間客人未經訂房，自行進入旅館辦理遷入手續。並非所有觀光旅館都接受，須視旅館政策而定。

27.暫時保留房（keep room）：指客人原住的房間因故離去而不能回來住宿，仍保有這個房間，但須事先取得旅館之同意，且離去的房租仍照計算，但計費標準由上級主管決定。

28.升等（upgrade; U / G）：表示本房間的房客因某些因素升等至套房或更高級之房型，但仍維持本房間價格。

29.換房（change room; C / R）：表示本房間的房客因某些因素（如房間太吵、有異味、人數增減等），要求至別的房間。

30.續住房（stayover）：於今日未退房之客人，至少會再續住一夜的續住狀態。

31.sleeper：客人已經退房遷出，但櫃檯沒有更改電腦，仍然停留住宿（occupied）的狀態，實際上如有更改的話，電腦上應改爲on change。

以上這些房態資料可以幫助櫃檯接待員正確地銷售房間和調整房間的銷售。

(二)當日抵店客人名單

當日抵店客人名單（The Expected Arrivals List）指遷入那天所有已訂房客人名單，必須配合房間報告表才能瞭解：

1.是否有足夠的房間分配給當日到達的客人。

2.能有多少房間給無訂房遷入的客人。

如果發現沒有足夠房間分派給當日抵店的客人，很顯然就是超額訂房了，亦即可售的房間數少於訂房數，櫃檯應儘速報告經理，採取因應措施，作爲事後之補救。

(三)客史檔案資料

隨著電腦化作業系統的使用，旅館更容易建立完整的客史檔案資料（The Guest History Record，如**表8-2**）。櫃檯接待應根據當日抵店客人名單，查看是否有建立客史檔案，以瞭解客人的特殊要求或服務，以使客人能夠住宿愉快。舉例而言，在檔案中查知某客人抱怨上次住宿的房間太吵，那麼這次應避開此房間，而安排一間位置較安靜的客房給這位客人。又例如某位常客上次享受客房升等的禮遇，如果這次房間狀況不允許，則應採取一些補償方式，如房間多些備品與送水果來表達館方的誠意等。

(四)當日抵店客人特殊要求

有些客人在訂房時會要求特別的服務。因此有關的部門就必須被告知，以做好服務的準備。例如客人要求準備一張嬰兒床，房務員即應在分配好的房間

表8-2　客史檔案資料表

GUEST HISTORY RECORD

Guest Name:	Robert Wang	First Visit: 10/3/95
Group / Company:	Chemtrans Co., LTD	Total Visit to date: 22
Address:	No.5, Chungshan N. Rd., Sec. 2 Taipei, Taiwan	Total night to date: 68 Total revenue to date: NT$306,680 Average spend to date: NT$4,510
Credit:	Cr card (Amex)	
Passport No.:	MH39976625	
Total Rate:	3,200	Comment: VIP

Arr.	Dep.	Days	Room	Rate	Payment	Revenue	Specials
6/9/94	9/9/94	3	517	3,200	Amex	11,600	Fruit basket
12/8/94	15/8/94	3	508	3,200	Amex	12,880	Fruit basket
3/4/94	5/4/94	2	508	3,200	Amex	9,750	Fruit basket

備妥，甚至再備好嬰兒籃及嬰兒爽身粉，以待客人的光臨住宿。

(五)重要客人名單

一般而言，旅館的重要客人名單（List of Important Guests）包括下列人士：

1.重要貴賓（VIPs）：VIP的身分認定通常由旅館的高級決策階層所決定，例如：政界、商界、文化界之名人，或對社會有貢獻人士，或是對旅館業務提升有影響力之人。

2.商務貴賓（Commercially Important Persons; CIPs）：大企業的負責人、旅行社老闆、大眾傳播媒體有影響力人士，其企業能給旅館帶來很大的營業利益，一般也是由旅館決策人員來認定。

3.特別關照人士（Special Attention Guests; SPATTS）：旅館必須加以特別關照的顧客，例如長期住客，或是董事長之親友等。

這些重要人士在住宿期間須給予特別的服務。這些服務包括事先給予分配較好的房間，免費交通接送服務，在客房內辦理住宿登記，抵店時由旅館高級主管代表歡迎致意及護送至客房。同時爲了把服務貴賓工作做好，訂房組會列印數份重要貴賓名單分送給各相關部門，以做好服務的準備。

二、房間分配的要領

分配房間必須按客人的訂房狀況、抵館時間、住宿條件的要求分別因應處理，分述如下：

(一)預期到達的客人（Expected Arrivals）

這些有訂房的客人，因在訂房時房價已經談妥，這方面已無問題。但訂房時訂房員都不會報知房號給客人，除非客人有特別指定要某房間，或是VIP、CIP的訂房，才可能事先報告房號給客人。

(二)無訂房客人（Walk-in Guests）

對於無訂房的客人，必須在談妥其所要求的房間型態及價格後，才會分配房間給客人。

(三)電腦化分房作業（Room Assignment by Computer）

對電腦化作業的櫃檯而言，當接待員對電腦示出可售房間型態及某日期時，電腦螢幕上將顯示該日期所有同一型態的可售房間。此時接待員首先須參酌訂房單上客人對房間的要求條件，再配合自己對房間的認識，例如房間面向景觀是市區、山區等，選擇一間適合客人要求的房間；如果客人曾來住過旅館，接待員應調出客史檔案，瞭解客人的偏好房間，然後決定一間最適合的客房給客人，那麼，客人此行將住得稱心愉快。

當接待員決定房號給客人後，將資料輸入電腦，則該房間將自動從空房（Vacant）狀態轉為住宿房（Occupied），使電腦的可售房間（Room Availability）永遠保持在最新的狀態。

(四)提早抵店客人（Early Check-ins）

偶爾也會遇上較預計時間提早到達的客人，如果此時沒有空房及退房清掃中，客人無法立即辦理入住，這種情形下，接待員可以採取下列方式因應處理：

1.可提供不同的替代房間讓客人選擇。例如客人訂Double房間，則查看是否還有雙人房（Twin），如果有的話，可建議客人改住雙人房。
2.如果沒有替代的房間可做選擇，應向客人致歉，並解釋房間尚在整理中。同時徵詢客人是否到咖啡廳喝杯咖啡稍加等候，並聯絡房務部先整理出一間客房出來，供早到的客人住宿。
3.客人暫時離開櫃檯前，可以請客人先辦理住宿登記。不過先不要分配房號，要等到先整理出來的房間完成後，再請客人進住。
4.可讓客人先把大件行李暫存放於行李房，事後再託行李員送上客人房間。
5.客人要暫時離開時，要問明客人去處，以便房間整理好後可以聯絡到客人取回房間鑰匙。
6.當上下午班正交接的時候，別忘了提醒下一班的人，有客人正在等待房間。

客人從遠處趕到旅館，無法馬上進住，其心情將非常懊惱，往往也不耐等待。所以如上所述的處理——建議客人去喝咖啡是很正確的處置，當然也可以建議客人到酒吧（Bar）飲個小酒，或是到餐廳喝下午茶，如果是休閒渡假旅館，也可建議客人先去散步欣賞風光。

(五)注意分配房間的細節

在分配房間時也有如下幾項細節須遵守：

1.將散客、團體和VIP客人要分配在不同的樓層。
2.行動不便的老人、帶小孩的客人，應分配在靠近電梯的房間。
3.同一家庭的成員應分配在相鄰的房間，以便能相互照顧。
4.在旺季時，要注意離店客人房間的整理和到店客人房間使用上的銜接。
5.對VIP客人和團體客人要優先做好房間分配，要爲VIP客人分配同類型房中最好的房間。
6.客人無論有無攜帶行李，必須收取當天或預住天數的房租。
7.同一團體應分配在同一樓層，便於集體行動。

三、住宿登記作業

住宿登記的目的是記錄客人的資料，以利各種作業的進行，並迎合法律上的要求，我國「觀光旅館業管理規則」第十六條亦有觀光旅館應備置旅客登記表，將投宿之旅客依格式登記的規定。

「登記」對初次入住旅館的客人而言，是雙方認識與建立良好互動關係的第一步，旅館則將用之建立檔案。

(一)有訂房客人及無訂房客人的登記

茲將此兩種客人的登記接待方式說明如下：

■有訂房客人

有訂房客人一抵達旅館後隨即住宿登記和分派房間，登記完成後再簽名。接待員須與訂房表核對一下，是否有差異處，可立即詢問客人改正過來。

■無訂房客人

當無訂房客人進住時，櫃檯接待則查看可售房間的房態，如果情形可以則要求客人登記、簽名，並收取房租。

上述兩種客人在登記時必須出示有效證件讓櫃檯接待加以核對；外國人爲

護照或是在台居留證，本國人則爲身分證。

(二)住宿登記單的填寫

各家旅館的住宿登記單的格式設計不盡相同，但內容並沒有什麼差異（如**表8-3**）。**表8-3**爲一種標準的格式範例，其填寫方法說明如下：

表8-3　住宿登記表格範例一

REGISTRATION CARD

Arrival date: ______①______ Daily rate: ______⑥______ Room No.: ______⑨______

Departure date: ______②______ No. of guests: ______⑦______ Arrival time: ______③______

No. of rooms: ______④______ Advanced deposit: ______⑧______ Package plan: ______⑩______

Room type: ______⑤______

Guest name: ______⑪______

Address:
Residential: ______⑫______

Business:
Passport No.: ______⑬______ Nationality: ______⑭______

Payment by: □Cash □Company □Credit card
□Coupon □Travel agent ______⑯______

Company name: ______⑮______

Departing to: ______⑰______

Guest Signature: ______⑱______

Reception clerk signature: ______⑲______

Check-out time is 12 noon.
10% service charge will be added to your bill.
Visitors are request to leave guest rooms by 11:00 PM.
The management will not be liable for loss of money or other valuables unless they are deposited in the office safe.

①抵店日期（Arrival Date）

抵店日期在訂房單上已有記載，住宿登記單據已列印出來。

②離店日期（Departure Date）

列印方式同上，但客人在登記塡寫時仍須向客人再確認一次，避免發生錯誤。

③店時間（Arrival Time）

通常櫃檯接待員在住宿登記完成後，以打時鐘打印在住宿登記單上。

④房間數（Number of Rooms）

訂房單上已有記載，但仍應確認清楚。

⑤房間型態（Room Type）

訂房單上雖有記載，但接待員也須再確認，因爲客人也可能基於某些理由給予客房升等的待遇，或是根據與對方公司的合約規定給予別種型態房間。

⑥每日房租（Daily Rate）

若是有訂房的客人，房租在當初已決定，且住宿登記單也已列印出來。對無訂房客人，則先談妥房間型態，再決定房租。

⑦客人數目（Number of Guests）

客人數目也是根據訂房單列印在住宿登記單上。値得一提的是客人數目並不一定等於床的數目。當客人要求住單人房時，已無此類房間，旅館在審愼考慮下會給予雙人房，但仍只收單人房的房租，稱之爲“Single Use”。客人如多出一名時，除非加開房間，否則可被要求加床（Extra Bed）。

⑧訂金（Advanced Deposit）

客人有預付訂金，其數目也將被記錄在訂房單上。住宿登記單也會據以列印在表格內。接待員可以向客人核對收據以確保無誤，預付款帳目也將轉入客人房帳中。

⑨房號（Room Number）

接待員先找出適當房間後，再分派房號給客人，並列印於住宿登記單上。

⑩成套住宿（Package Plan）

客人支付的價金可能「只限住宿」（Room Only）或是整套旅遊（Package Tour）的「住宿兼早餐」（Bed and Breakfast），或是套裝會議所支付的價金中包括了一切，即房租、場租、餐費、娛樂等。

⑪姓名（Name）

訂房單中客人的姓氏、名字均列印在住宿登記單上。接待員有必要再核對一下正確與否，字母拼法是否正確，會影響到客帳、電話留言及其他文書作業，也會造成客人的不悅，故對姓名的核對應很愼重。

⑫住址（Address）

如果客人的帳是由其公司所支付，則要記下公司的地址，如果由旅行社支付，當然也應記下旅行社地址，這些都是在訂房時均已列印在訂房單而再據以轉列印於住宿登記單上。

如果客人是自付的話，則記下客人本身的地址。最好的情形則是兩者都記錄下來，利用客人地址可以信件聯絡，利用客人公司的地址可以用來做市場行銷的資料。

⑬護照號碼（Passport Number）

若住客是外國人，在住宿登記時這是最重要的一個項目，接待員須持客人護照，詳細核對。

⑭國籍（Nationality）

客人的國籍必須登記下來。如果客人曾經來過，則國籍欄的記載也會自動轉入客史檔案資料中。

⑮公司名稱（Company Name）

如果客人的住宿帳是由公司代爲支付，客人所寫的公司名稱必須與行銷部門所提供的核准公司名稱相符。如果是旅行社訂房，旅行社的名稱應被列入登記單中。

⑯付款方式（Payment By）

訂房單已有註明而列印在登記單上，所謂付款方式即是客人支付帳目的方式，是現金、簽帳（公司支付）、信用卡、住宿券或其他方式，接待員必須向客人確認。至於公司付帳的程度是全額支付或是只付房租（Room Only），也要再確認清楚，以免請領帳款時發生問題。

⑰往何處去（Departing To）

訂房單也有註明而已列印在登記單上。如果沒有列印退房後的去處，接待員也要向客人問清楚，因爲瞭解客人去處後，倘若該地有本館連鎖店、加盟店或訂立互惠合約店，可代爲安排預訂房間。

⑱抵客人簽名（Signature）

這是一道重要的步驟，表示客人已認可登記單所列印的內容，也表示接受旅館提供的住宿條件。最重要的是簽名的住宿登記單是一種客人支付價金的憑證。

⑲接待員簽名（Receptionist Signature）

這也是相當重要的步驟，因爲只有親自接洽客人的接待員最清楚客人住宿

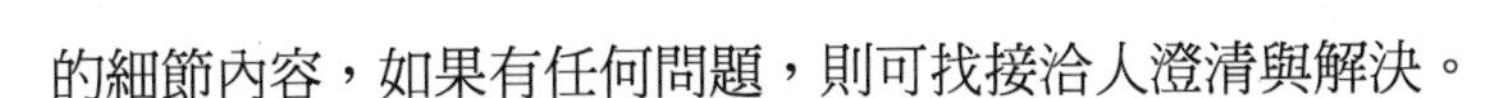

的細節內容，如果有任何問題，則可找接洽人澄清與解決。

住宿登記單除了上述的登記項目外，在下方還附有旅館之對客宣示（Policy Statement），這是讓住客藉由登記之時瞭解館方的政策。

四、付款方式

當客人訂房時，付款方式即已談妥並記載於訂房單上。但是當客人到達時務必再確認一次。對無訂房的客人，在收取房租前也須問清楚支付的方式。確認的主要目的是可以瞭解客人是循普通方式付款，或較特殊方式付款，例如客人使用個人支票付款，除非經高級主管認可，否則予以回絕，或是外國客人使用較不常見的外幣作爲支付工具，則可採取因應措施以保證旅館的營收順利，同時確認付款方式也可間接防止客人逃帳（Walk-out）的行爲。

處理客人支付房租的方法說明如下：

1.除了保證訂房外，旅館須建立事先收費的規則，即有無訂房，或有無行李，須預收一天或所住天數的房租。或是要求客人以信用卡事先刷卡並簽名，以確保旅館營收。

2.對信用卡支付的客人，櫃檯接待員必須透過電子刷卡機聯絡信用卡所屬銀行，求得授權號碼，並瞭解持卡人信用額度，若是客人花費已近信用額度，最好請客人支付現金。

3.若預知客人將在旅館有大額消費，或長期住宿，可聯絡持卡所屬銀行先行保留此一筆款項，不做其他用途而作爲專門支付旅館消費的費用。

4.保證訂房若是只記錄客人信用卡號碼，到時客人"No Show"的話，以我國之情形，旅館也只能辦理託收，客人如果又不承認，這筆款項可能無法收到。最佳的作法就是請客人以刷卡簽名的帳單郵寄或傳眞給旅館，這樣對旅館亦較有保障。

5.當客人的帳是由公司或旅行社支付，接待員必須問清楚，哪些帳由公司或旅行社支付，哪些帳由客人自付。

6.客人有預付款作爲保證訂房時，接待員須與訂房人員確認無誤後，預付款的數目須列入客帳中。

7.客人使用的信用卡，旅館無法接受時，接待員應請客人使用旅館可接受的卡，或是支付現金。

五、分配房間鑰匙和護送客人至客房

住宿登記完成及分配房間後，接待員給予客人鑰匙，並發給住宿卡（Hotel Passport），它是一種住宿證明，用來證實客人的住客身分，憑此卡領取鑰匙，或在其他餐廳消費簽帳（如**圖8-2**）。

使用電子門鎖系統（Electronic Locking System）的旅館則在住宿登記完成後發給一張有磁帶的卡式門鎖，此種電子門鎖在台灣已逐漸爲各旅館採用（如**圖8-3**）。

領取門鎖後，是否護送客人上樓，則視旅館所提供的服務而定。一般小型的旅館，櫃檯接待僅告訴客人電梯方向，並不做護送服務。較大規模的二十四小時服務的觀光旅館（Full-service Hotel）則由行李員幫客人提行李做護送服務。較高級的旅館也有接待員負責護送客人至房間，隨後行李員把行李送至客房。這種服務方式的目的是表示對客人的尊重，讓客人有一種被重視的感覺。護送的接待員亦向客人解說房間的設施及使用方法，並回答客人提出的問題，讓客人更有一種親切而受歡迎的感受。

也有旅館在大廳設有顧客關係主任（Guest Relations Officers; GROs），負責接待剛到達的VIP及旅館常客，並護送至客房裡。因爲事前房間鑰匙及房間號碼均已分派好了，俟客人一進旅館門口，GRO即一路帶領客人至樓層房間，在房間辦理住宿登記手續。如此客人可避開在繁忙時刻於櫃檯前的等候。更重要的是有些貴賓不願在大庭廣眾前露面，GRO的服務正迎合了客人的需要。

第三節　客房住宿條件的變化與處理

住宿的客人在停留期間的住宿狀態並非是一成不變的，例如基於某種因素而換房、住宿日期的變更，或是旅館本身客房銷售的操作衍生的問題，都需要旅館的人員個別處理，使客人獲致最大的滿意。

一、換房作業

客人在住宿登記時，雖已決定住宿房間的型態，或是根據所分派的房號而知道客房樓層的高低，但是對客房的大小、陳設、位置與座向並不清楚。俟客

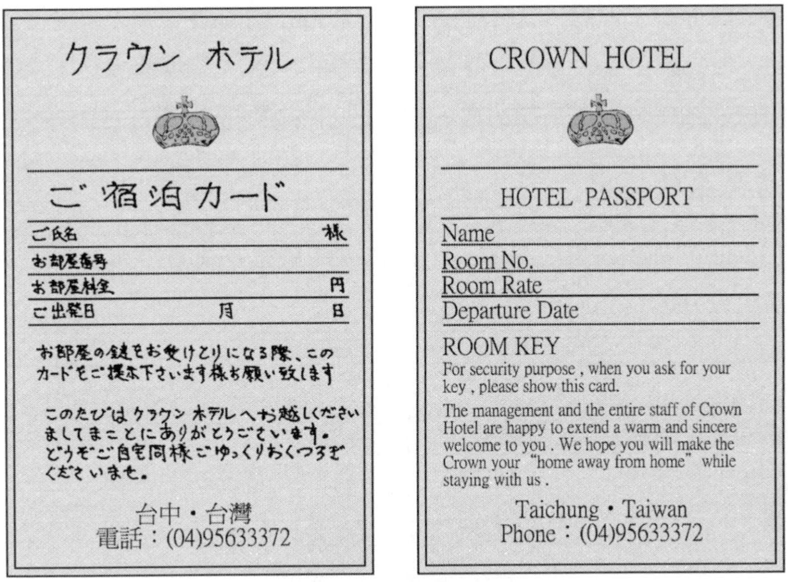

クラウン ホテル
ご宿泊カード
ご氏名 様
お部屋番号
お部屋料金 円
ご出発日 月 日
お部屋の鍵をお受けとりになる際、このカードをご提示下さいます様お願い致します
このたびはクラウン ホテルへお越しくださいましてまことにありがとうございます。どうぞご自宅同様ごゆっくりおくつろぎくださいませ。
台中・台灣
電話：(04)95633372
CROWN HOTEL
HOTEL PASSPORT
Name
Room No.
Room Rate
Departure Date
ROOM KEY
For security purpose , when you ask for your key , please show this card.
The management and the entire staff of Crown Hotel are happy to extend a warm and sincere welcome to you . We hope you will make the Crown your "home away from home" while staying with us .
Taichung・Taiwan
Phone：(04)95633372

圖8-2　旅館住宿卡

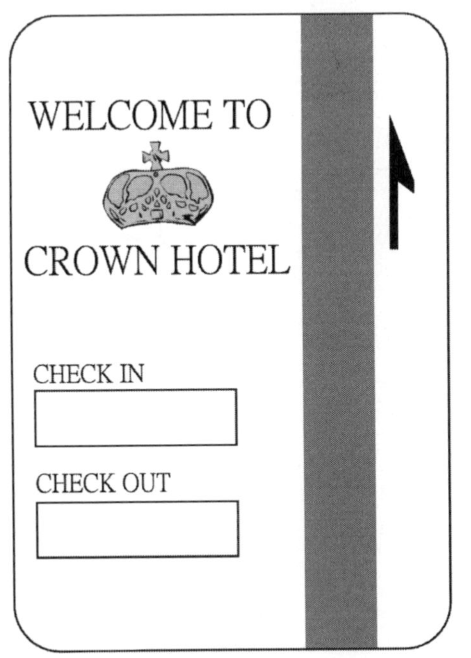

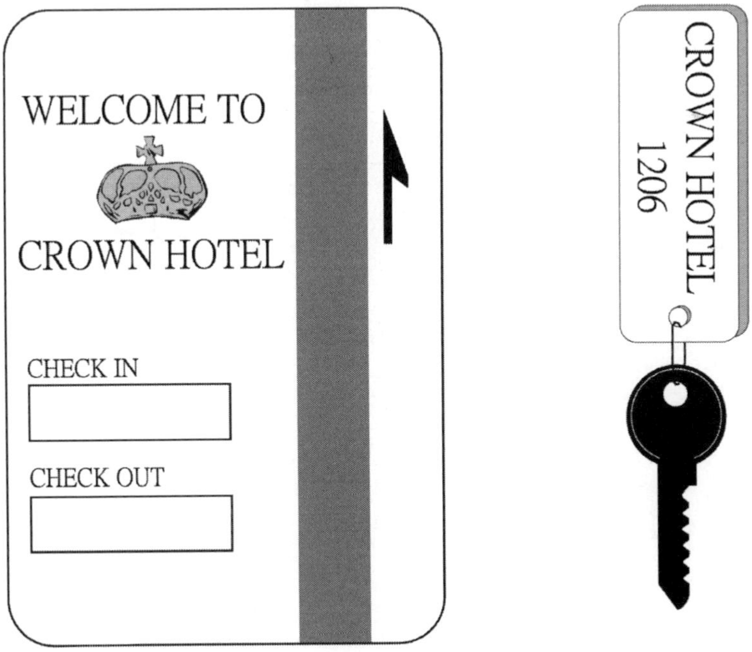

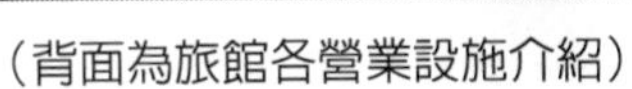

WELCOME TO
CROWN HOTEL
CHECK IN
CHECK OUT
CROWN HOTEL
1206

（背面為旅館各營業設施介紹）

圖8-3　電子鑰匙卡與傳統式鑰匙

人進入客房時感覺不理想，就會提出換房（Room Change）要求。接待員在給客人換房時，要先讓樓層的服務員帶客人到新房間，客人覺得滿意後，才確定換房時間，然後通知接待員填寫換房單，同時通知各相關部門做好各項換房工作。

(一)換房要求的提出

換房要求的提出者可能是客人，但也可能是館方基於作業上的必要而要求客人換房，茲分述如下：

專欄8-1

CHECK-IN對話範例一

下列範例為櫃檯接待人員與一位有訂房的客人在辦理住宿遷入的一段對話：

接待：晚安，您好，請問是住宿嗎？
客人：晚安，我有預訂一間房間，敝姓蔡。
接待：謝謝您，蔡先生。可否告訴我您的全名？
客人：我叫蔡哲夫。
接待：謝謝，蔡先生您訂的是一間豪華單人房，沒錯吧？
客人：對的。
接待：麻煩您填好這張住宿登記卡，並請在最後簽上您的姓名。這裡有筆，蔡先生。
客人：好的。
接待：這裡有一張今天早上要給您的電話留言。
客人：哦！謝謝。
接待：請問您明天大約幾點退房。
客人：嗯！我明早九點退房，但我會把行李寄存到下午四點，因為我要搭乘七點的班機出國。
接待：是的，沒有問題，您坐飛機要到哪裡呢？
客人：到日本大阪。

接待：蔡先生，您退房時的結帳方式？
客人：我用信用卡，萬事達卡結帳。
接待：麻煩您，我可以先刷卡嗎？
客人：是的，這是我的信用卡。
接待：謝謝您，信用卡刷好還給您，這是您的房間鑰匙和住宿卡。當您外出回來憑住宿卡領取鑰匙。這是一間豪華單人房，在第八層樓，房租包括了服務費和稅金，共新台幣伍仟伍佰元，您退房日期是八月十二日。
客人：謝謝妳！如果我要寄存些東西，這裡有保險箱服務吧！
接待：有的，蔡先生，您是現在要寄存嗎？
客人：那我先回房間包紮好再下來寄存。
接待：我們櫃檯出納會為您做寄存保險箱服務。那麼，我請一位行李員帶您至房間去，祝蔡先生住宿愉快！
客人：謝謝！

對話解析

1.所有客人，不論其身分地位，應同樣受到禮貌與尊重的接待，要對客人表現出溫馨的歡迎與問候。
2.櫃檯接待應詢問客人的全名（姓氏及名字），然後查看今日到達旅客名單。
3.客人如果有電話留言，總機應完整記錄下來並傳送給櫃檯人員，櫃檯接待即應在到達名單上註明，以便客人一抵店辦理住宿手續時遞送給客人。
4.櫃檯接待可要求客人填好住宿登記卡的內容，如姓名、地址等，也可代客人填寫，但事後必須核對客人證件，並請客人親自簽名。
5.若客人非為保證訂房，則櫃檯接待應先知道付款的方式，如信用卡先予刷卡或先予收取現金。蔡先生的付款方式是以信用卡付房租。
6.蔡先生有提到寄存貴重品的要求，櫃檯接待應立即告知出納處有保險箱服務，以表示對這件事的重視，並凸顯寄存貴重品的重要性。
7.櫃檯出納應立即查核客人信用卡的號碼是否在失效信用卡名單上（客人使用萬事達卡），並開立客人房號、姓名的房帳帳卡，但這項工作也可由櫃檯接待來做。

專欄8-2

CHECK-IN對話範例二

下列範例為櫃檯接待人員與一位無訂房客人在辦理住宿遷入的一段對話。

接待：午安您好，請問要住宿嗎？

客人：是的，我想住宿。

接待：請問您有沒有訂房。

客人：沒有。

接待：請問先生您的大名。

客人：我姓林，叫林天助。

接待：是林先生一個人要住嗎？

客人：是的，我是一個人來出差的。

接待：請問您要住幾個晚上？

客人：就只住一個晚上。

接待：林先生請稍等一會兒，我找個房間給您。

客人：好的。

接待：林先生，我們這裡有高級單人房，可以嗎？

客人：住一晚要多少錢？

接待：房租連同服務費、稅金，共新台幣參仟陸佰參拾元。

客人：好吧！可以。

接待：請填寫這張住宿登記卡，您的姓名、護照號碼、住址等，並請在最底下簽名。可否知道您退房的時間？

客人：我現在也無法確定，是否可以明早告訴妳？

接待：是的，我們的退房時間是中午十二點，只要之前通知我們即可。

客人：好的，我已登記完畢了。

接待：謝謝您，林先生，請先付房租好嗎？

客人：你們是不是可以用美金付款？

接待：可以，林先生，因為您未事先訂房，是否可先付美金200元，以預

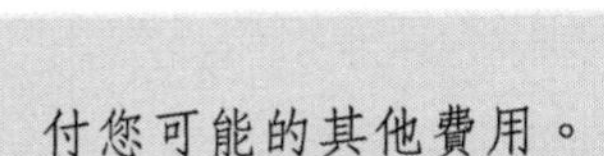

付您可能的其他費用。

客人：可以，沒問題。

對話解析

1.櫃檯接待應先問候客人，瞭解其姓名，要讓客人感到受歡迎。並確認客人所要房間型態與住宿久暫，然後查看房間狀況，以利配房。

2.櫃檯接待必須告訴客人房價。當客人認可而住宿登記後，表示雙方已完成住宿的契約。

3.像無訂房的Walk-in客人，除了應收取房租外，還要預收客人可能的潛在消費以保障旅館收益，在退房的時候餘額歸還給客人。

■客人要求換房的原因

1.房間設備損壞，無法使用。

2.住宿期間內人數發生變化。

3.房間的位置、座向、房號、樓層不理想。

4.房價過高。

■旅館要求客人換房的原因

1.旅館有團體接待或其他的接待任務。

2.由於住客的住宿天數超過原先與旅館的約定，而該房已預定安排其他客人遷入。

3.客房需要保養或設備損壞需要維修。

(二)換房的處理

換房作業須根據住宿性質而分別做不同的處理，茲介紹於後：

■一般散客的換房

1.瞭解客人換房的原因，詢問需要什麼類型的房間。

2.盡力滿足客人的要求，填寫訂房單；內容有：客人姓名、新舊房號、換房日期、電腦帳號、房價等。

3.電話通知房務中心、總機、詢問處及大廳服務中心。

4.更改電腦資料，注意房價的變化，並將新的房價告訴客人。

5.將換房單分送到房務部、財務部、安全室、總機以及接待本處存檔。

6.若是故障房需要換房，則通知房務部，讓工程部派員進行維修。

■VIP客人的換房

1.如果客人在未到達旅館時需要換房，要通知訂房組更改房號，由訂房組通知其他部門，然後更改電腦資料。

2.若客人進住後要求換房，應填寫換房單，寫明新舊房號、房價、換房日期和時間等。

3.用電話通知總機、房務中心、詢問處、大廳服務中心和大廳副理。

■長期住宿客人的換房

1.必須接到房務部的書面通知才予換房。

2.按一般散客的換房程序進行。

3.通知電話總機和詢問處。

■加床

1.在標準房，若有三名成年人同住（十四歲以上），則要加床。

2.填寫加床單，寫明房號、日期，請客人簽名。

3.通知房務中心爲客人作加床服務。

4.在住宿登記卡上註明加床。

二、住宿日期的變更

住宿日期的變更分爲離店日期的變更和延長退房時間，說明如下：

(一)離店日期的變更

在一般情況下，客人因事需要提前離店，當接待組接到客人的離店日期變更通知後，要立即開出變更通知單，通知總機和櫃檯出納、房務部等，以便做好客人的離店及清潔工作。待客人辦理退房手續後，要及時更改房態，以便將客房售出。

若是客人因事而要延長住宿天數，則接待員須與訂房組聯繫，確認房間是否可以續住，若情況許可，則更改客房資料。

(二)延長退房時間

按規定，每天中午十二時前爲退房時間，如果超過中午十二時到下午三時，應加收房租三分之一，到了下午六時則加收房租二分之一，下午六時以後就得收取一天的房租了。

客人可能因爲飛機起飛時刻，或是火車時刻等原因，需要延長退房時間休息，這時接待員可根據客房出租的實際情況，經大廳副理批准同意後，填寫「延長退房通知」。

三、超額訂房的處理

按實務經驗，旅館訂房總有臨時取消（Last Minute Cancellation）或爽約不到的客人，尤其在高檔次的訂房，其數量尤多，造成旅館潛在的損失。旅館乃實施超額訂房的策略，以彌補這類空房。但這種處理方式也有冒險性，因爲接受過量的訂房，但減少的數量卻沒那麼多，仍可能有房間不足之虞，這是主管們最不願意見到的。在此先舉出防止超額訂房的方法，再討論超額訂房的處理方式：

(一)超額訂房的防止

控制超額訂房的具體做法是：

1.超過下午六時後，先取消無訂金的訂房。

2.檢查訂房單上客人預訂到達時間，將未按時到達的訂房單抽走。

3.查核電腦比對訂房單上的客人是否已進住。

4.對已訂房的客人，如果客人要求預訂的房間類型已客滿，旅館就應分配高一級的房間給客人，而房租仍按原預訂之房間收取。如果旅館分配比原預訂房間級別低的，只有在客人同意情形下，才能售出給客人，而租金也只能按較低級別之房租收取。

(二)超額訂房處理措施

萬一超額訂房而致房間不夠之情形已無法避免，應採取下列做法：

1.先預估當天會有多少超額的房間。
2.查看今日到達名單中，綜合所有保證訂房者、非保證訂房者，下午六時後可能抵達者（無訂金之非保證訂房）及可能"No show"者。把可能不到的歸爲一群，另把可能需要分送別家旅館的歸爲一群。
3.查核房間狀況的住客結構，瞭解有多少續住客人、延期住宿客人。對延期住客應向其說明與致歉，旅館因客滿而無法接受延期住宿。
4.查看有多少OOO房（故障房），以便緊急維修售出。對無法及時修復房間如不得已售出時，在事前要告知客人房間之缺點，並以折扣補償，如果客人同意的話可以售出。
5.查核一些公司訂房（Company Bookings）是否會保證到達。
6.仔細研判，是否能將不同的兩間訂房合併成一間。
7.如果要把無法住宿的客人送至別家旅館，以住宿一夜的客人爲先。不過這並非絕對的，還是要由主管審愼考慮決定。

送訂房而無法住宿的客人至附近的旅館住宿是相當不得已的，客人可能會相當不悅，所以旅館以免費交通送客人住別家旅館外，應對客人有所解釋，並致最大歉意。如屬兩天以上的住客，翌日旅館應予接回，並做補償的措施，以示對客人的尊重。

第四節　個案研究

個案一

G飯店是一家五星級的國際觀光大飯店。某天，有一位商務客人進館要求住宿。在辦理登記時，恰好有位不速之客闖進旅館。櫃檯人員相當好奇地打量這位怪客：不修邊幅、僅著汗衫和牛仔褲、腳穿拖鞋而露出黑又髒的腳掌、雙脣通紅嚼著檳榔，眾皆訝異之餘，突然怪客開口了：「喂，有房間嗎？開一間

吧！」資深接待員小玉從容不迫地回答：「啊！先生，眞對不起，已經客滿了，您怎不早來呢？」「呸！」怪客破口大罵：「什麼客滿不客滿！為什麼他可以登記，我就不可以？」邊罵邊指著正填寫登記單的商務客人而叫道：「難道看不起我嗎？」似乎處理不好的話，緊張有升高趨勢。「先生，不是這樣啦……」小玉胸有成竹卻很禮貌地說：「我們歡迎您的光臨，但是本店客人大多先預訂房間，旁邊這位先生因為先前有訂房，所以才保留房間給他。」小玉稍停頓後緊接著說：「我們也希望您的惠顧，但不巧今天房間都被訂走了，下次您來時務必早點訂房就可以啦！」怪客聽完後稍見緩和，又是滿腹狐疑，小玉接著又說：「記住！下一次要打電話來訂房哦！」怪客半句話也不說，掉頭就走，只有拖鞋聲音在大理石的地面咯咯作響。

分析

一、合格的櫃檯人員都必須具備危機處理的能力，始能逢凶化吉，易言之，優秀的櫃檯員必須頭腦機智、反應靈敏和見機行事。

二、高級的大飯店是不允許衣衫不整的客人進入的，即連住客穿著睡衣或客房拖鞋在館內各地行走也應被勸阻，當然，這種行爲也反映出一國的國民素質。

三、本案例的小玉表現可圈可點，她的做法以退爲進，表面上沒有拒絕客人，實則達到拒絕的目的，且讓那位怪客感到是錯在自己（指無訂房）而消弭了一場可能引爆的衝突。

個案二

客人凌晨一點多入住，進房十分鐘後表示房間太小，床太小，不能上網，要求取消入住，並退還所有費用。飯店表示，當時客人是同意入住的，並且房內所有的設施已經動過，館內已客滿，無法爲他換其他房型，且已過凌晨，電腦已入帳，無法退錢，客人表示不能接受，於是投訴。如何解決較妥？

分析

十分鐘的時間較短，個人認爲，只要房間設施沒有動過，或者動的不多，可以讓客人走（最多象徵性的收點手續費），並告知客人下次入住，飯店是不像汽車旅館般的以時間計算，開房必須收費。

個案三

許志勇每週六都入住J旅館，上週六入住時已付了本週六的訂金，旅館按往常幫他保留了一間單人房，可是本週六，許君同行有三人要入住，此時旅館已客滿，無法安排多餘房間，只好介紹到其他旅館去，許君不接受，於是投訴，如何解決較妥？

分析

那要看許君支付的訂金，是一間，還是二間？如果只是一間房的訂金且無交代其他事情，旅館只為客人保留一間，那是天經地義的。基於與客為善、協調解決的原則，旅館方面是否可以在一間客房內安排加床，如果房間夠大的話（加床費照收），這樣至少可以滿足客人的需求；並承諾次日在有房情況下，優先考慮他的需求。

個案思考與訓練

S旅館某日進住一位客人，因事先有訂好寬敞的商務套房，登記完後付了房租，隨即上樓休息。翌日上午九時起，這位客人套房所在的樓層突然來了一大堆人，男男女女，有老有少，好不熱鬧。由於人多的關係，顯得嘈雜一片，不僅破壞樓層的安寧，連服務員的作業也受到影響。此外，大廳進來不少人，似乎也是往商務套房去的樣子，電梯更是排滿等候的人。大廳副理見狀，覺得事有蹊蹺，乃趨前向候梯的客人詢問，始知原來那位商務套房的客人在報上刊登人事廣告，利用旅館房間與前來應徵直銷工作的人員做面談。

第九章

櫃檯問詢與話務服務

- 櫃檯問詢的服務範圍
- 櫃檯問詢服務作業
- 話務服務
- 商務中心
- 個案研究

櫃檯問詢服務的主要工作大略而言，就是爲客人做館內外的各種諮詢服務。櫃檯位於大廳最明顯的位置，是整個服務的樞紐，所以客人自然把櫃檯當爲詢問的對象。實際上，櫃檯除了爲客人做住宿遷入和退房遷出的服務外，亦花費不少時間去做各式服務，例如提供館內外訊息、委託代辦服務、留言服務、客人郵件處理、客房鑰匙管理和一些較爲細緻入微的工作，幾乎無所不包。在最大程度上滿足客人的合理要求，爲客人解決困難，使客人感到賓至如歸。

櫃檯問詢每天的工作量大，且性質相當廣泛，旅館方面往往增加一些語文能力好、社交技巧圓熟的員工來加強服務效率，使服務更具親和力及人性化。有些大型旅館成立一個問詢服務中心的部門，設於大廳以專責處理對客服務，協助客人所提出的任何問題，其工作亦包括航空機票的代訂與確認、劇院或文藝活動入場券之代購、安排秘書服務、代辦私人酒會，甚至接受客人的抱怨與投訴等。

第一節　櫃檯問詢的服務範圍

櫃檯問詢因工作的多樣性，所以必須對館內外的事務相當熟悉，同時也要有良好的外語及溝通意見的能力，對事情的觀察與反應敏銳，才能適時地協助客人，替客人解決問題，排除各種疑難。

問詢員在接受客人詢問時，要做到熱情、耐心、正確，有問必答。對於任何客人來訪，問起旅館服務項目、營業時間、市區交通、觀光旅遊點等，只能回答「我知道」、「我馬上辦理」、「我願意協助」等，用英語要回答“Yes”。若遇到不能回答的問題，應熱心幫助查詢，最忌回答「我不知道」或英文的“No”。

問詢員的主要職責及工作內容敘述如下：

一、問詢員的主要職責

問詢員是旅館與客人之間的橋樑，對客人提供館內外的資訊，例如觀光設施、市區交通、活動訊息和各種設施之介紹，並提供必要服務。

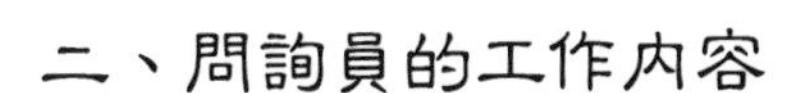

二、問詢員的工作內容

1.熟悉館內的一切設施及市區主要機構、文藝娛樂設施和旅遊勝景地。
2.為客人辦理訂房、代訂機票（或確認）、代辦購物、代郵寄包裹、代取送物品等各項代辦服務，為客人解決一切疑難問題。
3.安排訪客與住客會面，並事先代為過濾客人。
4.安排秘書並協助客人處理文件作業。
5.保管房間鑰匙和鑰匙收發工作、處理客人遺失鑰匙等問題。
6.協調各部門做好對客服務的工作。
7.處理客人的抱怨。

第二節　櫃檯問詢服務作業

要把問詢作業的服務工作做好，「迅速」和「正確」是不二法門，還要外加親切的態度，除此之外，若要達到完全服務之要求，櫃檯詢問處要準備相當多的資料，以便隨時查閱，俾得到正確無誤的訊息。

一、問詢服務

問詢服務的涉及範圍很廣，問詢員身邊必須有各項查詢資料和電腦，以回覆客人提出的館內外問題。

(一)諮詢服務

詢問處須準備的各項資料為：

1.國內、國際航空時刻表，以及各航空公司的名稱、地址、電話。
2.鐵路、公路時刻、里程表。
3.市區地圖。
4.國內與本地的電話號碼簿。
5.各機構及設施：公家機關、公司行號、各社團、外事機構、外國大使館及領事館、商務辦事處。

6.購物相關設施：百貨公司、購物中心、大型量販店、專賣店、藝品店等。
7.觀光、休閒相關設施：劇院、夜總會、餐廳、觀光夜市、寺廟、教堂、古蹟、公園等。
8.學術、文化機構：博物館、美術館、大學及各學院、研究機構等。
9.旅行、交通相關機構：機場、車站、巴士站、捷運站、航空公司、旅行社等。

(二)住客查詢服務

住客查詢以在都市旅館的情形居多，其查詢的基本前提是不涉及客人穩私。

■查詢住宿的客人

櫃檯詢問處經常有外來客人查詢住店客人的有關情況。查詢的主要內容有：

1.住客房間號碼。
2.住客是否在房內（或在旅館內）。
3.有無此人住宿旅館。

外客來館查詢時，問詢員應先問清楚來訪者的姓名，與住宿客人的關係等。然後打電話到被查詢的住客之房間，經客人允許後，才可以告訴客人房號，以館內電話（House Phone）聯絡，或是直接上樓找住宿客人。如果住宿客人不在，為確保客人的隱私權，不可將住客房號告訴來訪者，也不可以讓來訪者上樓找人。此外，外來客人雖知道住客姓名，在未得到住客之允許前，也不可以將住客房號告知外來訪客。如果是以電話查詢住客，處理方式與訪客相同，就是在住客未應允之前不能隨便告訴外人關於住客姓名或房號。

櫃檯問詢員在查詢客人的資料時利用住客查詢架，能很快地找到插在架中的住客名條（Rack Slip），也就能從名條中讀出客人姓名和房號，若以電腦查詢，則依客人姓氏的英文字母開頭或是以房號查詢，皆可很快地查出。

■查詢無此客人之處理

無論訪客親身或電話查詢客人，如果查遍住客名條，皆無此名字時，不可立刻斷言無此客人，此時問詢員應採下列步驟查看是否能找出住客姓名：

1.查看當日到達旅客名單，因為名單上也許會有客人的姓名，只是因為尚未辦理住宿登記，故無該客人住宿資料。

2.查看當日退房旅客名單，也許可以查到，以答覆外客之詢問。

像上述這兩種情形亦相當多見，不是客人未抵達，就是客人已經退房離店，問詢員應有耐心，多方查證，做好服務的工作。

二、郵件服務

郵件的到達分爲給旅館及給客人的郵件。屬於旅館的，則分送至後檯管理部處理；給客人的郵件經分類處理（Mail Sorting）後分爲若干類目：第一類，住客郵件：(1)已訂房尙未到達之客人的；(2)現在住宿客人的；(3)已退房離店客人的。第二類，無法查出住客姓名的郵件。住客郵件的處理步驟如**圖9-1**所示。

(一)普通郵件

1.首先按收件客人姓名的英文字母ABC……的順序存放於信件櫃中。

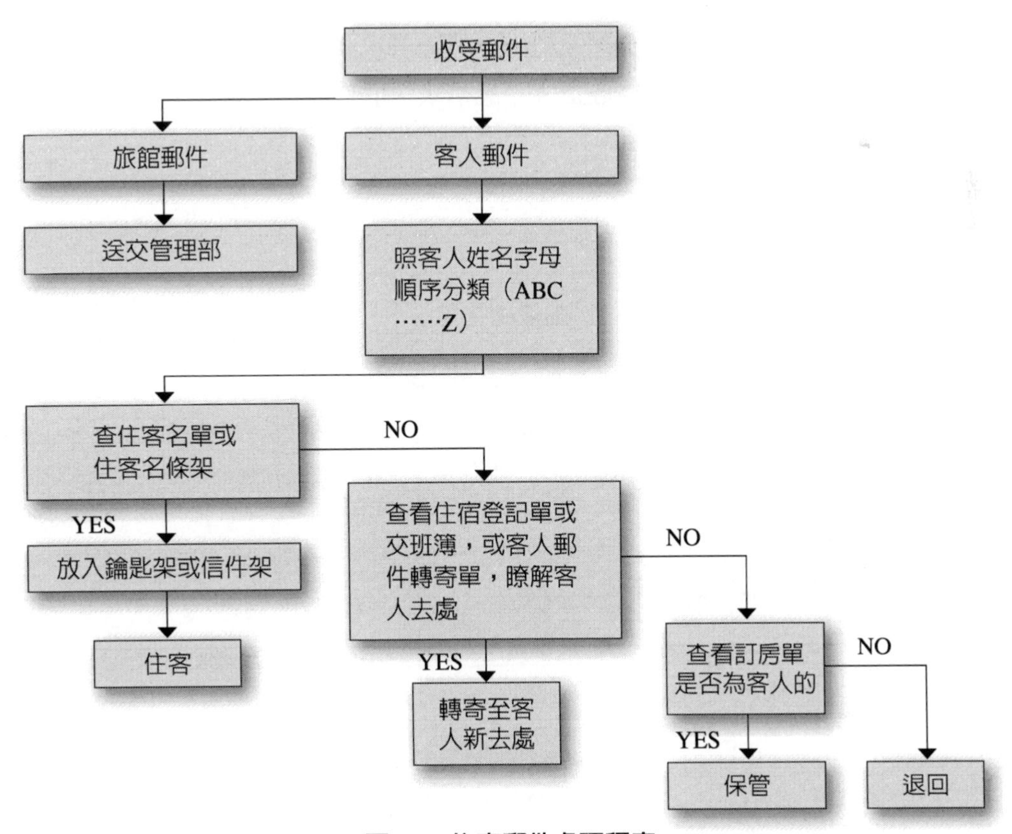

圖9-1　住客郵件處理程序

2.問詢員依住宿客人名單、已退房客人名單和訂房客人名單查對歸類。

3.如果是住宿客人的信件，則將信件塞入客人所屬房號的鑰匙箱（Key Box）中，待客人回來時交給客人，客人在房間裡的話，則將信封右下角寫上房號交行李員送給客人。

4.收件人是已退房的客人，則查看客人是否有填寫郵件轉寄單（Mail Forwarding Card，如**表9-1**）或是查看住宿登記單有無填寫退房後的去處，能夠得知的話，則在確認無誤後郵寄到新的去處。若無法得知客人去處，則可將郵件轉寄至客人的公司或住處。

5.收件人是訂房的客人，則查出客人的訂房單，知道客人的抵店日期後在郵件左下角上註明，然後蓋上「保管郵件」之印，暫時保存，客人抵店時再轉交給客人。

6.收件人無法查出者，歸為「待領郵件」（Hold Mail），保存期間為兩星期，每日核對到達旅客名單，兩週過後，仍無法查出郵件所屬者，便將此郵件退回。

7.以上的動作都必須記錄，應分門別類地登記在郵件登記簿上（如**表9-2**）。其記錄之內容為收信人、發信人、收信日期、處理方式及承辦人簽名。

表9-1　郵件轉寄單

郵件轉寄單

MAIL FORWARDING CARD

PLEASE FORWARD ANY MAIL ARRIVING FOR

Dr./MR./MRS./MISS________________________________

ROOM NUMBER______________DURING THE NEXT__________________DAYS

TO THE FOLLOWING ADDRESS

____

____

DATE________________________SIGNATURE__________________________

表9-2　郵件登記簿

郵件登記簿										
日期	房號	信件種類	客人姓名	信件來處	客人簽名	承辦員	日期	轉送處	轉送地址	備註

(二)特殊郵件

1.旅館收到掛號信或快捷郵件後，須以打時鐘將收受日期、時間打印上去，並做記錄。

2.掛號信或快捷郵件應立即送到房間給客人，並請客人在郵件收受單上簽名，以示收受無誤。

3.若客人外出不在，則將掛號或快捷郵件或是包裹暫時保管，並寫一張「住客通知」（如**表9-3**），塞進客人的鑰匙箱裡，以便客人回來後可以看到通知並領回郵件。

4.收件人無法查出者，保存時間爲五日，須每日查核到達旅客名單或訂房單。五日經過後仍無法查出郵件所屬者，則把郵件退回。

三、傳真服務

當櫃檯人員接到傳眞（Incoming Fax）時，先用打時鐘打印收到時間，然後做記錄，其記錄內容爲收件人、發件人、收受時間及頁數。根據收件人的姓名查核電腦資料，看看人名是否與住宿客相吻合。其次把傳眞文件放在客人房號所屬的鑰匙箱或信件架（Mail or Message Rack）裡，並寫住客通知，請客人前來領取，同時打開住客留言燈，以告知客人。

若是客人發傳眞文件（Outgoing Fax），同樣應做記錄，因爲傳眞要收費，所以要填寫「傳眞收費單」向客人收取費用。傳眞也有無法傳送的時候，其原因可能對方關機、線路不通、號碼錯誤等，應迅速告知住客。

表9-3　住客通知單

日期
DATE________

住客通知
GUEST NOTICE

先生、太太、小姐
MR.、MRS.、MISS________________________ 房間號碼
ROOM NO. ______________________

茲收到一份
PLEASE BE INFORMED THAT THERE IS A

□ 電子郵件 E-mail　　□ 掛號信 REGISTERED LETTER

□ 電報 CABLE　　□ 傳真 FAX

□ 信封 ENVELOPE　　□ 包裹 PARCEL

□ 其他 OTHERS____

給您
FOR YOU AT THE INFORMATION DESK

請聯絡詢問處索取或致電內線"0"安排遞送
FOR COLLECTION, PLEASE CONTACT INFORMATION DESK
OR CALL EXT.0 FOR DELIVERY SERVICE. THANK YOU.

顧客簽名
GUEST SIGNATURE________________________ 值班
CLERK________________________

四、留言服務

無論櫃檯或總機人員接到外來電話時，應表現出電話禮節及熱誠，但仍應維護客人的安全和隱私，不隨便透露住客房號和姓名。對不在房間的客人，應填寫「訪客留言單」（如**表9-4**）記下留言內容，放進信件架裡，並打開留言燈告知客人。在設有自動化系統的旅館裡，電腦終端機與各房間電話均有連線，只要總機接通房間的電話，電腦會自動開啓電話留言燈。當客人回房後，看到留言燈閃亮，即知有信件或留言，便會要求櫃檯送至客房裡，或親自取回。也有旅館能將外客留言顯現在電視的螢幕上，住客可以方便地收視留言內容。

表9-4　訪客留言單

訪客留言單
WHILE YOU WERE OUT

TO MR. / MRS. / MISS________________________先生 / 女士 / 小姐

ROOM NO.
房號________________________ TIME
時間________________________

DATE
日期________________________

YOU HAD A TELEPHONE CALL
貴客有電話來自

FROM MR. / MRS. / MISS________________________先生 / 女士 / 小姐

TEL NO.電話號碼________________ PLACE地點________________

令友並無留言	□PARTY LEFT NO MESSAGE
令友將再打電話來	□PARTY WILL CALL YOU AGAIN
請你打電話去	□PLEASE RETURN CALL
令友曾到訪	□PARTY CAME TO SEE YOU
令友再次來訪	□PARTY WILL COME AGAIN
傳真 / 包裹	□FAX/PARCEL

MESSAGE____

____

____

CLERK經辦人________________ THANK YOU謝謝

比較進步的爲語音信箱系統（Voice Mailboxes），能夠錄下外客的留言。外客只需在電話中說出留言內容，語音信箱便自動錄下外客的語音。住客回房時被留言燈告知後，只要撥特定的電話號碼，便可連接語音信箱，聽取留言內容。

以上爲外客來訪的留言介紹，反之，客人離開房間或旅館時，希望留言給訪客，或讓訪客知道去處，也可塡寫住客留言單，此單則放在鑰匙箱內，如客人來訪，問詢員可將留言內容轉告來訪者（如**表9-5**）。

表9-5　住客留言單

住客留言單

WHERE TO FIND ME

DATE
日期＿＿＿＿＿＿＿＿＿＿＿＿＿＿＿＿＿＿＿＿

I WILL BE AT
我將會在＿＿＿＿＿＿＿＿＿＿＿＿＿＿＿＿＿＿

FROM　AM / PM　TO　AM / PM
由＿＿＿＿＿＿上午 / 下午　至＿＿＿＿＿＿上午 / 下午

MESSAGE留言＿＿＿＿＿＿＿＿＿＿＿＿＿＿＿＿
＿＿＿＿＿＿＿＿＿＿＿＿＿＿＿＿＿＿＿＿＿＿
＿＿＿＿＿＿＿＿＿＿＿＿＿＿＿＿＿＿＿＿＿＿

GUEST NAME
住客姓名＿＿＿＿＿＿＿＿＿＿＿＿＿＿＿＿＿＿

ROOM NO.
房號＿＿＿＿＿＿＿＿＿＿＿＿＿＿＿＿＿＿＿＿

SIGNATURE
簽名＿＿＿＿＿＿＿＿＿＿＿＿＿＿＿＿＿＿＿＿

第三節　話務服務

「話務」（PBX Operator），亦稱總機，是旅館對外服務的延伸，館內服務的重要橋樑與媒介，在旅館服務中絕不能忽視。

一、記住總機是旅館的第二張臉

總機或話務作爲溝通的媒介，對旅館服務行業起著舉足輕重的作用，雖只聞其聲，不見其人，其專業的聲調、語言，以及熱情、迅速的服務態度也能給客人以賓至如歸的溫暖，也是未來客人是否決定在該飯店下榻的重要構成因素。總機所從事的工作曾被業內人士稱之爲飯店的第二張「臉」。

雖然這項工作算不上是一門藝術，但也需要我們認眞的揣摩和練習，總機每天上班要接幾百通甚至上千通的電話，回答客人千奇百怪的問題，還要應付各種突發狀況的發生，如果總用一種說話方式、一種語氣對待所有的客人，總會有不適合的時候，這些不適合大可導致客人的投訴，小可遭至客人抱怨，所以爲了避免客人的不滿和反感，在接聽電話的時候特別注意自己的言詞用語和語氣態度。總之，「外語服務、細膩服務、個性化服務」是工作追求的目標，超耐心和把握應對的分寸是工作的重點。如何把話務工作做好，以下幾點必須注意到：

(一)要注意自己的語音語調

當電話響起時，務必在三響之內接洽，要馬上禮貌的問好，聲音音量要適中，語調要柔和、輕快、甜美，讓我們發出的每一個聲調給客人一種愉悅的感受。還要注意自己說話的速度，不要太快，也不要太慢，要根據當時客人的口氣，打電話的目的等因素來調整自己說話的速度，以應付不同情景的需要。比如：曾經有一位客人在旅館不慎丟了東西，火急地打來電話求助，這時我們接待要耐心、鎮定，但也表現出同理心的樣子，回覆對方的話要十分注意語氣和措詞，說話的速度要比之前的快一些，讓他體會到我們也在爲他著急，這樣可以讓他緊張的情緒稍微放鬆一些，最後在有關部門的協助下找到了物品，同時給客人留下了好印象。

(二)說話時要面帶微笑

在與客人交談過程中，面帶微笑與板著臉發出的聲音是不一樣的，尤其是在電話溝通中對方可以明顯感受出來，親切、明快的聲音使對方感到舒服，感到滿意。單調、古板的聲音，會使對方產生不愉悅和誤解，間接影響旅館的形象。所以千萬不要把不良的情緒帶到工作上。如果你希望別人用一種愉快的聲音和你說話，那麼你自己必須先要用這樣的聲音去對待別人。

(三)注意傾聽

注意傾聽客人的講話，認眞聽客人在說什麼，尤其是正在氣頭上的客人，千萬不要打斷他，讓客人儘量發洩不滿，等他停止後再問問題，如需要打斷對方談話時要說：「對不起，打斷您一下，我想問您一個問題行嗎？」在聽的時候也要偶爾附和一兩聲，有必要的話拿筆把他說的內容記錄下來。等你聽完他說話後，他的火氣也已經下去一半了。之後，再總結他打電話來的目的，適當的安慰一下客人，在職務範圍內能解決的問題可以馬上給予答覆，超出能力範圍的我們要向他說明原因，可告知對方待請示上級後，再予以答覆，在溝通過程要注意千萬不要過度推卸責任，讓客人有不負責任的感覺。通話結束時，別忘了說「謝謝您！」，以對方先掛斷電話方為通話完畢，掛話機時要輕放。

(四)應對例外

一種米養百樣人。顧客的要求也是多種多樣的，對於懂得彼此尊重的顧客我們要真誠服務。但是，現實中我們也會遇到一些意外。對於無理取鬧或帶有騷擾性質的「奧客」電話，在力所能及的情況下，盡力軟化對方。對於情況嚴重的，大可不必多理會，沒有通話必要的可以在一句禮貌客套話的過渡後迅速掛斷電話。如果對方出言不遜，就當沒聽見，千萬不要和他對質。如果自己覺得委屈，要善於調整自己，感覺實在心理不平衡，可以給自己一個深呼吸，告訴自己：天啊，這又是一個磨練自己的好機會！

在日常工作中，請把我們的感情滲入話語中，讓客人感受到我們作為旅館第二張「臉」所帶來的魅力，這需要我們對工作投入更多的熱情，多從客人的角度思考問題，用服務來贏得客戶的信賴，在客人的滿足中找到自己職業人生的樂趣。只要你用心，你就會讓人聽出微笑；只要你微笑，你就會讓人感受到真誠；只要你真誠，就能把旅館的第二張「臉」打扮得更美。

二、話務員的工作職責

話務人員主要工作為回應外來的電話（Incoming Calls），透過總機（Switchboard；PBX）接通給客人或本館員工，並且接收、傳遞訊息給客人、提供館內服務情報和接受客人的問詢。

(一)話務員的工作基本要求

1.聲音清晰、態度和藹、言語精確、反應迅速。

2.具有高度責任感，精於業務，熱愛本職工作，自動自發地維護旅館的聲譽和利益。

3.遵守工作守則和話務室的制度，不得利用工作之便與客人拉關係，不得在電話中與客人談論與工作無關的話，不得利用工作之便洩露旅館機

密，工作時不得隨便離開崗位，違反旅館紀律。

4.努力學習，不斷提高服務水準，充實自我，吸收知識，使之能爲客人提供高品質的服務。

(二) 話務員的工作內容

1.負責接收外來一切電話，並連接旅館各部門及住店客人的電話往來。

2.負責聯繫住客有關一切服務要求，以電話傳達相關部門或個人。

3.負責轉達客人的一些抱怨和投訴，並要求有關部門採取補救措施。

4.負責對客的叫醒服務（Wake Up Call），用電話叫醒客人。

5.必須清楚和明白在接到緊急電話時，如火警電話、急救電話或其他緊急性的電話等，應採取的步驟或行動。

6.記錄並傳送住客關於外客的留言。

7.回答客人所問的有關旅館營業設施、促銷計畫、文娛活動之問題。

8.掌握總機室各項機器的功能、操作方法及注意事項。

9.對如下情況，必須嚴格保密：

(1)客人的情況，特別是VIP的情況。

(2)旅館不對外公開的事項。

(3)各部門的工作情況。

(4)館內各種設施的運作情況。

(5)客人的房號、姓名。

10.遇到日常工作以外的情況，不要擅自處理，立刻向主管報告。

11.熟悉本館總經理、副總經理、各部門經理的姓名與聲音。

(三)叫醒服務

有些旅館客房內有讓住客自行設定叫醒時間的裝置，但仍有不少旅館須由總機做叫醒的服務。旅館向客人提供叫醒服務的方式有兩種：

■人工叫醒（Manual Wake up Calls）

話務人員必須深切瞭解叫醒服務的重要性，如果疏於服務而使客人睡過頭，可以確定的是麻煩將隨之而至，其結果將可能不僅是抱怨而已。所以接到客人的叫醒要求，則必須記錄下來，問明客人房號和叫醒時間，並複述一次以示無誤。叫醒服務記錄表如**表9-6**。

表9-6 叫醒服務記錄表

叫醒服務記錄表

日期____月____日 氣候________氣溫________

時間	房號	姓名	時間	房號	姓名	時間	房號	姓名

有些客人會賴床或睡得很沉，如電話響而無回答，三分鐘後須再叫醒一次，如果再無答應，則應報告大廳副理或房務部弄清原因。

正常的叫醒方式如下所述：

1.撥電話入客房，讓電話多響幾聲。
2.當客人有回應時，向客人說：「早安，張先生現在是七點三十分，您的叫醒時間。」，若是外國人則說："Good morning, Mr. Anderson, it's 7:30. This is Your Wake up Call."
3.話務員可順便報告客人天氣狀況與氣溫，以做更周全的服務。
4.要讓客人先掛掉電話，以示禮貌。
5.客人若想多睡幾分鐘，要求做第二次的叫醒服務，則要把時間再記錄下來，時間到了再叫醒客人。

■自動叫醒系統（Automated Wake up Call System）

自動電話喚醒的方式如下所述：

1.在記錄簿上正確記錄要求者的時間、房號並在旁邊職員簽名。
2.若客人是通知接待處，則將接待員的名字記在記錄簿上，由其他部門代客通知的做法也是如此。
3.馬上將要求者的房號及要求時間輸入自動喚醒機。
4.每晚的大夜班，必須逐一檢查，核對清楚，特別是團體的喚醒和標準喚醒（即客人要求在相當一段時間內都是一個喚醒時間）必須和團體接待員核對時間、房號，這些必須在凌晨2:30之前完成工作。

5.把所有資料輸入完成後，應把所有喚醒要求的記錄列印一份出來，大夜班的總機將列印出來的記錄與原始記錄認眞核對，以防遺漏，若有漏入的，應馬上輸入並簽名確認。
6.當時間到時，總機應核查每個記錄是否成功，通常喚醒系統會自動透過電話對有關的房間進行喚醒工作，若客人拿起電話便能聽到從喚醒機發出的預先錄製好的問候語，這樣則喚醒成功，系統會自動做記錄及列印出結果，若不成功，應馬上通知客房部派人進客房人工喚叫客人，並將結果報回總機（當喚醒電話無人應答或電話占線及掛起無法進行喚醒時，過不到一分鐘，自動喚醒系統會再進行一次喚醒工作，若電話依然無人回應或電話無法打入房間，自動喚醒系統會自動給警告信號，並列印出“Failed”或“No Answer”的房間號碼及時間）。
7.電話主管及領班，應經常核對這些記錄，確保喚醒工作做好。

第四節　商務中心

商務中心是都市旅館爲商旅人士所設，提供彼等在商務上的協助與服務的一種設施，備有各項商業上的資料、情報，如進出口商名錄、商業年鑑及各項書報雜誌等。有的商務中心內備有小型咖啡屋的設施，供商務人士業務商談使用。此外也備有小型會議室供商旅使用，其他諸如OA辦公設備及專任的服務人員專責處理各種事務，也代印外國商務客的中文名片、廠商訪問的預約和安排、各項商業文件處理、文書及語言的翻譯等秘書功能之工作。現在已有很多旅館商務中心除了提供電腦上網與收發電子郵件多媒體會議室外，有些旅館更擁有數十台以上高檔電腦，光纖高速接入，提供網際網路上服務、網路多媒體培訓、遠程教育服務。

商務中心英文有不同的稱呼，有的稱之爲：“Executive Service Salon”，也有很多旅館沿用美式稱呼爲“Business Center”，無論使用何種名稱，國際間的都市旅館愈來愈重視商務中心設備的充實，例如1990年東京帝國大飯店的“Executive Service Center”耗資八億日圓，面積寬達三百平方公尺，設備相當完善，並且有隔音設備的音樂練習室、VIP會客室及專用出租辦公室等，在全球旅館界中的確是一大手筆。

茲介紹商務中心的主要服務項目：

▲商務中心服務客人之情景

一、會議室租用服務

會議室租用（Conference Room Rental）的服務程序如下：

(一)會議室的預訂

1.接到客人的預訂，要瞭解相關的資料，並做好記錄：

(1)預訂人姓名及公司名稱。

(2)客人的房間號碼或電話聯絡號碼。

(3)會議的起始時間及結束時間。

(4)參加會議的人數。

(5)會議室的布置要求。

2.向預訂客人介紹會議室的服務設施，並邀請其參觀會場。

3.確認付款方式，並要求對方預付訂金。各旅館對訂金要求不同，有的要求預付場租的50%，有的旅館則只要求30%，視旅館的做法而訂定。

4.雙方簽訂會議室出租合約，並在租用記錄本上詳細填載。

5.準備好音響設備和鮮花的預訂。

如果客人會議時間較長，接洽人應主動推薦會議休息時間的咖啡、紅茶飲料及糕餅之類的點心，並建議會後在旅館用餐。

(二)會議前的準備

按參加會議的人數準備好杯具、文具用品及會議的必備用品。此時，主管必須分配工作，並做現場督導，以求做好準備事項。大部分主辦人員都會提前進場查看會場布置及臨時要求合約未提及的一些細節，旅館方面要盡力配合，務必使客人會議進行順利。

(三)會議接待服務

會議開始前服務人員要站立在門前對與會客人致意問好，並引導客人入內就座，逐一爲客人提供所需飲料、熱茶或開水。

會議進行中，要注意爲客人添倒茶水、更換菸灰缸等工作。

當會議結束後，要溫文有禮地送客至門口，客人完全離去之後，迅速整理會場，把會議室收拾乾淨，準備下一回的出租。

(四)會議設施介紹

會議廳（室）的使用必須考慮下列因素：

1.會議所需要容納人數的面積大小（如**表9-7**）。

2.會議時段（如**表9-8**）。通常旅館提供的時段如下：

(1)全日時段 08:00－21:30。

表9-7　會議廳示意表範例

會議廳	面積	坪數	天花板高度(m)	容納人數				
				劇院型	教室型	酒會型	U字型	宴會型(桌)
金廳	46×30	418	5.0-6.0	1200	560	2400	210	110
銀廳	32×24	232	5.0-6.0	700	320	1000	120	60
春廳	22×18	120	5.0-6.0	350	160	450	45	30
夏廳	22×18	120	5.0-6.0	350	160	450	45	30
秋廳	18×15	85	2.7	240	120	240	90	22
冬廳	18×15	85	2.7	240	120	240	90	22
梅廳	16×14	68	2.5	200	100	200	75	18
蘭廳	12×7	40	2.3	100	50	110	33	5
竹廳	8×6.5	16	2.3	40	20	45	15	2
菊廳	8×6.5	16	2.3	40	20	45	15	2

表9-8　會議廳場租範例表

會議廳 CONFERENCE ROOM	各時段場租費用RENTAL (NT$)				
	坪數	08:00－12:00	13:00－16:00	18:00－21:30	全天
金廳	418	50,000	50,000	60,000	150,000
銀廳	232	36,000	36,000	42,000	100,000
春廳	120	28,000	28,000	35,000	80,000
夏廳	120	28,000	28,000	28,000	80,000
秋廳	85	15,000	15,000	18,000	45,000
冬廳	85	15,000	15,000	18,000	45,000
梅廳	68	12,000	12,000	15,000	35,000
蘭廳	40	8,000	8,000	15,000	24,000
竹廳	16	3,600	3,600	4,500	10,000
菊廳	16	3,600	3,600	4,500	10,000

註＊逾時每小時加收三分之一場租，本飯店保有接受延長與否之權利。

(2)上午時段 08:00－12:00。

(3)下午時段 13:00－16:00。

(4)夜間時段 18:00－21:30。

3.開會的型式，其型式分爲教室型、劇院型、會議型及酒會型。

4.會議所需的設備與器材，如投影機、麥克風等。

5.會議所需的餐飲，例如商業午餐、便當、會間茶點（Coffee Break）。

由前列各表我們知道，會議廳的用途是多目標的，除了供會議使用外，一般的宴會、展示會、訓練講習等也利用會議廳進行。

會議廳（室）的年度營業額在旅館的年度總營業收入中占有相當重要的比例。旅館業者相當重視會議廳出租的業績，其行銷部門也設有專門的會議市場行銷人員，顯示會議市場有無比的潛力。

旅館爲了爭取激烈競爭的市場優勢，更推出一種結合會議、餐飲、客房的套裝組合（Package），亦即整個會議團體中每人只需支付一固定價款，即可享受到會議場租、房租與餐飲費用三合一的服務，花費也相當划算。

(五)會議室之租用

當客人租用會議室時，必須做好下列動作：

1.向客人說明會議室的大小及容量，以及有關的收費標準（如**表9-9**）。

2.檢查記錄，看會議室是否在客人所要的時間內有空缺。

表9-9　會議設備租金表

會議設備租金表
TECHNICAL EQUIPMENT RENTAL

項目	單價（每日）
幻燈機（含螢幕） Slide Projector With Screen	1,300
投影機（含螢幕） Overhead Projector With Screen	1,300
強光投影機（含螢幕） Highlight Overhead Projector With Screen	1,600
視聽幻燈機（含螢幕） Audio Slide-Projector With Screen	2,500
雷射指揮棒 Laser Pointer	700
電視（含錄放影機）	
TV 29" / VHS Video Recorder	2,200
TV 33" / VHS Video Recorder	2,600
錄放影機 VHS Video Recorder	800
29吋電視／多系統錄放影機 TV 29" / Multi-System Video Recorder	3,500
單槍液晶放影系統（含螢幕） （僅適用小型會議室） Video Projector-LED With Video Player Screen	6,000
液晶放影系統（含螢幕） （適用大型會議室） Video Projector-LED With Video Player Screen, Barco	10,000
追蹤燈 Follow Spotlight	1,500
錄音工程設備（每小時） Recording / Taping Facilities (per hour) （錄音帶需自備）	450
卡拉OK設備 （含2支無線麥克風，壹名DJ人員） Karaoke With 2 Wireless Microphones / 1 DJ Person	10,000
麥克風（2支以內不收費） Extra Microphone (per piece)	
有線Wire Type	200
無線Wireless Type	200
領夾式Clip Type	200
工程技術人員費用（每小時） Electrician / Technician (per hour)	450

項目	單價（每日）
工程電話線配置A線（每次） （話費依客房收費標準另計）	1,050
工程電線，電纜線路配置 （本項需洽本飯店工程部另行計價，並依實際使用安培數計） Charge for wiring of temporary power supply	另洽
變壓器	6,000
電費（依實際使用時間計） Electric Charge	另計

紅布條製作 Signs	中文每字 Chinese	英文每字 English
布條 Banner	120	70
布幕 Curtain	180	120
紅布條費用 Signs charge （特殊字體／材質費用另計） Special Character or Material will be charge on request	1,500	

會議客層專用餐飲
Meeting Food & Beverage

項目	單價
中式商業午餐（每客） Chinese Set Menu (per person)（中式梅花餐）	450 +10%
會間茶點（每客） Coffee Break (per person)	
咖啡／紅茶 Coffee / Tea	90 + 10%
咖啡／紅茶＋蛋糕或餅乾 Coffee / Tea + Cake or Cookies	160 + 10%
咖啡／紅茶＋江浙點心 Coffee / Tea + Shanghainese Dessert	240 + 10%
咖啡／紅茶＋精緻三明治 Coffee/Tea + Finger Sandwiches	280 + 10%

3.與客人確認租用時間、日期，並在「租用會議室記錄表」上做記錄（如**表9-10**）。

4.確保租給客人的會議室清潔整齊。

5.整理收費帳單及向客人收取租金。

6.填寫「商務中心營業雜項報告表」。

二、傳真服務

傳真的發送是藉由機上配備的電話直撥功能而完成的，由於它的方便性及能傳真各種圖形，已完全取代電傳（Telex）的使用。

(一)傳真發送

1.請客人填寫傳真發送表單，包括姓名、日期、發送地址、傳真號碼及簽字。

2.將稿件內容與上述核對之，並檢查紙質（不能過薄也不能過厚）。

3.將稿件放置機上，利用撥號鍵撥號或啟用自動撥號裝置（注意機上指示，

表9-10　租用會議室記錄表

揚智大飯店租用會議室記錄表			
租用日期		時　段	
租用地點：__________廳			
要求器材			
會議特殊要求：			
客戶	單　位：__________ 代 表 人：__________ 聯絡電話：__________ 傳　真：__________ 手　機：__________ E-MAIL：__________		
總金額		訂　金	
接洽職員簽名：__________			
備註			

例如機上會寫明將發送的文字圖面向下，則須按操作指示做）。

4.線路接通後注意液晶所顯示的發送狀況，若是有顯示異常報告，應視情況重新發送一遍。

5.發送完畢，打出發送情況報告，依時間按照價目表規定計算費用。

6.填寫收費單（如**表9-11**），單據分三聯式，第一、二聯送交櫃檯出納，掛帳到客人的房帳，第三聯則按收費序號排列，記錄在統計表上，附上發送傳真內容表格及傳真機列印的發送情況報告存檔備查。

表9-11　商務中心計費單

商務中心計費單
BUSINESS CENTER DEBIT VOUCHER

日期
DATE________

GUEST NAME
顧客姓名________　ROOM NO.
房號________

□ FAX
傳真________　□ IDD
國際直撥________

DESTINATION
目的地________　NUMBER
號碼________

	AMOUNT 金額
DURATION(MIN) / TOTAL PAGES 分鐘 / 頁數	
OTHERS 其他	
SURCHARGE 附加費	
PAYMENT 付款　TOTAL 總計 □ CASH 現金　□ ACCOUNT 記帳　□ CREDIT CARD 信用卡	NT.$________

GUEST SIGNATURE
顧客簽名________　CLERK
承辦人________

(二)傳眞接收

1.將傳眞機上自動收到的傳眞分類：根據收件人姓名在電腦中查詢，查到後在櫃檯留言通知客人領取。如果是店外客人，根據傳眞上提供的訊息，電話通知接收人速來領取。如果找不到收件人，宜保留至少半個月，每天每班繼續查詢。

2.正確計算頁數，按旅館收費標準塡寫收費單。

3.記錄通知客人情況並打上時間。

4.客人領取傳眞時，將收費單第一聯交給客人，第二聯交櫃檯出納收費或入客帳，第三聯則在收費統計表上登記存底。

三、設備出租服務

設備出租只爲住店客人提供服務，一般限在本館範圍內使用。

1.租用打字機上房間，只提供手動打字機。

2.出租其他設備，應塡寫清楚下列內容：

(1)使用時間、地點、客人姓名、房號。

(2)設備名稱、規格、型號。

3.租用音響設備：

(1)服務人員應先瞭解是否尙有足夠之音響。

(2)通知工程部弱電人員安裝、測試。

(3)要求客人預付現金或在租用帳單上簽名。

(4)必須做好設備租用記錄。

4.有些旅館提供出租行動電話，其出租程序爲：

(1)先查核客人租用期間有無其他客人預約租用。

(2)告知客人每天的租金和押金。

(3)收取現金或是取得信用卡授權號碼，請客人在信用卡帳單上簽名支付。

(4)請客人簽租用行動電話合約書和簽租行動電話號碼。

(5)檢查電池是否有足夠電量，必要時向客人說明電話的使用方法。

(6)影印客人的有效證件，如護照、身分證等。

(7)客人歸還電話時，要開機檢查是否完好，發現問題要報告主管，請示處理的方法。

(8)將行動電話放回原處，並做記錄。

四、秘書服務

要求秘書服務限住店的客人，其程序爲：

1.瞭解住客的要求：

(1)需要秘書服務的工作範圍。

(2)要求什麼時候服務。

(3)在什麼地方工作。

(4)工作的時間。

2.向客人報知秘書服務的收費標準。

3.弄清客人的身分，如姓名、房號、付款方式等。

五、打字服務

打字服務也限住店的客人，其程序爲：

1.瞭解客人的要求：

(1)是英文或中文打字。

(2)共有多少稿件。

(3)要用什麼樣的尺寸、紙張列印。

(4)字體、格式的要求。

(5)有何特殊要求。

2.向客人報知收費標準，並徵詢客人付款方式。

3.告訴客人最快的交件時間。

4.先看清楚原稿不明的字母或符號。

5.記錄客人的姓名、聯絡電話、房號等。

6.打字完畢後應再核對一遍，並做必要之修改。

7.通知客人取件。但要保留電腦檔案以防客人有修改內容的要求。

8.開出收費單據請客人繳費。

第五節 個案研究

個案一

早晨叫醒服務不周

住在飯店內1102房間的周先生在某日晚上九時臨睡前從客房內打電話給館內客房服務中心。

客人在電話中講：「請在明晨六時叫醒我，我要搭乘八時起飛的班機。」

服務中心的值班員當晚將所有要求叫醒的客人名單及房號（包括周先生在內）通知了電話總機接線員，並由接線員記錄在叫醒服務一覽表之中。

第二天清晨快要六點鐘之際，接線員依次打電話給五間客房的客人，他們都已起床了，當叫到周先生時，電話響了一陣，周先生才從床頭櫃上摘下話筒。接線員照常規說：「早安，現在是早晨六點鐘的叫醒服務。」接著傳出周先生的聲音（似乎有些微弱不清）：「謝謝。」

誰知周先生回答以後，馬上又睡著了。等他醒來時已是六點五十五分了。等趕到機場，飛機已起飛了，只好折回飯店等待下班飛機再走。

客人事後向飯店大廳值班經理提出飛機退票費及等待下班飛機期間的誤餐費的承擔問題。值班經理瞭解情況之後，向周先生解釋說：「您今天誤機的事，我們同樣感到遺憾，不過接線員確實已按您的要求履行了叫醒服務的職責！」

客人周先生並不否認自己接到過叫醒服務的電話，但仍舊提出意見說：「你們飯店在是否彌補我的損失這一點上，可以再商量，但你們的叫醒服務大有改進的必要！」

分析

客人周先生最後的表態，的確有一定的道理，理應徹底履行客人所信賴的叫醒服務專案，該飯店卻沒有完全做好，至少應當引出以下幾點教訓：

一、飯店應當確認，叫醒服務是否有效。當話務員叫醒客人時，如果覺得客人回答不大可靠，應該過一會兒再叫一次比較保險。

二、如果許多客房的客人要在同一時間叫醒，而此時只有一名話務員來負責的話，爲了避免叫醒時間的延遲，應當由二至三名話務員同時進行，或通知有關人員直接去客房敲門叫醒客人。

三、最好在叫醒服務的總機上設定錄音，將叫醒服務的通話記錄下來，作爲證據保存，錄音記錄至少應保存兩三天，這樣遇到有人投訴時便容易處理了。

個案二

T旅館的1806商務套房客人徐先生爲了好好享受不被打擾的午睡，於是打電話給總機室的話務員，下午二時至五時之間不接任何外來的電話。早班的話務員聽到客人如此要求便向徐先生說：「我們會遵從您的吩咐，萬一有您的電話，我們會請對方留言。」不過因電話線路太忙，早班話務員忘記將這件事記錄下來。於是三時之後接手的下午班人員便不知道客人有此交待。剛好在下午四時十分左右，外邊來了一通電話，指名要找1806房徐先生，話務員便直接將外線轉進徐先生的房間。酣睡中的客人被電話鈴聲吵醒，相當生氣，乃責怪話務員未遵從吩咐，並且要找客房部經理投訴。

分析

一、對於客人的任何合理要求，既經答應，旅館服務人員有義務信守與遵從履行。

二、話務人員在忙碌時，行事應更爲謹慎，因爲電話蜂擁而進時會形成一種工作壓力，很容易遺忘客人的交待事項，話務人員應努力克服這種工作上的障礙。

三、以本案例而言，錯誤明顯地是在旅館話務員的交接班不清楚所致，應勇於向客人認錯，並向客人鄭重道歉，保證不再發生類似的疏失。有些旅館的作法爲主管出面致歉外，並贈送客人乙張咖啡券，表示對客人之尊重與道歉的誠意。

個案思考與訓練

在L大飯店的商務中心所屬的會議室，某企管顧問公司正舉辦一場訓練講習，由於主講人教學內容精彩，欲罷不能，使得原來預訂下午五時結束的講習延宕至五時半左右。

適巧下午六時有一場某機構的新主管歡迎會。機構的主辦人因爲前場的延遲，來不及布置場地，自覺權益受損，乃向飯店的工作人員抗議，認爲這是飯店人員會場控制不當所致，並揚言飯店要結帳收費時將會有麻煩。

第十章

櫃檯帳務作業

- 帳卡的設立
- 客帳支付方式的處理
- 住客帳務作業
- 個案研究

旅館營業的目標就是提供服務和設施給客人，從而換取金錢，獲得利潤。爲了使客帳能完全回收，旅館就必須有一套精確的帳務處理制度，使住客在住宿當中，不斷發生的交易記錄保持在最新和最完整的狀態（如**表10-1**），如此旅館才能有系統地實現利潤之追求。本章即是一系列介紹客帳製作的方法以及各項帳目的作業細節，俾瞭解客帳整體作業程序。

第一節　帳卡的設立

旅館每日與衆多客人有爲數不少筆的交易發生，除了客房與餐飲外，住客在其停留期間可能使用其他服務和設施，例如客衣送洗、客房餐飲、商務中心等，客人一旦消費，當然必須支付費用。

在很多情況下，住客的消費並不一定馬上支付費用，而是以住客身分掛其房帳，在退房時才全部結清。因此住客的消費項目須逐一記錄在帳卡（Folio）上，只要費用一發生，隨時塡載，客人任何時間退房均可馬上結帳。

客人可能在住宿前預先付款或部分付款，所以帳卡上的消費貸方（Debit Charges）和結帳借方（Credit Payments）必須詳實而無所遺漏地記錄下來。除此之外，帳務的控制也是一種必要的作業。

一、櫃檯出納作帳的主要功能

櫃檯出納作帳的主要功能有以下三點：

1.保持交易的資料，使之在最正確與最新的狀態中。
2.藉由客帳的監督與瞭解，有助於做內部管理與控制的工作。
3.提供管理階層有關部門營業收入的資訊。

二、櫃檯出納作帳的主要目的

櫃檯出納作帳的主要目的有如下四點：

(一)方便客人結帳

客帳保持在正確的情況下，客人結帳時能很清楚地瞭解每筆消費項目，減少客人付帳時的疑慮，而覺得帳目合理，願意支付。

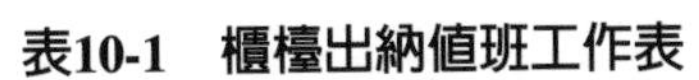
表10-1　櫃檯出納值班工作表

櫃檯出納值班工作表

班別：　　　　　　　　　　　　　　日期：

一、保險箱作業：
- 1.尚未使用之鑰匙有無短缺？　（　）無　（　）有________
- 2.使用中的保險箱，客人之使用記錄卡有無缺漏？　（　）無　（　）有________
- 3.有無損壞及遺失鑰匙？　（　）無　（　）有________

二、外幣兌換作業：
- 1.外幣週轉金有無短溢？　（　）無　（　）有________
- 2.匯率是否更換正確？　（　）是　（　）否________
- 3.有無問題紙幣或旅行支票出現？　（　）是　（　）否________
- 4.水單是否連號？　（　）是　（　）否________
- 5.水單庫存是否足夠？　（　）是　（　）否________
- 6.是否準備充分的零錢？　（　）是　（　）否________

三、發票作業：
- 1.日期是否正確？　（　）是　（　）否________
- 2.號碼是否連號？　（　）是　（　）否________
- 3.有無漏印之發票？　（　）是　（　）否________
- 4.有無開立手工發票？　（　）是　（　）否________

四、房客帳一般作業：
- 1.電腦的班別設定是否正確？
- 2.零用金有無短溢？　（　）是　（　）否________
- 3.各種電腦報表有無錯誤？　（　）是　（　）否________
- 4.電腦有無當機或操作功能不正常？　（　）是　（　）否________
- 5.OVERFLOW帳單有無短少？　（　）是　（　）否________
- 6.應附單據有無缺漏？　（　）是　（　）否________
- 7.有無ACCOUNT CLOSE？　（　）是　（　）否________
- 8.有無預付結零而開立發票的房客？　（　）是　（　）否________
- 9.有無HOLD ACCOUNT？　（　）是　（　）否________
- 10.所有繳現金、支票、代支單、退現單與應繳款有　（　）是　（　）否________
  無短溢？　（　）是　（　）否________
- 11.有無代入或代扣餐廳帳？　（　）是　（　）否________
- 12.有無LATE CHECK-IN於隔日補入房租？　（　）是　（　）否________
- 13.大夜班是否於清機後，關機再開並更換正確的班　（　）是　（　）否________
  別及日期？

五、異常狀況及處理：

值班者：　　　　　　稽核：　　　　　　單位主管：

客帳保持在最新的情況下，客人可在下列情形隨時結帳，節省時間：

1.客人退房時。
2.客人在住宿中部分付款時。
3.客人較預定日提前退房時。

上述情形客人皆可順利結帳，從而提高服務品質。

(二)防止客人跑帳

所謂跑帳（Walk-out, Skips）即是住客已離店，但未結清款項者謂之。跑帳的發生除了是蓄意的之外，也有少部分非蓄意的，這種情形多出現在房帳是由公司支付的，但並未至櫃檯出納簽字辦理退房，造成作業上的困擾。

客人的跑帳，造成了旅館的損失外，也連帶造成相關作業人員的困擾，例如：

1.櫃檯出納：無法將客帳結清。
2.房務員：無法正確瞭解房態。
3.經理人員：可能採取法律行動。
4.警方及公會人員：製作惡客名單分送同業。

(三)防止遲延結帳

客人在退房時即應付清所有款項，但公司或旅行社簽帳者，旅館每月底把帳單寄出，隨後旅館將收到公司或旅行社的支票付款。惟基於某些因素，公司或旅行社會有拖延付款情形，也會造成旅館收支作業的困擾。如果是基於明細帳目的問題而遲延，則旅館可據以逐項說明，應可很快地獲得解決，切不可讓帳款一再拖延，否則有演變成呆帳問題的可能，造成旅館營收之損失。

(四)避免可能招致的不滿

帳卡的設立記載了客人費用的累積，由於櫃檯出納會與信用卡公司聯絡，瞭解客人的信用額度，在客人的消費近信用額度時，可以通知客人餘額改以現金支付，這樣可事先免除客人在退房結帳時尷尬的情形。

三、帳卡的內容與種類

住客在館內的各種消費項目明載於一表格紙頁上，稱之爲帳卡，其內容與種類敘述如下：

(一)帳卡的內容

帳卡的內容主要分爲費用發生的貸方（Credit）、費用清償的借方（Debit）和餘額（Balance）（如**表10-2**）。

常見的貸方項目爲：

1.房租。
2.餐飲。
3.電話。
4.客衣送洗。
5.其他設施（健身房、商務中心、叫車服務）。

常見的借方項目爲：

1.預付款。
2.部分付款。

3.結帳付款。

4.帳目的調整與修正。

專欄10-1

代支

費用發生的貸方有一種稱之為代支（Paid Out）的項目。代支所以發生乃因為旅館無法提供某種服務，因此客人或旅館乃委託外面商家提供服務，旅館先代為支付費用。例如，旅館代客人購買電影票、車票、市內觀光或墊付快遞費用等，櫃檯出納將代支出去的費用記入客人帳卡的貸方之內，該筆消費最終還是由客人支付，代支的主要目的乃在於提供給客人方便的服務。

PAID OUT

DATE________

ROOM NO.____________________NAME____________________

DETAILS

AMOUNT: N.T.$

SIGNATURE____________________

表10-2　客房帳單範例

ROOM NO. 房　號	Name MR. MISS MRS.		Page No.
			Person 人數
	Agency 旅行社	□F.I.T（　　　）	Check in date 到店日
	Rate　　　/ 房價　　　/	DISCOUNT 折扣　　　%	Check out date 離店日

代號 CODE	說　明	EXPLANATION	日期 DATE	代號 CODE	貸 CREDIT	借 DEBIT	餘額 BALANCE
01	房租	ROOM CHARGE					
02	服務費	SERVICE CHARGE					
03	電話傳真	TELEFAX					
04	加床	EXTRA BED					
05	咖啡廳	COFFEE SHOP					
06	冰箱飲料	REFRIG. DRINKS					
07	電話費	TELEPHONE CHARGE					
08	承前頁	BROUGHT FORWARD					
09	過次頁	BROUGHT DOWN					
10	洗衣費	LAUNDRY					
11	轉帳（借）	TRANSFER(DT)					
12	轉帳（貸）	TRANSFER(CT)					
13	折讓	ADJUSTMENT					
14	更正	CORRECTION					
15	退款	CASH REFUND					
16	墊付款	PAID OUT					
17	預付款	ADVANCE PAYMENT					
18	接送費	LIMOUSINE SERVICE					
19	信用卡	CREDIT CARD					
20	付現	CASH PAID					
21	外客簽帳	I.O.U					
22							
23							
				□CASH	□CREDIT CARD		□CHARGE

(二)帳卡的種類

爲因應不同的住宿狀況，帳卡的種類有如下幾種：

1.住客帳卡（Guest Folios）：爲對某單一房號之住客所開立之帳卡。
2.團體總帳卡（Master Folios）：爲對團體住客所開立的總帳卡。
3.非住客帳卡（Non-guest Folios）：爲對非住宿客在館內消費所開立之帳卡。
4.員工帳卡（Employee Folios）：爲員工在館內消費所開立之帳卡，通常員工消費都從每月薪資中扣除。
5.其他：在較爲特殊的狀況下所開立之帳卡，例如客人要求將其房帳分爲不同的兩份記帳，一份爲要報公司用的純房租帳，一份爲私人消費雜項帳。另外，例如父母與小孩分房住宿，退房時父母要求小孩房間的帳轉至父母房間的帳一起付清，出納則需做轉帳，將小孩的帳移至父母的帳。不過這兩種事例雖較特殊，基本上應屬住客帳卡。

四、登帳的程序

住客登帳的程序分爲五個步驟，電腦化作業的基本原理亦是如此，只是效率和正確性大爲提高。今以住客在西餐廳消費登帳爲例，其程序如**圖10-1**所示。

第二節　客帳支付方式的處理

客人退房時必須結帳，把所有消費的帳項結清，但付款的方式有很多種，對旅館的收益而言也有不同的影響，茲敘述如下：

一、帳款收受原則

櫃檯出納在收受客人支付款項時，必須把握三個主要原則：(1)變現或流通性（Liquidity）；(2)安全性（Security）；(3)價值性（Worth）。

(一)變現或流通性

最理想的收受方式是現金（Cash），旅館可用現金維持整體營運，或是存在銀行生利息等，這是最受歡迎的支付方式。要是以簽帳或轉帳方式結帳，則

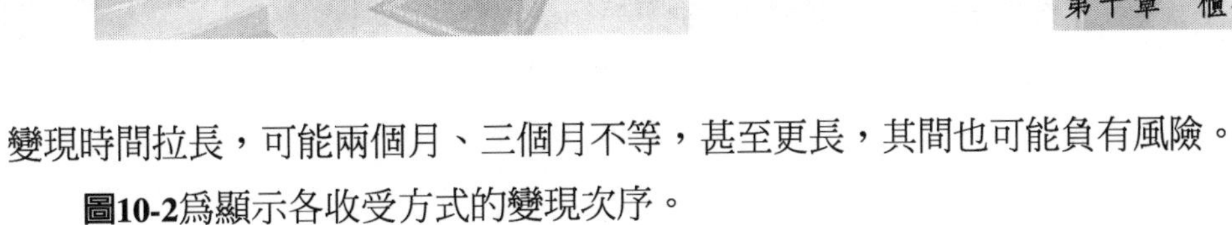

變現時間拉長，可能兩個月、三個月不等，甚至更長，其間也可能負有風險。

圖10-2爲顯示各收受方式的變現次序。

(二)安全性

就安全性而言，可能有兩方面必須注意，一是支付工具的眞僞或是否有

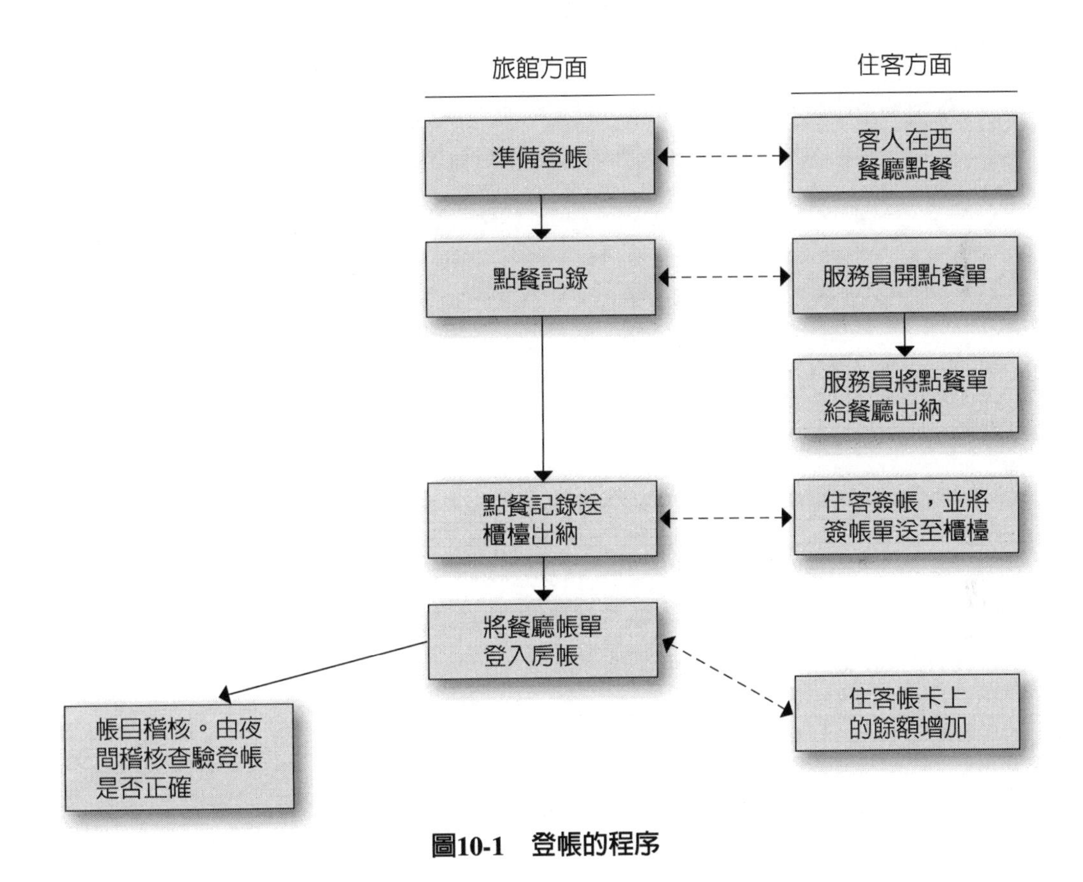

圖10-1　登帳的程序

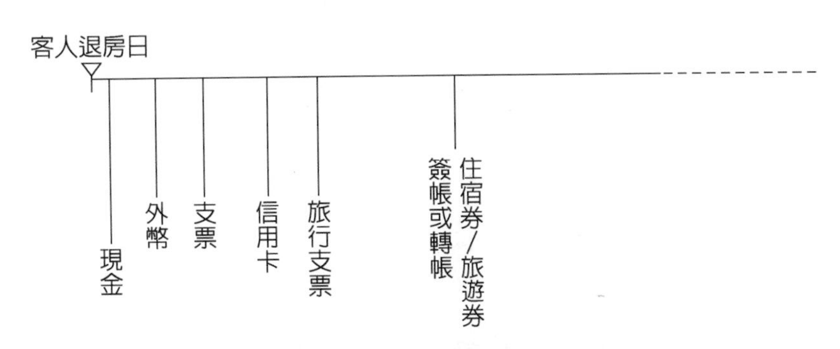

圖10-2　收受方式變現次序

詐欺行為，另一方面則是可能有遭到竊盜的顧慮。收受支票應是較為安全的方式，因為支票的交易容易追蹤，對竊盜而言，支票可能毫無價值。不過，一般旅館也不輕易接受客人的支票，其收受方式後面將會討論到。

(三)價值性

旅館最終向客人收取的金錢才有真正的價值發生，惟因支付方式的不同，也顯現不同層次的價值。

收受外幣應以國際通用的貨幣為原則，銀行還會支付外幣交易佣金給旅館，算是一筆額外收入。**圖10-3**所示者為以新台幣一百元為基準，對各支付方式的價值比較。

二、各種付款方式的處理

客人退房時有各種不同的付款方式，但無論何種方式，皆應謹慎處理。茲分述如下：

(一)現金

現金是一種最傳統也最實用的交易方式。旅館在客人住宿登記時應要求支付房租，特別是無行李的住客，現金付帳最為理想。出納在收受時宜當場點清，迅速而正確，並注意辨別眞僞。

(二)外幣

外幣（Foreign Currency）的處理作業有下列重點：

1.觀光客較有機會持有外幣，所以在住宿登記之初，即應主動詢問以何種方式結帳。通常在櫃檯出納處有外幣告示牌，載明國際間主要貨幣的名

102	外幣
100	新台幣
98	支票／旅行支票／轉帳
96	信用卡
89	旅遊券／住宿券

圖10-3　各種支付方式的價值比較

稱及當日與新台幣的兌換率，櫃檯接待事先告知客人可避免結帳時某些外幣不被接受的窘狀。

2.在旅館的外幣兌換率比銀行來得便宜，也就是說，持同樣數額的外幣至銀行兌換新台幣，其得到的數額將略高於在旅館之兌換。主要原因爲：

(1)管理及服務因素包括在內。

(2)旅館兌換外幣的獲益。

(3)旅館收受銀行之佣金。

(4)兌換率變化的風險因素。

3.旅館雖然接受告示牌上所列的外幣，但也只收受鈔票，硬幣通常是不收的。

4.旅館各廳出納應接受各種主要貨幣之僞鈔辨識訓練，以防假鈔的流通，同時也應備有辨識眞僞的器材，如紫外線辨識器或辨識筆等。

5.接受外幣時的幣值名稱與單位應謹愼明辨，例如美元（US$）、歐元（€）、英磅（£），最巧合有趣的是人民幣（CYN）與日圓（JPY）的符號同爲（¥），爲避免混淆人民幣在國際間通常寫爲RMB¥。

6.兌換外幣要塡寫三聯式外匯水單（如**表10-3**），塡寫外幣種類和金額，以及匯率和外匯折算，並將塡好的水單交客人簽名，寫上房號或地址。

(三)支票

支票的處理分爲私人支票（Personal Cheque）和旅行支票（Travellers Cheque），玆分述於下：

■私人支票處理要點

1.私人支票的使用與接受必須經由主管核准同意，不輕易接受支票付款。

2.收受支票時應注意日期、金額、抬頭人、出票人簽章等有無錯誤或遺漏。

3.收受支票前應瞭解客人的背景及信用狀況，以作爲是否接受之參考。

■旅行支票處理要點

1.該旅行支票是否被國內接受，並審查眞僞及掛失情況。

2.瞭解該支票之兌換率和兌換數額。

3.必須在出納前於支票指定位置當面簽名，且與另一原簽名的筆跡相符。

表10-3　臺灣銀行外匯水單

國785　85.3 －3×50×5,000

收兌外幣專用

臺灣銀行　外滙水單(1)AEEH №　02216805
BANK OF TAIWAN
FOREIGN EXCHANGE MEMO　Date

賣主 SELLER

姓名 Name

身分證號碼 Identification Paper No.

BOUGHT FROM
購自

支票或現鈔號碼 Bill No.	外幣數目 Foreign Currency Amount	滙率 Rate	新臺幣數目 N. T. $ Equivalent
	應扣費用 Charges		
	實付金額 Net Amount Payable		

一聯送本行第三聯交客戶第二聯留存備查

本行兌換　台端外國票據，如因寄送國外付款銀行收帳時遺失，仍請協同本行作必要之處理，如發生退票，請於接獲本行通知後，即將票款照數退還本行。

賣主簽章 Seller's Signature

電話號碼 Telephone Number

地址 Address

收兌處簽章 Authorized Agent

4.持票人必須出示證件（如護照或居留證），經出納員核對證件上的相片與客人是否相同，再看支票上的簽名與證件上的簽名是否一致，然後在兌換水單上摘抄其支票號碼、持票人的證件號碼、國籍，並在旅行支票背面記上客人的護照號碼。

5.支票上塡寫的日期與地點是否完備。

6.外幣只限兌換新台幣，不得以外幣兌換其他外幣。

(四)信用卡

信用卡是消費信用的一種形式，是供持卡人賒購商品、記帳付款的一種信用工具。

目前旅館受理的信用卡，主要有如下幾種：

1.聯合信用卡。

2.美國運通卡（American Express）。

3.威士卡（Visa Card）和萬事達卡（Master Card）。

4.大來卡（Dinner Card）。
5.日本JCB卡（JCB Card）。

信用卡的交易程序如下：

1.確認信用卡「黑名單」，看清有效期限，辨別眞僞。
2.若此卡要取得授權號碼，則將信用卡上的號碼、有效日期、消費金額告訴有關銀行的授權中心，如取不到授權號碼，則要認眞查閱止付名單，並告知住客要求補足付款，可能的話亦應協助其澄清。
3.刷卡時注意不要刷錯信用卡帳單。
4.核對客人簽名是否與信用卡上的簽名相符，並注意信用卡是否爲持有人所有。
5.把信用卡、信用卡帳單顧客聯及房帳顧客聯一併交給客人。

(五)旅行社憑單結算

1.只接受與旅館有合約的憑單（Voucher）。
2.按照憑單承諾付款的項目進行結算。
3.將向旅行社結算的費用請客人在帳單上簽名，隨後將旅行社憑單轉財務部。
4.超過標準費用請客人用現金或信用卡結算。

(六)簽認轉帳

簽認轉帳（Credit Ledger Account, City Ledger）即是旅館與個人、公司機構簽訂合約，同意支付住宿者的費用及明定支付範圍。住客簽帳退房後，帳單轉至財務部，每月與簽約客戶結帳。但住客的消費超出協議支付的範圍時，超出部分住客須自行負責結清。所以簽帳（或稱掛帳，如**表10-4**）時出納必須注意下列幾點：

1.當客人要求簽帳時，要查明是否有和公司簽訂轉帳合約，亦即是否在允許簽帳的名單之內。
2.簽帳的住客是否確爲轉帳的公司所承認。
3.住客簽帳的範圍是否在協議之內，所謂簽帳範圍有兩種意涵：
(1)可簽帳的最高限額（以數字加以規範）。

表10-4　掛帳單（簽帳單）

掛帳日期	民國　年　月　日
預定付款日期	民國　年　月　日
掛帳單位（即付款單位）名稱	名稱： 電話：
掛帳人（即付款人）姓名	姓名： 行動電話：
住客房號	
住客姓名	
掛帳金額	新台幣
掛帳人（即付款人）簽名	
經辦人簽名	
備註	

(2)可簽帳的項目，例如只限房租，其他雜費住客自付（以項目加以規範）。

4.客人簽帳（在房帳及I.O.U.上簽認）後轉至財務部應收帳款處理。

5.如對客人是否可以簽帳有疑慮時，應請示主管或與簽約單位聯絡確認。

第三節　住客帳務作業

如前所提，客帳的作業要求是維持帳卡記載的內容處於最新與正確的狀態，爲保證帳卡確實無誤，檢算其帳目的平衡是必要的工作，電腦化作業雖然較人工作業更有效率，但仍須依靠正確無誤地把客帳輸入才能維持帳目的平衡。

一、客帳的檢驗法則

住客房帳保持正確的記錄是一項不變的原則，每個房號的帳都維持平衡，當然館內所有住客帳目的總計也將獲得平衡。爲求平衡，其演算公式如下：

Previous Balance + Debits = Credits + Net Outstanding Balance

PB + DB = CR + NOB

昨日餘額 ＋ 借方 ＝ 貸方 ＋ 今日結餘

上述公式的等號兩邊永遠是相等的，表示客帳的平衡。若檢算不平衡，則表示其中客帳必有錯誤之處，應速找出錯誤所在，務使所有客帳都是正確的。

現在以**表10-5**所列舉之數目爲例來檢算是否平衡無誤。該日報表是所有客帳的一覽表，每個房號及各列舉數字代表一帳卡的內容。

601房之昨日餘額為9,877，借方為725（電話費345，餐飲380），收現為2,602，信用卡8,000，今日結餘為0（表示已退房）

9,877＋725＝10,602
2,602＋8,000＝10,602

按上述公式計算爲：

$$\begin{cases} PB + DB = CR + NOB \\ 9{,}877+725=2{,}602+8{,}000 \end{cases}$$

同理，如果每間房號都平衡的話，則所有總數理當平衡：

借方＝11,500＋1,150＋380＋388＋1,214＋183＋655＋557＋5,000＋1,002＝22,029

貸方＝53,915＋37,922＋3,520＋23,290＝118,647

$$\begin{cases} PB + DB = CR + NOB \\ 106{,}243+22{,}029=118{,}647+9{,}625 \end{cases}$$

由此可見這份營業日報表是正確的，若等號雙方數字有異，表示其中必有錯誤，應將所有房號逐一檢算，找出錯誤所在並更正之。

今日結餘也就是今日的應收帳款，但客人在館內消費是不斷地發生，應收帳款也不時地在改變，到了翌日就變成昨日餘額了，不過因爲有每日的退房付款（結清後餘額爲「0」），所以今日結餘每天都不一樣。

二、夜間稽核

夜間稽核的主要工作爲製作各種統計報表及審核、更正客帳，同時兼夜間接待員爲客人辦理遷入、遷出的手續。其工作時間爲夜間十一時至翌晨七時。

表10-5　客房部營收日報表

姓名	房號	昨日餘額	房租	服務費	冰箱飲料	洗衣費	電話費傳真	COPY	付費電視	代支	場租	餐飲	轉借	合計	折讓	收現	轉貸	外客簽帳	員工掛帳	信用卡	招待	今日結餘	備註
	601	9,877					345					380		10,602		2,602				8,000		0	
	612	14,965			180			145	655					15,945		655				15,290			
	703	36,812				388				557		165		37,922				37,922				0	
	908	44,589			200		263				5,000			50,052		50,052						0	
	602		3,200	320				38				457		4,015					3,520			495	
	705		3,800	380										4,180								4,180	
	808		4,500	450			606							5,556		606						4,950	
合計		106,243	11,500	1,150	380	388	1,214	183	655	557	5,000	1,002		128,272		53,915		37,922	3,520	23,290		9,625	

董事長　　總經理　　副總經理　　經理　　主任　　覆核　　製表

通常夜間稽核會設定關帳清機時間（End of Day）作爲一營業日的結束，並統計該營業日的各項營業報告。一般設定凌晨一點半或兩點爲關帳清機時間，因爲旅館是二十四小時營業，關帳清機後如有客人遷入住宿或其他營業項目發生，一概歸類爲翌日的營業收入。其稽核工作如下：

(一)完成所有客帳的登錄

夜間稽核的主要工作之一爲登帳並結算其數額，茲敘述如下：

第一，夜間稽核的主要工作之一便是確保在關帳清機時間前，住客所發生的各項費用鉅細靡遺地登錄在帳卡中。

由於住客每筆消費均有明細帳，所以每筆明細帳必須登錄在客帳的帳卡中，明細帳便是一種消費的憑據，其總額須和該廳的住客掛帳統計相同，否則就須更正。例如咖啡廳的住宿消費額中客房掛帳爲一萬元，則櫃檯出納的登入客帳咖啡廳金額總數亦爲一萬元，如數字不符必須查明並予更正。

第二，核算客帳今日結餘是夜間稽核的重要工作，必須將每日客帳的借方、貸方做結算，以便得出該日的結額（應收帳款），其計算方式來自前述公式的演變，即：

PB　＋DB＝CR＋ NOB

昨日餘額＋借方＝貸方＋今日結餘

同理　PB　＋DB － CR＝ NOB

昨日餘額＋借方－貸方＝今日結餘

例如某客人的昨日餘額爲10,000元，在餐廳消費2,000元，但在櫃檯出納先行支付5,000元，因此夜間稽核結算其今日結餘爲：

PB ＋ DB － CR ＝ NOB

10,000＋2,000－5,000＝7,000

得今日結餘（應收帳款）爲7,000元，也就是至今日止客人積欠旅館的金額。

(二)確定與調整房態

客房的狀況如果有錯誤，將引起櫃檯作業上的困擾，亦將導致客房收入的損失。客房狀況正確才能有效地售出客房，增加旅館收入。舉例來說，如果客人退房離店，但櫃檯疏忽沒有把房態改變過來，客房仍呈現「住宿中」（Occupied），而實際上該房已是空房，可能導致該房的應售而未售，旅館將蒙受損失。

在關帳清機時間之前，稽核員將房務部的房務報表（Daily Housekeeper's Report）和櫃檯的房間狀況表相互核對比較，兩者有無差異。假若房務報表註明某房爲「空房」，而櫃檯房間狀況仍呈現「住宿中」，則稽核員就要查明事實。最直接的方法便是檢查帳卡是否還在帳卡架中，如果帳卡還存在並留有未結清的餘額時，應有下列可能：

1.客人已退房離店忘記辦理遷出手續。
2.客人可能逃帳離店。
3.可能基於某些因素，櫃檯未能完全結清退房客人的房帳。

稽核員查出確爲空房時，應把帳卡抽出，留待經理處理和追蹤，並更正房態爲空房，以便可以售出。

在電腦化的作業系統中，在正確操作之下，退房的處理連結房間狀況的管理，會自動更改房態，不致發生櫃檯與房務出現不同房間狀況。

(三)確認房價

稽核員必須製作住客房租折扣日報表，瞭解房租折扣的原因是否爲合約公司的折扣、促銷價的折扣或是團體價，而這些特別房價是否適當且符合規定。

如果是房租招待（Complimentary），則該房是否有高層管理員簽認的「招待通知單」。

由於該表可作爲房租收入分析的資料，夜間稽核員必須將此表轉呈客務部經理供做決算分析使用。

(四)確認訂房不到的客人

夜間稽核必須清除訂房不到（No Show）的旅客名單，並對保證訂房的客人課予房租。不過也許會有客人重複訂房的情形，且訂房員和櫃檯員均沒有查覺，而實際上客人已經到店住宿中，另一張訂房單卻可能被歸爲“No Show”處理。稽核員宜有此警覺性，最好將“No Show”客人與住宿者名單核對一次，以免出錯。

在對保證訂房而不到的客人課予房租時，要謹慎行事，須再確認客人是否有通知旅館取消訂房，否則將導致客人的不悅，將造成客源的流失。

(五)登錄房租與服務費

在關帳時間後，稽核員逐一登錄客人的房租與服務費（或是稅金）於帳卡及報表中（如**表10-5**），報表也須轉呈決策階層的人參考。

如果是利用電腦做登帳工作，可以很快列印出房租統計表。手寫及電子登帳機則可能要花上數個小時才能完成，再加上白天班作業錯誤的更正，可能要花更長時間。

(六)製作各種報表以便核閱與參考

稽核員須製作各種報表以便決策人員核閱與參考，例如：

■營收日報表

營收日報表中顯示了住客人數統計、國籍統計、性別統計等，反映住客結構。

■應催收住客報表

應催收住客名單如**表10-6**，英文催帳函如**表10-7**，這是對積欠房租與其他費用已超過旅館規定限額（Floor Limit）的住客，旅館方面應積極而謹慎地催收，並暫時停止其他項目之消費，直至付款爲止。

■營業分析統計報告

1.客房利用率（Room Occupancy，即住宿率或稱住房率）

$$客房利用率=\frac{當日客房使用總數}{總客房數}\times 100$$

客房使用總數應包括住宿過夜者（Over Night）、短時住宿（Part Day Use），延長退房加收費用（Additional Charge）、招待住宿（Complimentary），因此其公式爲：

$$客房利用率=\frac{\text{Over Night}房數+\text{Part Day Use}房數+\text{Additional Charge}房數+\text{Complimentary}房數}{總客房數}\times 100$$

表10-6　應催收房租住客名單

應催收房租住客名單

日　期＿＿＿＿＿＿＿＿＿＿

稽核員＿＿＿＿＿＿＿＿＿＿　覆核＿＿＿＿＿＿＿＿＿＿

房　號	姓　名	金　額	處理方式

表10-7　英文催帳函

DATE＿＿＿＿＿＿

Mr.
Dear Mrs.
Miss＿＿＿＿＿＿＿＿　Room No.＿＿＿＿＿

Your hotel bill from 201＿＿/＿＿/＿＿to 201＿＿/＿＿/＿＿, now totals NT$＿＿＿.
Would you please arrange payment of this amount at your earliest convenience.

Thank you for your cooperation.

Sincerely Yours
CROWN HOTEL

＿＿＿＿＿＿＿＿＿＿
Front Office Cashier

所謂房間總數，其內涵爲：

- 過夜房間（Over Night）
- 短時住宿（Part Day Use，包含Additional Charge）
- 免費招待住宿（Complimentary）
- 員工館內免費使用（House Use）

・故障房間（Out of Order）

・空房（Vacant Room）

客房利用率也有下列計算方式：

$$客房利用率=\frac{當日使用客房數}{總客房數-故障房數}\times 100$$

另外尚須計算房間種類的利用率，例如：

・單人房使用率

・雙人房使用率

・套房利用率

・團體客利用率

2.住客人數使用率（No. of Guest）

其計算方式為：

$$住客人數使用率=\frac{當日住客總數}{客滿總收納人數}\times 100$$

$$=\frac{\text{Over Night客數}+\text{Part Day Use（含Add. Charge）客數}+\text{Comp.}}{客滿總收納人數}\times 100\%$$

3.客房營業收入比（Room Revenue）

其計算方式如下：

$$客房營業收入比=\frac{當日客房總收入}{客滿時標準房價總收入}\times 100\%$$

4.客房平均收入（Average Room Rate）

其計算方式如下：

$$客房平均收入=\frac{當日客房總收入}{出售客房總數}\times 100\%$$

5.住客每人平均房租（Average Rate Per Guest）

其計算方式如下：

$$住客每人平均房租=\frac{當日客房總收入}{當日住客總人數}\times 100\%$$

第四節　個案研究

個案一

有一天，一家知名企業的負責人洪董事長帶了一位朋友來H飯店住宿，洪董對櫃檯接待說：「我是你們老闆的熟識，今日特地帶朋友來捧場，請給他一間豪華單人房，帳由我來付。」「是的，請問洪董事長，您說帳由您支付，是只付房租或是包括其他雜費？」櫃檯接待員問道。「當然我付所有的費用！」洪董不假思索地回答。於是櫃檯人員就在帳單上註明房租及雜費全由洪董支付，並請洪董簽名。然後客人接過櫃檯給的房匙後，洪董與客人握手話別，逕自回家了。

翌日早上客人退房回去了。其帳單內容是這樣的：房租5,600元、國際電話2,850元、餐飲2,370元。到了傍晚洪董來櫃檯付帳，看了帳單內容與櫃檯吵了起來，聲明只願付房租，不願支付客人的雜項費用。櫃檯不得已請大廳副理來排解狀況。在瞭解緣由後，大廳副理很客氣地把客人請到辦公室，親自倒一杯茶，耐心傾聽洪董述說理由，然後禮貌地問洪董：「您不是在帳單上簽名了嗎？」「是的！」洪董回答。既然如此，洪董是無法抵賴的。其實大廳副理早就看穿洪董的眞正心意。原來洪董是個愛面子的人，不好意思在朋友面前說「只付房租」，故意在眾人面前答應付所有費用且簽了名字，結果面對帳單後反悔了。大廳副理也給了洪董一個下台階說道：「眞抱歉，帶給洪董這麼大的困擾，我們也感到爲難。這樣好了，不如由您先代付朋友的雜費，然後由飯店出面聯繫您的朋友，追回雜項費用，我以飯店的信譽保證，一旦款項收到，馬上送至貴公司奉還。」說到這裡，洪董態度已緩和下來了，回答說：「算了，既是朋友，就由我來付好了！」大廳副理聽到洪董這麼回答，以非常誠懇的口吻向洪董握手稱謝。

分析

一、處理客人代付款的問題，要非常謹慎。在本案例中飯店採取的方式是值得肯定的。首先，櫃檯接待向洪董問清楚，是否只付房租或是連同雜項費用一併支付，這是很重要的問題關鍵，並讓客人在帳單上簽名確認，採取了預防的對策，事後使客人無法否認事實。

二、大廳副理在處理這棘手問題時，採取了適當的做法，既給客人保住面子，尊重客人，又營造了一種氣氛，使客人覺得H飯店的帳不好抵賴，保護了飯店的利益。

個案二

高雄A大飯店的大廳櫃檯裡，有位科技大學旅館管理系的實習生小王正在值班。這時來了兩位特殊的客人，一位先生和妻子來飯店入住。只見實習生小王認眞地請二位客人登記，查驗證件。在預收房租時，只見小王把收到的大鈔放在驗鈔機下認眞地一張一張驗看。這時那位先生和他妻子實在忍不住了：「孩子，連你爸媽的鈔票也要驗嗎？」噢，原來這二位客人是實習生小王的父母，難怪看自己兒子一一細查自己的錢，覺得心裡不是滋味。小王笑著回答：「爸，媽，這是必要手續制度。我相信您，但錢不一定是眞的。對自己爸媽的錢，也要把好關，不能讓旅館受到損失，我要對旅館負責呀！您說對嗎？」一席話說得小王的父母樂了，不住的點頭，讚許地說：「你做的對，我們支持你，你認眞的驗鈔吧！」小王辦好登記手續，才掩飾不住內心的歡喜說：「爸，媽，您來看我，我眞高興！」原來，小王的父母因孩子第一次出遠門，心中放心不下，特地從台北趕到高雄來探望兒子，爲了方便，便住進了孩子實習的旅館。這樣，實習生小王驗父母鈔票一事在館內傳爲佳話。

分析

一、在櫃檯收款，看起來是輕鬆的工作，無非是每天收收款、做做帳而已。其實收款工作遠非如此簡單，需要收款員具有高度的責任感、嚴謹的工作態度及高度的職業道德意識。衆所周知，收款員每天都會接觸大量現金，所以查驗鈔票是收款員工作中相當重要的環節。稍一疏忽就會給飯店和自己造成不必要的財務損失。由於收款員要對數以萬計的大鈔進行查驗，不僅工作量大且有技術難度。因此，每位收款員要以高度的責任感，掌握看、摸、彈等基本的辨認技巧，才能做到準確無誤，萬無一失。

二、實習生小王的父母來看望孩子，小王見到父母抑制住滿心歡喜。但是，在驚喜之餘，頭腦十分冷靜，仍堅持認眞按旅館規章制度辦事，一絲不苟地按服務流程接待自己的父母。他沒有因爲接待的客人是自己的父母親而簡化手續，馬虎辦理，硬是當著自己父母的面認眞仔細地查驗父母的鈔票。這有違人之常情的作法是難能可貴的，展現了實習生小王堅持原則、公私分明的工作態度。憑著這種忠於職守的敬業精神，定能出色地做好服務工作。

三、在旅館做服務工作，處在第一線，直接接觸客人，也常常會遇到自己的朋友或親人。有的服務員自我約束力差，就因私人感情而放棄原則，做出違反旅館規章制度、損害企業利益的事來，導致自己犯錯誤，甚至被辭退，這樣的教訓是很沉重的，應深自警惕。

透過此例，我們每位服務人員，無論正職或實習都應向小王學習，做一名稱職的服務員。

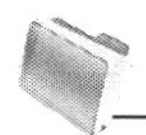

個案思考與訓練

尤老闆帶了一位朋友前來F飯店住宿。辦完住宿登記後客人與尤老闆握手話別，逕自上樓休息。尤老闆停留在櫃檯前目送友人上電梯後，即轉過身向接待員說：「我現在就替朋友付清房租。」說著，就以現金支付完後回家去了。

第二天早晨，客人至櫃檯辦退房手續。櫃檯出納告知其帳已付清了，客人聽完後仍執意要自己付帳，並說：「麻煩妳們告訴尤老闆，他的好意我心領了，但不能接受他的招待！」客人的態度相當堅定。

第十一章

退房遷出作業

- 退房遷出服務
- 客人離店後未付帳的處理
- 退房遷出的後續處理
- 個案研究

客人在住宿期間接觸不少各部門的員工，像門衛、行李員、櫃檯員、房務員、餐廳服務員，這些旅館的員工在客人各住宿階段中提供服務，其階段為抵店前、抵店登記、住宿期中、退房離店四個不同的循環。

退房離店及結帳是客人住宿旅館的最後階段，而負責此最後階段的服務人員就是櫃檯員，即接待或出納，財務部的人員可能會牽涉一些退房的服務。在離店前，客人必須在櫃檯辦理結帳並核對帳卡的內容，瞭解自己的消費情形，然後把未付清的款項予以全部結清，並領取收據，歸還客房鑰匙。

櫃檯要是沒有把最後退房階段的服務做好，可能引起客人的不悅，而之前種種服務上的努力將前功盡棄，「好的服務就是堅持到最後一刻」。本章主要就是討論客人退房遷出的各種服務動作，務求最後一刻服務的完美。

第一節　退房遷出服務

辦理退房手續是客人與員工面對面互動的最後階段，把客人的帳款結清是辦理退房的首務。當然，辦理退房的服務品質深深影響客人對旅館印象的好壞。讓客人產生好的觀感就要做到友善、親切和效率。

一、退房遷出的程序

退房遷出的程序分為個人（散客）和團體兩種，各有不同的作業方式，分述如下：

(一)個人退房遷出程序

客人從清早到近午時分都有住客陸續退房，退房尖峰時間大約集中於上午七點三十分至十點左右，櫃檯人員應本著忙而不亂的原則，發揮服務的效率，做好客人離館前的服務，讓客人產生樂意下次再度光臨的意願，其作法述之如下：

1.客人一至櫃檯辦理退房，首先應問候客人，對客人微笑道聲「早安」，記得稱呼客人姓名。
2.確認客人姓名、房號與客人帳卡相符無誤。
3.檢查客人是否較原訂日期提前退房，如果是的話，相關單位應被告知。
4.注意退房時間，查看客人是否晚退房，即遲延退房，超過中午十二點退

房，且客人非爲旅館常客，則應加收房租，通常客人住到下午三點，應加收房租三分之一，到了下午六點則爲二分之一，下午六點以後就得收取一天的房租了。像這種特定事項，客房內的「服務指南」或「旅客須知」應明示於客人，客人在登記時應先予說明，則事後免生糾紛。

5.檢查帳卡中是否尙有未登入之帳，例如客人今晨使用電話之費用、迷你吧飲料、早餐等是否已登帳。

6.將帳單呈給客人，以便客人可查核其消費登帳記錄。如果客人有疑問，應親切地說明清楚，以釋客人心中之疑。

7.收取房租及結清所有的帳目。

8.向客人索取房間鑰匙，並查看客人是否還留有郵件、訪客留言，以及是否有註銷租用的保險箱。

9.聯絡行李員協助客人搬運行李。

10.瞭解客人是否需要爲下次再來時預訂房間或是詢問客人的去處，以便爲其預訂連鎖店之客房。

11.客人離去時，便將其客房狀況改變爲「空房待整」，以便房務員整理，並將客人歸爲「離店旅客名單」中。這是一道重要的程序，以便相關部門能掌握房態及客人動態。

專欄11-1

遞交金錢給顧客時應注意的事項

在遞交金錢給顧客時要特別留意，注意下列的事項，以免引起糾紛或疏失：

1.收錢時應告知顧客正確的數字。

2.交錢時當面數清並向顧客報告數字。

3.交到顧客手上或放在盤子上交予顧客。

(二)團體退房遷出程序

團體客人一般由旅行社負責住宿費用的結算，其程序如下：

1.團體結算工作應在團體結帳前半小時做好結帳準備，提前將團體帳單（如**表11-1**）查核一遍，看是否正確無誤。

2.導遊或領隊前來結帳時，將帳單交給他們檢查並簽名認可。

表11-1　團體帳單

GROUP FOLIO

No.________

MASTER NO.：____________GROUP NAME：____________

C / I DATE：__________C / O DATE：__________NATIONALITY：__________

TOTAL ROOM：________NO. OF PAX：________COMPLIMENTARY：________

ROOM TYPE：SNGL ________ TWIN ________ S D________ SUITE ________ E H________

ROOM RATE：________NET________NET________NET________NET________

ROOM RATE：________SERVICE CHARGE：________TOTAL AMOUNT：________

TYPE	ROOM NUMBER									

M/C：__________B/F：__________B/D：__________C/O：__________

COUPON：__________

REMARKS：____________________

RECEPTIONIST：__________TOUR GUIDE：__________

CASHIER：__________DATE：__________

3.檢查團體的其他帳目，例如電話費、迷你吧飲料是否付清，通常這些雜支是由團體客人自付的，同時須檢查全部房間鑰匙是否悉數收回。

4.與散客退房一樣，把房態改變為「空房待整」的狀態。

5.團體帳單轉交至財務部，以便向旅行社進行收款工作。

二、幾種特殊的結帳

旅館客人不只在退房離店時結帳，住宿當中也可能做房帳的處理，茲分述如下：

1.中間結帳：客人將前面所有帳全部結清，房間不退要續住，但要重新辦理預付手續。

2.單項結帳：會議、團隊客人結電話費或只結某筆費用、散客結帳要求列印某項費用明細帳、房租與雜項費用帳單分別開立、查詢某筆消費具體時間。

3.提前結帳：客人次日離店，當日提前付款、承諾付款人提前離店支付被承諾費用。

4.分帳：客人將一筆帳項分為若干筆。

5.轉帳：將一個帳號的帳轉至另外一個帳號上。

6.暫時掛帳：簡稱暫掛，退房時暫不結帳（俗稱南下帳或北上帳，如**表11-2**）。

表11-2　客人未付帳簽核單

客人未付帳（南下帳或北上帳）簽核單

房號＿＿＿＿＿＿＿＿＿＿姓名＿＿＿＿＿＿＿＿＿＿

暫離店日期＿＿＿＿＿＿＿＿＿＿

未付金額＿＿＿＿＿＿＿＿＿＿

客務部經理＿＿＿＿＿＿＿＿＿＿承辦人＿＿＿＿＿＿＿＿＿＿

第二節　客人離店後未付帳的處理

一般而言，櫃檯員必須對未訂房客人、無行李客人或是初住旅館的短期住宿的客人，應在住宿登記之初收取房租，於退房時能減低未收帳款的風險。但對爲數衆多的持信用卡客人、常客、簽約公司客人、旅行社等大多是退房時結帳，對旅館而言風險也可能產生。

一、未付帳的種類

旅館於客人退房時未能及時結清一概列爲轉帳項目，由財務部門負責處理。典型的轉帳項目包括下列數項：

(一)風險較小者

指經過一段時間，旅館大多能收到所積欠的款項，其中包括：

1.信用卡付款，信用卡公司或銀行扣除3%～5%手續費後支付給旅館。
2.簽訂合約的公司或個人的付款。
3.簽訂合約的旅行社或旅遊業者的付款。

(二)潛在的呆帳

指旅館能回收帳款的機會很小：

1.客人以個人支票支付房租，最後退票而未能兌現。
2.客人蓄意逃帳離店，旅館追索困難。

(三)有爭議性的帳

指旅館和客人之間對帳目發生爭議：

1.因帳目的發生客人存有疑慮，因而拒絕支付全部或部分款項。
2.客人訂房後，因事後“No Show”，但又理不直而氣壯地不願支付房租。

(四)延誤登帳

延誤登帳亦即遲延入帳（Late Charge Accounts）致使客人在退房離店後，櫃檯才收到營業單位的明細單，已來不及入帳，因客人已退房離店。

二、未付帳的追蹤

對於已退房離店的未付帳，依各別不同情形分別追蹤。分述如下：

(一)對簽訂合約之公司或旅行社的追帳

旅館每月底將帳單整理之後寄給旅行社或公司，通常要求在三十天之內收到匯款，以結清本期應收帳款。一旦有延誤情形，應採下列步驟處理：

1.旅館於三十天後未收到匯來的款項，應積極用電話聯絡該公司或旅行社付款。
2.超過四十五天後仍未付款，應以正式公文書行文促其付款。
3.超過六十天後應以存證信函嚴正要求付款。
4.若是超過九十天後，一再聯絡催款無效，旅館應採取法律行動以追索欠款，但是到此階段，其變成呆帳的機會就相當高。

(二)對個人的催討

對個人的未付帳之催討，困難度相對提高，特別是在蓄意逃帳或支票退票的情形下。所以，旅館經理會嚴格要求事前的防範重於事後的追索，其次，住宿登記的確實也相當重要，以便能循地址、電話找到客人。

對於部分未付款，大多爲電話費、迷你吧飲料食品或早餐之費用，發生原因都是當天退房前未能及時登帳所致，旅館管理人員應嚴格要求登帳必須落實迅速和機動的原則。

因爲旅館難免或多或少地損失小筆的部分未付帳款，例如迷你吧的飲料、酒類及食品，通常旅館會提高其售價來加以彌補。

第三節　退房遷出的後續處理

客人退房遷出後，櫃檯人員必須立刻把所有的記錄修正過來，以配合相關部門的作業，分述如下：

一、房間狀況與住客名單的修正

客人退房後，原來所住的房間變成空房，經整理後可以再售出。同時，客人退房後再也不是旅館的住客。因此，櫃檯必須迅速把房間狀況改變過來，也須同時改變住客名單，把櫃檯的所有記錄保持在最新的狀況下。

在電腦化作業系統的旅館中，客人一旦結帳退房，電腦會自動將房態修正爲空房／清潔中的狀態，而且退房客人的名字也將從現有住宿客人名單中轉爲退房客人名單。客帳亦轉成爲歷史資料在電腦中儲存，客人原先住宿登記單也必須列檔保存起來。

整個退房作業的流程如**圖11-1**所示。

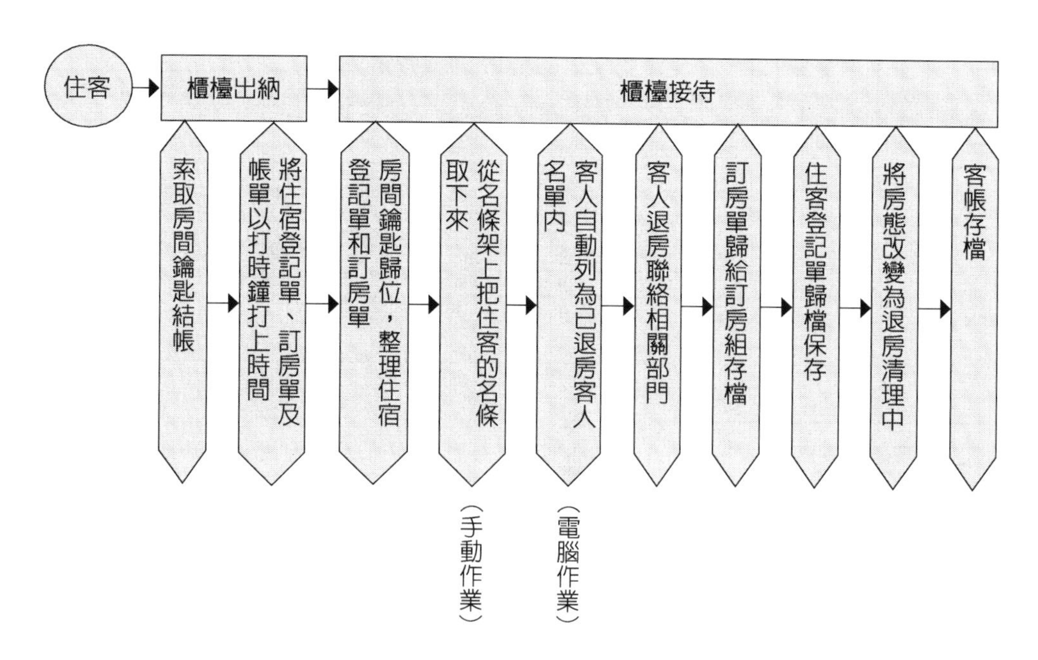

圖11-1　退房遷出的作業程序

二、客史檔案資料

客人退房後旅館會將客人住宿的各項資料記錄並保存起來，稱爲客史檔案資料（Guest History Record）。其內容爲記錄客人每次住宿的房號、房租、客人的習性偏好及消費數額等。櫃檯設有專門人員負責處理客史檔案資料，其資料可儲存於電腦中，也可以手寫於資料卡中（如**表11-3**）。在電腦化的作業中，當客人退房後，就會自動做客史檔案，記錄客人住宿的活動資料。不過客史檔案也必須時常查核，把長時間未再光臨旅館的客人資料註銷，以免累積太多無效資料。

至於如何利用客史檔案資料來提升業績呢？以下將說明它對旅館的行銷與決策上的效用：

1.客史資料的分析可以瞭解客源人口、地理分布和生活型態的特性，作爲旅館業務推廣、促銷和廣告的情報。旅館從資料中，透過分析年齡、性別、所得、職業和婚姻狀況來調整營運策略，而市場推廣亦可由客史資料的特性，利用媒體如廣播、電視、報紙、信函及網際網路等，針對客層需要設計促銷廣告，吸引客人來館消費。

2.藉由客史資料，不但可推銷客房，也可推銷餐飲、宴會和會議市場。但是先決條件爲客人對旅館的信任，因爲宴會和會議是一種大型而精緻的服務，需要服務人員的工作效率和親切友善，若是客人從訂房、住宿遷

表11-3　手寫客史檔案卡

姓名 Name				年齡 Age	
住址 Address				電話 Tel.	
服務機構				職稱	
到達 Arrival	離店 Departure	房號 Room No.	房租 Rate	總金額 Bill Total	備註 Remarks

入到退房結帳，服務人員皆表現出效率和親切，加上良好的設施、舒適的氣氛、合理的價格，便能取得客人的信賴，則較容易招徠宴會和會議的市場。

3.客史資料能夠提供推廣效益的評估（如**表11-4**）。客史資料提供客源的結構，使經理人做出有效決策，例如**表11-4**對決策者而言會提供一些訊息：是否該加強業務拜訪呢？是否廣告信函（DM）有效呢？廣告信函的促銷內容是否引起顧客的認同與歡迎？這些都是值得經理人員推敲的。假若發現客層的來源很大比例是旅行社的推薦，那麼決策者應與旅行社保持相當良好的關係。

4.從旅客住宿登記卡、訂房卡和客史資料，應可統計出公司機構的訂房、住宿量。機關行號的訂房者，未必是住客本身，大多由秘書來執行訂房工作，所以秘書對旅館的選擇有相當的自主權。旅館的行銷業務人員應當充分瞭解這些有權選擇旅館的訂房者，旅館也必須有「激勵方案」（Incentive Program）以鼓勵這些秘書人員對旅館的忠誠，例如贈送禮品、旅館禮券、餐券、住宿券等，或是廣邀秘書人員，設宴感謝對旅館的支持。

5.沒有訂房的Walk-in客人，其客史資料也有相當價值。例如得知客人是看到旅館招牌而進來的（招牌除了設於旅館本棟建築外，可設於各重要據點或沿路指標），表示知道旅館的存在，那麼決策人員就可據此瞭解招牌的成本效益。如果客人是經由遊樂區、餐館、加油站、便利商店所介紹，則旅館應多放置些「旅館簡介」之類的宣傳單於該地方。

表11-4　客史資料推廣效益評估分析表

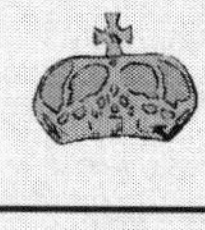

皇冠大飯店2012年上半年（1/1-6/30）
客史資料推廣評估分析

推廣方式	客源數目	百分比(%)
廣告信函	253	25.3
廣告招牌	160	16.0
訂房系統	372	37.2
業務拜訪	140	14.0
廣　播	40	4.0
報紙廣告	35	3.5

6.從客史資料能夠瞭解客人住宿本館的次數和頻率，旅館爲了維持常客的忠誠度，可針對個案給予優惠，例如贈送免費的咖啡券或早餐券，甚至給予一夜住宿招待。而該客人的服務機構也可成爲旅館促銷或辦活動的推廣對象。

7.客史資料對客房的銷售分析有很大的助益，客房部的經理可從中瞭解單人房、雙人房或是套房的使用、銷售比例，或是雙人床（Double Beds）的使用量多於或小於特大床（King-sized Beds）的使用量，吸菸樓層的客房與非吸菸樓層的客房何者使用量較大，以上皆可作爲決策的參考。

專欄11-2

客史資料——提供最貼心的服務

從事商務旅行的保羅・貝克（Paul Baker）剛從機場的行李處領取他的行李出關。當貝克一出關門，已有旅館的機場代表在門口迎接他，並稱呼他的姓名致意問好。機場代表代為提行李並引領貝克至招呼站，準備搭乘旅館的接機小巴士。在車內，見克還享受到他最喜愛的無咖啡因飲料，這是旅館特別為他準備的。

到達旅館櫃檯後，櫃檯接待亦能稱呼貝克的名字並且向他友善地問候，並示意在住宿登記卡上簽名即可，因為他的個人資料，包括付款方式，已打印在登記卡內，為瞭解貝克沒有改變付款方式，接待員向貝克確認他是以信用卡金卡付帳無誤，貝克知道接待員給他分配的房間正是上次住宿的房間。貝克上次住這房間的時候還對房內一張玻璃面餐桌的精緻實用而讚不絕口。

一進房間，行李員即打開電視CNN新聞節目，因為事前房務員已告知櫃檯人員，貝克上次住宿時一直在收看CNN新聞網的節目。在衣廚裡，衣架多掛了幾個，就如同上次要求的一樣，其中一個衣架甚至掛了一件繡上保羅・貝克姓名的睡袍。

在書桌上已擺好一份*Newsweek*雜誌和一份*U.S.A Today*報紙，這是上一次他向旅館要求的讀物。打開迷你吧，貝克發現放了好多包他愛吃的胡桃核（房務員報告他上次住宿時用了五包胡桃核）和巧克力夾心餅乾，這也是他最喜愛的食品。更令貝克驚奇的是，他平時最喜愛的酒，1964年份的Chateau Latour，旅館也為他準備了一瓶。最後貝克收到櫃檯詢問處給他的一封留言，告訴他在訂房之際所交待的——為他買一張管絃樂演奏會的入場票已經買到了，購買者已在回旅館的途中。

第四節　個案研究

個案一

某日早上八點半左右，日本客人加島先生在台中R旅館的大廳櫃檯辦理退房手續，並央請代爲叫車至桃園國際機場，過了不久之後，加島就在旅館人員的祝福與道別下踏上歸國的路程。

上午九點十五分左右，房務中心打電話給櫃檯人員，告知房務人員在清掃房間時，於床鋪與床頭櫃之間的地面上拾獲加島先生的護照。櫃檯人員立刻報告客務部經理，並報告曾經爲這位客人確認過機票，立即查閱記錄知悉是搭乘下午一點起飛的日亞航班機。經理知道事不宜遲，隨即指派一名行李員搭旅館的公務車攜客人的護照送去機場。

行李員至機場後，循著日亞航的登機檢查台尋找客人，果眞發現因遺失護照而憂心焦急的加島先生。自然地，加島對行李員感謝萬分，並對旅館卓越的服務讚譽有加。

分析

一、從此案例分析，好的服務，「時效」因素也是極爲重要的。雖然房務員工作中拾獲加島的護照，但能立即交予房務中心而通知櫃檯，顯示房務部門的處理是正確的。而櫃檯查出客人的班機起飛時間立刻報告客務經理處理，亦能急速派人搭旅館的公務車趕至機場以歸還護照，顯示旅館對客人服務的眞誠與效率。

二、由此可知，旅館的良好聲譽是靠團隊精神，大家共同爭取的，旅館要建立優異的評價非一朝一夕，要靠大家共同來參與，但也須共同珍惜與維護。

個案二

某日上午，一位女住客急急忙忙地來到飯店大廳的禮賓部，手裡還拿著兩張發票，她逕自走到身著燕尾服的「金鑰匙」服務員小方面前：「您是飯店的『金鑰匙』嗎？有一件事希望您能幫助我：今天早上我是搭乘計程車到你們飯店的，但剛才我收拾物品時才發現我把攝影機的腳架放在計程車的後排座位上忘記拿了，該怎麼辦呢？」客人語氣急促地說。

小方說：「小姐，您別著急，讓我們一起想想辦法。請問您早上大約是幾點到達我們飯店的？」

客人說：「具體時間記不清了。」

「請出示一下您的住房卡好嗎？」小方接過客人遞過來的住房卡並告訴客人在大廳沙發稍候一下，隨即到前檯接待處，查詢了這位客人辦理入住的具體時間。又到大門口詢問是誰幫助這位客人打開車門。行李員小盧說：「是我接待這位女士的，當時我上前爲這位女士拉車門、護頂，她示意讓我到後車箱取行李，打開尾箱後一共拿出了兩個皮箱，當時我還仔細看了一下沒有其他行李，這時後面又有其他的計程車來了，我就趕緊關了車門，並迅速在提示卡上記下了這輛計程車車號交給了她，幫著提行李來到了前檯。」小方分析，一方面，是客人自己遺失了一件行李，她可能怕把攝影機腳架壓壞弄髒，自己坐在前排，攝影機腳架沒有放在後車尾箱而單獨放在後座，下車時忘了提醒行李員；另一方面，行李員也夠粗心的，一時疏忽也沒有檢查。現在唯一的辦法是看能不能找到計程車司機，那就要透過行李員留給客人的那張提示卡了。小方快步來到大廳沙發旁，那位女士充滿期盼地迎了過來。

小方說：「讓您久等了，請問早上您下車時，行李員給您的那張提示卡還在嗎？」

客人說：「好像還在，我找一下。」連忙在手提包裡翻找，終於找到了一張小小的提示卡。

「就是這張小小的提示卡，上面有那輛計程車公司的名字和計程車牌號。

給我吧，我馬上去和該公司聯繫一下。」小方微笑著說。

小方立即透過禮賓部聯繫，找到了這家計程車公司，在電話裡向對方說明情況，對方表示將以最快的速度聯絡到司機，態度誠懇地做出了口頭承諾：「我們馬上派人在半小時內把攝影機腳架送到飯店前廳部門，絕不耽誤客人的時間，抱歉了。」

二十分鐘後，一輛計程車停在飯店門口，司機把攝影機腳架送到了前廳櫃檯。小方迎上前去，對司機表示了感謝，司機也向客人表示了歉意。拿到攝影機腳架的小姐高興地笑著說：「太謝謝你們了，謝謝你們的細心和周到，還有這張給我留下美好回憶的提示卡。」客人感激不已，臉上露出了燦爛的笑容。

分析

這是一個幫助客人及時解決困難的服務案例。

在飯店服務流程中，很多飯店在客人上下計程車時，都要作一個提示卡的記錄，上面寫有計程車公司的名字和車牌號。雖然是一個簡單的服務動作，關鍵時刻卻能發揮很大的作用。在本案例中，小方接到客人的求助之後，就是從一張提示卡著手打開了缺口，幫助客人拿到了攝影機腳架。這充分地說明，飯店給予客人的提示卡是完善服務中不可少的，小小提示卡在飯店服務中起著重要作用。雖然比較繁瑣，還是應該持續這樣做。客人求助飯店完成本職以外的工作時，有關人員一定要盡力滿足客人的要求，這是十分重要的。

案例中的小方給飯店服務人員做出最優良的示範，能憂人之所憂，急人之所急，提供給客人及時的服務。

個案思考與訓練

T旅館住了一位長期客，向櫃檯人員聲明可能會停留一段很長的時間。櫃檯人員乃依旅館規定，要求客人每星期結清房帳。剛開始的前兩週，客人都能如期付款，但第三週開始就拖延了半個月才勉強付清帳款。自此以後，住客就繳不出房租，總藉故推托地向櫃檯人員保證等公司匯款到後馬上付清，但事後始終不見公司匯款接濟。旅館方面幾經催帳無效，憂心如焚的經理決心採取處置措施。

第十二章

前檯業務管理

- 客務部員工職責要求
- 顧客抱怨的處理
- 新進櫃檯人員的訓練
- 夜間經理的職責
- 個案研究

旅館的客務部人員，在日常的業務中肩負著迎來送往的工作，如接送客人行李，爲客人辦理登記遷入手續，提供問詢、委託代辦、協助客人解決困難、客人離店遷出等服務。客務部是最先接觸客人，也是最後爲客人辦理結帳、送別客人的地方。客人的第一印象和最後印象都在這裡產生，客人是否願意再度光臨，主要取決於客務部的業務管理。

第一節　客務部員工職責要求

「顧客至上，服務第一」是旅館的服務宗旨。爲提高專業的技能，提供有效率、準確、禮貌的服務，同時爲實現經營管理的規範化、標準化、制度化、程序化，旅館的各部門應根據自身的服務特點制訂相關的責任要求，以確保高品質服務的實施。

一、個人形象的基本禮儀

客務部所有的管理人員、接待人員、門衛、行李員及大廳副理等各職位人員均要整潔大方，配戴有個人姓名之名牌，每位接待和服務人員的儀表、儀容均代表旅館的形象，任何人不得違反。以下介紹員工個人的基本禮儀：

(一)衛生

每個員工都代表旅館，對顧客而言，員工個人衛生（Hygiene）狀況，正代表了旅館衛生品質的標準，一個整齊清潔的服務人員，使顧客深信，其他的一切也是同樣的潔淨。衛生方面應特別注意事項包括：

1.頭髮：

(1)不可覆額遮臉。

(2)必須整齊清潔及適當的修剪：

・女性頭髮，長及肩者，要紮束。

・男性頭髮，不宜過領上一公分。

(3)髮型必須配合工作，過分新潮誇張的樣式，是不允許的，更不許染髮。

(4)宜用一般黑色的髮夾或以髮帶紮束頭髮，避免用任何太過精美閃爍的

髮飾，黑色的髮擸上，不可有裝飾物，如緞帶、蝴蝶結等。

2.個人衛生：

(1)口腔（早晚刷牙，飯後漱口）。

(2)腋下。

(3)腳。

(4)其他個人衛生重點。

(5)每日沐浴，避免用濃烈的香水或古龍水。

3.手與指甲：

(1)保持清潔，並予正確的修剪。

(2)若有咬指甲的習慣，可以塗抹一點蘆薈（但不適用於接觸食物的工作人員）。

(3)若有尼古丁的菸漬，可以利用磨石來消除。

(二)儀表

「表現最佳的你」（Be seen at your best）。你和你的工作區域都清楚地呈現在顧客面前，故要記住，如果你看起來很邋遢，那表示你的工作可能也是一樣的。

1.制服：必須整齊清潔並燙整，領帶、領結必須打正。

2.名牌：値勤時一定要配戴於左側胸前。

3.飾物：手錶、平面結婚戒指是允許的，不可戴垂吊式的大耳環（配戴其他任何飾物均需部門主管同意）。

4.鑰匙：應放置於口袋中，不可吊掛在皮帶或腰際，而在工作時製造聲音。

5.鞋子：不可穿著涼鞋或拖鞋，應穿著全包低跟鞋，並保持亮潔。

(1)女性：客務部接待人員、客務部出納人員、房務部服務人員均穿黑色皮鞋。

(2)男性：客務部接待人員、客務部出納人員、房務部服務人員均穿黑色皮鞋。

6.襪子：

(1)女性：無特殊花紋的膚色褲襪。

(2)男性：黑色，不可因鬆緊帶鬆弛而下掉。

7.毛線衫：依規定穿著，扣子要扣，袖子應確實捲好，不可挽袖。

8.眼鏡：不可戴太陽眼鏡或其他新潮眼鏡。

9.梳子、刷子、鏡子：工作時不可置於口袋。

10.化粧：宜自然大方，切忌濃粧。工作前，宜仔細檢查自己，一切是否整齊清潔，並合乎標準。

(1)指甲油的標準：指甲油如有剝落或破損，應立即重新上油，以保持完整。客務部女性工作人員可以擦透明的指甲油或紅色指甲油。房務部女性工作人員可以擦透明的指甲油。

(2)指甲長度的標準：長指甲不但有損服務人員的外表，同時也會在工作上造成問題與不便。每週應修剪一次指甲（男性應保持短指甲；女性的指甲從指尖算起不可超過一公分）。

11.其他：

(1)不可在工作區域或客人面前抽菸。

(2)入廁、抽菸後或工作前，應用肥皂、熱水洗手。

(三)姿勢

對顧客而言，你的姿勢正代表了你的服務態度，而肢體語言是很難說謊

的，它包含了行爲舉止、站姿、坐姿、臂姿、手勢、走路等。當你想要來解釋肢體語言時，不能只憑其中某一個肢體訊號（如動作、手勢、姿態等），而妄下結論，應試著去評估瞭解當時的整個狀況，再從二、三個重點當中，找出其中共同的解釋方向。

同樣地，假如一個接待員或服務生，不知如何以適當的肢體語言表達情緒，那麼在無意之間會顯出冷漠、敵意或漠不關心的態度。

當服務人員因職業上的要求而刻意做作時，顧客可以看出虛假，進而失去對工作者的尊重。

(四)面部表情

保持微笑。臉部表情是最富變化性的，在與人交談的時候，大多數的人都會注意對方的臉部表情，所以要注意——你的臉部表情正反映出你的感受。嘴往往牽動眼睛，而形成面部的表情。這種變化會非常清楚地表達出你的情緒與心理的感受，例如：冷淡、敵意、喜悅、愁苦等。

二、對客服務的基本禮儀

服務客人時的言行舉止能反映出旅館的服務水準，應隨時留意自己的言語和行動是否得體。

(一)談話

■面對面

你說的第一句話非常具有感染力，會造成永久的印象，如果你是親切的、積極的、熱心的，必可得到來自顧客感謝的回報。

1.當客人到達時，必須要：

(1)親切的：

——I hope you enjoy your stay.

希望您住宿期間愉快。

——It's my pleasure, Sir.

先生，這是我的榮幸。

——How are you today.

今天您好嗎？

(2)積極的：

——I'm sure this will help.

我認為這是對您有益的。

——The best thing to do...

最好是……

沒有任何事比藉口、託辭或拒絕的暗示，更令人感到難堪了，如：

——No idea.

我不知道。

——You can't.

你不可以。

——I don't know.

我不知道。

2.使用客人的姓名，目的是爲了表示友好及表示認同。

■電話會話

對打電話的人而言，你的聲音代表了旅館，代表了公司及從業人員的形象，所以你的聲音必須清晰且友善，當你說話時，要面帶微笑。電話會話的重點包括：

1.備有紙、筆。

2.不可任電話超過三響，如果電話響聲太久（超過三響以上），應該要爲怠慢而道歉，以避免造成通話者的不悅。

3.接電話前，停止其他的會話。

4.用標準的電話會話用語。例如：

(1)Greetings（招呼語）：Good morning.（早安）

(2)Identification（身分識別）：Front office XXX speaking...（櫃檯……）

(3)Offer of help（提供協助）：May I help you?...（我是否可以效勞？……）

5.如有打斷談話的必要，應先解釋原因，請對方稍候，例如：

Just a moment sir, I'll have to ask my supervisor.

先生，請稍等一下，我必須請示一下我的組長。

當你重新回到原電話，繼續未完的電話會話時，應先謝謝客人的諒解與

久候。

6.當你知道或查知來電話者的姓名時，應使用姓氏稱呼之。

7.任何留言與訊息均予複述，以示正確無誤。

8.用標準用語來結束交談。例如：

Thank you for calling, Mr. Smith.

謝謝您打來的電話，史密斯先生。

9.讓電話者先掛斷電話，以保持禮貌，並以防電話者突然想到什麼。

(二)「請」、「服務」與「禮儀」的正確定義

■待客如金的原則

對顧客而言你是如此重要，原因是：

1.顧客並不是與任何公司企業做接觸溝通，而是與他的員工。

2.你提供了顧客對本旅館的第一印象，所以你必須給予顧客最好的第一印象。

3.你的服務水準，將是客人在停留期間認爲的旅館服務水準。

4.你的服務態度關係到客人的滿意程度。

5.完美的儀態與正確的服務態度是相輔相成的。

6.你是提供顧客資訊與協助的主要來源，必須令客人感覺到對任何疑問，你都可以給予有效的協助。

■與客人溝通的重點

旅館的員工應注意與客人溝通的重點：

1.姿勢（Posture）。

2.看與聽（Look and Listen）。

3.表情（Expression）。

4.儀態（Appearance）。

5.說話（Speech）。

6.樂於助人（Eagerness to Help Others）。

■服務之意義

因爲強調個人服務，而使「服務」（SERVICE）具有下列之意義：

1.微笑（Smile）：表示歡迎。
2.效率（Efficiency）：證明服務的熱忱。
3.瞭解（Receptivity）：指瞭解客人的需要，並全力去滿足他們。
4.活力（Vitality）：指在生理或心理上，對工作所表現的活力。
5.關心（Interest）：指對工作的態度，以及對他人所表現的態度去瞭解他人，並予幫助。
6.禮貌（Courtesy）：有禮貌地對待每一個人。
7.公平（Equality）：以最佳的服務態度去對待每一個人。

(三)面對客人行爲要領

基於對客人的禮貌與尊重，不可以有下列行爲：

■服裝儀容

1.在工作區中化粧。
2.碰觸頭髮。
3.在工作區中照鏡子或梳頭。
4.用手指清潔耳朵、鼻子。
5.脫掉外套。
6.將餐巾搭在肩上。

■行為舉止

1.在工作區中嚼口香糖或吃喝東西。
2.在工作區中抽菸。
3.斜倚在桌子、櫃檯或牆壁上。
4.依靠在椅子或腳踩在椅架上。
5.插腰或將手插在口袋裡。
6.將手交叉在胸前。
7.用手或用腳打拍子。
8.將筆、香菸夾在耳上。
9.跳、跑或輕佻地走路。
10.與同事爭吵。

11.大聲叫喊（命令客人或同事）。

12.在工作區中與同事過於親密。

13.三三兩兩聚成一堆。

14.猜測、無目標的猜測。

■服務方式

1.在客人面前打呵欠。

2.在客人面前使用手帕或化粧紙擤鼻涕等（如果因突來之噴嚏或咳嗽，應立即洗手）。

3.用餐巾擦汗。

4.碰觸客人（除非萬不得已）。

5.在客人面前計算小費或讓零錢發出叮噹聲響。

6看錶。

7.在客人面前抓癢。

8.將文件塞在外套內或夾在腋下。

9.背對著客人。

10.突然停止服務或談話，並迅速轉身離開。

11.給客人匆忙的印象。

12.在客人面前與同事聊天。

13.與客人爭論。

14.坐著對客人講話。

15.挑剔客人。

16.令客人覺得你對其他客人的服務比較好。

17.偷聽客人的談話。

18.強迫推銷。

第二節　顧客抱怨的處理

抱怨（Complaints）就是發自顧客心中對產品或服務上的缺失所導致的不滿或憤怒，無論是言詞上的表達，或是動作上的表現。所以旅館從業員對顧客的抱怨或投訴，絕不可等閒視之。當然，也有部分客人會將心中的不滿誇大其詞，或是編造抱怨理由（目的是爭取降價或折扣），但必須小心翼翼地處理，以兼顧旅館利益和客人權益。

處理客人抱怨的態度是勿以事小而不爲，輕忽事實，認爲只要對客人稍加安撫即可。這是錯誤的態度，因爲小小抱怨就是一個警訊，它可能只是冰山浮出的一角，背後可能潛存著極大的管理上的問題。如果旅館員工事事能爲客人著想，誠心地替客人解決問題，就可以贏得客人的忠誠和支持，爲旅館帶來可觀的生意。**表12-1**爲顧客投訴記錄表。

一、顧客抱怨的原因

客人對旅館的產品與服務所產生的抱怨各種狀況都有，縱使列舉事例說明也無法一一涵蓋。有的是硬體設備上的問題，也有的是軟體上的問題，甚至有些問題的產生會令人覺得十分幼稚可笑。但不幸的是這些可笑的小問題卻層出不窮地在各旅館上演。至於大問題，導致客人的憤怒與咆哮，更使旅館幹部感到頭痛，卻又不得不去面對。茲列舉實例，彙整一般旅館的諸種抱怨：

(一)設備的不良與故障

電器設備的故障，如電話不通、雜音多；空調不冷、聲音吵雜；夜間冰箱聲響過大；浴室、游泳池、三溫暖、健身房無冷水或熱水；電視畫面不清或頻道有問題；長途或國際電話計費設定或耗時令客人不耐；馬桶不通；電梯、牆壁、飲水機漏水；浴室蓮蓬頭出水有問題；房內各類燈飾不亮；電視遙控器、音響、傳眞機、吹風機故障。

(二)語言能力不足

導致溝通不良，造成錯誤的服務，或被誤會爲禮貌不周。作業用術語認識不夠，產生誤差，例如在做客房餐飲服務時，服務員對於牛排的英文術語如“Well Done”、“Medium”、“Rare”、“Half Done”的訓練不足。

(三)作業疏忽

1.客人的筆記、紙條或塑膠袋所裝之東西，常被誤以爲不要而被服務員整理房間時扔掉。

2.訂房作業疏忽，如重要賓客房間忘記擺鮮花、水果等。或客人有訂房，

表12-1　顧客投訴記錄表

<table>
<tr><td colspan="3" rowspan="2">顧客投訴記錄表</td><td>文件編號</td><td></td></tr>
<tr><td>生效日期</td><td></td></tr>
<tr><td rowspan="3">顧客資料</td><td>顧客芳名：
Name</td><td>國籍：
Nationality</td><td colspan="2">房號：
Room</td></tr>
<tr><td colspan="4">工作單位（公司名稱）：
Co's Name</td></tr>
<tr><td colspan="4">聯繫方式：
Tel.</td></tr>
<tr><td colspan="5">投訴內容：
Description</td></tr>
<tr><td colspan="5">調查內容：
（原因分析）

大廳副理：　　　　　　部門經理：</td></tr>
<tr><td colspan="5">處理結果：

部門經理：</td></tr>
</table>

在Check-in時卻沒有記錄，不知有訂房，當然也就沒有事先安排房間。

3.晨間喚醒作業未叫醒客人，可能是忘記未叫、叫錯房號或叫錯時間。

4.停電測試、停水整修時未事前通知客人。

5.用餐時間、地點與告示不符。

6.服務中心人員將車票買錯。

7.客衣送洗服務，送回後短缺小件物品，如缺一隻襪子或內褲、手帕等。

8.忘記打掃續住的客房。

9.退房客人無人提行李。

10.客房備品遺漏，如缺浴巾、浴帽或衛生紙等。

(四)衛生問題

1.游泳池水很髒或有蟲浮動。

2.將用過的刮鬍刀、牙刷再給客人使用。

3.房內有跳蚤、蛀蟲、蟑螂。

4.食物內有異物或蟲等。

5.冰箱內飲料超過有效期限。

6.贈送水果已腐爛。

7.飲水機的飲水不潔。

(五)作業不當、交接不清楚

1.客人外出時，房間仍開冷氣以保持清涼，卻被房務服務員關掉，引起客人不悅。

2.開會或宴會時，客人早到會場，場地未備妥，現場又無負責人員。

3.客人尚未退房，房間卻已被售出。

4.送錯報紙，或未送報紙。

5.部門協調不良，作業出現空窗，引起客人不滿。

6.電腦顯示房間可以出售，但客人進房卻發現未整理。

7.菜色與廣告、海報張貼不符。

8.合約含免費早餐，但仍被入帳收費。

9.合約到期，未通知續約即被取消一切原有住宿優惠條件。

10.客人的東西被損壞，或客人需要協助時無人反應或關心。

11.冰箱內水果被服務員整理房間時收走了。

(六)服務效率不佳

1.住客的傳真未能及時送給客人，或誤送他人。

2.訪客留言未能立即交給客人，或客人留言未能轉達給訪客。

3.客房餐飲太慢，催促無效，或客人在餐廳等候很久。

4.送洗衣物回來後發現被洗壞，或衣物短少。

5.自助餐不補菜。

6.餐廳打烊時間未到，服務員就急著做收場動作。

7.訂房要求在不吸菸樓層，Check-in卻被安排到吸菸樓層。

8.客房設備故障，屢催修理，久等未來。

(七)客人物品遺失

1.客人遺失領帶、眼鏡、手機、文件找不到，甚至遺失金錢或貴重品。

2.客人遺留物未按時送回客人，或根本沒有送回動作。

(八)品質不良

1.菜餚味道不對勁。

2.茶、咖啡不夠熱，味道不佳。

3.客房冷氣不夠或餐廳冷氣不足。

4.客房餐飲送來的食物冷了。

5.牙膏、牙刷品質太差。

6.高樓層電視收視效果太差。

7.浴巾、毛巾太舊或太黑。

8.早餐麵包太硬、食物品質差、服務怠慢。

9.結帳速度太慢，客人不耐久等。

(九)設備不足

1.停車位不足，停車困難。

2.設計不當，電梯搭乘久等或擁擠。

3.客人被自動玻璃門或電梯門夾傷。

(十)其他原因

1.隔壁客人太吵，影響安寧。

2.客人或醉客敲錯房間，按錯門鈴。

客人的抱怨應該被視爲是旅館改進缺失、使服務更臻完善的契機，唯有客人才是高明的，旅館人員應以感謝的心情把客人的意見落實，這樣客人的抱怨才有意義，才不致重蹈覆轍。

二、處理顧客抱怨的態度與方法

當面對客人的抱怨投訴時，要適時運用一些社交技巧，以表示處理客人問題圓熟的態度。切勿對客人說：「那不是我的錯」、「不要」、「沒有」、「不是我」等用詞，因爲這樣只會更激怒客人。也不要和客人發生爭辯，因爲爭辯的本質就是競爭，含有輸贏的意味，縱使爭辯贏了，旅館也付出了失去客人的代價。在面對客人苦情的申訴時，旅館人員必須遵守下列原則：

(一)傾聽客人的訴說

讓客人知道，他的意見已被充分重視。

(二)不要中途插嘴

中途插嘴或打斷客人的話，只會激起客人拉高嗓門、說更多的話。

(三)讓客人把話說完

儘量讓客人一吐爲快，直到說完爲止。但要確認客人是否眞的說完，還是只是暫時的停頓呼吸。

(四)提出抱歉

旅館人員須做的第一要務爲向客人致歉。致歉的話語，內容簡短而明確，千萬不要爲抱怨之事做解釋或找其他藉口。

(五)說話語氣要平和

如果和客人採用一樣的語氣與高嗓門，只會把事情變得更難收拾。這樣看在同事和其他客人的眼裡，將是一件難堪又尷尬的事。

(六)摘要性重複客人的意見

重點式複述客人意見內容，將有助於事情的緩和，其一爲讓客人知道，所申訴的緣由、經過、客人的想法和希望都已被充分瞭解，以便使客人安心，其二爲讓客人感受到服務人員的誠意，很自然地就會卸下防禦的城牆，甚至收回先前情緒性的表現。

(七)決定處理和實施的方式

向客人解釋旅館方面解決問題的誠意，並說明補救和處理的方式，以及處理完成的時效。

客人在旅館任一場合因不滿而大聲叫哮且無法勸阻其冷靜時，面對旅館的眾多顧客，顯然也有礙旅館聲譽。這時不妨引導客人至離開公眾的地方，如辦公室等地方，讓其宣洩不滿的情緒。

三、顧客抱怨投訴的類型

顧客對旅館的抱怨與投訴也有不同的類型，須個別按情況給予協助與安撫。

(一)理智型客人抱怨

由於遭受冷落或受到較為粗魯、不禮貌的待遇，客人於是產生不滿的情緒，但他不會因此而動怒，這種客人的抱怨或投訴屬於理智型的。理智型的客人表現較通情達理，只要館方立即採取改進措施，容易爭取客人的諒解。

(二)失望型客人抱怨

客人事先預約的服務項目，如預約餐食、預約取送物品等，由於旅館職員的粗心大意而耽誤了客人的重要活動，這種情況會引起客人的失望與惱火。處理這類客人的有效辦法便是趕快使他們消氣，並須立即採取必要的補救措施。

(三)發怒型客人抱怨

當受到不熱情、不周到服務，或遭受冷淡待遇，或碰到個別服務員的冒犯，發怒型客人就會高聲責問，不停地以手勢動作與服務員評理，並要求旅館承認過失。

對待發怒型客人抱怨的處理，可按下述方法處理：

1.當發怒型客人提出抱怨時，首先要認眞聽取他們的苦情，讓客人充分表達他的意見，最後達到消氣息怒的目的。
2.在客人發怒講話的每個間斷片刻，要不失時機地向客人表示抱歉，同時，承認旅館的過失也能消解客人一時的不愉快，使得客人得到精神安慰。

3.對待發怒型客人抱怨，一定要注意保持冷靜、沉著、誠懇，同時與客人講話及處理抱怨時要低聲、和藹、語句清晰、親切。例如，當客人講話嗓門較高時，我們的話語則要柔和、低聲；當客人講話較快時，我們的話語則要稍慢。這是使發怒客人漸漸冷靜下來的一種交際藝術和處理問題的原則。

4.在處理發怒型客人抱怨時，牢記不要打斷客人的話語，更不能與客人爭辯，要保持冷靜，不能使用粗魯言語，要把尊重客人放在首位。同時在講話或處理問題時，一定要與客人保持五十至七十公分的距離。

5.在客人平靜下來以前，先不要急於向客人提出處理建議，待客人平靜下來以後，他自然會主動要求你談談處理意見。對於提出的處理意見和補救措施，要快速落實才會令客人滿意。

6.事後要查明客人的滿意程度。用電話瞭解、詢問客人對所採取之措施的滿意程度，這是對客人的尊重，同時也可驗證旅館的補救措施是否有效。

第三節　新進櫃檯人員的訓練

由於櫃檯處於服務的最前線，與客人的互動頻繁，如何做好服務工作是相當重要的，而充分的作業流程訓練，顯然能夠對客人提供一層最佳的服務。

一、先期訓練

正式作業前主管會安排先期性的瞭解工作：

1.各部門的輪調訓練（Cross Training）：以一個月時間前往總機、訂房組、服務中心、房務部、洗衣房、商務中心等客房部各單位作職前訓練，俾能對客務工作有全盤性的瞭解。

2.熟悉房間型態、數量、格局陳設、位置空間大小（坪數）、消防設備、廣播系統和旅館的折扣政策。

3.熟悉房內的電氣設備、電話及傳真使用方法，以及床頭櫃面板之音響、電視、燈光之操控。

4.熟悉訂房作業程序及訂房種類、如何接受訂房、如何塡寫訂房單。

二、櫃檯作業訓練

新進人員對所要銷售的產品有了初步的認識後，即須對整套銷售、服務的作業流程能夠熟練地操作。

1.瞭解旅客住宿登記卡的標準姓名、年齡、地址等住客資料的統一書寫方式。
2.瞭解櫃檯各種作業的表格使用方法與填寫。
3.認識電腦報表及基礎電腦作業解說。
4.閱讀與填寫記錄簿（Log Book）。
5.接受留言，無論來自電話、口頭交待或書寫之方式，應以時效性爲前提分送相關人員或單位。
6.傳眞、長短途電話計價及發送方式，客人租借或免費借用物品處理方式及登記。
7.郵件、客人或公務信件、掛號、包裹的處理流程。
8.替住客確認、代購機票，或辦理自報出境等服務。
9.準備次日抵達旅客名單及各項資料。
10.給住客的贈品如水果、鮮花、蛋糕、紅酒或香檳、問候卡——如何做準備及交發執行單位爭取時效性。
11.住客習性的瞭解與掌握並客觀加以記錄。
12.如何做住宿遷入及遷出各項細節。
13.如何Key-in 電腦。
14.判斷客人“No show”、取消之可能性，以及延長住宿或提早退房之情況，並對「今日到達名單」（Arrival List）與訂房單做應有之處理。
15.如何做好換房的處理。
16.對客人下列事項的處理：
(1)客人要求不接任何電話（No Call）。
(2)晨間喚醒（Morning Call）。
(3)預付款（Advanced Payment）。
(4)貴重品寄存（Safe Deposit）。
17.讀出三十天的客房預測報表、客房七日預測報表、長期客報表及內容研讀。

18.其他作業：

(1)帳務要求細節：折扣、付款方式、公司付款、Walk-ins的處理（收取房租）。

(2)緊急狀況處理，如火災、水災、地震、竊盜、色情、醉酒、鬧事。

(3)請修單處理流程。

三、櫃檯接待技能及禮儀培訓

培養新進前檯人員的社交技能與禮儀是很重要的，因爲專業的表現才是顧客信賴的基礎。

(一)規範自己的職業形象

專業技能養成之前，本身首先應養成良好的儀態，茲敘述如下：

■職場儀態禮儀

很多職場人士，爲了美化外在的形象，不惜花重金去美容，購買高檔的服飾。愛美之心，人皆有之，這無可厚非。但是，精心打造出來的光鮮奪目的形象，往往會被行爲舉止上的一些差錯而徹底粉碎。修飾你的儀態美，從細微處流露你的風度、優雅，遠比一個衣服架子更加賞心悅目！

1.站姿：古人云「站如松」，但現代職場的世界，倒也不必站得那麼嚴肅！男士主要體現出陽剛之美，抬頭挺胸，雙腳大約與肩膀同寬站立，重心自然落於腳中間，肩膀放鬆；女士則體現出柔和與輕盈，丁字步站立。談話時，要面對對方，保持一定的距離。儘量保持身體的挺直，不可歪斜。依靠著牆壁、桌椅而站；雙腿分開的距離過大、交叉，都是不雅觀和失禮的行爲。手中也不要玩弄物品，那樣顯得心不在焉，是不禮貌的行爲。

2.行走：靠道路的右側行走，遇到同事、主管要主動問好。在行走的過程中，應避免吸菸（現在多數旅館是全面禁菸的）、吃東西、吹口哨、整理衣服等行爲。上下樓梯時，應禮讓尊者、女士先行。多人行走時，注意不要因並排行走而占據路面。

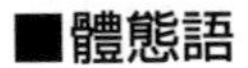

■體態語

1.目光：與人交往少不了目光接觸，而正確的運用目光，傳達資訊，塑造專業形象，要瞭解以下規律：

(1)PAC規律：

・P（Parent）指用家長式的、教訓人的目光與人交流，視線是從上到下，打量對方，試圖找出差錯。

・A（Adult）指用成人的眼光與人交流，互相之間的關係是平等的，視線從上到下。

・C（Children）一般是小孩的眼光，目光向上，表示請求或撒嬌。

作爲職場人士，當然都是運用成人的視線與人交流，所以要準確定位，不要在錯誤的地點或對方面前選擇錯誤的目光，那會讓人心感詫異的。

(2)三角定律：根據交流對方與你的關係之親疏、距離之遠近來選擇目光停留或注視的區域。關係一般或第一次見面、距離較遠的，則看對方的以額頭到肩膀的這個大三角區域；關係比較熟、距離較近的，看對方的額頭到下巴這個三角區域；關係親暱的，距離很近的，則注視對方的額頭到鼻子這個三角區域。分清對象，對號入座，切勿弄錯！

(3)時間規律：每次目光接觸的時間不要超過三秒鐘。交流過程中用60%～70%的時間與對方進行目光交流是最適宜的。少於60%，則說明你對對方的話題、談話內容不感興趣；多於70%，則表示你對對方本人的興趣要多於他所說的話。

2.手勢運用：透過手勢，可以表達介紹、引領、請、再見等等多種涵義。手勢一定要柔和，但也不能拖泥帶水。

(二)定位你的職業形象

「雲想衣裳花想容」，相對於偏向穩重單調的男士著裝，女士們的著裝則亮麗豐富得多。得體的穿著，不僅可以顯得更加美麗，還可以體現出一個現代文明人良好的修養和獨特的品位。

■職業著裝的基本原則

著裝原則TOP是三個英語單詞的縮寫，它們分別代表時間（Time）、場合

（Occasion）和地點（Place），即著裝應該與當時的時間、所處的場合和地點相協調。

1.時間原則：不同時段的著裝規則對女士尤其重要。男士有一套質地上乘的深色西裝足以包打天下，而女士的著裝則要隨時間而變換。白天工作時，女士應穿著正式套裝，以體現專業性；晚上出席雞尾酒會就須多加一些修飾，如換一雙高跟鞋，戴上有光澤的佩飾，圍一條漂亮的絲巾；服裝的選擇還要適合季節氣候特點，保持與潮流大勢同步。
2.場合原則 ：衣著要與場合協調。與顧客會談、參加正式會議等，衣著應莊重考究；聽音樂會或看芭蕾舞表演，則應按慣例著正式裝服；出席正式宴會時，則應穿長裙晚禮服；而在朋友聚會、郊遊等場合，著裝應輕便舒適。試想一下，如果大家都穿便裝，你卻穿禮服就有欠輕鬆；同樣的，如果以便裝出席正式宴會，不但是對宴會主人的不尊重，也會令自己頗覺尷尬。
3.地點原則：在自己家裡接待客人，可以穿著舒適但整潔的休閒服；如果是去公司或單位拜訪，穿職業套裝會顯得專業；外出時要顧及當地的傳統和風俗習慣，如去教堂或寺廟等場所，不能穿著過於暴露的服裝。

■職業女性著裝四講究

1.整潔平整。服裝並非一定要高檔華貴，但須保持清潔，並熨燙平整，穿起來就能大方得體，顯得精神煥發。整潔並不完全為了自己，更是尊重他人的需要，這是良好儀態的第一要務。
2.色彩技巧。不同色彩會給人不同的感受，如深色或冷色調的服裝讓人產生視覺上的收縮感，顯得莊重嚴肅；而淺色或暖色調的服裝會有擴張感，使人顯得輕鬆活潑。因此，可以根據不同需要進行選擇和搭配。
3.配套齊全。除了主體衣服之外，鞋襪手套等的搭配也要多加考究。如絲襪以透明近似膚色或與服裝顏色協調為優，帶有大花紋的襪子不能登大雅之堂。正式、莊重的場合不宜穿涼鞋或靴子，黑色皮鞋是適用最廣的，可以和任何服裝相配。
4.飾物點綴。巧妙地佩戴飾品能夠起到畫龍點睛的作用，給女士們增添色彩。但是佩戴的飾品不宜過多，否則會分散對方的注意力。佩戴飾品時，應儘量選擇同一色系。佩戴首飾最關鍵的就是要與你的整體服飾搭

配統一起來。

■嚴格禁止的穿著

嚴格禁止的著裝諸如牛仔服（衣、褲）、超短裙、拖鞋等。

■如何化職業妝

前檯接待人員上班時應化淡妝，以體現出女性的健康、自信。下面介紹一種適合多數女性的化粧方法：

1.清潔面部：用滋潤霜按摩面部，使之完全吸收，然後進行面部的化粧步驟。
2.打底：打底時最好把海綿撲浸濕，然後用與膚色接近的底霜，輕輕點拍。
3.定妝：用粉撲沾乾粉，輕輕揉開，主要在面部的T字區定妝，餘粉定在外輪廓。
4.畫眼影：職業女性的眼部化粧應自然、乾淨、柔和，重點放在外眼角的睫毛根部，然後向上向外逐漸暈染。
5.眼線：眼線的畫法應緊貼睫毛根，細細地勾畫，上眼線外眼角應輕輕上翹，這種眼形非常有魅力。
6.眉毛：首先整理好眉形，然後用眉形刷輕輕描畫。
7.睫毛：用睫毛夾緊貼睫毛根部，使之捲曲上翹，然後順睫毛生長的方向刷上睫毛液。
8.腮紅：職業妝的腮紅主要表現自然健康的容顏，時尚暈染的方法一般在顴骨的下方，外輪廓用修容餅修飾。
9.口紅：應選用亮麗、自然的口紅，表現出職業女性的健康與自信。

按以上步驟化粧後，一位靚麗、健康、自信的職業女性就會展現在人們面前。

(三)商務接待禮儀

■日常接待工作

1.迎接禮儀：

(1)應立即招呼來訪客人：應該認識到大部分來訪客人對公司來說都是重要的，要表示出熱情友好和願意提供服務的態度。如果你正在打字應立即停止，即使是在打電話也要對來客點頭示意，但不一定要起立迎接，也不必與來客握手。

(2)主動熱情問候客人：打招呼時，應輕輕點頭並面帶微笑。如果是已經認識的客人，稱呼姓氏顯得比較親切。

(3)陌生客人的接待：陌生客人光臨時，務必問清楚其姓名及公司或單位名稱。通常可問：「請問貴姓？請問您是哪家公司？」

2.接待禮儀：

接待客人要注意以下幾點：

(1)客人要找的負責人不在時，要明確告訴對方負責人到何處去了，以及何時回來。請客人留下電話、地址，確認是由客人再次來訪，還是我方負責人到對方單位去。

(2)客人到來時，我方負責人由於種種原因不能馬上接見，要向客人說明等待理由與等待時間，若客人願意等待，應該向客人提供飲料、雜誌，如果可能，應該時常爲客人換飲料。

(3)接待人員帶領客人到達目的地，應該有正確的引導方法和引導姿勢。

・在走廊的引導方法：接待人員在客人二、三步之前，配合步調，讓客人走在內側。

・在樓梯的引導方法：當引導客人上樓時，應該讓客人走在前面，接待人員走在後面，若是下樓時，應該由接待人員走在前面，客人在後面，上下樓梯時，接待人員應該注意客人的安全。

・在電梯的引導方法：引導客人乘坐電梯時，接待人員先進入電梯，等客人進入後關閉電梯門，到達時，接待人員按「開」的鈕，讓客人先走出電梯。

・客廳裡的引導方法：當客人走入客廳，接待人員用手指示，請客人坐下，看到客人坐下後，才能行點頭禮後離開。如客人錯坐下座，應請客人改坐上座（一般靠近門的一方爲下座）。

(4)誠心誠意的奉茶。我國習慣以茶水招待客人，在招待尊貴客人時，茶具要特別講究，倒茶有許多規矩，遞茶也有許多講究。

3.不速之客的接待：有客人未預約來訪時，不要直接回答要找的人在或不在。而要告訴對方：「讓我看看他是否在。」同時婉轉地詢問對方來意：「請問您找他有何貴事？」如果對方沒有通報姓名則必須問明，儘量從客人的回答中，充分判斷能否讓他與同事、長官見面。如果客人要

找的人是公司的主管，就更應該謹愼處理。

(四)電話禮儀

■電話接聽技巧

1.目的：透過電話，給來電者留下旅館服務講求禮貌、溫暖、熱情和效率的好印象。當我們接聽電話時應該展現出熱情，因爲我們代表著旅館的形象。

2.左手持聽筒，右手拿筆：大多數人習慣用右手拿起電話聽筒，但是，在與客戶進行電話溝通過程中往往需要做必要的文字記錄。在寫字的時候一般會將話筒夾在肩膀上面，這樣，電話很容易夾不住而掉下來發出刺耳的聲音，從而給客戶帶來不適。爲了消除這種不良現象，應提倡用左手拿聽筒，右手寫字或操縱電腦，這樣就可以輕鬆自如的達到與客戶溝通的目的。

3.電話鈴聲三響之內接起電話：勿讓客人等待，一方面也表示我們做事的效率與禮貌。

4.注意聲音和表情：說話必須清晰，正對著話筒，發音準確。講電話時，不能大吼也不能喃喃細語，而應該以你正常的聲音，並儘量用熱情和友好的語氣。還要調整好自己的表情，你的微笑可以透過電話傳遞。使用禮貌用語如「謝謝您」、「請問有什麼可以幫忙的嗎？」、「不用謝」、「不客氣」。

5.保持正確姿勢：接聽電話過程中應該始終保持正確的姿勢。一般情況下，當人的身體稍微下沉，丹田受到壓迫時容易導致丹田的聲音無法發出；大部分人講話所使用的是胸腔，這樣容易口乾舌燥，如果運用丹田的聲音，不但可以使聲音具有磁性，而且不會傷害喉嚨。因此，保持端坐的姿勢，尤其不要趴在桌面邊緣，這樣可以使聲音自然、流暢和動聽。此外，保持笑臉也能夠使來電者感受到你的愉悅。

6.複誦來電要點：電話接聽完畢之前，不要忘記複誦一遍來電的要點，防止記錄錯誤或者偏差而帶來的誤會，使整個工作的效率更高。例如，應該對會面時間、地點、聯繫電話、區域號碼等各方面的資訊進行核查校對，盡可能地避免錯誤。

7.最後道謝：最後的道謝也是基本的禮儀。來者是客，以客爲尊，千萬不要因爲客人不直接面對而認爲可以不用搭理他們。實際上，客戶是旅館的衣食父母，旅館的成長和盈利的增加都與客戶的來往密切相關。因此，旅館員工對客戶應該心存感激，向他們道謝和祝福。

8.讓客戶先掛電話：不管是製造行業，還是服務行業，在打電話和接電話過程中都應該牢記讓客戶先掛電話。因爲一旦先掛上電話，對方一定會聽到「喀嗒」的聲音，這會讓客戶感到很不舒服。因此，在電話即將結束時，應該禮貌地請客戶先掛電話，這時整個通話才算圓滿結束。而當你正在通電話，又碰上客人來訪時，原則上應先招待來訪客人，此時應儘快和通話對方致歉，得到許可後掛斷電話。不過，電話內容很重要而不能馬上掛斷時，應告知來訪的客人稍等，然後繼續通話。

■電話轉接流程

當我們接到一個外線電話時，應該遵循以下流程：

1.使用以下語句：「揚智大飯店，您好，敝姓李。」

2.不同的來電者可能會要求轉接到某些人。任何找幹部或主管的電話必須首先轉到相關的秘書或助理那裡，這樣可以保證幹部或主管們不被無關緊要的電話打擾。

3.如果來電者要求轉接某個職位的人，如「請找你們的業務總監聽電話好嗎？」、「是的，我幫你轉到他辦公室。」然後，我們試著將電話轉到相關的秘書哪裡。注意回話首語要講「是的……」，不可以講「好的……」因爲這兩個詞禮貌程度差很多。

4.如果來電者說出要找的人的名字——你必須回答：「請稍等，我幫你轉到他的辦公室。」然後，試圖將電話轉給相關秘書。如果秘書的電話占線或找不到秘書——你必須回答：「對不起，○經理電話正忙線中，您要等一下嗎？」如果對方回答「是」，請保留來電者的電話不掛斷，但等到快一分鐘時，你必須跟來電者確認是否還要繼續等候。你必須說：「○經理的電話還在忙線，您還要等候嗎？」如果回答「否」，你必須說：「請問您有什麼事我可以轉告嗎？」

5.如果你知道相關的人員現在不在辦公室，你必須說：「對不起，○經理暫時不在辦公室，請問有什麼事情我可以轉告嗎？」或者說「對不起，

○經理到南部出差了，請問有什麼事情可以轉告嗎？」千萬不要在不瞭解對方的動機、目的是什麼時，隨便傳話，更不要在未授權的情況下說出指定受話人的行蹤，或將受話人的手機號碼或家裡電話號碼告訴來電者。

6.如果來電者不希望和具體某個人或者不確定和誰通話時，你必須說「有什麼可以幫您的嗎？」透過與他的對話瞭解來電者的目的。如果是投訴電話，你應該仔細聆聽後，幫他們找到可以幫助的人，但不能將電話直接轉到部門那裡。如果是一般性的推銷電話，你必須說：「對不起，○經理外出了，他的秘書暫時聯繫不上，您需要我轉達什麼資訊嗎？」

7.如果來電者撥錯了號碼，你必須說「對不起，您是不是打錯了呢？這裡是揚智大飯店」。如果有必要你還可以告訴來電者「這裡的號碼是825625236」。

8.如果一次通話占用了較長時間又有其他電話進來時，你必須說：「對不起先生，您能稍等一會兒讓我接聽另外一個電話嗎？」

9.在轉接電話的時候，如果你知道的話，告訴主管或秘書來電者的姓名。

(五)旅館內部的禮儀和秩序

1.離座和外出：前檯接待人員工作的特殊性決定了其離座不應該太久，一般不能超過十分鐘。如果是因爲特殊原因暫時外出時，應該先找妥代辦人，並交待清楚代辦事情。

2.嚴守工作時間：前檯接待人員應該嚴格遵守作息時間。一般情況下，應該提前五至十分鐘到位，下午下班應該延遲二十至三十分鐘，做好交接事項。

3.閒談與交談：應該區分閒談與交談。前檯人員應該儘量避免長時間的私人電話占線，更不應該出現在前檯與其他同事閒談的場面。

第四節　夜間經理的職責

旅館的夜間安全狀況較白天爲多，所以維護旅館夜間的安全是非常重要的。夜間經理綜攬旅館夜間事務的運作，爲旅館夜間最高的主管，其工作時間爲晚間十一時至翌晨七時，由於執勤時間恰爲日夜顚倒，必須白天養足精神，以應付夜間任何可能發生之狀況的處理，所以是相當辛苦的。其工作職掌敘述如下：

一、安全事件的處理

夜間經常發生的安全事件常是突發事件，宜速予適當處置，以免事態擴大而難以收拾。所謂旅館安全事件不外乎下述幾點，而夜間經理常是處理的關鍵性人物，在處理事情過後必須做詳細報告，於隔日呈總經理核閱。

1.遇有客人或員工身體的危險或病痛，應立即送醫看護治療。
2.火災、天災、地震之事故，或水電、冷氣、鍋爐、電梯故障搶救與指揮督導。
3.館內、館外旅客喧譁的勸止，維持旅館內外的安寧。
4.協助醉酒之客人，扶助其至房間休息，保護其安全。
5.防止搶劫、黑名單惡客的滋事，以維護旅館的安全。
6.防止媒介色情之行爲，注意逗留大廳之可疑人物。

二、協助服務品質的提升

夜間經理爲旅館夜間作業的最高主管，負有義務協助各部門的作業使工作圓滿完成。

1.協助與督導VIP客人之服務事項和住客的遷入、遷出事宜。
2.協助處理客帳上的問題與代支項目（Paid Out）的審核。
3.接受旅客抱怨與投訴並加以處理，事後提出報告。
4.協助團體的遷入與遷出，團體用餐之督導與晨間叫醒作業的監督。
5.協助員工外語之困境，做好對客服務工作。
6.客人帳務上因電腦操作錯誤的處理。
7.客人洗衣損壞、遺失理賠的處理。

三、館內各樓層的巡視和管制

夜間經理對夜間整個樓層的安全須負督導責任：

1.督導與指揮警衛人員對館內重要設施的巡邏，並複查其巡邏記錄（如**表12-2**）。

表12-2　營業廳作業結束打烊檢查表

營業廳作業結束打烊檢查表

單　　位：＿＿＿＿＿＿＿＿
日　　期：＿＿年＿＿月＿＿日
作業時間：＿＿＿＿至＿＿＿＿
檢查時間：＿＿＿＿＿＿＿＿

檢查者：＿＿＿＿＿＿＿　負責人：＿＿＿＿＿＿＿

夜間經理：＿＿＿＿＿＿＿
安 全 室：＿＿＿＿＿＿＿
複（抽）查者：＿＿＿＿＿＿＿

檢查項目	重點	檢查結果		備註	檢查項目	重點	檢查結果		備註	附註
1.營業廳電燈	關				17.隔火鐵門	無雜物、關				一、每日打烊離去前確實逐項檢查簽註。不適用項目可刪除。 二、廳內物品注意回歸原位，顧客遺留物品送房務中心簽收招領。 三、特別注意垃圾桶、地面、菸灰缸內菸蒂熄滅。 四、檢查完畢本表送安全室。 五、經夜間經理及警衛巡邏複查發現記錄不實，將予簽報議處。
2.營業廳空調	關				18.逃生區	無雜物				
3.營業廳酒精瓦斯	關				19.走道、安全燈	暢通、亮				
4.廂房電燈	關				20.夜燈	亮				
5.廂房空調	關				21.太平梯（門）	無雜物、關				
6.廂房瓦斯	關				22.消防栓	配備齊全				
7.廂房房門	關				23.滅火機	位置、數量			（　）支	
8.檯布間	關				24.地毯	菸蒂				
9.備品間	關				25.餐車	歸位				
10.衣帽行李間	關				26.垃圾桶	清理				
11.櫃檯	鎖				27.營業廳門	關、鎖				
12.酒櫃	鎖				28.水槽	關（水龍頭）				
13.化粧室	關（水、電）				29.洗滌槽	關（水龍頭）				
14.後舞台	關（電）				30.冰箱	鎖				
15.音響燈光室	關（電）									
16.倉庫	鎖									

2.對夜間進出旅客的過濾和管制。

3.注意夜間Walk-in客人之舉動，對衣冠不整、無證件的身分不明人物之處理。

第五節　個案研究

個案一

K旅館某一天於半夜零時左右，有位外地來的客人進住，由於已經很晚，這位客人感到有點飢餓，就撥了客房餐飲服務的電話，點了一碗紅燒牛肉麵。接電話的服務人員客氣的請他稍待。在無聊之際，他又打開電視機，多數的頻道都是影像模糊，無法收視，於是他打電話給房務中心要求派人來檢修，房務員於電話中表示將馬上派人前來檢修。約莫有半小時之久，客人仍未見有人進房維修，於是再度打電話給房務員，詢問是否有請人來檢修電視機。房務員向客人道歉，並說很快就會有人來檢修。大約又過了二十分鐘，才來了一位電器修理工，對電視機做了一番檢查之後，表示電視機無法當場修復，離房而去。電視節目看不成，客人相當惱怒。這時客人猛然想起，他所點的牛肉麵亦未送來，前後時間幾乎近一個小時，這位客人感到非常憤怒，找來夜間經理大肆抱怨一番。

分析

一、旅館商品是由實體物質與人爲服務所組成的，所以顧客一旦花錢購買，理應提供完善的設施與服務，客房的瑕疵與餐飲服務的怠慢已使旅館商品的價值盡失。

二、本案例而言，客人在旅館內無法得到旅館提供的舒適、方便和安全，這應全歸咎於旅館。工程人員的維修與餐飲部門的餐食都無法配合客人的需求，很顯然，K旅館的管理已出了問題，改進之道應從管理方面著手，我們可以想像，這位客人下次要叫他再度登門，已非常困難。挽留客人是不容易的，但是趕走客人卻很簡單，旅館從業人員應

深深體會這種道理。

個案二

有一天中午，一位住在某飯店的國外客人到飯店餐廳去吃中飯，走出電梯時，站在梯口的一位女服務員很有禮貌地向客人點頭，並且用英語說：「您好，先生。」客人微笑地回道：「妳好，小姐。」當客人走進餐廳後，領檯員發出同樣的一句話：「您好，先生。」那位客人微笑地點了一下頭，沒有開口。客人吃好中飯，順便到飯店的庭園中去溜溜，當走出內大門時，一位男服務員又是同樣的一句：「您好，先生。」這時客人下意識地只點了一下頭了事。等到客人重新走進內大門時，劈頭見面的仍然是那個服務員，「您好，先生。」的聲音又傳入客人的耳中，此時這位客人已感到不耐煩了。默默無語地逕自去乘電梯準備回客房休息。恰巧在電梯口又碰見了那位小姐，自然是一成不變的老套：「您好，先生。」客人實在不高興了，裝做沒有聽見似地，皺起眉頭，而這位服務員卻丈二金剛摸不著頭腦！

這位客人在離店時寫給飯店總經理一封投訴信，內容寫道：「……我眞不明白你們飯店是怎樣培訓員工的？在短短的中午時間內，我遇見的幾位服務員竟千篇一律地簡單重複著一句『您好，先生』，難道不會使用些其他語句嗎？……」

分析

在飯店培訓員工的教材中規定有「您早，先生（夫人，小姐）」、「您好，先生……」的敬語使用範語。但是服務員們在短短時間內多次和一位客人照面，不會靈活地使用敬語，也不會流露不同的表情，結果使客人聽了非但毫不覺得有親切感，反而產生惡感！

「一句話逗人笑，一句話惹人跳」，指的是語言表達技巧的不同所產生的效果也就不一樣。飯店對各個職類、各個崗位、各種層級的員工所使用的語言做出基本規定是必要的，然而在實際運作中，不論是一般的服務員、接待員、管理人員或者部門經理，往往容易因爲使用「模式語言」欠缺靈活，接待客人或處理時，語言表達不夠藝術，以至於惹得客人不愉快，甚至投訴。禮貌規範服務用語標誌著一家飯店的服務水準，員工們不但要會講，而且還要會靈活運用。可見語言的交際能力是每位服務接待人員應該具備的首位工作要素。

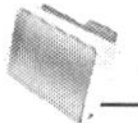

個案思考與訓練

某公司施董事長爲了慶祝公司的週年慶，向J旅館訂了兩百人的自助餐慶祝會。距慶祝儀式開始尚有四十分鐘，施董事長發現場地尚未備妥卡拉OK伴唱機、冰雕及大型羅馬柱的花藝，而現場始終找不到看場的負責人。於是他跑來大廳，氣急敗壞地向大廳副理抱怨，並要求立刻處理。大廳副理終於請來了宴會廳的蔡經理，但蔡經理卻表示，宴會合約上沒有這些要求。只見施董事長急得跳腳，這時大廳副理連賠不是，表示願全力配合。

第三篇 房務

Hotel Front Office and Housekeeping Management

第十三章

房務部組織與功能

- 客房在旅館中的地位與作用
- 房務部的組織
- 客房服務員的素質要求與規章制度
- 客房的功能與配備
- 個案研究

客房是旅館最直接的產品，屬硬體設施，唯有再加上服務人員的各式服務，即所謂軟體的功能，才會產生它的商品價值。當客人抵達旅館時起，直到離店的整個服務過程，由房務部的服務員承擔，服務質量的水準，對客人的滿意度影響相當大。所以，有效率的服務必須要有合理的科學工作方法，才能收到預期的效果。對所有房務工作人員來說，只有熟悉和掌握客房服務的具體工作內容，並自覺地運用各個具體的標準作業程序，才能使工作圓滿達成。

第一節　客房在旅館中的地位與作用

讓客人住得高興滿意，願意下次再來，即表示客人對旅館的服務能夠接受，客人的口碑才是旅館最有效的廣告，也只有源源不絕的顧客，才能帶動旅館的餐飲、娛樂、購物以及其他營業活動，為旅館帶來更大的經濟效益。茲將客房商品之特性敘述如後：

一、客房是旅館的基本設施

無論是單人房、雙人房或套房，客房的基本機能空間設計為臥室、客廳、化粧室、浴廁間，是提供客人住宿的硬體承擔者。一般旅館單人房面積約25平方公尺以上，比較寬廣的雙人房面積約45平方公尺以上，而附設書房、小型會議室、餐廳、化粧室、更衣室等豪華型大套房約100至120平方公尺，甚至更大。在一座旅館建築的總面積中，客房就占了大部分空間，在旅館的所有固定資產中，客房也占了絕大部分。因此，旅館的營業收入中客房是一大主力，在整個設施中亦處於絕對的優勢，是構成旅館的主體，是旅館最基本、最重要的設施。

二、客房是旅館經濟收入的重要來源

現代旅館的經濟收入，主要分為兩大部分，一是客房收入，二是餐飲收入，其餘的才是綜合服務設施收入。一般而言，客房的營業收入占旅館全部營業收入的40%～60%，是旅館經濟收入的重要來源。

在營運活動中，客房消耗低，純利高，雖然在籌建時的投資大，但耐用性強，只要由服務人員一番清潔整理和補充少量的備品後，客房可再銷售，且不

斷地循環。以客房作爲基本設施的旅館，只要保持較高的住房率，旅館的其他各項設施便能充分發揮作用。因此，客房銷售也是帶動其他部門經營活動的關鍵。

三、客房服務是衡量旅館服務品質的重要指標

客房管理的重點即在提供一個清潔、無干擾的舒適環境。客人一旦住進旅館，除了外出，大部分的時間是在客房度過的。所以，客房服務是否周到，房內設施是否完善，備品是否齊全，對客人都有直接的影響。能否爲住客創造出一種具有實用價値的住宿環境，客房的服務水準成爲客人評價旅館服務品質的主要依據之一。由此可見，客房服務水準在一定程度上是旅館服務品質和管理水準的具體反應，直接關係到旅館的聲響。

第二節　房務部的組織

房務部的組織模式，因旅館的規模、性質、管理和企業文化的不同而互異其趣（如**圖13-1**），但是其組織運作須能靈活而充分發揮下列四點：

1.工作範圍的清潔與保養。
2.人員的培訓。
3.所有客房備品和裝備、器具之申請與控制。
4.紙上作業——計畫的擬定與報告的撰寫。

然而上述的要點並非單一個別的，而是互相交織作用的，茲分述如下：

一、房務部的業務分工

房務部的各個單位職能如同球隊一樣，互爲分工，各有所司，但也互爲依存。

(一)客房服務中心

客房服務中心（Room Center）既是客房部的訊息中心，又是對客人的服務中心，負責統一調度對客服務工作，正確顯示客房狀況，負責失物招領，發放

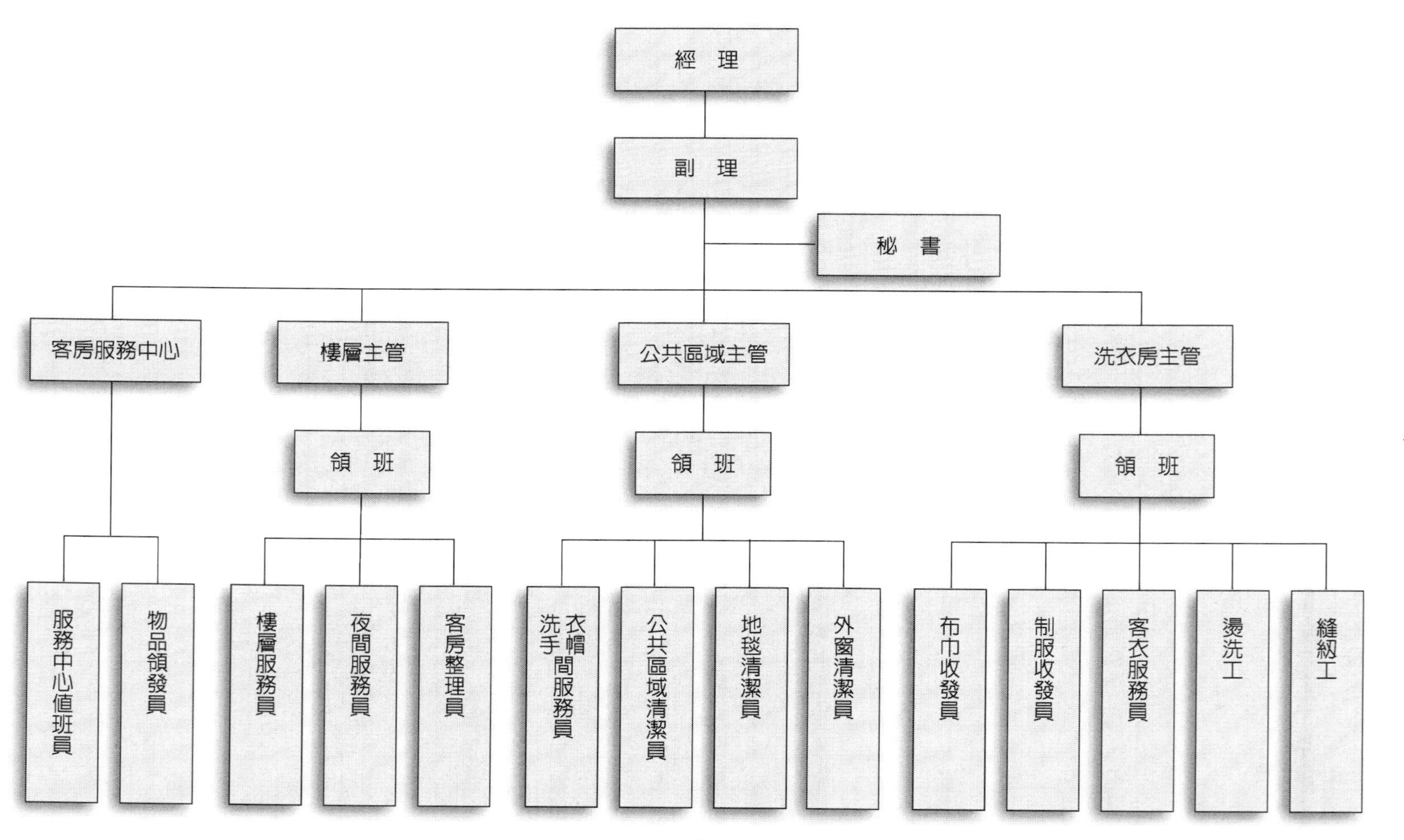

圖13-1 中、大型旅館房務部組織表

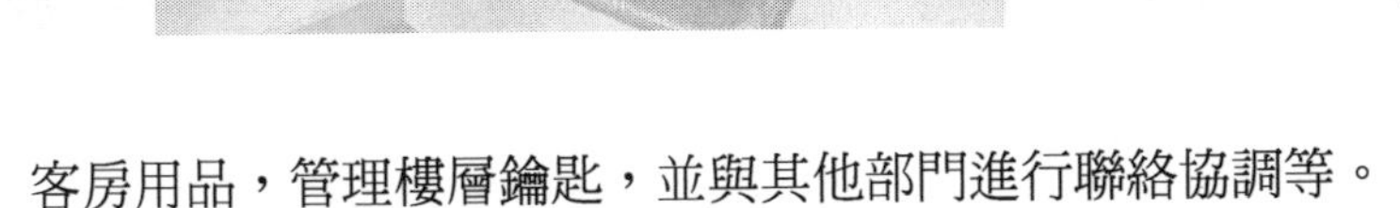

客房用品，管理樓層鑰匙，並與其他部門進行聯絡協調等。

客房服務中心就是房務部的辦公室，負責處理該部日常性事務及與其他部門聯絡、協調等事宜。

(二)客房樓層

客房樓層（Floor）主要是由各種類型的客房組成。每一樓層都設有工作間，便於服務員工作。客房樓層人員負責全部客房及樓層走廊的清潔衛生，同時還負責房間內備品的替換、設備簡易維修保養、爲住客提供必要的服務。

(三)公共區域

公共區域（Public Area）的人員負責旅館各部門辦公室、餐廳（不包括廚房）、公共洗手間、衣帽間、大廳、電梯前廳、各通道、樓梯、外圍環境和門窗等的清潔衛生工作。

(四)制服與布巾房

制服與布巾房（Uniform and Linen Room）主要負責旅館所有工作人員的制服，以及餐廳和客房所有布巾的收發、分類和保管。對有損壞的制服和布巾及時進行修補，並儲備足夠的制服和布巾供周轉使用。

(五)洗衣房

洗衣房（Laundry Room）負責收洗客衣，洗滌員工制服和對客人服務的所有布巾類物品。洗衣房的歸屬，在不同的旅館有不同的管理，有的大型旅館，洗衣房爲一獨立部門，而且還對外營業。有的旅館不設洗衣房，洗衣業務則委託外面的洗衣公司負責。

二、房務部員工的職責及工作內容

房務部的工作是充滿挑戰性的，從業人員無論職級，必須具備智慧、愛心、耐心與體力，以分層負責的精神圓滿完成工作。茲將房務部員工之職責與工作內容分述下：

(一)房務部經理

■崗位職責

房務部經理（Executive Housekeeper）全面負責房務部的運作和管理，督導下屬管理人員的日常工作，確保爲客人提供高品質、高效率的住宿服務，並負責旅館制服、布巾、洗滌用品發放和公共區域的清潔，向總經理或客房部經理（Room Division Manager）負責，直接管理對象爲房務部副理及房務部秘書。

■工作內容

1.建立標準之清潔作業制度、程序及訂定出清潔標準。
2.建立標準之清潔檢查辦法。
3.編訂清潔人員之訓練計畫，如何去完成分工，分配工作及時間調配。
4.找出最有效益之清潔用品及用具，使成本降至最低。
5.建立客房日用品之預算及消耗標準。
6.建立標準之房間清潔作業程序。
7.訂定房間之檢查辦法。
8.檢查VIP房間。
9.制訂部門工作目標，製作年度預算及工作計畫，並傳達上級指示。
10.主持部門例會，並參加由總經理主持之定期或不定期之部門經理會議。
11.依公司人事規定負責本部門員工之僱用及解僱，控制本部門員工名額與工作量平衡。
12.維護公司人事規定及執行，控制本部員工人數，使公司之薪金預算得以確實控制。
13.監督報表的管理和檔案資料的儲存。
14.建立完整之工作考核記錄及制度，嚴正地執行獎懲。
15.適時提出有助於公司之一切建議，及有關裝飾之更新建議，地毯、家具、色澤之汰舊更新。
16.與前檯保持極密切聯繫，極力配合前檯之作業，使每一個房間均能適時地讓客人住入。
17.與工程部及洗衣部協調並取得密切合作，以適當時機予客人及時之服務。

18.予上級主管充分瞭解本部之工作狀況，並適時提出報告。
19.培訓主管。
20.建立服裝之管理制度。
21.保持本部財產之完整及建立正確紀錄。
22.每月份財產清點，並向執行辦公室及財務部提出月報。
23.督導所有計畫之執行及考核，對計畫之失再檢討、改進。
24.處理客人抱怨投訴和監督客人遺留物的處理。
25.探訪病客和長期住客。
26.留意旅館業界的動態，與同行保持良好關係。
27.上級臨時或特別交辦事項之處理。

(二)房務部副理

■崗位職責

房務部副理（Assistant Executive Housekeeper）負責協助房務部經理完成樓面與公共區域的清潔及服務，在房務部經理的授權下，具體負責業務領域的工作，對房務部經理負責，爲經理不在時之職務代理人。

■工作內容

1.協助主持部門會議，必要時參加總經理所主持之會議。
2.排出員工之作業時間表。
3.檢查客房之清潔及安全消防設備並予記錄、彙集各領班之檢查資料，並綜合特殊問題提出報告。
4.執行本部經理制定的工作計畫及臨時性的交辦事項。
5.提出物品申請建議及修理報告。
6.檢查所有公共區域的衛生和工作情況。
7.建立每一房間之資料。
8.對客人及員工投訴問題之癥結所在，針對重點，予以瞭解及處理。
9.與前檯保持聯繫，使彼此瞭解雙方客房情況之演變，以便有利於本店之作業，使可以賣出之房間資料保持正確。
10.對應汰換之用品提出建議。
11.監督、檢查員工的儀容外表。

12.保管及管理一般之檔案資料，依主管計畫執行定期之財產清點。
13.負責部門培訓工作，指導主管訓練下屬員工。
14.檢查VIP客房，對鮮花、水果作標準之鑑定。
15.監督下屬員工的工作表現，處理下屬員工的紀律問題。
16.慰問患病之住客及拜訪長期住客。
17.試用最新之清潔用品、器具及新技術，做出評估與報告。
18.上級臨時或特別交辦事項之處理。

(三)房務部秘書

■崗位職責

房務部秘書（Secretary）負責訊息的收發傳遞，襄助房務部經理完成統計、抄寫檔案等行政性工作。

■工作內容

1.上午班人員工作內容：
(1)每天早上核對櫃檯送來之資料：
・今天退房客人之名單。
・今天到店之客人名單。
・昨晚所有住本店之名單。
・要求櫃檯儘快給予今天之VIP名單及房號。
(2)核對及檢查各樓層之區段鑰匙，並記錄分發。
(3)接受客人電話之服務要求，記錄及適時聯繫各樓。
(4)接受各樓對房間之情況變遷報告，作正確記錄，並適時輸入電腦，使配合櫃檯之作業更靈活。
(5)不斷地檢視電腦，以儘快獲知剛退房之資料，不斷地轉知各樓服務員，使工作推展順利。
(6)對櫃檯安排之團體房號，及時查核有無重複，並儘快分送各樓。
(7)一般日常客房用品、辦公室用品之申請、分發與保管。
(8)記錄及填寫緊急、一般修理之申請表。
(9)檢查各樓層之Room Report及適時分送櫃檯及財務部。
(10)保管客人遺留物並作正確記錄，於滿六個月後依法令處理。

(11)若有客人需要照顧小孩，與房務領班協調，安排保母之服務。

(12)與櫃檯保持聯繫，尤其對故障房、可售房和換房之情況必須絕對相符正確。

(13)向主管提供新出現之情況報告。

(14)清點各樓層交還之鑰匙，以及完成簽名認可手續。

(15)臨時情況發生之應變及處理。

(16)借用物品之登記及負責追討。

(17)客房迷你吧飲料之每日銷售登記與統計。

(18)客房迷你吧飲料管理以及數量請領、驗收與分發。

(19)處理房務部的文書工作，如代表經理對外之發文、準備文稿、每日按時收發報紙和信件、接待客人等。

(20)臨時交辦事項及與其他部門保持聯繫。

2.下午班人員工作內容：

(1)繼續完成上午班未完成工作。

(2)除上午班之第一項工作外，其他工作性質相同。

(3)下午三時仍掛DND（Do Not Disturb）牌之房間，協同房務領班處理。

(4)與大夜班之服務人員保持密切聯繫。

3.大夜班工作人員：

(1)工作性質與早班相同（除第一項外）。

(2)完成下午班尚未完成之工作。

(3)儘早取得早起客人資料，俾使服務人員作業易於推行。

(四)值班領班

■崗位職責

值班領班（Duty Supervisor）主管各樓層的清潔保養和對客服務工作，保障各樓層的安全，使各樓層服務的每一步驟和細節順利進行，其直接主管為房務部副理。

■工作內容

1.上午班：

(1)與夜間經理洽取主鑰匙及房務部日誌。

(2)領取每日C / O之客人名單，並分配C / O之資料給予樓領班。

(4)將整理好的可出售房間（O.K. Room）及故障須修理不能出售之房間鍵入電腦，以便和前檯聯繫作業。

(5)處理VIP房送花事宜。

(6)一般日常客房用品、辦公室用品之申領及保管。

(7)記錄及填寫緊急和一般修理申請表。

(8)確實記錄DND房間，並於下班時特別注意交代給下午班人員。

(9)保管遺失物紀錄及將客人遺留物品送交房務中心存放處理。

(10)安排保母替住客照顧小孩。

(11)各樓層領班上班後，將主鑰匙交給各樓領班及服務員，並做記錄。

(12)與前檯保持聯繫，確認房間狀況，保持所有客房之正確資料。

(13)與各樓層領班聯繫，核對房間狀況，保持所有客房之正確資料。

(14)接受客人服務要求之電話，立即轉知各樓執行。

(15)臨時情況發生之應變及協助處理安全消防事項或特別交辦事項。

(16)樓層領班休假時代理其職務。

2.下午班：

(1)正副主管下班後，代理主管執行本部門政策及業務，慎重運用權責並負擔一切責任。

(2)給予晚到客人服務。

(3)與前檯保持聯繫，確認房間之情況，經常保持正確記錄。

(4)與各樓層下午班人員保持聯繫，核對房間之情況，經常保持正確記錄。

(5)依清潔標準，檢查本部所管轄之設施及場所。

(6)檢查夜間房務員之夜間服務工作是否合乎所訂之標準。

(7)於各樓服務人員下班後，巡視各樓客房、庫房之門鎖安全、熄燈光、關水、工作車停在規定位置。

(8)登記並檢查各樓所交回之主鑰匙。

(9)將下午各領班之第二次房間檢查報告作業予以審核，並轉告前檯。

(10)接受客人服務要求之電話，立即轉知相關樓層執行之。

(11)熟記VIP、長期住客的姓名，見面時要用姓氏來稱呼客人。

(12)檢查VIP房之鮮花、水果、香檳等是否已備妥，如未完成則須加以監督催促。

(13)遺留物紀錄之保管及備詢。

(14)協助財物清點。

(15)臨時情況之應變及協助處理安全消防等事項，並立即報告前檯及予記載。

(16)下午三時仍有掛DND房者之立即處理。

(17)保管所有文件及各種紀錄。

(18)安排保母替住客照顧小孩。

(19)控制客房情況，隨時保持電腦中的資料是最新房間狀況。

(20)對非本樓層的住客及工作人員應禮貌勸其離開，以確保安全，並對其活動要有時間記錄，以隨時備查。

(21)一旦發現住客有換人、減人、增人或一人開兩房（或以上）的情況，應立即向主管報告。

(22)留意有否異常舉動和需要特別照顧的住客。

(23)通知各樓預查（預定隔日退房之房間）迷你吧飲料與食品，以減低清晨早上八點前飲料跑帳。

(24)下班時將全樓主鑰匙及房務部日誌交給夜間經理保管。

(25)其他臨時或特別交辦事項。

(五)樓層領班

■崗位職責

樓層領班（Floor Captain）的職責基本上和值班領班的工作相同，以處理日常事務和督導檢查服務員是否按規定標準清掃房間爲主，不同的是管理的幅度不同。由於每家旅館規模、樓面格局不同，有的每兩層或數層設一樓層領班，直接管理服務員。

■工作內容

1.上班首先查閱各樓及辦公室之記事本、晚班工作記錄、洗衣登記，並立即處理昨天晚班交代事宜。

2.檢查今日之備品是否充足，或向辦公室提出申請單。

3.由辦公室領取所負責樓層之主鑰匙，於下班時交回辦公室。

4.執行每日定時之上午及下午房間檢查報告。

5.執行不定時之房間檢查及填寫記錄表。
6.督導所屬清潔房間，依標準規定分先後順序進行。
7.督導所屬於次要時間清潔走道、太平門區域、庫房。
8.正確地指導服務員進行爲客服務工作，及考核服務員之生活行爲，並積極要求達到工作標準。
9.負責報修工作，報修後半小時如無人到場或半小時後房間仍未恢復，應立即報告主管。
10.及時檢查每一個退房後整理好之房間，並報房務辦公室。
11.安排房間特別保養修護之先後順序。
12.分配當日保養房間之工作量並協助督導。
13.每月財務之清點，嚴格維護財物之耗損量，使其降至最低程度。
14.控制各樓日用品之節約使用及申請登記報告。
15.訓練員工及協助員工工作，並向主管作正確報告有關員工之工作及反應能力。
16.下午三時仍掛DND之房間，速向房務辦公室報告。
17.注意可疑或行動詭異之客人及來往訪客，協助安全消防等事項。
18.隨時讓上級瞭解自己實際工作情形或疑難之事。
19.負責維護客房內之設備與備品，倘遭客人損壞或偷竊，立即報告房務辦公室處理。
20.其他臨時或特別交辦事項。
21.其他樓層領班休假時代理其職務。

(六)房務員

■工作要求

房務員（Room Maids）即客房服務員，必須心思細密、責任心強、待人接物熱情、反應靈敏、具備簡單的外語能力。按清潔房間的標準、規格和操作規程，整理客房及樓層之區域，愛護旅館財產。

■職責與工作範圍

1.早班：

(1)接受樓層領班之指示，配合櫃檯之作業而進行工作。

(2)負責客人遷入或遷出時之服務，對客人之進出瞭若指掌，並能適時掌握房態變化。

(3)整理客人退房遷出的房間，以保持可出售的狀態，平時則對空房做維護保養。

(4)客衣送洗的服務、清點件數、登記及檢查，並特別注意時效性，如發現有破損衣物，應請客人簽名認同。

(5)檢查退房遷出的房間及負責補充迷你吧之食品、飲料。

(6)檢查退房遷出之房間，有無客人遺留物，若有的話，應立即追蹤，歸還客人；同時也查看房間有無破損或丟失任何備品。

(7)更換客房鮮花及高級套房之盆花，收回“No Show”房之水果。

(8)負責庫房、服務檯、工作車之清潔與保養。

(9)接受客人之服務要求，如皮鞋之擦亮、備品增加、送冰塊或加床等。

(10)保持走廊菸灰缸及周圍之清潔。

(11)注意消防之應變情況的發生，並時時刻刻注意觀察是否有可疑之人物出現。

(12)客人需要幫助時，給予適當之協助及服務。

(13)分送客房之早報及晚報。

(14)協助客房餐飲，收回擺在走廊上之餐具至指定地方。

(15)當自身工作完畢時，應協助其他同事工作。

(16)報告領班有關須修理之房間，或任何該樓內之故障損害的地方。

(17)協助領班訓練新進人員。

(18)蒐集樓層之垃圾並於適當時間送至垃圾場。

(19)自昨夜延至下午三時仍掛DND之客房，應立即上報處理。

(20)接受上級臨時交辦之事項。

2.中班及小夜班：

(1)接受領班之指示，配合櫃檯之作業進行工作。

(2)檢查及補充工作車上所有的客房備品。

(3)充分瞭解自己工作樓層之房態，在不打擾客人之原則下，規劃工作之先後程序，與早班密切配合聯繫。

(4)責任區域內之房間整理、清潔、補充用品及吸塵等依序完成。

(5)對所整理之房間應立即做成正確之記錄，因掛DND或反鎖而未能清潔之房應予注意。

(6)將更換之髒床單及布巾類用品送至洗衣房洗濯。

(7)發現負責之樓層內之房間及環境有任何破壞者，應立即報告領班。

(8)於下午工作段落完畢後，則進行房間之保養工作，或加強清潔。

(9)下午清點洗衣房送回客人洗衣數目，登記並適時送還客人。

(10)晚間為續住之客人作夜床服務，清理房間垃圾及作第二次浴室清潔整理，檢查迷你吧。

(11)應在工作間（或服務檯）內洗滌水杯，及做好準備。

(12)下班前將所有客房備品整齊補充進工作車上。

(13)注意燈光之管制及節省用電。

(14)對非本樓層之住客及工作人員應禮貌勸其離開，並做成時間記錄以確保安全。

(15)注意安全及消防事項。

(16)下班離開樓層前，確實檢查每一房門是否都有安全上鎖，太平門是否有關好。

(17)未完成事項，記錄在交接簿上。

(18)接受領班或房務中心臨時交辦事項。

第三節　客房服務員的素質要求與規章制度

現代化的旅館，都有相當先進的服務設施，例如舒適方便的客房、令人難忘的美食佳餚，還有商務、娛樂設施等等。但是只有一流的設施而無高品質的服務，是無法吸引客人的。旅館能否提供高水準的服務，其關鍵取決於服務員的素質、服務能力和是否落實規章要求。客房服務人員與住店客人接觸較多，服務工作的好壞，直接關係到客房部服務的品質。因此，提高服務員素質與規章制度之確實實踐有著重要的意義。

一、服裝儀容

1.保持良好的個人衛生，制服上無污漬，乾淨整齊，上衣的鈕釦要隨時扣好，不得以任何理由鬆開鈕釦。

2.工作時間一定要配戴姓名牌。

3.手指甲要保持清潔，頭髮梳理整齊，男士的頭髮不可長過衣領，不許留小鬍鬚和大鬢角。

4.女性員工的髮型要符合旅館要求。

5.上班時皮鞋要保持烏黑發亮，不可脫鞋，按規定穿著黑鞋黑襪。

6.禁止在公眾場合剪指甲、剔牙、挖鼻孔、梳頭以及辦私事，嚴禁隨地吐痰。

二、行為舉止

1.遇見客人時應主動讓道和親切打招呼，遇見同事和各級管理人員均須以禮相待，互相打招呼。

2.除非客人先伸手，不得先伸手和客人握手，態度應端莊大方，手勿插腰、插入口袋或比手畫腳。

3.站立時應抬頭挺胸，不得彎腰駝背，以精神飽滿、微笑的面容與客人接觸，對待顧客應一視同仁，不應有貧富好壞、厚此薄彼之分。

4.不得將手插入口袋或胸前交叉雙手，行走時目視前方，舉止大方，不得左顧右盼、吹口哨、吃食物、勾肩搭背和兩人並行。

5.不得以任何藉口在工作地帶跑動，拐彎時應注意放慢腳步。

6.注意所行路線上的設備、器材是否有損壞，地上是否有紙屑、積水或雜物，垃圾、雜物要隨時撿拾，積水應及時抹乾。

7.在樓面應沿著牆邊地帶行走。端捧物件或等候工作時，遇客人迎面而來，應放慢行走速度，在距客人二、三公尺時，自動停止行走，站立一邊向客人微笑問好。

8.嚴禁工作時吸菸，應在規定地點於非工作時間時才可以。

9.工作時間禁止吃零食和嚼口香糖。

10.工作時間不能看電視、聽收音機，當進入客房清掃時，如果客人不在房內，須關掉電視、收音機，然後再開始工作。

11.不得與某位客人議論其他客人或服務員，不能與同事議論客人。

12.對待同事要像對待客人那樣有禮貌。

13.不得將個人問題帶到旅館工作場所，以免影響工作。

14.不得帶領親戚朋友在旅館任何地方參觀。

15.工作時間非因公事不使用電話，下班後如有需要，應使用指定之電話。
16.站立姿勢要端正，行走要挺胸，站立時不得倚靠在壁面。
17.在員工餐廳用餐，不得將食物帶離員工餐廳。
18.不得放聲高調、喧譁吵鬧，以免影響客人。
19.堅守工作崗位，不得擅離職守。
20.誠懇地向客人打招呼，盡可能知道客人姓名，不得用「喂」與客人打招呼。
21.與客人談話要有禮貌，必須使用禮貌用語，例如「先生」、「謝謝」、「請」、「對不起」、「請您再說一遍」等語。
22.服務員不得對一些好奇的事情進行議論，尤其不允許盯視女賓。

三、一般規定

1.不得使用客用電梯、客用洗手間及營業範圍內之公用電話。
2.在樓層通道、電梯內、辦公室、公共場所或任何地方，拾到他人遺失物品，均不得私自保留，應立即交到房務辦公室。
3.提前上班，以便有足夠的時間更換制服。
4.不能無故曠職，如因特殊情事應立即通知房務部辦公室。
5.下班後須立即離開旅館，禁止使用旅館爲客人提供的設施，如須在館內消費，事先要提出申請獲得許可。
6.在指定的樓層工作。
7.在離開客房時，將客人已外出或離開時忘記關上的燈關上。
8.在客房內發現任何物品損壞、丟失或其他異常現象，應立即報告領班。
9.如發現鑰匙留在房門上，應小心有禮貌地敲門，並將鑰匙還給客人，若客人不在，應將門關好，將鑰匙交給辦公室。
10.如發現客人在房間裡吵鬧、發病或醉酒，立即報告領班或辦公室。
11.在任何情況下，都不能把小塊肥皂或任何東西扔到馬桶裡面去。
12.員工只能使用員工用之電梯，在緊急情況下得到房務部經理、副理的批准後才可以使用客用電梯。
13.工具需存放在庫房內，在存放前須將工具徹底清理乾淨。
14.清掃客房時，房門須打開，不可關閉。

15.工作車（服務車）應放在清掃房門外。
16.員工需要看病時，事先告訴領班，如未經批准擅自離開，應得到處分。
17.工作前下班後將工作車清理乾淨並布置整齊。
18.不得將浴室布巾和房間布巾當作抹布使用。
19.對已壞或污漬的布巾，立即更換並報告領班，放入專用袋子中，送回布巾室。
20.不得使用爲客人提供的客房設備，如床、電話、馬桶等。
21.不得接聽有住客房內的電話。
22.從客房內撤出臥室、浴室內的髒布巾後，立即將其放入服務員工作車上的髒布巾袋子內。
23.不要向客人提供有關旅館之管理人員和其他客人的秘密，若有涉及以上的問題而必須答覆時，有禮貌地建議客人可從值班經理處得到正確答覆。
24.在工作時間內，不得與同事在樓層走道或服務區閒逛，以免留給客人懶散、漫不經心的不良印象。
25.若發現異常問題，迅速報告領班，以利於正確處理問題。
26.若在房內或公共區域發現貓、老鼠、昆蟲、蟑螂，迅速報告主管。
27.對客人額外的要求，如加椅子、毛毯、枕頭、拖鞋等應立即報告領班。
28.服務客人後，不得有期待或向客人索取小費的情形，向客人主動要小費將予處分。

第四節　客房的功能與配備

客房是客人住店時的主要活動場所，旅館產品的品質良窳，亦即提供給客人什麼樣程度的舒適性與方便性，是重要關鍵所在。

一、客房的功能區分

根據住客的活動規律，旅館客房設計布置分爲五大功能區，以滿足客人旅居生活的各種需要。下面以標準房爲例，說明客房功能區的劃分（如**圖13-2**）。

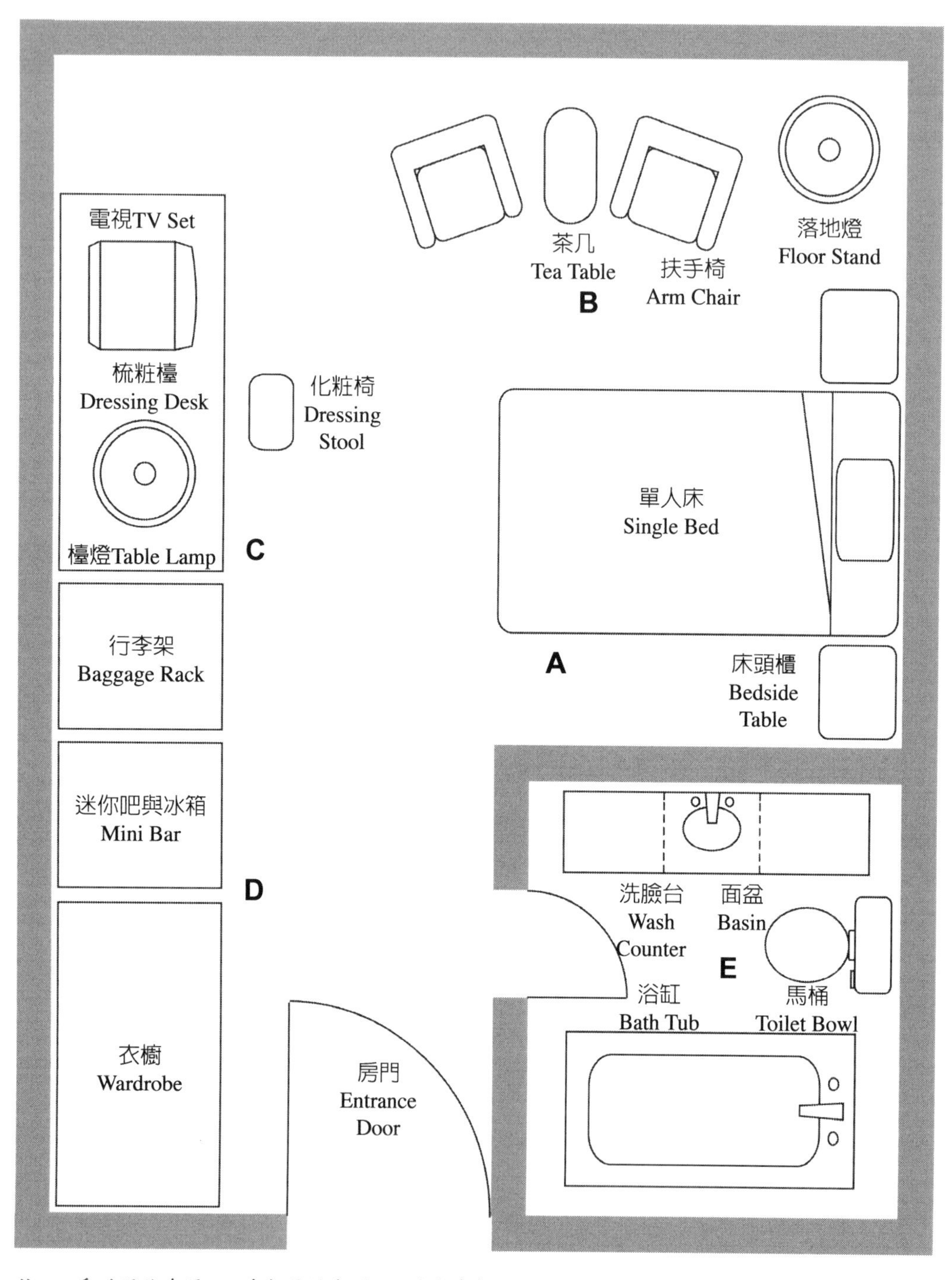

註：A爲睡眠休息區；B爲起居活動區；C爲書寫整理區；D爲儲物區；E爲盥洗區。

圖13-2　標準客房功能區分圖

(一)睡眠休息區

在這一空間區域裡配備的主要家具是床。床應該是穩固而美觀的，令客人睡眠感覺舒適。床頭櫃是與床相配套的家具用品，以方便客人放置小件物品，同時能方便客人享用房內的其他設備設施，如利用安裝在床頭櫃上的電器開關開啓電視、收聽音樂、開關電燈等。

(二)起居活動區

起居活動區亦稱爲窗前活動區。該區配置的起居家具爲小圓桌（或小方桌）、扶手椅，供客人休息、會客和透過窗戶眺望館外景物等。此外還兼有供客人飲食的功能，客人在此享用咖啡、喝茶、進餐等。

(三)書寫整理區

標準客房的書寫空間大都安排在床的對面，這裡放置寫字檯（辦公檯）、椅凳，檯面上有檯燈、文具夾，如果不設獨立電視櫃的房間，彩色電視則放在寫字檯一側的檯面上。在桌檯的牆面上裝有一面梳粧鏡，寫字檯則可兼做梳粧檯，客人在此既可書寫辦公，也可梳粧打扮。

(四)儲物區

儲物區一般安排在浴室的對面，進出房間的走道旁。這裡的家具設施有衣櫃、行李櫃、迷你吧（Mini Bar）和小冰箱。衣櫃、行李櫃可供客人存放衣物、行李物品；迷你吧擺放著各種小瓶名酒；小冰箱裡放置有各種飲料和食品，以滿足客人對酒類、飲料和食物的需要。

(五)盥洗區

客房的浴廁間即盥洗區。標準客房浴廁間的主要設備是浴缸、洗臉盆和坐廁（馬桶，如**圖13-3**）。新式的旅館則還設有四面玻璃的完全淋浴區。與浴缸配套的設備用品有淋浴蓮蓬頭、浴簾、防滑扶手、浴巾架、曬衣繩等。洗臉盆是嵌裝在大理石檯面上的，其前壁面上裝有大型梳粧鏡，檯面上擺著供客人使用的衛生清潔和化粧用品。大理石檯兩側的牆壁上分別裝有不鏽鋼的毛巾架和浴室電話、插座和吹風機、面紙箱，馬桶旁裝有卷紙架。此外，浴廁間還設有通風換氣設備和地面的排水設施。一個功能齊全、美觀實用的浴廁間，會使客人

圖13-3　多數旅館已逐漸採用新型智慧型馬桶（又稱免治馬桶）

感到格外的舒暢愉快。

二、床的種類

客房中的家具，素來以床爲主體。床是旅客在旅途生活中不可少的消除疲勞、恢復精神、既能調節身心又能怡情安逸的必要家具。把床鋪得整齊美觀，能使客房增添美感，也令人有溫馨柔和的感覺。目前各旅館床的尺寸並沒有統一的標準，所以同類型的床的大小規格有些差異。

旅館通常配備如下幾種床：

1.單人床（Single Bed）：（910~1,100）×（1,950~2,000）m / m。
2.雙人床（Double Bed）：（1,370~1,400）×（1,950~2,000）m / m。
3.半雙人床（Semi-Double Bed）：（1,220~1,500）×（1,950~2,000）m / m。
4.大號雙人床（Queen-Size Double Bed）：（1,500~1,600）×（1,950~2,000）m / m。
5.特大號雙人床（King-Size Double Bed）：（1,800~2000）×（1,950~2000）m / m。
6.折疊床（加床，Extra Bed）。
7.嬰兒床（Baby Cot）。

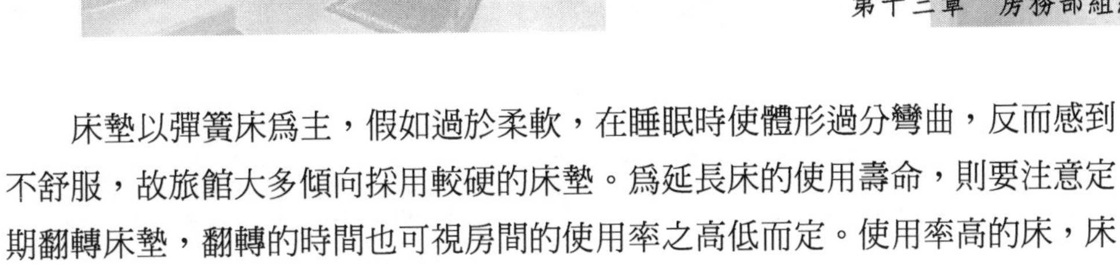

床墊以彈簧床爲主，假如過於柔軟，在睡眠時使體形過分彎曲，反而感到不舒服，故旅館大多傾向採用較硬的床墊。爲延長床的使用壽命，則要注意定期翻轉床墊，翻轉的時間也可視房間的使用率之高低而定。使用率高的床，床墊翻轉要勤，可以每週翻轉一次。

在商務旅館有一種沙發床（Sofa Bed），可將沙發座墊拉出，成爲一張單人床。另有一種同時可爲沙發亦可同時爲床的Studio Bed。

三、客房設備與用品的配備

客房配備設計的重點是要讓客人感到舒適而且方便。爲求基本上的生活需求用品沒有匱乏，所以每一配備都必須發揮它的效用，才不會有過剩或浪費的現象，造成住客或旅館的損失。復因爲旅館等級與價位的不同，配備用品的種類多寡，質與量均有顯著差別。高級旅館的客房配備顯示其華麗名貴的配套，價位較低的旅館配備則較簡單，只求衛生與方便。**表13-1**至**表13-6**是以國際觀光旅館的客房設備標準項目來列示，惟規格上各旅館不一，各表所示規格僅爲參考，並無固定參考模式。

表13-1　布巾類備品設置項目一覽表

No.	品名	單位	數量	規格	位置	備註
1	床罩	張	2	2,550L×1,960W	床上	下擺H=430
2	床罩（大）	張	2		床上	
3	床潔墊	張	2	1,950L×1,400W	床上	四角以緊縮帶或子母帶固定
4	床潔墊（大）	張	2		床上	四角以緊縮帶或子母帶固定
5	毛毯	張	2		床上	
6	毛毯（大）	張	2		床上	
7	床單	張	4		床上	有些旅館每床用3張，2床共6張
8	床單（大）	張	4		床上	有些旅館每床用3張，2床共6張
9	枕頭	個	4	H＝150（75+75）	床上	
10	枕頭套	個	4	750×440	床上	
11	浴巾	條	2	1,330×730	浴室內	
12	面巾	條	2	730×350	浴室內	
13	小方巾	條	2	240×240	浴室內	
14	腳布	條	1	750×500	浴室內	
15	窗簾	張	2	3,200L×2,500W	窗前	
16	紗簾	張	2	2,460L×2,400W	窗前	
17	遮光簾	張	2	3,200L×1,800W	窗前	

（續）表13-1　布巾類備品設置項目一覽表

No.	品名	單位	數量	規格	位置	備註
18	棉被	條	2		夜櫃內	有些旅館使用羽毛被
19	被套	條	2		夜櫃內	
20	浴袍	件	2		夜櫃內	VIP用
21	睡衣	件	2		夜櫃內	有些旅館摺好置於床上

註1：本表爲雙人房之標準配備。
註2：數量或規格各旅館不一，僅供參考。

表13-2　客房備品消耗品一覽表

備品		文具及消耗品	
服務指南	客房餐飲單	中式信封	擦鞋布
飯店簡介	冰桶	西式信封	Mini Bar帳單
旅客須知	冰塊夾	中式信紙	面紙
保險箱說明	急用手電筒	西式信紙	火柴
國際電話說明	小型滅火器	傳真用紙	茶包
文件夾	打掃房間牌	便條紙	咖啡包
垃圾桶	DND牌	便條紙夾	攪拌棒
菸灰缸	聖經	原子筆	飯店名片
水杯	雜誌	鉛筆	水杯紙墊
水杯托盤	雨傘	飯店明信片	顧客意見書
冷熱飲水機		洗衣袋	男拖鞋
餐飲簡介		購物袋	女拖鞋
早餐卡		水洗單	逃生防煙罩
睡衣		乾洗單	衛生袋
衣刷		燙衣單	棉花球
男衣架		垃圾袋	棉花棒
女衣架		針線包	澡用絲瓜布
掛畫		鞋油	指甲挫刀
電視節目表		鞋刷	洗手香皂（Hand Soap）
晚安卡		擦鞋卡	洗澡香皂（Bath Soap）
盆景盆栽		鞋拔	

表13-3　客房電器類設備一覽表

No.	品名	單位	數量	規格	位置	備註
1	檯燈	盞	1	燈泡40W	書寫檯左側	
2	落地燈	盞	1	燈泡40W	沙發側	
3	化粧燈	盞	2	燈泡25W	化粧鏡兩側	
4	床頭燈	盞	2	燈泡25W	床頭上側	
5	客房走道燈	盞	1	燈泡25W	客房走道天花板	嵌燈式
6	浴室燈	盞	1	燈泡40W	浴室天花板	嵌燈式
7	日光燈	支	1	40W	浴室鏡上方	
8	小夜燈	盞	1	燈泡15W	床頭櫃內	

（續）表13-3　客房電器類設備一覽表

No.	品名	單位	數量	規格	位置	備註
9	電視機	台	1	21吋彩色	電視冰箱櫃內	或於冰箱櫃上
10	小冰箱	部	1	D373×W423×H465	電視冰箱櫃內	飲料6-8種，每種2瓶
11	電話機	部	2		床頭櫃及浴室	
12	音響	部	1		床頭櫃內	音箱裝設於天花板
13	電茶壺	部	1	900ml	小茶几上	或設飲水機（冷熱飲）
14	衣櫥燈	盞	1	燈泡15W	衣櫥內	
15	插座	個	3		客房、浴室內	包括電腦插座
16	傳真機	部	1		辦公桌上	
17	門鈴	個	1		按鈕於房門旁	
18	電子時鐘	座	1		控制盤內	
19	控制盤	座	1		床頭櫃內	
20	速度開關	個	1		就寢區壁面	三段式
21	恆溫器	個	1		速度開關上方	
22	飲水機	台	1		客房走道浴室側壁面	冷熱飲水
23	吹風機	台	1		浴室鏡側壁	

表13-4　客房家具類物品一覽表

No.	品名	單位	數量	規格	位置	備註
1	衣櫃	個	1	L1,500×W800	門後內側	兩層
2	衣架	個	12		衣櫃內	男用及女用
3	立式衣架	個	1		扶手椅側	外衣用
4	行李櫃	個	1	1,000×550×610	組合家具一部分	
5	化粧檯	張	1	1,200×550×150	組合家具一部分	可兼書寫檯
6	化粧凳	張	1	500×400×400	組合家具一部分化粧檯前	
7	冰箱櫃	個	1	900×550×610	組合家具一部分	
8	扶手椅	張	2		窗前	沙發椅
9	小茶几	張	1	L650×W500×H450	兩扶手椅間	
10	床架	張	2	1,950×1,400×300	房內一側	
11	床墊	張	2	1,950×1,400×180	床架上	
12	床頭板	張	1	L4,450	床頭壁上	
13	床頭櫃	個	1	L600×W550×H500	兩床之間	或3個，分置於兩床之側
14	掛畫	幅	2		壁上	
15	門	扇	2	L2,000×W800	房門／浴室門	與門擋組配
16	房號牌	個	1		房門外中上側	銅質、玻璃等
17	逃生圖	幅	1	L260×W180	房門內中上側	

（續）表13-4　客房家具類物品一覽表

No.	品名	單位	數量	規格	位置	備註
18	感知器	個	2		房內天花板	與灑水頭組配
19	安全釦	副	1	鏈式	房門鎖後旁	
20	辦公桌	張	1	L1,200×W800×H740	窗前	商務套房內
21	電視機轉盤	個	1	L450×W300×H50	電視機下	
22	窺視孔	個	1		房門中上側	
23	化粧鏡	片	1	L700×W800	化粧檯前壁上	
24	穿衣鏡	片	1	L1,700×W600	房門與衣櫃間	
25	保險箱	個	1		衣櫃內	

表13-5　浴室用具及備品一覽表

No.	品名	單位	數量	規格	位置	備註
1	浴室鏡	張	1	L1,500×W1,000	浴室內壁上	
2	洗臉盆	個	1	L900×D600×H800	大理石洗臉檯中	
3	洗臉台	座	1	L1,500×D530×H750	浴室內右側	
4	馬桶	座	1		浴室內	品質要求靜音、省水
5	下身盆	座	1		浴室內	
6	浴缸	座	1	L1,600×W700×H450	浴室內	FRP、鋼板琺瑯、鑄鐵琺瑯三種材質
7	浴簾	張	1	L1,700×H1,000	浴缸外側	浴簾桿高度H=190cm
8	浴巾架	個	1	L630×W200	浴缸頭上側壁面	
9	面巾架	個	1	L620×W200	洗臉檯左側壁上	或面巾桿
10	晾衣繩	副	1		浴缸上方	
11	抽風機	台	1		浴室天花板	
12	面紙盒	個	1		洗臉檯側面	嵌入牆壁
13	衛生紙卷	卷	2		卷紙架固定於馬桶旁及洗臉檯側下方	離地高度70cm
14	掛衣鉤	個	1		浴室內側上方H=160cm	
15	浴缸防滑桿	支	1	L600	浴缸壁面斜設	離地60cm，呈45°
16	體重器	個	1	限120Kg	浴室地面洗臉檯下	套房則設於更衣室面
17	淋浴間	間	1	L900×W900×H1,900	浴室一隅	玻璃隔間
18	沐浴精	瓶	2		洗臉檯小籐籃裡	
19	洗髮精	瓶	2		洗臉檯小籐籃裡	

（續）表13-5 浴室用具及備品一覽表

No.	品名	單位	數量	規格	位置	備註
20	潤滑乳	瓶	2		洗臉檯小籐籃裡	
21	牙刷	支	2		洗臉檯小籐籃裡	內含小牙膏
22	香皂	塊	2		洗臉檯小籐籃裡	
23	小籐籃	個	1		洗臉檯上	
24	小花瓶	個	1	單花容量	洗臉檯上	以康乃馨為主
25	漱口杯	個	2		洗臉檯上	玻璃杯
26	梳子	支	2		洗臉檯小籐籃裡	男、女用各一
27	刮鬍刀	支	1		洗臉檯小籐籃裡	
28	浴帽	個	1		洗臉檯小籐籃裡	
29	女衛生袋	個	1		浴室裡	
30	菸灰缸	個	1		洗臉檯上	
31	菸灰缸紙墊	個	1		菸灰缸下	
32	棉花棒	包	1		小籐籃裡	1包6支
33	杯墊紙	個	2		漱口杯下	
34	棉花球	盒	1		洗臉檯上	1盒12球
35	已消毒封條	張	1	390×6.3	馬桶上	
36	字紙簍及蓋子	個	1		馬桶旁	

表13-6 VIP級客人住宿房內擺設配置

品名	數量	單位	規格	備註
高腳酒杯	隻	6	冰箱飲料架 酒吧櫃	威士忌杯3隻 白蘭地杯3隻
開罐器	只	1	冰箱飲料架	
杯墊	個	6	酒杯下	
Tissue Paper	只	6	冰箱飲料架	抽取式
冰桶／冰夾	組	1	冰箱飲料架	
肥皂	個	2	浴室洗臉檯	65g、25g 各一個
皂碟	個	2	浴室洗臉檯	貝殼狀
浴袍	件	2	衣櫃／床緣	
絲衣架	個	2	衣櫃	
女用衣架（夾）	個	4	衣櫃	
歡迎信（GM/D.GM/RM.MGR）	封	1	化粧檯	西式信封用小貼紙封緘
軟枕	個	1	衣櫃	
A級水果	份	1	化粧檯／咖啡桌	水果盤／刀叉／餐巾
A級花	份	1	化粧檯／咖啡桌	

（續）表13-6　VIP級客人住宿房內擺設配置

品名	數量	單位	規格	備註
VIP蛋糕	個	1	化粧檯	刀叉／餐巾
早報	份	1	送入房內	中文報或*CHINA POST*客人自選
晚報	份	1	床緣左下角	各家晚報／HTB／*USA TODAY*由客人自選
單隻花（玫瑰或康乃馨）	支	2	化粧檯／浴室	小花瓶二支
雜誌	本	6	化粧檯／書桌	1.*Welcome to Taiwan* 2.*Time* 或 *Newsweek* 3.*Glance at Taiwan* 4.*Travel in Taiwan* 5.*Sinorama* 6.*This Month in Taiwan*
燙金姓名火柴	盒	3	菸灰缸	咖啡桌／化粧檯／書桌
燙金信封／信紙	張	10	文具夾左側	皮質文具夾右側（文具夾盛裝）
燙金便條紙	張	10	文具夾左側	皮質文具夾右側（文具夾盛裝）
茶水服務	組	1	茶几／咖啡桌	有蓋式瓷器茶杯（中式）、托盤、茶葉包／茶葉
熱水壺／瓶	隻	1	茶几／咖啡桌	
酒品	瓶	5	冰箱飲料架 酒吧櫃	JONNIE WALKER擇一 VODKA、GIN各一 HENNESY VSOP二

第五節　個案研究

個案

對付「奧客」只能有耐心

義大利鞋商雅遜先生進住台中一家國際觀光大飯店。行李員把他帶到櫃檯辦完住宿登記後，引領至1520室。雅遜一進房間，隨即召來房務員小玉，要求她把熱水瓶的水換掉重裝一瓶，並要求把浴室的大、中、小毛巾全部換一套沒有人用過的全新的毛巾，小玉也一一照辦。當換好新的毛巾用品後，雅遜對著小玉說：「我想抽菸，麻煩幫我買包Y牌香菸。」並遞給小玉一張千元大鈔。小玉有禮貌地微笑著對客人說：「雅遜先生，我馬上給您送來。」過了不久，

小玉很快地把香菸送到1520室，沒想到雅遜大爲不滿地埋怨道：「我要的是Y牌有薄荷的涼菸，不是這種不涼的！」小玉感到委屈，但她沒有絲毫表露出來，向客人道歉說：「對不起，我馬上給您換過來！」於是小玉又跑了一趟，把香菸換了過來，小玉在按門鈴之前心想：「這下子總算沒事了吧！」沒想到開門後，雅遜接過香菸說：「妳剛才找給我的鈔票又髒又舊，簡直不能拿。請給我換新一點的鈔票。」

客人說完之後，外表冷靜的小玉內心卻是一陣錯愕……

分析

一、從以上的實例看，客人的要求顯然超過分際，因爲開水是早上整理房間時換的，毛巾類的用品在國際觀光大飯店必然是經高溫消毒殺菌過的，而雅遜先生要求代購香菸也沒有明確交待他要的是薄荷的涼菸，此外，客人還挑剔鈔票的新舊，單是服侍這位仁兄就費了一番折騰。旅館的客人各異其質，往往容易碰上挑剔型的。

二、房務員小玉對客人表現得十分耐心誠懇，這種服務態度是正確的。因爲無論如何，客人是旅館的衣食父母，旅館要有好的營收、要建立好的口碑，絕對不是一天造成的，服務人員應該具有「客人永遠是對的」這種正確的觀念。

三、內心錯愕的房務員小玉應該再按客人吩咐，以從善如流的態度去把舊鈔換成新鈔，完成她的「對客人最圓滿的服務」。

個案思考與訓練

房務員小洪在下午四時三十分左右，注意到1208房的門把上仍掛著「請勿打擾」牌，儘管她在下午三時左右就已報告過領班。

因爲晚上有事而想趕快把所有工作完成，以便可以準時下班，而且客人牌子掛那麼久，不知裡面會有什麼問題，打電話問問無妨，以便瞭解客人狀況。於是小洪搖起電話輕聲問客人要不要清掃房間。客人對房務員小洪的電話非常不高興，因爲他已很清楚地交待櫃檯，不願任何人打擾他，包括外來電話，他只想好好地休息一整天。

第十四章 房務管理實務

- 客房清掃的準備工作
- 客房的整潔服務
- 個案研究

房務管理的工作即是以客房爲中心及其周邊事務的管理工作，是旅館商品製作中重要的一環，其工作成效直接影響客人的再宿意願。一般而言，房務的工作不外乎：客房的清潔與整理、客房設備的維護、客房布巾類品、消耗品類的管理和對客人的服務。服務品質和管理水準也反映顧客對旅館之評價。各旅館服務方式與範圍雖不全然相同，但提供舒適、清潔、便利的居住環境的目的則完全一致。房務人員應嚴格按照旅館所制訂的作業程序與標準，正確無誤的完成客房整理工作。

第一節　客房清掃的準備工作

爲保證客房清潔的工作品質和效率之提升，在進行客房整理前，必須做好各項準備工作。首先便是服務員將本身打點好來著手，其程序爲更換制服、檢查自己的儀容，然後向房務辦公室簽到，參加主管每日例會，其後領取客房鑰匙，並接受工作分派，檢查工作車之用品是否齊全，還必須閱讀工作交待簿以瞭解情況，俾使工作順利完成。

一、進入客房前應注意事項

開始工作前，應確定房間的各種狀況，並對之加以因應處理，以作爲打掃的次序。

(一)先瞭解房間狀況

房間狀況（Room Status）在第八章〈住宿登記〉「客人遷入的前置作業」中，各種狀況皆完整羅列，不妨再參考複習一下160頁至163頁。

(二)房間清潔順序

房間的打掃整理次序非一成不變，視當日客房銷售狀況而定：

1.一般情況下應按照下列次序打掃：

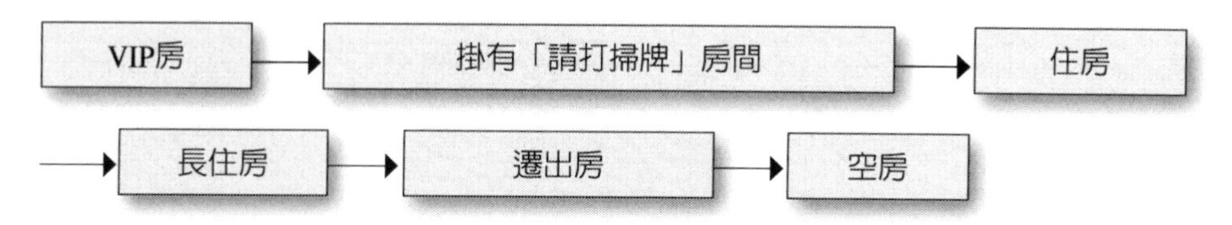

2.若客房銷售緊湊時，次序可稍微更動：

3.優先整理已編排的房間：

(1)特別貴賓（Tip-top VIP）。

(2)有預達時間的貴賓（VIP With ETA）：客人到達前一小時準備好。

(3)沒有預達時間的貴賓（VIP Without ETA）：上午十一時前準備好，並報告領班。

(4)有預達時間的個人客人（FIT Reservation With ETA）：客人到達前三十分鐘準備好，並報告領班。

(5)沒有預達時間的個人客人（FIT Reservation Without ETA）：下午二時前準備好。

(三)養成進房先敲門通報的習慣

由於旅館的特殊性，所以無論什麼樣的房間狀況都應先敲門或按鈴，並報稱"Housekeeping"（本國客人可說聲「整理房間」），待客人允許後，輕輕把門推開，然後進入客房。如果敲門或按門鈴後房內無人回應，可以打開房門，但若發現客人仍在睡眠中，即應輕輕退出。當客人被開門聲吵醒，要有禮貌地說聲「對不起」，回頭再整理。如果客人在房間內，見面時必須向客人問好，表明自己的身分及來意，徵求客人的意見是否可以清潔房間。進入房間後，還要留意浴室的門是否關著，如果關著，則要輕輕敲門，證實無人後，才把浴室的門打開，在進行清掃工作時，都必須把門打開，以避免客人不必要的誤會。

總之，無論任何時候服務員開客房門都要記住先敲門或按門鈴，以表示對客人的尊重，也是代表一種禮貌和安全服務的規範行為。至於房門掛有「請勿打擾」告示牌時，或房門邊牆壁上亮著「請勿打擾」指示燈時，不能敲門進房間。但是到了下午三時，仍然掛著「DND」牌，表示客人沒有離開房間，服務員可打電話到該房間瞭解情況，並以禮貌用語詢問：「您好，我是服務員，請問可以進房打掃嗎？」客人同意後方可進入。如果無人接電話，則可能是生病或其他問題，應立即報告主管。有的旅館客房仍使用傳統喇叭鎖，當鎖針露出時，表示門已上雙重鎖，則可敲門先行徵求客人同意。

我們曾提過，敲門是對客人的禮貌與尊重，應慎重行事，其程序以及說明請參照**表14-1**。

二、準備好清潔設備用具

清潔用具準備情況如何足以影響清潔工作之成效，客房常用的清掃設備和工具如下：

表14-1　房務員敲門進入房間程序

步驟	動作
步驟1 Step 1	檢查房間狀態。 Check the room status.
步驟2 Step 2	檢查有無「請勿打擾」的標示。如果有，就不要敲門。 Check for a ‘Do Not Disturb’ sign. Do not knock if a sign is on the door.
步驟3 Step 3	通知客人，輕輕地敲門並通報「客房服務」。不能用鑰匙敲門。 Announce presence. Knock firmly and say ‘Housekeeping’. Do not use a key to knock on the door.
步驟4 Step 4	等待回答，如果沒有回答，重複步驟3。 Wait for a response. If you do not hear an answer, knock again and repeat ‘Housekeeping’.
步驟5 Step 5	再次等待回答。如果仍然沒有答覆，輕輕的開門並通報「客房服務」。 Wait a second time for a response. If you still do not receive an answer open the door slightly and repeat ‘Housekeeping’.
步驟6 Step 6	如果客人正在睡覺或在浴室中，安靜離開並關上門。 If the guest is asleep or in the bathroom, leave quietly and close the door.
步驟7 Step 7	如果客人剛睡醒，或正在穿衣，立即道歉，離開並輕輕關門。 If the guest is awake but dressing, excuse yourself, leave, and close the door.
步驟8 Step 8	如果客人有回應，向客人詢問何時可以進房間服務。 If the guest answers your knock, ask when you may clean the room.
步驟9 Step 9	如果房間沒人，將工作車停在門前，保持房門打開。開始客房清潔。 In the room is unoccupied, position your cart in front of the door and leave the door open. Begin cleaning.
步驟10 Step 10	如果中途客人返回，停止工作，詢問房號、要求出示房匙及可以服務的時間並準備離開（一般視情況而定）。 If the guest returns while you are cleaning, offer to finish later. Ask to see the guest's room key to verify that the key and room numbers match.

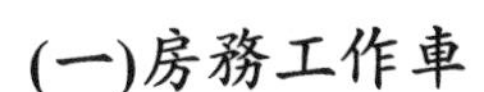

(一)房務工作車

房務工作車是客房服務員整理和清潔房間的主要工具。房務工作車的準備，應該在每天下班前做好。第二天進房清掃前，再做一次檢查，看用品是否齊全，以免影響工作效率。

房務工作車的準備步驟如**表14-2**。

(二)清潔劑類用品與清潔工具

爲了保證客房清掃的質與量，和提高工作的效率，在客房的清潔保養中，少不了各式各樣的清潔劑和清潔工具，分述如下：

1.目前在市面上的清潔劑種類繁多，選擇實用、合用、價格合理且效果良好的用劑也是房務管理者的重要工作之一。**表14-3**所列者爲客房清潔工作中常用的幾種清潔劑。

2.清潔工具較常用的有如下幾種：

(1)吸塵器：吸塵器是客房清掃不可缺少的清潔工具。主要用途爲吸地毯，也可以用來清除窗簾、燈罩之積塵。其型式分爲兩種，一種爲吸管式的（如**圖14-2**），另一種爲垂直式的（如**圖14-3**），兩種均廣泛地被使用。

(2)玻璃刮：玻璃刮是一種用來清潔玻璃鏡面和玻璃門窗的清潔用具，主

表14-2　房務工作車的準備方法

步驟	做法和要點	備註
1.擦拭工作車	1.用半濕的毛巾裡外擦拭一遍 2.檢查工作車有否破損	
2.掛好布巾袋和垃圾袋	對準車把上的掛鉤，注意牢固地掛緊	
3.將乾淨布巾放在車架中	1.床單放在工作車的最下格 2.小方巾、面巾、浴巾和腳布放在工作車上面兩格	
4.擺放客房用品	將客用消耗品整齊地擺放在工作車的頂架上	工作車布置見圖**14-1**
5.準備好清潔籃	1.準備好工作手套 2.準備好乾濕抹布、菜瓜布、玻璃刮刀、抹地布、馬桶刷、水勺、鬃球刷等 3.準備好各種清潔劑、消毒劑、清香劑等	

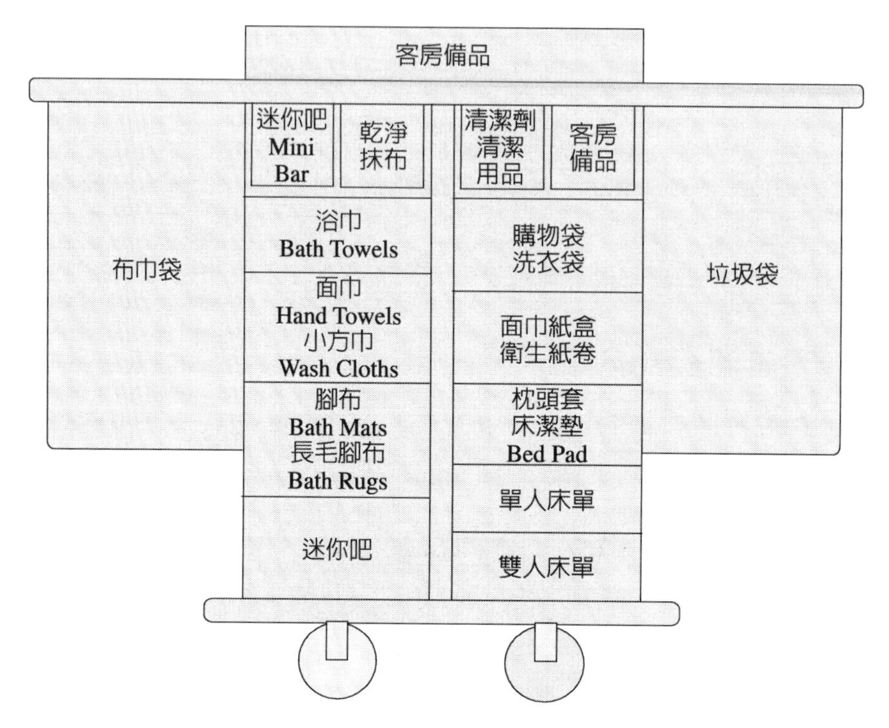

圖14-1　房務工作車備品布置示範

表14-3　常用客房清潔劑

化學藥水	顏色	用途	功效與使用方法
萬能清潔劑	黃色	牆壁、洗臉檯、家具、玻璃杯、茶杯	去除表面污垢、油漬、化粧品漬，有防霉功效，須用水稀釋使用
浴室清潔劑	紫色	馬桶、浴缸、洗臉檯	有除臭、殺菌功效，使用於馬桶時用鬃球刷輕洗，再用水洗淨
玻璃清潔劑	藍色	鏡子、玻璃	噴少許後用乾布擦拭，便可光亮如新
消毒芳香劑	淺綠	控制異味	可用於客房、浴室、大廳，有殺菌和清新空氣的作用，由上往下噴，用後芳香四溢
金屬拋光劑	白色泡沫	門鎖把手、水龍頭、浴室配件、扶手、紙滾筒蓋、毛巾架、浴簾桿	直接噴灑於物件上，用乾布反覆擦拭至亮光為止
家具蠟		家具、皮革製品	使家具光潔，在表面形成保護膜，能防塵、防潮、防污，噴灑於家具後用柔軟布反覆擦拭

要爲橡皮刮及手柄兩部分組成。橡皮刮頭裝在長柄桿上則適合清洗高處的玻璃。

(3)拖把：拖把主要用於工作間、通道、樓梯等地面的清潔。拖把也分兩種，即圓形和扁平兩種，使用時取決於清潔場所的面積。另有一種不用沾水的靜電除塵拖把（如**圖14-4**），適用於大理石、硬木地板，附有化學藥品成分也兼具打蠟的功效，更換時機視使用次數與面積而定。沾水拖把附有擰乾器（如**圖14-5**），作爲輔助工具。

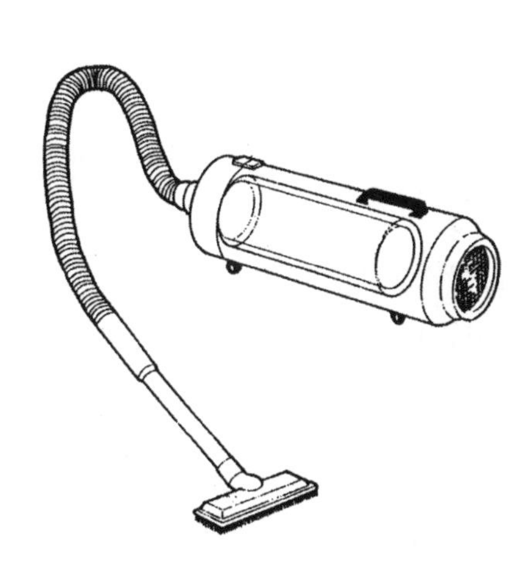

圖14-2　吸管式吸塵器

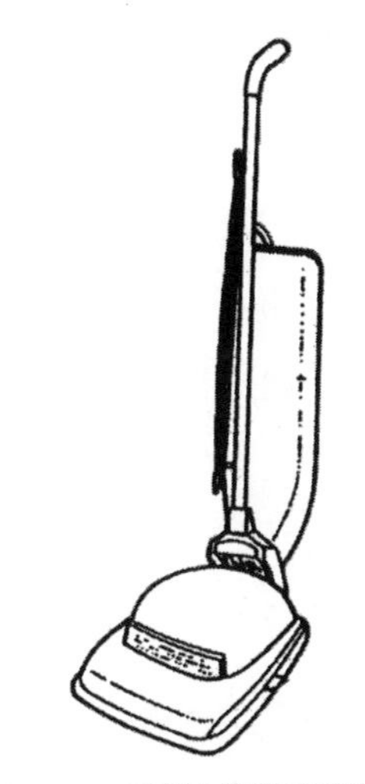

圖14-3　垂直式吸塵器

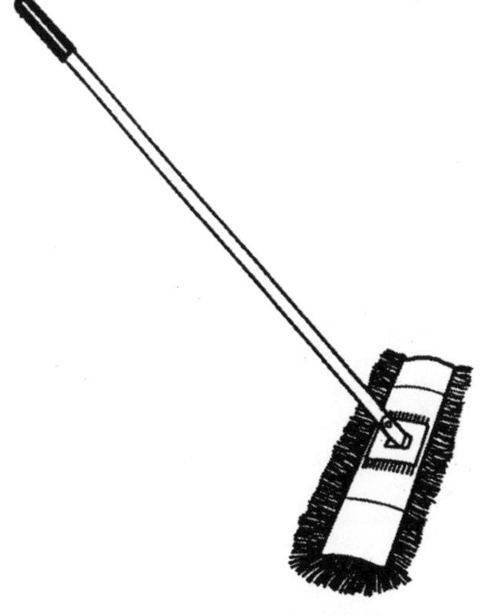

圖14-4　靜電除塵拖把

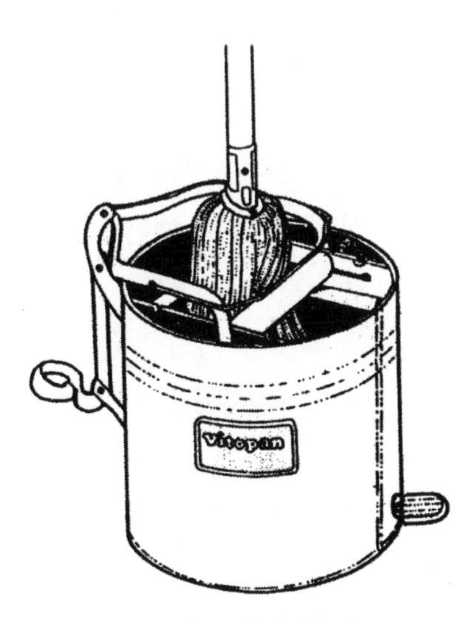

圖14-5　拖把擰乾器

(4)抹布：抹布是清潔家具物品、整理房間時最方便實用的清掃用具。客房清掃使用抹布必須是專用的，根據不同的用途，應選用不同顏色、規格的抹布，以防止抹布混同使用。用過後的抹布最好由洗衣房洗滌消毒，以保證清潔衛生的工作品質。

(5)清潔刷：有一種清潔刷，為鬃毛球刷，分為兩種型式，即有柄球刷及無柄球刷，用於擦洗臉盆、浴缸、瓷磚壁面、馬桶等。使用時要嚴格區分，不能混同使用。客房清潔用的毛刷還有地毯刷、窗溝刷等。

第二節　客房的整潔服務

客房的清掃是客房服務員日常的主要工作，服務人員必須認識到，這也是一種重要的服務工作項目，因為把房間整理得乾淨、整齊和富有魅力，客人對旅館的評價自然口碑好，客人將來再度光臨的意願就高。所以，要有良好的工作成果，客房服務員必須落實清掃的標準作業程序，才能使整體作業完美無缺。

一、客房清掃的規範

客房的清潔衛生工作有它的先後次序，如此才能井然有序地逐步完成房間整理，達到旅館的要求標準，茲分述之：

(一)客房清潔要領

客房清掃的進行，其規範如下所示：

1.從上到下：例如鏡片、玻璃、家具的清潔等，由上到下抹拭。

2.由裡到外：尤其是在吸地毯時，必須由房間裡吸起而後往外推（門口方向）。

3.先鋪後抹：房間清掃應先鋪床，後抹拭家具物品。如果先拭灰塵再鋪床，則鋪床所揚起的灰塵或附在布巾的粉塵會重新飄落在家具及其他物品上。

4.環形清理：家具物品的擺設是沿房間四壁環形布置的，因此在清掃房間時必須把握一個原則，亦即以順時針或逆時針方向進行環形清理，以避免遺漏。

5.乾濕分開：在擦拭家具物品時，乾布與濕布的交替使用要注意區分開

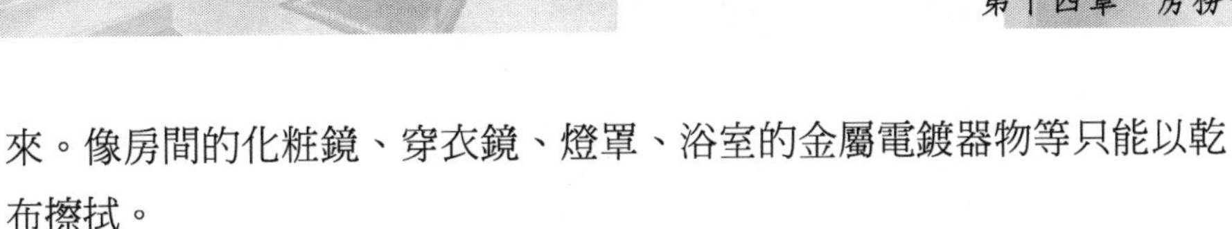

來。像房間的化粧鏡、穿衣鏡、燈罩、浴室的金屬電鍍器物等只能以乾布擦拭。

6.先臥室後浴室：應先清理房間，其後再清理浴室。

(二)退房後客房的清掃程序

對當天結帳離店客人房間的清掃必須非常徹底，使之恢復爲完整可售之房間，其清掃程序爲：

1.進入房間：

(1)輕敲房門（或按鈴）並說聲："Housekeeping"。

(2)緩緩把門推開，把「正在清潔中」牌掛於門鎖把手上，房門要打開著至工作結束爲止，打開電燈，檢查有否故障，檢查如完好則隨手關燈。

(3)拉開窗簾使光線充足，並檢查窗簾有無破損。打開窗戶以利空氣流通。

2.檢查冷氣與迷你吧：

(1)關閉音響，冷氣調至Low，檢查牆壁上空氣調溫器固定在20-25℃刻度間。

(2)檢查迷你吧，住客有用飲料時應塡具飲料帳單，房號、項目與經手人要塡寫清楚。

(3)檢查冰箱內外層，結霜太厚應隨時除霜，溫度固定在零下3℃左右。

3.垃圾桶及菸灰缸的清潔：

(1)將房內的垃圾桶及菸灰缸拿出，在倒掉前應檢查一下垃圾桶內是否有文件或有價値的物品，菸灰缸內是否有未熄滅的菸頭，必須熄滅之後才倒進垃圾袋內以策安全。

(2)清潔垃圾桶和菸灰缸，確保垃圾桶及菸灰缸乾淨無污漬。

4.撤掉髒的布巾品：

(1)將枕頭套撤出，並檢視一下兩面是否有受損。

(2)將床墊上的床單及毛毯逐層撤掉，換上乾淨的布巾，撤換同時檢查是否有丟失或損壞。

(3)要特別注意是否有客人遺留的用品、衣物。

5.做床：

(1)按規定的床單尺寸做床。

(2)注意床單的乾淨，無污跡（如圖14-6）。

(3)確保床四角45°且繃緊（如圖14-7）。

6.擦拭灰塵：

(1)使用抹布擦拭床頭板、椅子、窗台、門框、燈具及桌面，達到清潔而無異物。

(2)使用消毒劑擦拭電話。

(3)擦拭燈具時，檢查燈泡瓦數是否符合標準，有無損壞，如有損壞應立即報告更換。

(4)保證所有房內的家具和設備乾淨、整潔無塵。

(5)以逆時針或順時針擦拭，以防遺漏。

7.設備：空調、燈具、冰箱、電話、電視乾淨且運作正常。

8.清洗杯子：

(1)用指定的清潔劑進行清洗。

(2)確保杯子乾淨無污漬。

(3)客人離店後的杯子要進行消毒。

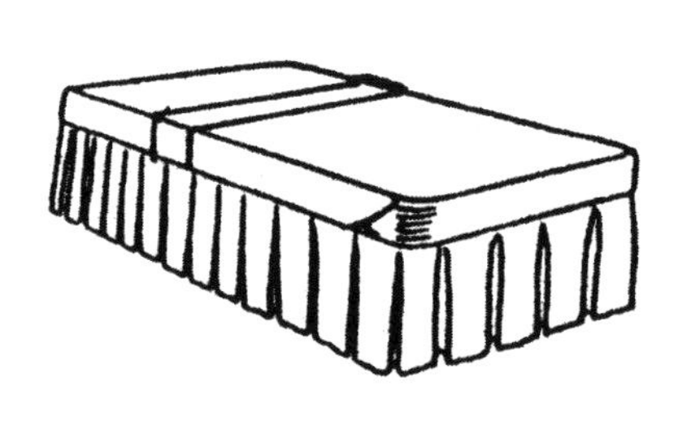

圖14-6　床面要平整而美觀（左）做床完成（右）

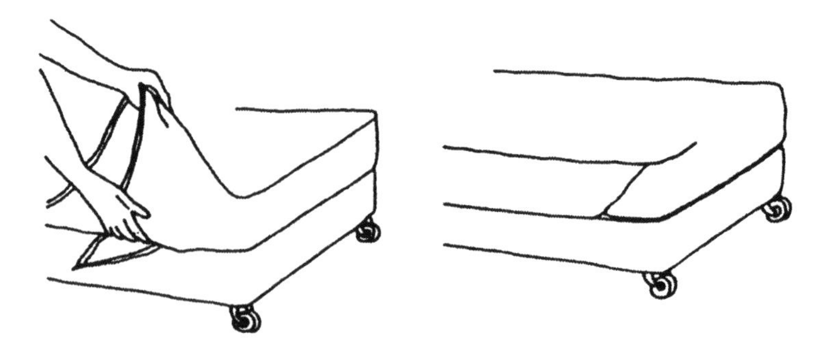

圖14-7　床尾兩邊包摺成斜角

表14-4　使用後床鋪清理程序表

步驟	做法要點
1.將床拉出	雙手握住床架下緣將整床拉出5公分
2.卸下枕頭套	1.注意枕套內是否有遺留物品 2.查看枕頭有無污漬 3.查看枕頭套兩面是否受損（如抽菸燒洞） 4.將枕頭放在扶手椅上
3.揭下毛毯	摺疊好放在扶手椅上
4.揭下床單	1.從床墊與床架的夾縫中逐一拉出 2.注意有否夾帶客人的睡衣物及其他物品
5.查看清潔墊	清潔墊（Bed Pad）是否有污跡應洗濯
6.摺疊絲棉被（或羽毛被）	1.將絲棉被向內三摺、橫向三摺，整齊地摺疊好 2.將摺好絲棉被放在衣櫃的上格，棉被齊口處向櫃門外
7.撤走用過的床單、枕套	注意清點數量

專欄14-1

做床的程序和方法

一、撤床

(一)標準

1.每日更換用過的床單，撤下的床上用品不可放在地上。

2.床單要逐條撤下。

3.發現薄被、護墊污跡隨即撤換並送洗，薄被每年由洗衣房專業人員處理一次，床單、床裙半年洗一次，護墊每三個月洗滌一次。

(二)程序

1.屈膝蹲下，雙手將床慢慢拉出至易整理位置。

2.將床單從床頭拉至床尾後折疊，再將已折疊的部分拉至床尾處折疊，將床尾垂下的床單拉起向前折，床兩側的床單對中折，再對折，將床單放在凳子或沙發上。

3.從床尾角部開始，將薄被從床墊之間拉出，折三折，放於沙發上。

4.從床尾角部開始，將床單從床墊之間逐條拉出，放好。

5.雙手執枕頭套角，將枕芯抖出。

6.撤去所有髒布巾，並將其放入工作車的袋中，隨後帶進乾淨布巾。

二、做床

(一)標準

1.床上用品整潔，無破損，無污跡，每張床鋪二層床單（墊單、蓋單、護單）。

2.床鋪上的床單、蓋單、薄被、床罩、枕套的中折線相重疊；包角緊而平整；床面平整無皺折。

3.單人床，枕套口反向於床頭櫃，兩個枕頭重疊擺放；雙人床，四個枕頭，每兩個枕頭重疊擺放，將枕頭套口的方向兩兩相對。

4.三分三十秒鐘內完成一張床。

5.每季度翻轉床墊一次（一年四次，以減少床墊受力不均而引起的不平整）。

(二)程序

1.將床墊放平，並留意床墊角落所做標記是否符合本季度標記，是否需要翻轉床墊。

2.注意床墊護褥（又稱保潔墊）是否清潔，平整，四角鬆緊帶是否套牢於床墊四角。

3.站在床側，將折疊的床單正向朝上，兩手分開，用拇指和食指捏住第一層，將床單向前抖開，待其降落後，利用空氣浮力調整好位置，使床單中折線居中，四邊下垂長度均等。

4.用直角手法包緊床頭，床尾四角，將床單塞至床墊下面。

5.鋪第二層單（即蓋單），手法同上。床單應正面朝下，床頭部分多出床墊約25公分左右，床單中折線與第一層床單相疊。鋪上薄被，薄被有商標的一端在床尾且正面向上。

6.將蓋單多出部分反折蓋住薄被，再將蓋單連薄被向上折25公分，兩邊塞進床墊，將床尾兩角包緊（直角），塞進床墊。

7.用雙手手指張開枕套，用力一抖，放平，左手張開枕套，右手將枕芯插入枕套盡頭，放下，將枕芯兩角推入枕套角部，將開口部分處理好，將枕頭放於床頭合適位置。

8.將折好的床罩放在床尾，定位（離地1公分），雙手執床罩尾部，將其拋至床頭，兩側垂下長度均等，尾部自然下垂，移至床頭，用床單把枕頭罩好，剩餘部分插至兩枕頭之間，將床單理平，拉挺。

9.借助小腿外側部分力量將床緩緩推至床頭板下合理位置。

10.檢查床鋪是否整齊、美觀。

專欄14-2

床墊的翻轉

為了保護床墊，每季必須翻轉一次，使床墊各部平均承受壓力，以延長床墊使用壽命。其翻轉程序如下：

一、翻轉時機

在每季度第一個星期完成。

二、翻轉程序

(一)編定標號

1.核實床墊上的標號，按每季度編號，分為1至4號，字跡清楚。

2.床墊標號分別貼於床墊的兩面，位置要正確。

(1)正面為單數，反面為雙數。

(2)正面標號為“1”，貼於床墊左下面，標號“3”貼於右上角。

(3)反面標號為“2”，貼於右下角，標號“4”貼於左上角。

(二)翻轉床墊

1.第一季度以標號“1”在左下角，標號“3”在右上角為準。

2.第二季度將床墊從右面向左翻轉180°，使標號“2”置於左下角。

3.第三季度從床頭向床尾翻轉180°，使標號“3”置於左下角。

4.第四季度將床墊從左向右翻轉180°，使標號“4”置於左下角。

5.第一季度床墊從床頭向床尾翻轉180°，使標號“1”置於左下角，以此類推。

三、注意床墊上的標號不得擅自更改、塗寫

9.清潔玻璃窗及化粧鏡：確保光亮、乾淨、無塵。

10.窗簾：窗簾與紗簾乾淨、無破損、無污漬、無皺摺，且掛鉤完整無掉落。

11.吸塵：

(1)使用吸塵器吸地毯時要小心，避免碰撞家具。

(2)桌、椅、床架下面及房間走道處要徹底除塵。

(3)先從窗口吸起（有陽台的房間從陽台吸起）。

12.電鍍製品：光亮、無塵、無污跡。

13.客用備品補充：

(1)補充房間內物品，均需按旅館要求規定鉅細靡遺的擺放整齊，尤其注意文具夾內之物品的補充。

(2)補充杯具。房間物品的補充要根據旅館規定的種類數量及擺放要求補齊，既不能多也不能少。注意旅館商標（Hotel Logo）要面對客人。

14.環視檢查房間整體：

(1)檢查整個房間是否打掃乾淨，鋪好的床是否結實、平整、對稱、美觀，鏡子、玻璃、掛畫是否擦拭乾淨。

(2)檢查電話及電話線是否功能正常。

15.離開房間：

(1)將清掃工具、吸塵器、抹布等放回工作車內，不可將其遺放在客房內。

(2)關燈與否再檢查一遍，鎖門，並對大門進行安全檢查，登記做房時間。

有關此退房後的客房清掃程序詳見**圖14-8**。

(三)退房後浴室的清掃程序

客人離店後的浴室清潔也必須相當徹底，如果服務員用心清洗浴室，可增加浴室壽命，經過多年也能常保如新。清洗前要打開抽風機，戴上手套。

1.清潔前準備：

(1)撤出所有髒布巾品，如浴巾、面巾、方巾、腳巾等。

(2)倒垃圾。

2.清洗菸灰缸及垃圾桶：用溫水將垃圾桶和菸灰缸內的污跡刷洗乾淨並擦乾。

3.清洗杯子：

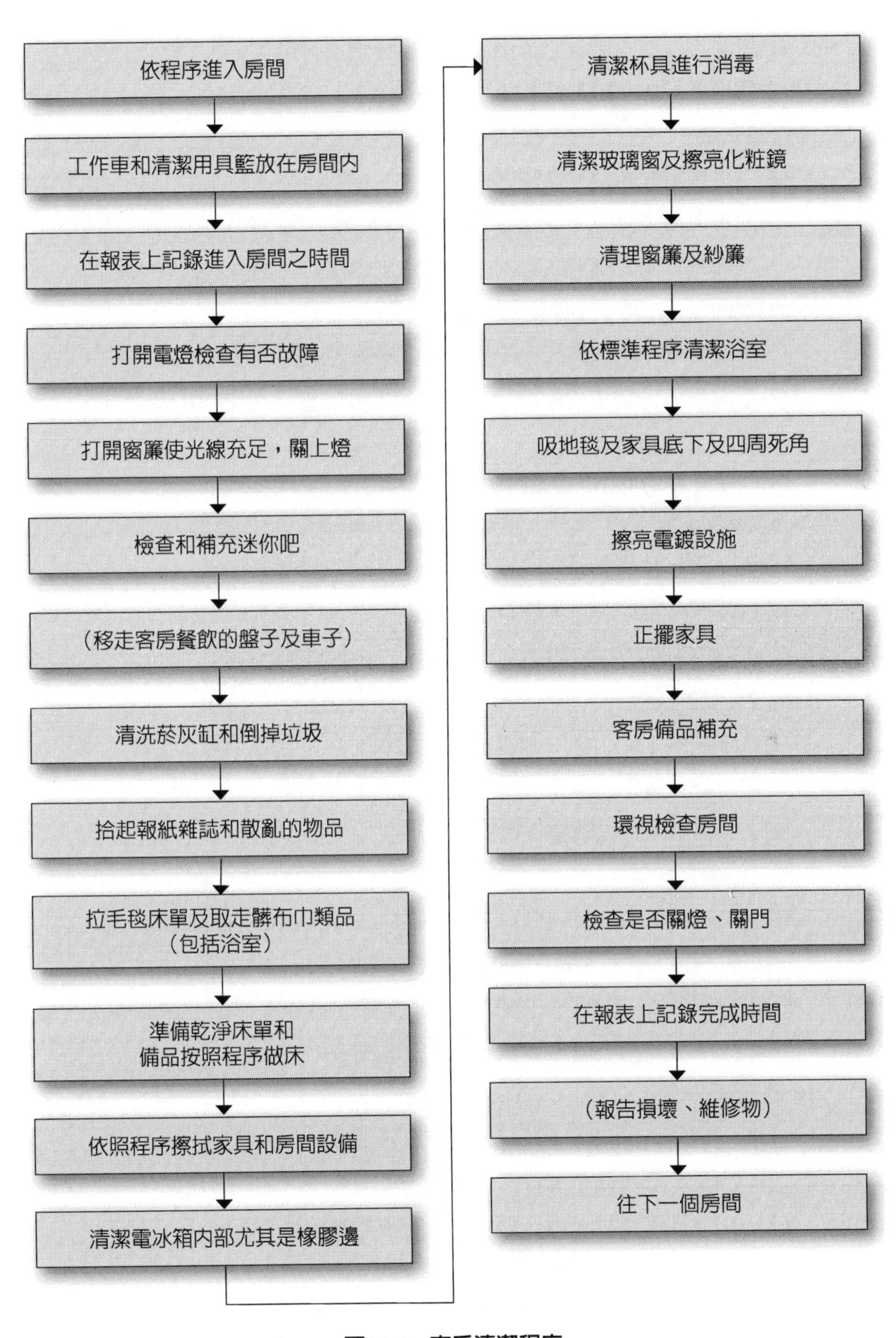
依程序進入房間
工作車和清潔用具籃放在房間內
在報表上記錄進入房間之時間
打開電燈檢查有否故障
打開窗簾使光線充足，關上燈
檢查和補充迷你吧
（移走客房餐飲的盤子及車子）
清洗菸灰缸和倒掉垃圾
拾起報紙雜誌和散亂的物品
拉毛毯床單及取走髒布巾類品（包括浴室）
準備乾淨床單和備品按照程序做床
依照程序擦拭家具和房間設備
清潔電冰箱內部尤其是橡膠邊
清潔杯具進行消毒
清潔玻璃窗及擦亮化粧鏡
清理窗簾及紗簾
依標準程序清潔浴室
吸地毯及家具底下及四周死角
擦亮電鍍設施
正擺家具
客房備品補充
環視檢查房間
檢查是否關燈、關門
在報表上記錄完成時間
（報告損壞、維修物）
往下一個房間

圖14-8　客房清潔程序

(1)用溫水並加入適量的清潔液，使用杯刷進行清洗。

(2)使用專用抹布將其擦乾。

4.清潔馬桶：

(1)使用規定的馬桶清潔劑。

(2)使用專用工具從上至下進行刷洗，即以馬桶刷來刷洗馬桶、座墊以及馬桶蓋，並要特別注意刷淨出水口、入水口、內壁和底座。

5.清洗浴缸、浴簾、洗臉盆和壁面、天花板：

(1)使用清潔劑進行清洗，注意洗臉盆水龍頭的污跡及夾雜的污垢。

(2)用濕布沾少量清潔劑來清潔壁面及地面，從上至下，由裡而外進行清潔。

(3)嚴禁以客用毛巾擦拭浴室內所有設備。

6.清潔鏡子：

(1)將玻璃清潔劑噴在鏡面。

(2)以乾淨抹布從上至下擦淨。

7.排風口的清潔：將排風口拆下，用溫水沖洗乾淨。

8.電鍍製品的清潔：

(1)將水龍頭、面巾架、卷紙架、浴簾桿、浴缸扶手、淋浴配件、掛衣鉤等用乾布將表面擦亮。

(2)必要時可用拋光劑進行擦拭。

9.擦拭浴室各角落：

(1)將擦拭乾淨的垃圾桶放回原位，將抹乾淨的菸灰缸擺回原處。

(2)用乾淨抹布擦乾浴缸、浴簾、洗臉盆和鏡面。

(3)用專用的抹布擦乾牆壁和地面。清潔後的浴室一定要做到整潔、乾淨、乾燥，無異味、髒漬、皂跡和水漬。

10.補充備品：

(1)補充浴室內的用品，按統一規定整齊擺放。

(2)面巾紙、卷紙要折角成三角尖狀，既美觀也方便住客使用。

(3)浴巾、面巾、小方巾、腳巾按規定位置擺放整齊。

11.工作完畢應做最後巡視

清掃工作完畢後，應做最後的巡視，以確定沒有疏漏。有關此退房後的浴室清掃程序詳見**圖14-9**。

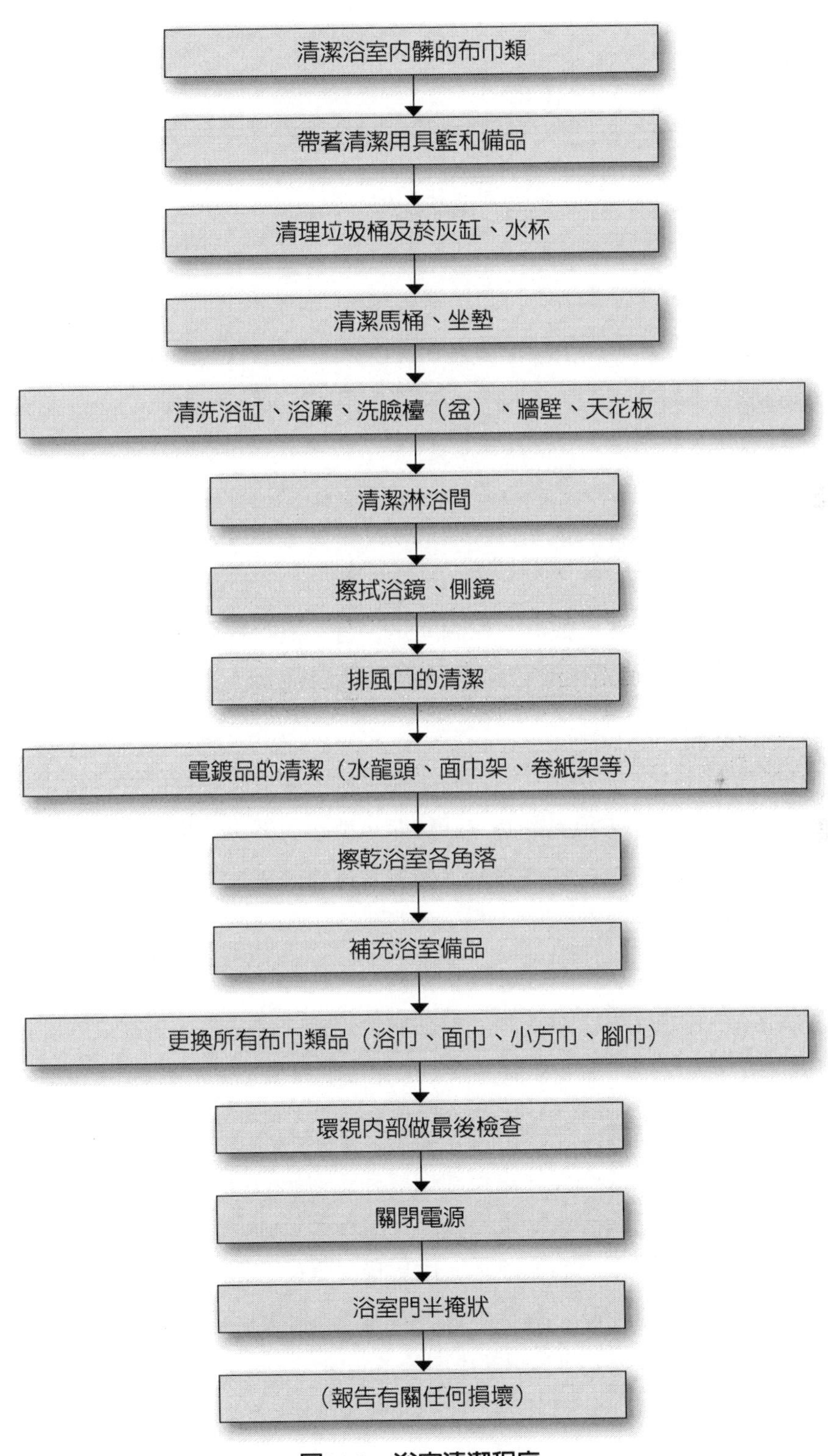
清潔浴室內髒的布巾類
帶著清潔用具籃和備品
清理垃圾桶及菸灰缸、水杯
清潔馬桶、坐墊
清洗浴缸、浴簾、洗臉檯（盆）、牆壁、天花板
清潔淋浴間
擦拭浴鏡、側鏡
排風口的清潔
電鍍品的清潔（水龍頭、面巾架、卷紙架等）
擦乾浴室各角落
補充浴室備品
更換所有布巾類品（浴巾、面巾、小方巾、腳巾）
環視內部做最後檢查
關閉電源
浴室門半掩狀
（報告有關任何損壞）

圖14-9　浴室清潔程序

(四)住客房的清掃程序

住客房與退房之房間清潔程序基本相同，但因住客房客人仍然使用中，在清掃時有些地方要特別注意，分述如下：

■客人在房間裡

1.應禮貌問好，徵詢客人可否清掃房間。
2.操作輕聲，正確而迅速，勿與客人長談，長期客則應照顧其生活習慣。
3.若遇有來訪客人，應詢問是否繼續進行清潔工作。
4.注意家具設備是否完好無受損。
5.客人的文件、書報等稍加整理即可，但不要移動位置，更不准翻看。
6.除放在垃圾桶裡的東西外，其他物品不能丟掉，若有必要的話，也先詢問客人的意見。
7.清潔完畢後向客人致歉，並詢問是否有其他吩咐，然後向客人行禮，退出房間，輕輕地關上門。

■客人中途回房

在清潔工作中，遇到客人回房時，要主動向客人打招呼問好，徵求意見是否繼續打掃清潔，如未獲允許應立即離開，待客人外出後再繼續進行清掃。若客人同意，應迅速地把房間清掃好，離開時還應禮貌地對客人說：「對不起，打擾您了，謝謝。」退出房間時要輕輕地關上門。

■房間電話

客房一但售出，客人有絕對的隱私與使用權。爲了表示對客人的尊重和避免無端的誤會與麻煩，即使在清掃當中，如電話鈴響了，也不應該接聽。

■損壞客人的東西物品

服務人員也有可能在操作過程中損壞客人物品的情形。所以在進行房間打掃時，應該謹慎小心，客人的東西物品不應移動，必要時應輕拿輕放，清掃完皆要放回原位。萬一不小心損壞客人物品時，應馬上報告主管，並主動向客人賠禮道歉，如屬貴重物品，應有主管陪同前往，詢問客人意見，若對方要求賠償時，應根據具體情況，由客房部出面給予賠償。

(五)空房清掃

空房清掃也就是房間的維護與保養，指客人離店後已經清掃過但尚未出售的房間。一般不用吸塵，只須簡易保養，例如抹拭家具，檢查各類備品是否齊全即可，其操作方法如下：

1.用一乾一濕的抹布把房間的家具物品抹拭一遍。
2.熱水瓶的水每天都要換。
3.檢查浴室浴巾、面巾、小方巾、腳巾是否柔軟富有彈性，如果乾燥不合要求，立即更換。
4.如果房間連續幾天空房，則要使用吸塵器吸塵，浴室內的浴缸、洗臉盆和馬桶的水，皆要放流一兩分鐘。

(六)房間小整理服務

旅館的高品質服務，從房間的小整理服務可窺出端倪。讓外出回房的客人每次回房皆有清潔舒爽之感，對旅館留下一個好的印象，具體做法如下所述：

1.更換浴室裡用過的布巾類品、杯具。
2.刷洗客人用過的浴缸、洗臉盆、馬桶。
3.清倒垃圾及菸灰缸。
4.客人睡過的床鋪要按規定重新整理好，但不必要再更換床單。
5.將家具擺放的位置復原，把衣櫃門關好，拉好紗簾與窗簾。
6.清撿地面雜物（如有污漬立即清洗）。
7.清點耗用的迷你吧酒水，並做記錄。
8.VIP使用過的香皂，應予更換。

(七)夜班工作要點

夜班工作內容不外乎房間清潔整理、開夜床、浴室之整理和其他雜務的處理。茲摘要分述如下：

■整理房間

1.攜報紙進房，將之整齊擺放於文具夾旁，把熱水瓶和用過的茶杯、水杯更換補充。

2.整理菸灰缸、垃圾桶，補充備品，將家具、物品擦拭乾淨擺整齊，絕對不可觸摸客人的物品，倒垃圾也須看清楚是否有貴重品或較有價值的東西。

3.送還送洗之客衣，擺置於床下方床緣。

■做夜床

做夜床（Evening Turn Down Service）時間以下午六至八時為宜。一般而言，單人房以靠近浴室一側為開床方向，有些旅館的客房因內部格局或陳設的關係，開床以近化粧檯的一側為之。雙人房則以面向中間床頭櫃之相對兩側為之（如**圖14-10**）。開床步驟有二：

1.輕輕拉開床罩，將床罩摺好後放到規定位置。

2.將床單、毛毯一起翻開向後摺成一個三角形，呈30°為最適當。

開床時要注意床鋪的平整，枕頭擺放整齊，床單如果有污漬或破損（注意香菸燙損小洞），要立即更換。

此外，則將拖鞋放在規定的地方（如**圖14-10**）方便住客使用，同時晚安卡、早餐牌，或是小餅乾、巧克力等置於枕頭邊，拉上窗簾，關上衣櫃門。

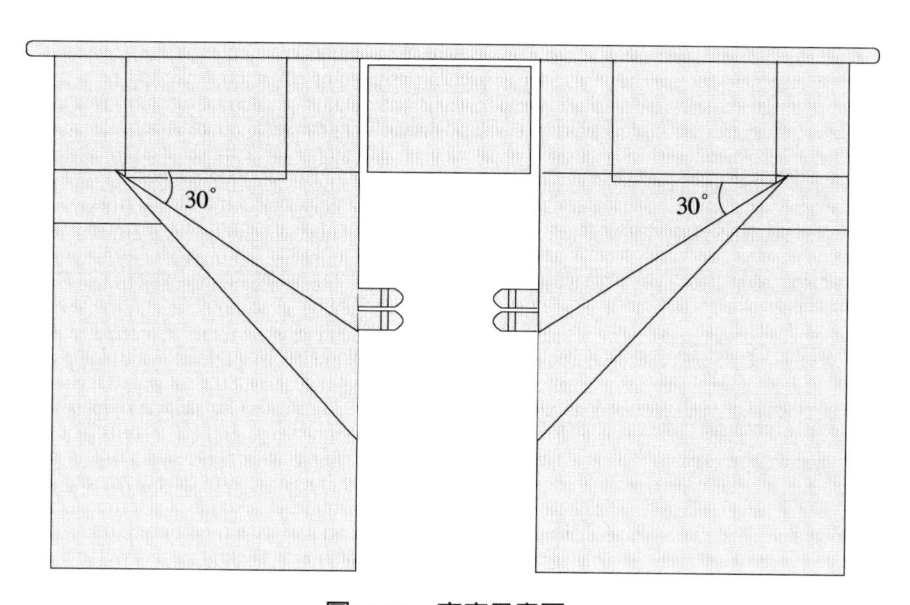

圖14-10　夜床示意圖

茲將開夜床服務流程說明於下：

1.先敲門，確定無客人方可開門進入。
2.打開所有房燈。
3.清理所有餐車及餐具，放回工作間裡。
4.蒐集杯子及菸灰缸，置於洗臉盆清洗。
5.清倒垃圾桶，將垃圾倒進工作車的垃圾袋中。
6.將放在床上的東西放在一旁。
7.開床。
8.將住客的睡衣或睡袍放在床中間沿著床尾。
9.將早餐掛牌放在枕頭邊，將送給客人的GOOD NIGHT巧克力放在早餐牌上，將住客開床前床上東西放回。
10.將住客衣服掛進衣櫃裡，再關上衣櫃門，整理房內散布的雜誌等物件。
11.清理杯子及菸灰缸，放回原處。
12.清潔浴室。
13.更換住客用過的浴巾其他物品。
14.檢查及補充迷你酒吧。
15.補充水壺食水。
16.將窗簾拉緊密，以不透光為標準；最後視察房間是否整潔。
17.取出電插座裡的卡式鑰匙熄燈。
18.關閉房門，然後離去。

■浴室的整理

1.將客人使用過的浴缸、洗臉盆、馬桶用抹布擦拭乾淨，若有較髒的應重新擦洗。
2.將客人使用過的浴巾、面巾、方巾、腳巾及杯具更換，VIP客人所用過的刮鬍刀、香皂等各類用品都要補充好，並按規定位置整齊排放。
3.清倒垃圾，抹乾地板，把腳巾擺好。
4.關燈，浴室門半掩。

最後，除了夜燈、走道上方燈外，其餘燈應全部關上。如為套房，客廳燈應開著，其臥室與一般房要求相同。

(八)客房清掃應注意事項

整理客房有很多須注意的事項應加以遵循，可以使工作順利進行，提高服務效率與品質，以及客房安全維護的增進。

1.養成進客房前先想一想的習慣，揣摩現在客人正在做什麼，是睡覺、在看書或做其他事情？待客人允許進房後，驗證一下自己的判斷正確與否，久而久之，就可以摸索出一條不同客人的各種活動的一般性規律。

2.進房之前，要確實遵守敲門進房的程序。

3.對長期住客要瞭解他們的生活習慣與規律，也就是說在客人最方便的時間清掃客房。

4.清掃住宿之客人房間時，即使落在地上的紙片也要注意拾起，放在桌上。因為它可能是客人不慎掉在地上的，而且對客人極為有用，切不可隨便把它扔掉。

5.挪動家具陳設時，不要硬拖地毯，以免拖壞。注意不要碰撞其他家具和牆壁。

6.客房換下來的髒物或送洗物要及時拿走，不要長時間放在走道，同時也不要存放清掃工具，或者長時間放在走道客人易見處，影響美觀和整潔。

7.清掃浴室時，勿使頭髮、線頭、紙屑、火柴棒等流進下水道，以免堵塞。

8.注意不要往衣櫃、書桌、櫥櫃上面放置重物和髒物。

9.整理房間時，如發現地上掉落的螺絲、螺釘等小五金零件時，要檢查一下是否為周圍家具上所掉的。撿到的零件不管大與小，如果不知道是什麼地方掉下來的，要先保存起來。若是發現家具有小毛病，像抽屜不好開關、把手螺絲鬆動等，要及時修理，若暫時不能修理的要做好記錄。

10.整理房間時應注意作業安全，有幾種可能發生的狀況應加以注意：

(1)晚上沒有開燈，進入黑暗的房間，發生碰撞或跌倒。

(2)用手探取字紙簍內的垃圾，刺傷或劃傷手指。

(3)清潔浴室沒有注意刀片之類鋒利之物。

(4)登高作業時，站立不穩，跌倒碰傷，如掛浴簾時不使用椅凳，而站在

浴缸邊上。

(5)沒有注意浴室濕滑、油跡或玻璃片，滑倒或劃傷。

(6)挪動家具時不小心被釘子或有木刺的地方扎傷手。

(7)開關門時，要手握門把手，不要扶門邊側緣，以免發生意外夾傷、擠傷。

(8)擦燈時，沒拔下電源插頭，用濕抹布去擦而觸電。

11.客房清掃時遇有下列狀況要及時報告：

(1)客人生病時，如發高燒或其他病症時。有必要則應報告主管請接待單位帶客人送醫或採預防措施，保護其他客人免受感染。

(2)發現客人攜帶違禁品時，如易燃物品、易爆物品、槍械，甚至寵物（動物）也不可攜進客房。

(3)如發現冒煙、有瓦斯味、燒焦味等火災徵兆時，要迅速報告，還要找出火源危險處，根據任務編組，引導客人疏散，最後才可以離開。

(4)發現客人將客房內器物搬出室外，或弄壞室內設備和物品，如電視、玻璃、鏡子、窗簾等。

(5)水電、設備出現故障等。

(6)客人的遺留物品，或客人已退房，但房間內留有行李。

(7)房間有發現蟲害或鼠類，客房家具或木製品有蛀蟲。

(8)客人開了房間，但未曾使用過。

(9)空客房有人住或使用跡象。

(10)住客人數、性別等和入住記錄不符。

(11)掛「DND」牌房間超過下午三時。

(12)房內有異常狀況。

12.要遵守客房作業之規定：

(1)在客房內作業時，必須將房門開著。

(2)不得使用或接聽住客房內的電話。

(3)不得翻閱客人的書報雜誌和文件，翻動住客的抽屜和行李。

(4)不得隨便挪動客人的化粧品，或觸動住客的抽屜和行李。

(5)不得使用房內設備，如浴室、床、椅子等，不得在客房內休息。

(6)不可讓閒雜人進入客房。

(7)不可在客房內更衣、吸菸、吃東西、看報刊雜誌及食用客人的食品或飲料。

(8)不可將客用布巾類品當作抹布使用。

二、客房的衛生清潔標準

旅館爲保證住客住宿環境的舒適、潔淨和安全，同時爲使客房有高品質的服務水準和客房產品的良好形象，通常都有高標準的衛生要求，而房間檢查（Room Inspection）則是一種品質管制的手段。

客房的最初次檢查應屬服務員本身在其清掃整理後進行的。其次爲樓層主管的督導性質檢查，必須完成其責任區內所有房間之檢查，其幅度爲五十至八十間客房，房務部經理、副理則做隨機抽樣檢查客房。在檢查衛生清潔的同時，對房內的所有備品做清點檢查，是否有補充完全而無遺漏，並對所有設施、設備、家具及有關用品進行詳細的檢查。如果發現有需要維修的項目，其損壞程度如何，需要修復完成的時間等，應塡寫工程維修單報告給房務辦公室以便通知工程部門的人員前來修理。

(一)房間清潔衛生標準

■清潔衛生的總要求

1.眼看到的地方無污跡。

2.手摸到的地方無灰塵。

3.房間優雅安靜無異味。

4.浴室空氣清新無異味。

■房間清潔衛生「十無」

1.天花板牆角無蜘蛛網。

2.地毯（地面）乾淨無雜物。

3.樓面、房間整潔無蟲害（老鼠、蚊子、蒼蠅、蟑螂、臭蟲、蛀蟲、螞蟻）。

4.玻璃、燈具明亮無積塵。

5.布巾類潔白無破損。

6.茶具、杯具消毒無痕跡。

7.銅器、銀器光亮無鏽污。

8.家具設備整潔無殘缺。

9.壁面（壁紙）乾淨無污跡。

10.浴室清潔無異味。

(二)客房檢查法

客房的檢查要非常仔細，必須鉅細靡遺，不能疏忽任何項目，使清潔舒適有所保證。

■檢查房間

1.房門：

(1)房號牌是否完好光亮。

(2)門鎖開啓時轉動是否靈活。

(3)防盜鏈是否完好，固定頭無鬆動。

(4)門後有否逃生圖，圖架乾淨與否。

(5)門鎖是否掛有「請勿打擾」牌和「請打掃房間」牌（以指示燈表示者，檢查功能正常否）。

(6)門擋（又稱門止）整組是否起作用而無鬆動。

(7)窺視眼功能正常與否。

2.衣櫃：

(1)有否洗衣袋、洗衣單、購物袋。

(2)衣架數量及種類有否足夠和整齊掛上。

(3)棉被折疊是否整齊。

(4)櫃內的自動開關電燈是否正常。

(5)衣架橫桿是否有擦拭，有無鬆動。

3.組合櫃：

(1)抽屜是否活動自如，內部是否乾淨。

(2)是否有針線包、防煙頭罩。

(3)菸灰缸是否乾淨，火柴有否用過。

(4)文具夾內物品是否齊全。

(5)化粧鏡是否明亮，上緣是否有積塵。

(6)電視機是否正常，是否擦拭乾淨。

4.冰箱：

(1)各種飲料是否齊全，飲料名稱皆向外。

(2)冰箱內外是否清潔衛生、無異味。

(3)是否有除霜。

(4)是否有不正常運轉聲。

5.天花板：

(1)是否有裂縫、漏水、霉斑、霉點。

(2)牆角是否有蜘蛛網。

6.飲水機：

(1)冷熱飲水是否功能正常。

(2)若有熱水瓶，是否裝滿飲用水，功能正常否。

(3)茶葉盒內各種茶包是否齊全。

7.落地燈（立燈）：

(1)開關是否正常。

(2)燈罩接縫處是否在後部，是否清潔。

(3)燈泡是否有積塵。

8.垃圾桶：

(1)桶內有無垃圾。

(2)桶外是否清潔。

9.牆壁：牆壁（或牆壁紙）是否有污漬、破損、壁面有否裂縫、霉斑、霉點。

10.床頭燈：與落地燈要求相同。

11.空氣調節：

(1)是否調至規定溫度（23-25℃，OK房應置LO位置）。

(2)出風口是否發出響聲及藏有灰塵。

12.電話：

(1)電話是否正常。

(2)電話機及電話線是否清潔衛生。

13.床：

(1)床頭片是否擦拭乾淨。

(2)床鋪是否平整、美觀、清潔，床底是否有雜物。

14.扶手椅（或沙發）：

(1)表皮是否乾淨，有無破損。

(2)座墊下是否藏有紙屑、雜物及灰塵。

(3)椅邊、椅腳是否有積塵或污漬。

15.掛畫：

(1)是否懸掛端正。

(2)玻璃是否明亮，上緣是否有積塵。

16.地毯：

(1)有否破損，邊角有否雜物。

(2)有否污漬、咖啡漬、茶漬、口香糖漬。

17.窗簾：

(1)窗簾、紗簾是否懸掛美觀，是否乾淨無塵。

(2)掛鉤是否脫落。

(3)窗簾、紗簾拉繩是否操作自如。

(4)遮光布是否有破損或退化現象。

18.玻璃窗門：玻璃是否光潔明亮。

■檢查浴室

1.浴室門：

(1)門鎖轉動是否靈活。

(2)門框有否積塵。

(3)門後掛衣鉤有否鬆動。

(4)OK房狀態下：門半掩（開30°的位置）。

2.鏡子：

(1)有否積塵及污漬、水痕。

(2)有否破裂或水銀脫落現象。

3.天花板：

(1)有否移動或鬆脫。

(2)抽風機是否清潔和運轉正常。

(3)抽風機是否有噪音。

4.馬桶：

(1)蓋板及座墊是否清潔。

(2)沖水功能是否正常。

(3)馬桶內壁是否清潔。

(4)馬桶外壁是否有污漬。

(5)馬桶的按手是否操作正常。

(6)水箱面是否清潔，是否放「女賓衛生袋」。

5.洗臉盆及浴缸：

(1)所有金屬配件如水龍頭、淋浴噴頭等是否保持光潔。

(2)瓷盆內壁有否水珠或肥皂漬。

(3)冷熱水龍頭是否正常。

(4)盆內水塞有否積毛髮，去水系統是否正常。

(5)皂碟有否積聚肥皂或肥皂漬。

(6)浴簾有否水珠及污漬。

6.大理石洗臉檯：

(1)是否清潔明亮。

(2)有否被磨花或腐蝕。

7.備品：浴帽、水杯、牙刷、牙膏、浴巾等布巾類、沐浴精、洗髮精及其他各式備品是否齊全及整齊擺放。

8.牆壁：

(1)是否乾淨，瓷磚或大理石壁面明亮無水痕。

(2)電話機、吹風機、化粧用放大鏡、嵌壁面紙盒是否乾淨。

9.氣味：是否有異味存在。

10.地面：

(1)是否擦拭乾淨，無毛髮。

(2)排水系統正常否。

(3)排水孔是否積毛髮雜物。

表14-5　客房檢查評分表

客房檢查評分表

樓別＿＿＿＿＿＿＿＿　　　　　　　　　　日期＿＿＿＿＿＿＿＿

名稱	標準分			名稱	標準分		
房門：（9）				床頭燈、燈罩、夜燈	2		
門鎖、防盜眼	1			天花板	1		
門框	2			地毯邊、踢腳板	2		
緊急疏散圖	1			回風口、冷氣出風口	2		
整理房間卡	1			水果盤及器具	1		
門燈	1			窗戶：（5）			
安全鍊	1			玻璃及框	2		
早餐單	1			窗檯板及踢腳板	1		
門擋	1			窗簾下地毯	1		
衣櫥及冰箱：（9）				掛鉤	1		
門、軌道、門板、橫板	2			浴室：（41）			
衣架、衣架桿、抽屜	2			門與框、門擋	2		
羽毛枕頭、購物袋	1			掛衣鉤	1		
鞋拔、拖鞋	1			洗臉檯	2		
冰箱旁木板	1			壓克力燈罩	1		
冰箱內部清理	1			鏡子	2		
冰箱外部清理	1			吹風機與掛鉤	2		
化粧桌及家具：（19）				面紙與蓋子	1		
行李架、護板	2			臉盆水龍頭	2		
雜誌、節目卡	1			水杯、水杯盤、菸灰缸	2		
電視機	1			肥皂、盒	2		
抽屜、洗衣單（袋）、針線包	2			浴帽、衛生紙	2		
文具夾及備品	2			毛巾架	2		
小花瓶	1			電話及線	1		
鏡子及框	2			馬桶	3		
檯燈、燈罩、電線、立燈	2			垃圾桶	1		
化粧椅	1			磁磚	2		
垃圾桶	1			浴缸	2		
沙發椅	2			毛巾	2		
菸灰缸、火柴	1			浴簾、浴簾桿、掛鉤	2		
茶几	1			地板	2		
床：（17）				天花板、抽風機	2		
壁畫	1			擦鞋布	1		
床頭板	1			備品盤	2		
床罩、床裙	2			共計	100		
床頭櫃	1			其他：			
床下地毯	2			窗簾			
電話	1			地毯			
筆記夾	1						

清理人員	內外	前段		中段		後段	

領班＿＿＿＿＿＿　檢查人＿＿＿＿＿＿　經理＿＿＿＿＿＿

第三節　個案研究

個案一

美國華僑劉先生下午回到旅館的房間後，稍事休息，心想明天就要回美國了，於是事先把一些雜物收拾好，整理一下行李。突然他發現，他在曼谷買的一雙小鞋子不見了，那雙盒裝的鞋子是用報紙包紮起來，置於行李架上。花了一番工夫怎麼也找不著，於是他想，或許是服務生整理房間時把它丟掉了，於是這位劉先生找來經理，向他訴說緣由：「這雙鞋子是前天我在泰國買的，由於款式新奇，所以打算買給我七歲的小兒子，作爲生日禮物，相當有紀念性。」客房部張經理答應爲他查這件事，於是召來服務員詢問相關事情。後來該服務員承認昨日打掃房間時，看到行李架上有包用泛黃的舊報紙包著的東西，以爲是客人包些不要的棄物，於是把它丟進垃圾袋裡去了！張經理即刻帶人到垃圾間，花了一番功夫翻開所有垃圾袋，卻遍尋不著，在沒有辦法之下，只好向客人深深致歉，並表示願意賠償。問題是，這是有紀念性的禮物，台灣也買不到這種款式的泰國風味的鞋子，顯然不是金錢所能解決的。

翌日，劉先生退房回美國去了，他抱著怨恨與遺憾的心情離開，儘管張經理給了他房租特別折扣作爲補償。

分析

一、這種事情原先是可以避免的，只要客房服務員多加小心，並且遵照作業規範行事，就不會發生此不愉快事件，這一事件的結果也賠上了旅館的聲譽。

二、張經理也相當有誠意解決此事，親自帶人至垃圾堆尋找，因爲垃圾車一天載一趟，他認爲來得及去尋找，雖然最後沒有找到，但至少客人可以瞭解到張經理的努力，事後，張經理也以特別房租折扣給客人，表現出十分的歉意與誠意。

三、旅館人員由於作業的疏忽，造成客人的損失，按常理只要賠償即可解決，但世上有些事情不是靠金錢就可以擺平，由於是有紀念性的東

西，是無法以金錢衡量的，從事旅館業的人員應引以爲戒。

個案二

三月的一天，參加完部門的培訓，服務員小雯剛回到樓層，同事就告訴她：「有位張先生請妳到1128房去找他。」

小雯敲了1128房的門。開門的是一位四十多歲的男子，小雯覺得他很面熟，卻又記不起他是誰了。客人一見小雯便說：「妳是小雯吧？謝謝妳將西褲幫我寄到台北，妳的服務眞的很周到。這次，我本想住九樓，可惜沒房間了。」

這時小雯才想起，兩個月前，洗衣房送回0903客人送洗的褲子時，房客張先生一早已經退房了。服務員小雯知道他很珍愛這件西褲，因爲在送洗之前他特意說過這是好朋友送的質料很好的西褲，還說要住幾天呢！可是只住了一天，張先生就退房了，客人走得這麼急，一定臨時有急事，要不然爲何連珍愛的西褲都忘記帶走呢？客人來自台北，而且這是第一次來高雄，下次還不知道什麼時候再來，怎麼辦呢？

小雯按飯店規定交房務辦公室，由職員將西褲寄給張先生。在郵寄西褲時，小雯還附加了一張卡片，祝他闔家幸福，工作順利。

張先生接著對小雯說：「那天我因有急事走得很匆忙，回家才發現褲子不見了，我都不記得遺失在哪裡了，正心疼不已。沒想到卻收到這份意外的驚喜。這次我到高雄出差順道來謝謝妳。這是兩百元，請妳務必收下，表示內心的謝意。」小雯不好意思地對張先生說：「這是我應該做的，歡迎您下次還是光臨本飯店。」

分析

對飯店服務而言，業界普遍認爲是一種即時服務，也就是一種與客人面對面的服務，當客人離開飯店，服務即告結束。

實際上，對飯店來說，除了做好面對面的即時服務外，飯店業也是有售後服務的。因爲對於出外的客人來說，如果離開飯店回到家裡或工作的地方，仍然能感覺到飯店送來的溫馨與關照，那種愉悅的心情是難以用語言來表達的，而且將回味無窮，客人由此對飯店產生的感情也會比僅在飯店享受服務要深厚得多。正因爲如此，本案例中的張先生才會藉出差機會特意從台北到高雄看望爲其寄褲子的服務員小雯。由於小雯提供出色的服務，也使得飯店多了一位潛在忠誠顧客。

個案思考與訓練

M旅館的房務員小秀已服務兩年了，並具備普通的英語會話能力。有一次，某房間有位中東來的客人把她叫到房裡。客人的原意是不久會有朋友來造訪，請她多準備一些飲料、杯子和冰塊。但因這位阿拉伯人講英語有很濃厚的土腔，還眞難會意過來。客人一再重複他的話語，爲了不敢得罪客人，小秀似懂非懂地離開客人房間去準備東西。

第十五章
房務部門的維護計畫

- 客房的維護計畫
- 公共區域的清潔維護
- 公共區域的清潔管理
- 個案研究

房務部門的清潔與維護範圍相當廣泛，除了整個客房區域外，公共區域的清潔與維護也是相當重要的。工作人員各司其職，祈能使旅館所有角落永保如新，既能招徠客人，也能使各項設備延長使用壽命，節省成本支出。由於人力的安排受到住房率、淡旺季之影響，保養維護的工作往往在淡季進行較為理想，以彌補平時工作的不足。惟實際上，旅館的配備繁多，且大部分不是一年保養一兩次即可的，必須有固定的時段及週期性保養。如何安排保養工作，主管應配合住宿狀況，仔細地安排，以便使工作效能極力發揮。

第一節　客房的維護計畫

客房保養維護是在做好日常清潔工作的基礎上，對房間內一些平時不需每天清潔而必須定期進行清潔保養的家具設備，如房門和家具打蠟、牆壁（紙）清潔、電話消毒、燈罩除塵、空調出風口的清潔等。擬訂一個週期性清潔計畫，並採取定期循環的方式，以保證客房家具、設備的清潔保養質量。

一、維護計畫的內容與安排

各旅館的計畫與時程雖不盡相同，但基本上都訂有每月、每季及每年的週期計畫。下面介紹的是旅館客房維護計畫的範例，如**表15-1**和**表15-2**。

二、維護計畫的實施與控制

為了保證維護計畫的落實，房務部門應製作「客房維護計畫實施日程表」，將必須清潔保養的項目載入表內（如**表15-3**），按照所記載的日程進行，以求徹底執行。

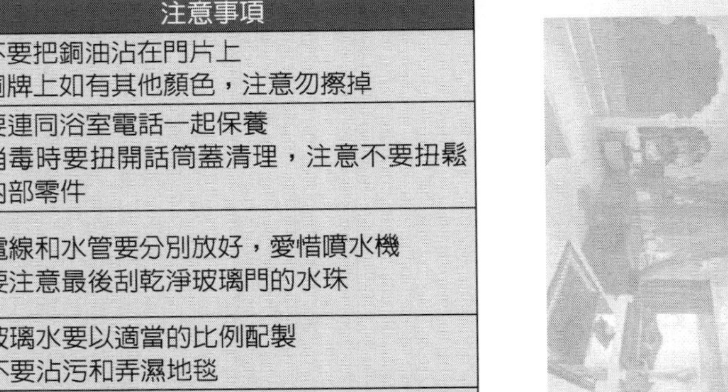

表15-1　房間清潔維護計畫表

名稱	耗時	每天工作量	循環週期	工具	質量要求	注意事項
房號銅牌	10分鐘／間	40間／天	一個月	抹布、銅油	發亮	1.不要把銅油沾在門片上 2.銅牌上如有其他顏色，注意勿擦掉
清潔電話 電話消毒	7分鐘／間 3分鐘／間	80間／天	一個月	萬能清潔劑、抹布酒精、棉球、鐵夾	清潔無污漬、無異味	1.要連同浴室電話一起保養 2.消毒時要扭開話筒蓋清理，注意不要扭鬆內部零件
露台牆、地板	25分鐘／間	16間／天	每季度	水槍、竹掃把、刷子、鏟刀、玻璃刮、地毯墊、酸性洗潔劑	1.牆壁乾淨無灰塵 2.磁磚無污漬明亮無塵	1.電線和水管要分別放好，愛惜噴水機 2.要注意最後刮乾淨玻璃門的水珠
抹露台玻璃門	10分鐘／間	40間／天	15天	玻璃水、玻璃刮、抹布	露台門明亮無水珠	1.玻璃水要以適當的比例配製 2.不要沾污和弄濕地毯
刷洗壁面	20分鐘／間	20間／天	每天	清潔劑、菜瓜布、抹布、洗潔劑、牙刷	乾淨無污漬	1.用清潔刷套上抹布均勻地刷掉壁面的灰塵和污漬 2.特別的污漬可用萬能洗潔精特別處理
刷洗冰箱	20分鐘／間	20間／天	每月	水桶、洗潔劑、抹布、菜瓜布	乾淨、無異味	1.預先把冰箱電源關上，可同時進行除霜 2.注意邊門封膠的清潔
吸燈罩灰塵	10分鐘／間	40間／天	每月	吸塵器、帶毛頭的圓吸頭	乾淨無塵	不能直接用吸管吸塵，以防止破壞燈罩
吸床下及邊角	10分鐘／間	40間／天	每月	吸塵器及各種吸頭	地毯疏鬆無雜物	床下吸淨、吸完邊角，將地面吸一遍
家具打蠟	40分鐘／間	20間／天	每季度	家具蠟、抹布	光潔亮麗	1.均勻噴灑於家具表面，用抹布均勻擦刷 2.浴室磚壁和大理石洗臉檯、地面需經清洗後，抹乾淨始能均勻塗上擦刷
洗回風口濾網	5分鐘／間	80間／天	每月	抹布	清潔無塵	抹淨封口邊緣，不要把灰塵沖進纖維內，待水乾後再裝好
洗出風口	10分鐘／間	40間／天	每季度	牙刷、抹布、清潔劑	無斑點、無塵	安裝較牢固的，可請工程部人員協助拆下，不可強用力扯下
翻床墊			每季度			一般安排與做床同時進行

表15-2　浴室清潔維護計畫表

名稱	耗時	每天工作量	循環週期	工具	質量要求	注意事項
洗抽風機	5分鐘／間	80間／天	每月	毛球刷、牙刷、抹布	乾淨無污漬	注意關機，用抹布抹乾淨機內的塵垢
洗馬桶水箱	10分鐘／間	40間／天	每季度	萬能洗潔劑、菜瓜布、毛球	乾淨無黃跡和沉澱物	1.水箱蓋一定要放在安全的地方，以免損壞 2.要注意小心洗刷，以免損壞內部機件
刷馬桶污漬	5分鐘／間	80間／天	每週	膠手套、舊菜瓜布、萬能洗潔劑、酸性清潔劑	無水鏽、無污漬	不要用新菜瓜布擦，以免損傷瓷面
刷洗牆壁	20分鐘／間	20間／天	每月	牙刷、菜瓜布、萬能洗潔劑、酸性洗潔劑	界線潔白，無水漬，無皂漬	1.先用萬能洗潔劑把界線刷白 2.注意用清水沖洗和擦乾
洗刷浴室地面	20分鐘／間	20間／天	每季度	牙刷、抹布、萬能洗潔劑	清潔無污漬	注意馬桶後的地面及排水孔的清潔
擦不鏽鋼具	10分鐘／間	80間／天	每月	不鏽鋼亮光劑、抹布	光亮無黏著物	擦鏡框、卷紙架、浴巾架、面巾架、皂盒、浴簾桿等不鏽鋼器物

表15-3　客房維護計畫控制表

完成日期／週期 項目	一月	二月	三月	四月	五月	六月	七月	八月	九月	十月	十一月	十二月
房號銅牌												
清潔電話												
電話消毒												
露台牆、地板												
抹露台玻璃門												
刷洗房間壁面												
刷洗冰箱												
吸燈罩灰塵												
吸床下及邊角												
家具打蠟												
洗回風口過濾網												
洗出風口												
翻床墊												
洗抽風機												
洗馬桶水箱												
刷洗牆壁												
洗刷浴室地面												
擦不鏽鋼具												

客房維護計畫的實施，進一步保證了客房服務的品質，然而計畫和週期的限制之外，必須靈活運用，因爲某些項目如果按原來計畫的日期和間隔週期進行清潔保養，難免出現不盡人意的地方。例如擦拭走道踢腳板，原計畫每星期抹一次。但有時在前次抹拭後不到一個星期，又積滿灰塵，如不及時抹拭，必然會影響整樓層的清潔衛生。爲了克服計畫上的這些不足之處，房務主管應實施「每日特別清潔工作」的做法來補充計畫的盲點。由樓層管理員在巡視檢查中，把發現的特別清潔項目記錄下來，臨時安排服務員去完成這些特別清潔保養項目。

第二節　公共區域的清潔維護

公共區域的範圍爲前場營業單位的大廳、會客區、餐廳（不包括廚房）、客用洗手間、客用電梯、樓梯、走廊、門窗、停車場，和旅館外的四周，以及後場非營業單位之員工餐廳、員工休息室、更衣室、洗手間、走廊、太平梯等。尤其前場的各區，裝潢陳設較爲細緻，是旅館的門面，代表旅館的形象，所以做好公共區域清潔的維護有著特別重要的意義。

一、公共區域清潔班的組織與職掌

公共區域清潔班是屬於房務部門中的一個單位，負責公共區域之維護。由於此區域大部分爲客人熙來攘往的場所，其清潔與否易爲來館內消費的客人注意，所以其責任之重大不言可喻。**圖15-1**爲公共區域清潔班設置圖。

(一)公共區域主任

■崗位職責

全面負責公共區域的清潔維護，其直接上級爲房務部副理。

■工作內容

1.制訂所負責工作的每月計畫和目標。

2.安排下屬班次，分派任務進行分工。

3.檢查下屬儀表儀容、行爲規範及出勤情況。

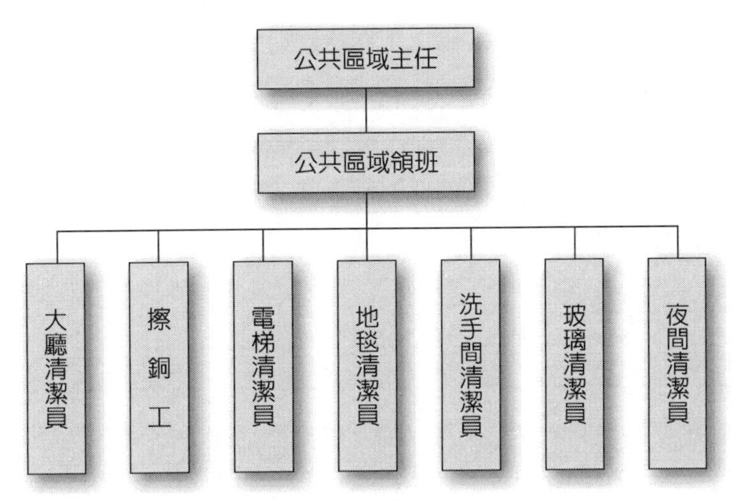

圖15-1　房務部公共區域清潔班設置圖

4.監督、檢查各崗位工作狀況，協調各環節的運作。

5.記錄、報告所有區域的工程問題並落實檢查。

6.檢查各班次的交班日誌和倉庫的清潔管理。

7.負責傳達房務部經理下達的指令，並向其彙報每日盤點的結果及特殊事件等情況。

8.與其他部門經常溝通、協調，密切合作。

9.定期對下屬進行績效評估，向房務部經理上報獎懲，並組織、實施負責部門員工培訓，提高員工素質。

10.完成上級安排的其他任務。

(二)公共區域領班

■崗位職責

督導公共區域服務員的工作，確保公共區域的清潔、保證清潔用品充足，其直接上級爲公共區域主任。

■工作內容

1.制訂每月公共區域清潔計畫。

2.檢查下屬儀表儀容、行爲規範及出勤狀況。

3.處理有關清潔服務和設備損壞的投訴並採取措施，加以糾正。

4.每天巡查所有負責區域，確保工作能達到要求的標準。
5.控制物品的消耗及設備工具的保養，並進行成本控制。
6.確定需維修的工程項目，並向上級提出建議。
7.安排下屬班次，分派任務並進行分工。
8.完成上級分派的其他任務。

(三)公共區域服務員

■崗位職責

負責整個旅館辦公室、服務區、員工區域的清潔工作。

■工作內容

1.根據工作程序和標準，清潔和保養所分派的辦公區、服務區、員工區域，包括：
(1)掃地、吸地、拖地。
(2)擦拭家具、裝飾物等設施上之灰塵。
(3)擦拭牆面、玻璃和鏡子。
(4)地面的打蠟磨光。
(5)清理垃圾桶及菸灰缸。
(6)各種電鍍物件表面的上光。
2.定期參加所分配的公共區域大清潔。
3.處理全館送至冷氣垃圾集中室之垃圾，並每日清潔室內，保持乾淨無異味。
4.在規定的日期內領取清潔用品。
5.向主管報告並交上客人遺失的物品。
6.向主管報告丟失、損壞之物品、設備的情況。
7.於宴會後執行臨時和日常任務。
8.完成上級交待的其他工作。

(四)公共區域洗手間服務員

■崗位職責

負責公共區域洗手間（化粧室）、員工更衣室的清潔和用品補充的工作。

■工作內容

1.按照工作程序和標準，完成公共洗手間、員工更衣室的清潔和用品補充工作。

2.上班後補齊用品，下班後統計每天的消耗量。

3.定期按照工作程序和標準進行大清潔，包括：

(1)空調出風口的清潔及地面的打蠟工作。

(2)在宴會後，執行臨時和日常任務。

4.完成上級安排的其他工作。

(五)地毯清潔員

■崗位職責

負責旅館所有區域的地毯清潔、維護與保養。

■工作內容

1.按照工作程序和標準，隨時對地毯進行清洗。

2.保持各種設備的清潔和正常運作。

3.完成上級交待的其他任務。

二、公共區域的清潔工作內容

公共區域的清潔保養工作與客房相較，其相異之處有：

1.公共區域的範圍分布很廣，舉凡旅館的大廳、走廊、各處通道、中庭花園、樓梯等，這些區域又是人潮匯集，活動頻繁的場所，其清潔狀況之良窳，常會給客人留下很深的印象。

2.公共區域的清潔保養工作繁雜瑣碎，且因人來人往，所留下來的腳印、菸蒂、紙屑、雜物以及洗手間之不潔物，都帶來作業上的困難；不但清潔人員必須有主動性，且業務督導更要不憚其煩，才能保證公共區域維持在要求的水準。

3.清掃使用的設備、器具與清潔劑的種類繁多，所以各清掃項目須由掌握技術的專業人員執行。例如旅館整棟大樓的外牆清洗、脫落大理石的嵌補等涉及高危險性與高度專業性，一般旅館都採取委託外包方式來處理，既可減低作業風險，也可以節省成本。這些也是公共區域在清潔工作上的特性。

(一)大廳的清潔作業

大廳是旅館門面，裝潢設施豪麗，配件飾物亦多，其清潔作業分爲每日工作項目與定期作業項目：

■每日清潔方式與項目

1.大廳正門自動玻璃門及旁門的擦拭。
2.大廳入口處所鋪設之墊毯的清潔維護。
3.樓梯的清掃及銅器扶手的擦拭。
4.大廳的柱面、壁面、辦公桌、沙發、茶几、欄杆、指示牌等要不斷地清潔，保持光亮明淨。
5.菸灰缸清潔及菸蒂隨時清除。
6.盆景花木的整理與擦拭。
7.公用電話及館內電話（House Phone）的擦拭。
8.大理石地面用靜電拖把拖淨。
9.地毯吸塵。
10.清除垃圾桶垃圾。

■每週或每月定期之清潔

1.外部玻璃擦拭（每週）。
2.冷氣出風口及回風口之清潔（每月）。
3.木器、地板之上維護蠟（每週）。
4.吊燈（Chandelier）之清洗（每月）。
5.太平梯之清洗（每月）。
6.天花板、裝飾燈之擦拭（每週）。

(二)電梯與自動扶梯的清潔

電梯也是使用頻繁，需要經常清理的地方。旅館的電梯有客用電梯、員工電梯、行李電梯及載貨電梯，而以客用電梯的清潔最爲重要，要求也最嚴格。

■電梯

1.旅館的電梯地面以大理石地面或地毯的地面兩種居多，若有明顯的雜物、泥巴應隨時清除。

2.電梯車廂內之壁面、鏡面、廣告欄、燈飾、天花板、通話器、欄杆及按鈕等的擦拭。

■自動扶梯

金屬部分應加以擦拭，扶手部分應無灰塵及污跡。

(三)客用洗手間的清潔

清潔進行之前應先把清潔之工具與用品準備好，例如菜瓜布、馬桶刷、玻璃清潔劑、潔廁劑、消毒水、乾濕抹布、拖把及除臭劑等。清潔標準則爲乾淨無異味，光鮮亮麗，備品如擦手紙、衛生紙卷、洗手乳液等供應充足。

■馬桶及小便斗

1.用潔廁劑少許倒入水中攪勻後，以馬桶刷洗刷馬桶內外及馬桶腳，並用水沖淨。

2.用海綿沾萬能清潔劑擦拭馬桶蓋、座墊並用水沖洗，接著用乾抹布把水抹乾，再用消毒毛巾對座墊進行消毒，最後把地拖乾。

3.小便斗清洗方法同上，如發現水鏽、水漬必須使用酸性清潔劑，否則水漬無法洗淨。要注意酸性清潔劑不能滴在地上，以免損壞地面。

■洗臉檯

1.先噴洗潔精在洗臉盆內，用菜瓜布來回洗刷，直至污跡洗淨爲止。

2.用濕布將檯面上之水滴拭乾，並用乾布將水龍頭及其他配件擦亮。

3.用擦鏡液把鏡面擦亮。

4.補充擦手紙、衛生紙卷及洗手乳液。

■室內清潔

1.地面以萬能清潔劑加水洗刷乾淨，尤其在小便斗之周圍特別加強。

2.用擰乾的拖把將地面拖乾淨。

3.大理石的地面要定期除蠟打蠟，使地面保持亮麗光潔。

4.空調出風口、牆角、如廁的隔間壁面及門等處，要保持無灰塵、無污跡。

旅館在洗手間入口門後面都附貼一張「公共清潔維護記錄表」（如**表15-4**），服務員在完成客用洗手間之清潔整理時，必須在表上填寫記錄，同時房務部主管例行巡查時，根據檢查狀況簽名以示督導，若有應加強處則記錄下來並加以追蹤。

(四)夜間清潔工作

有些工作白天不能進行，只有利用夜間來完成，才不致妨礙旅館的營業和觀瞻。夜間的清潔工作由夜班清潔人員執行，如果是委託外包清潔，也須配合旅館的要求時段，同時也受旅館主管的節制與監督。夜間清潔於晚間十一時至翌晨七時的時段內作業。夜間工作項目與工作成果受負責領班及夜間經理的督導檢查，工作的範圍則分前場與後場。前場包括營業區域的大廳、餐廳、吊燈、地面打蠟、天花板擦拭，以及各宴會廳、會議廳地毯的清洗等。後場則包括員工餐廳地面刷洗，走道、男女更衣室等之清潔，詳細清洗項目及週期如**表15-5**所列。

表15-4　公共清潔維護記錄表

公共清潔維護記錄表 年　月　日			
整理時間	清潔員簽名	清潔狀況	檢查人簽名
時　　分			
時　　分			
時　　分			
時　　分			
時　　分			
時　　分			
時　　分			
時　　分			
時　　分			
時　　分			
時　　分			
時　　分			
時　　分			
時　　分			

表15-5　夜間公共區域清潔工作表

範圍	工作要項	週期		
		每日	每週	每月
前場	大廳大理石拋光	1		
	大廳大理石地面打蠟		3	
	銅器擦拭	1		
	客用洗手間	1		
	餐廳出口處地面		1	
	大理石壁面			1
	天花板			1
	大廳吊燈			3
	冷氣出風口、回風口		1	
	洗樓梯地毯			2
	洗櫃檯內地毯			2
	自動扶梯的整理	1		
	電梯廂內吸塵	1		
後場	外圍四周玻璃		2	
	太平梯地面		1	
	洗員工餐廳地面	1		
	洗員工電梯地面	1		
	員工區走道清洗		1	
	員工區走道打蠟			1

第三節　公共區域的清潔管理

公共區域清潔狀況代表一家旅館的管理水準，在這些區域流動的客人，所見之處應爲光鮮亮麗、氣氛幽雅、無清潔死角。特別是洗手間的衛生乾淨，更被視爲整體旅館清潔管理的指標，假若它提供給人一種安全無慮、高級享受的訊息，整個旅館評價將大爲提高。因此，公共區域清潔標準的制訂與工作器具、各設施保養的計畫則是對清潔品質的一大保證。

一、制訂各項清潔工作標準

公共區域不但範圍廣大，其結構複雜多樣，性質也有所不同，必須爲各單一項目建立起清潔的標準。如下所列示：

(一)大廳清潔

1.天花板及各大小燈飾、裝潢配件無灰塵、無蛛蜘網或鏽跡，且功能正常。
2.壁面無污漬、無灰塵、無黏貼膠帶之殘跡。
3.地面無紙屑雜物、無污漬、無水濕及無鞋印。
4.電鍍器物、銅器、不鏽鋼光亮無手印、無灰塵。
5.休息區乾淨無塵，沙發淨潔無污漬，座墊平整，茶几內外上下無塵且上過蠟。
6.立式菸灰缸、茶几上之菸灰缸只要有一根菸頭即要傾倒。立式菸灰缸之菸桶內，廢紙不超過桶量之二分之一。
7.值班經理桌、訂席桌之桌面整潔無雜物，電腦外表清潔無塵。
8.掛畫清潔乾淨，尤其上沿無積塵，各種指示牌淨潔無污跡。
9.大廳地毯部分清潔無塵、無污鞋印。
10.盆景與花槽無菸蒂、紙屑、灰塵。
11.電話亭內外乾淨明亮，電話機無污漬。
12.窗簾、窗紗簾淨潔無積塵。

(二)櫃檯之清潔

1.檯面上下淨潔光亮，各種旅館簡介、宣傳品、文具排放整齊。
2.檯面上方燈光及裝飾乾淨無塵，功能正常。
3.內部地毯清潔、無污漬、無破損或起皺。
4.電腦外表乾淨無塵，外殼不呈泛褐。
5.牆壁明亮無塵，標示字樣（如Reception、Cashier等）之銅字乾淨明亮。
6.盆景之花色新鮮無枯萎狀。

(三)玻璃清潔

1.大門之自動玻璃門、邊門等要透明光亮，無手印、雜漬，功能正常，門軌上下無污漬、油漬。
2.門架、門框及飾板光亮無塵，無手印，上沿部分無積塵。
3.玻璃窗無污塵，窗框、滑溝無積塵。

(四)電梯之清潔

1.電梯門無手跡、無污跡。

2.電梯廂內天花板無塵、無蜘蛛網。

3.壁面廣告架乾淨無污漬手印。

4.壁面無塵、無手印、無污漬，如廂內設有扶手，則應乾淨不濕黏。

5.地面大理石光亮無雜物，如鋪設地毯則應無塵、無污漬、無雜物。

(五)洗手間（包括殘障洗手間）之清潔

1.天花板無灰塵、無污跡、不潮濕。

2.鏡面無水漬、明亮乾淨，邊緣之矽力康（Silicon）無霉斑或黑點。

3.燈飾內外乾淨，無雜物、積塵。

4.洗手檯無水漬、無毛髮，水龍頭座四周無青苔、霉斑或積塵。

5.馬桶及小便斗內外無污漬、馬桶蓋無鬆動，水箱開關功能正常，水箱無漏水，下水不堵塞。

6.廁位隔間板無污漬、無潮濕，內門鎖完好，衛生紙卷蓋完整無水痕、鏽跡。

7.地面乾淨不濕滑，排水孔正常無毛髮雜物阻塞。

8.排風口、空調出風口無積塵。

9.洗手乳液補充完整，乳液瓶外表乾淨。

10.擦手紙補充完整，紙箱外表乾淨不潮濕。

11.字紙簍隨時清理。

12.洗手間標示牌清潔不積塵。

13.殘障洗手間門是否易開、扶手是否乾淨。

14.女用洗手間內的廁座隔間裡應有專用衛生袋。

15.洗手間無任何異味。

二、制訂清潔保養計畫

旅館之公共區域清掃，在白天或夜間活動熱絡時段中，由於人來人往，所以應做重點的清潔擦拭。例如玻璃之擦亮、菸灰缸的清理、擦手紙的補充、銅器之擦亮、掛畫的擦拭、垃圾桶之清理、客用洗手間的擦拭、大廳地面用靜電拖把拖地等，都要做重複不斷地清理，不時地保持清潔乾淨。在白天或晚間熱鬧時段中的清潔工作應在安靜中進行，避免使用重型的清潔器械，以免妨礙客人安寧與行動，也有礙環境觀瞻。最常見的則是清潔人員攜著裝有清潔用品的籐籃到處做重點式的保養維護。**表15-6**所列者爲一公共區域保養計畫之範例。

三、地面保養與工作器械維護

地面的保養維護分爲硬質地面與彈性地面，各以不同的器械操作進行，所以對這些重型器械的保養維護與工作的執行是一體兩面的，如果器械保養得當，則工作進行順利，無形中也減少修護的成本。

(一)硬質地面的清潔和保養

硬質地面（木板除外）爲較有耐久性之地面，但質地硬，易於發出響聲，所以旅館的營業場所必須以彈性軟質地面加以調和。硬質地面之特徵爲：

1.外觀視覺與實質表面都感覺涼冷。
2.能夠避免蝨蟲、白蟻之類的害蟲寄生。
3.不會腐蝕。
4.具防火性。
5.易於清理。

硬質地面包括混凝土、水磨石、大理石、瓷磚等，主要鋪設於大廳、台階、洗手間、庫房、洗衣房及員工活動區。

不須打蠟的硬質地面清潔較爲容易，每天只需用拖把拖一遍或用擦地機擦洗一次即可。

大理石、花崗岩之類的建材，對旅館而言，尤其是高檔豪華的旅館，會增加其窗明几淨、玲瓏剔透的高級感，對整體裝潢、環境氣氛、舒適感起了很大的作用，所以其保養就非常的重要。茲說明如下：

■**標準**

1.大理石地面應避免受潮，避免使用酸劑、強鹼，忌油脂。
2.必須上水性底蠟，以封閉其細微的縫隙和提高牢度。日常清潔保養應使用水性拋光蠟。

表15-6　公共區域清潔計畫表

樓層	場所別	清潔保養範圍		清潔標準	負責班次	週期保養項目		
		公共區域	營業區域			使用工具	每週	每月
二樓以上至頂樓	客房樓層	太平梯地面銅條、燈具、扶手、窗戶、窗框	走道地毯（視情況委託外包）	銅條光亮，燈具無積塵	早班負責 07:00-16:00			窗戶窗框每月一次，銅條每月兩次
	各樓餐廳	客用電梯前場所、電梯門、男女賓客用洗手間、員工用洗手間、太平梯、古董、裝飾品、花台、客用樓梯掛畫、牆壁、銅製扶手	營業廳內地毯每晚吸塵一次，玻璃每天擦拭，出菜區清掃	清潔亮麗、無積塵、洗手間無異味	早班 07:00-16:00 午班 14:00-23:00 共同負責由領班指派	大型吸塵器乙部	出風口清理	燈具、木器每月上一次家具蠟
	各會議廳 各宴會廳	太平梯、出菜區、備餐區、客用電梯前活動區、大理石壁面及地面、男女客用洗手間、員工用洗手間、儲藏室、更衣室及洗手間，每晚將客用電梯廂內地面大理石拋光一次，並清潔廂內木器、掛畫、玻璃、出風口、公用電話	營業廳內地毯每晚吸塵，舞台木質地板每日清掃，四周木器、燈具、花台之擦拭	舞台保持光亮，木器無積塵，地面乾淨無雜物，地面不滑溜	早班 07:00-16:00 午班 14:00-23:00 共同負責由領班指派	大型吸塵器乙部	木質地板打蠟、出風口清洗、木器	燈具每月一次，水晶吊燈每三個月清洗一次，辦公室地面每月打亮一次，牆壁每月擦拭一次
	附屬設施之樓層，如健身房、三溫暖、美容室、休息室、更衣室等	客用洗手間、淋浴間、更衣室、地面、窗戶、燈飾、立式菸灰缸、掛畫、出風口	營業廳內地毯夜間吸塵，三溫暖、美容室及健身房每日擦拭及清洗	菸灰缸經常保持乾淨、大理石壁面保持光亮、乾淨無塵	早班、午班共同負責，由領班指派	大型吸塵器、打蠟機	客用洗手間壁面、出風口清理	地板每月打蠟一次 大理石壁面 燈飾

（續）表15-6　公共區域清潔計畫表

樓層	場所別	清潔保養範圍		清潔標準	負責班次	週期保養項目		
		公共區域	營業區域			使用工具	每週	每月
一樓	大廳、咖啡廳	大廳正門、兩側玻璃、大廳大理石地面、咖啡廳地面、值班經理及訂席桌、工商中心、燈飾、掛畫、男女客用洗手間、殘障用洗手間、門口台階、停車場、大廳前車道、客用電梯前廳	大廳內地毯吸塵，大廳地面每晚拋光（白天上、下午各一次拖乾），咖啡廳地面每晚濕拖一次，定期除蠟	大理石地板保持光亮，玻璃無塵、無手印，銅器光亮，不鏽鋼每日擦拭，大廳前車道清潔無雜物	早班、午班共同負責由領班指派	靜電拖把、打蠟機、高速拋光機	不鏽鋼器噴灑不鏽鋼亮光劑，用乾布擦亮。出風口、外部玻璃每週擦拭兩次	燈具每月、水晶燈每三個月清洗一次，窗簾每月清理一次，天花板每年清理一次，家具每月上蠟一次
B樓層	員工餐廳、員工休息室、進貨入口、大樓四周圍	男女員工洗手間、垃圾冷藏庫、員工餐廳地板、員工休息室地面、進貨入口、驗貨區地面（每月清洗兩次）	停車場	員工生活區地面每日上午、下午各一次濕拖，每日清洗一次。員工洗手間每天夜間徹底清洗一次，白天清理兩次。大樓四周每天清晨及下午各清掃一次	由領班負責指派人員清掃	打蠟機	員工生活區各出風口（洗衣室、辦公室）	天花板每三個月擦拭一次
	男女員工更衣室	男更衣室、女更衣室		菸灰缸保持乾淨、無雜物，垃圾桶每日清理一次，鏡面光亮，地面乾淨無塵				
備註	1.客用洗手間利用夜間做一次徹底清潔，於白天則每三十分鐘專人負責查巡一次，隨時保持乾淨。 2.客用電梯除夜間清潔外，白天也要有專人擦拭。 3.餐飲部地毯視情況清洗，定期清洗則每三個月一次，年度清洗一次。 4.辦公室清潔於下午班進行。 5.大廳外部玻璃每月清洗擦拭兩次。							

3.避免使用粗糙東西磨擦，以免造成永久性損傷。

4.避免使用砂粉或粉狀清潔劑。

■大理石地面首次清潔上蠟流程

1.準備工具：

(1)拖把（濕拖、落蠟拖）。

(2)橡膠刮刀。

(3)吸塵器。

(4)地濕防滑顯示牌。

(5)中性清潔劑。

(6)打蠟車。

(7)水性底蠟、面蠟。

(8)拋光機（1,500轉／分鐘）。

(9)掃帚。

(10)畚箕。

2.用掃帚和畚箕將地面上大的建築垃圾、髒物、尖利的物品清理掉，掃乾淨。

3.濕拖。操作時應注意：

(1)先用中性清潔劑、拖把和帶拖把絞乾器的桶。

(2)立起「地濕防滑」警示牌。

(3)將拖把頭浸入清水桶中，濕透、絞乾抖開後使用。

(4)用後退式拖地方法，注意不要擦到牆上，待中間完成後再拖淨牆沿。

(5)注意經常清潔拖把，並及時更換清水。

4.除漬：用抹布、橡膠刮刀、中性清潔劑去除附著在地面上的污漬和水泥等，儘量使用清水和抹布擦洗，若除不掉，則用橡膠刮刀輕輕剷除。

5.用拖把或抹布拖乾、抹淨地面。

6.待地面徹底乾透後，開始上底蠟。

7.上底蠟。操作時應注意：

(1)用落蠟專用拖把（落蠟拖）在乾淨地面上布蠟。由遠及近，左右循環地進行。手法要一致，幅度要大，上蠟要薄且均勻。

(2)待蠟層上完後（約半小時），用拋光機輕輕打磨，以使蠟層更為堅硬和平滑。再上第二遍蠟，底蠟。完全入蠟需十二至十六小時，再用拋光機輕輕打磨。

(3)打底蠟時，最好迎著光線操作，以看清蠟道。一般使用水性底蠟。

8.上面蠟。方法與上底蠟基本相同，應使用水性面蠟。

9.待面蠟入透後，用拋光機（1,500轉／分鐘）進行高速拋光。

■日常保養

1.準備工具：

(1)方型拖把。

(2)靜電除塵水。

(3)吸塵器。

(4)擦洗機（200轉／分鐘）。

(5)去蠟水。

(6)乾濕兩用吸塵器。

(7)小刮刀。

(8)畚箕。

(9)掃帚。

2.用掃帚和畚箕清除大的垃圾，用中性清潔劑去除污漬，頑固斑漬可用小刮刀輕輕去除。

3.用方型拖把噴上靜電除塵水，拖地時應注意：

(1)從一頭開始拖地，平行地來回往復，行進中不能抬起推頭。

(2)拐彎時，拖地作180度轉向，始終保持將塵土往前推。

(3)塵土積到一定程度時，應將其推至一邊，用吸塵器吸除。

(4)拖地完後，應刷淨或洗淨，推頭向上擺放。

4.局部拖地去除不掉的髒跡和一些走動較多的地方，可使用噴潔蠟噴至髒處，並立即磨光，使髒物被擦洗盤吸收。

5.磨光後要用拖把清潔地面。

6.當地面看上去變得較暗或沾塵，則需要徹底除蠟，重新上蠟，此過程大約爲二至六週。

7.除蠟。應注意：

(1)拉上警示線或樹立警示牌。

(2)用拖把將去蠟水均勻分布在地面上。

(3)從一端開始，逐段地磨洗，洗後當殘液尚未乾時，即用拖把或乾濕兩用吸塵器除去。

(4)用小刮刀輕輕刮去牆邊角的陳蠟。

(5)一定要用清水漂洗乾淨，爲中和去蠟水的鹼性，可在最後一遍漂洗時加入適量的醋酸。

8.上水性面蠟。

9.拋光。待地面乾透後用拋光機（1,500轉／分鐘）拋光。

(二)彈性地面的清潔保養

彈性地面是指比硬質地面要軟一些的地面，像半硬（Semi-hard）質地的橡膠（Rubber）、軟木（Cork Tiles）、乙烯基石綿（Vinyl Asbestos）、韌性乙烯基（Flexible Vinyl）及軟質的地毯等，但並不一定是有彈性的。一般鋪設在客房、辦公室、會議室、餐廳、電梯間、走廊等地方。

橡膠地面有吸音的優點，但價格較貴，同時容易受油質、空氣、熱和光的損壞，也會出現壓痕。

軟木地板是價格昂貴且不容易保養的地板，也容易出現壓痕，經常會被油污和潮濕所損壞，需用環氧樹脂密封。

乙烯基質材地面很貴，但卻是一種抗力很強的材料。

地毯具有舒適、美觀、保溫、吸音和防滑等優點，並能以自身的色彩、圖案和質地美化環境和渲染氣氛。它被廣泛地用於客房、餐廳、會議室、辦公室、電梯廂地面、通道等場所。

茲將硬質與半硬質地板的各種質材之屬性按溫熱感、安靜性、各種抗性詳列如**表15-7**。

地毯的清潔方法一般分爲兩種，即乾洗和濕洗：

1.乾洗：是用乾泡洗地毯機把乾洗劑射入地毯纖維間，機器底部有一個圓盤刷，在泡沫中旋轉刷洗。乾燥之後，要用強力吸塵機將清潔劑的殘餘量吸走，地毯即算洗淨，但如果殘餘量沒有吸盡，就會髒得更快。

2.濕洗：用洗地毯機將大量經稀釋後的清潔液滲入地毯，由機器帶動刷盤在纖維上旋轉刷洗，而後將污水吸除。這種洗滌的效果較好，但洗後地毯濕度大，不能投入使用的時間長，一般需要隔夜才會乾。此外，如果刷洗不當，浸泡過頭，還會皺縮、發霉和積垢，反而縮短地毯的使用壽命。

表15-7　各種地板質材屬性表

區分	地板質材	溫熱感	安靜性（抗聲響）	抗性			
				抗滑	抗磨（耐磨）	抗水性	抗壓
硬質地板	瀝青地磚	普通	普通	好－普通	很好	很好	普通－不好
	陶瓷地磚	很不好	很不好	好－普通	很好	很好	很好
	水磨石 大理石	很不好	很不好	好－很不好	很好－普通	好	很好
	硬木地磚	好	不好	好－普通	很好－普通	不好	好－普通
半硬質地板	軟木地板	很好	很好	很好	好－普通	很不好	很不好
	橡膠地磚	好－普通	很好－好	好	很好－好	好	好－普通
	乙烯基石棉磚	普通－不好	不好	好－普通	好	好	普通
	乙烯基韌性磚	好－普通	好	好－普通	很好－普通	很好－普通	好－普通

註：地板質材屬性分爲五等：很好、好、普通、不好、很不好。

專欄15-1

打蠟機與高速磨光機

所謂打蠟機是指轉速每分鐘175轉至350轉的機械而言。而轉速在1,100轉至2,500轉之間的打蠟機稱為高速地面磨光機。

在清洗地面或是除蠟時，若使用低轉速打蠟機，則較有打磨地面髒物的能力，且碰到水時也不會將水濺飛起。而高轉速之磨光機則是以刷盤壓力與高轉速來增加地面樹脂蠟硬度、亮度的一種機器。經過此一高速磨光機打磨之後的地面，亮度大增，這是低轉速打蠟機所做不到的。

最理想的洗地毯方法是蒸氣清潔法，但需要特殊的設備，這種設備也可以用來清洗硬質地面。蒸氣洗地毯機的價格非常高，非一般旅館所能購置。

地毯的保養最重要之處在於吸塵，每天至少要用吸塵機清掃一次，把砂子和一切足以損傷地毯纖維的雜質吸走，就可延長使用的壽命。同時要及時除去斑點，一旦發現斑點，必須在當天清洗，否則污跡的顏色染進地毯，乾了之後就再也洗不掉了。

(三)工作器械的維護

公共區域面積廣泛，設施各式各樣，因此必須使用不同的器械來清潔。好的器械爲省時、省力、省成本且效果好。房務主管有責任選取理想的清潔器具。清潔器械大致有下列幾種：

1.吸塵器。
2.乾濕兩用吸塵器。
3.吸水機。
4.打蠟機。
5.高速磨光機。
6.洗地毯機。
7.貼地式吹風機。
8.除濕機。

■如何選擇好的器械裝備

清潔用的裝備通常是價格昂貴的，如果不善加利用的話，可謂是成本上的浪費。那麼在選擇使用時應把握下列重點：

1.使用安全的考量。
2.易於操作使用。
3.良好的功效。
4.省時又省力。
5.機件堅固耐用。
6.設計精良，大小及重量適中。
7.多功能性。
8.易於攜帶或搬運。
9.噪音小。
10.易於存放。
11.好的維修服務。
12.產品所屬廠商良好的信用與商譽。
13.操作成本（例如不耗電）。

專欄15-2

吸塵器的使用與保養

吸塵器是房務部服務人員每天工作不可或缺的清潔工具，用以清除房間、樓層走道、公共區域地毯的塵埃。一部正常運作的吸塵器，將有助於工作效率與品質的提升，所以服務人員必須瞭解正確的使用方法與保養的常識，以延長機件的使用壽命。

一、吸塵器使用時的注意事項

1.使用前仔細檢查電線、插頭有無破損，以防止漏電，並注意電線是否繞好，以防絆腳。

2.只能吸灰塵、毛髮、皮屑或碎紙，不能用於吸除螺絲釘、金屬粉末、小石塊、大片紙張、布片及較大體積物體，以防止損壞機器、堵塞吸管和吸頭。

3.吸塵器每次使用的連續時間不要超過一個小時，避免機身因過熱而燒毀。

4.使用中，若漏電或機件溫度過高和有異常的聲響，應立即停止操作，關機檢修。

5.吸塵器使用中避免碰撞，用完後放在乾燥的地方。

二、吸塵器使用後的保養

1.首先要把吸塵器推到工作間裡，取出塵袋。

2.把塵袋取出後，倒掉灰塵，然後放回袋箱（另外有些機種的作法是把塵袋整袋丟棄，直接更換新袋）。

3.用抹布把吸塵器的機身內部、濾網和吸頭擦拭乾淨，再抹乾淨吸塵器的外殼。

4.每星期採取吸塵器互吸方法，徹底把塵袋裡灰塵吸除乾淨（如屬更換新袋機種則可不必要此步驟）。

5.吸塵器切忌放在潮濕的地方或積水處。

6.定期進行保養和檢修。

7.每次用完後要放回指定位置放好。

■裝備的維護

工具性能的好壞，只有使用單位才知道，因此房務部的各級主管在充分的選擇之後，對裝備要多加愛惜保養。也就是說，對實際操作的服務員要有良好的操作訓練，而主管們則要做好督導的工作，讓服務人員確實遵循：

1.正確的使用方法。
2.工作完後要按規定存放。
3.要經常擦拭，使機件內外保持乾淨。
4.器械有任何瑕疵、缺陷，要儘速報告主管。

此外，對機件裝備給予貼上標籤編號，以辨識不同的組別或工作區域，較易於管理。

四、防疫與消毒

旅館的清潔與衛生是相當重要的一環，爲了保障客人與員工的健康安全，旅館的所有環境，無論前場的客房、餐廳、公共區域，或是後場辦公室、員工餐廳、活動區等各個角落，都要做好防疫與消毒工作。

首要工作就是消滅病媒與細菌的孳生。常見的害蟲有蟑螂、蚊子、蒼蠅、老鼠、蝨子、螞蟻、蛀蟲等，旅館必須做好撲滅與防止其再生的預防工作，其做法說明如下：

1.預防蟲害孳生，最直接的方法就是消毒。通常客房每月消毒兩次，廚房及各公共區域每月兩次；在夏季，可視情況將廚房及公共區域改爲每月三次。
2.消毒的時間，客房部可以在白天進行，餐飲部門及公共區域利用夜間打烊後進行較妥。廚房或儲藏室在消毒前，務必把餐具或儲藏物覆蓋好（可利用報廢床單、桌巾），以免沾染所噴出的藥劑。
3.實施隔絕措施，以防止外蟲入侵，所以旅館之外圍區域如花園、綠地、停車場、排水溝等都要做好預防處理。
4.按環境保護法令要求，排放旅館廢水要經過廢水處理程序，淨化後才能排到下水道。
5.冷藏垃圾儲藏室至少每天要清洗一次，廚餘的擺放要加蓋，並應儘速處理移走。

在進行全館消毒前，房務部門應做好前置作業，發文通知各相關單位，說明消毒的時間與消毒區域分布。

另外，旅館之營業場所衛生管理也必須符合法令規定。觀光局每年對國際觀光旅館的定期檢查，衛生項目被列爲重要檢查項目（詳如**表15-8**）。另外，各縣市政府的統一聯合稽查裡，其中環境衛生的檢查分別由環保局和衛生局主導檢查：

1.環保局檢查事項：違反環保法令者。

2.衛生局檢查事項：

(1)室內光度違反規定標準。

(2)室內換氣或溫度調節不符規定。

(3)應有之工具、毛巾消毒設備不符規定。

以台北市政府爲例，基本上要求國際觀光旅館的住宿衛生條件如下：

1.供客用之盥洗用具、毛巾、浴巾、拖鞋等用品，是否洗淨消毒。

2.牙刷、梳子、刮鬍刀不得共用或重複使用。

3.客用之被單、床單、被套、枕頭套等寢具，應於每一客房使用後換洗，並保持清潔。

4.走廊、房間、浴室、廁所、樓梯之照度應在五十米燭光以上。

5.客房內冰箱飲料、食品的保存年限是否在期限內。

6.旅館衛生標示應涵蓋下列內容：

(1)請勿大聲喧譁。

(2)請勿攜帶寵物入內。

(3)患有傳染性疾病者，請先行告知服務人員。

(4)住宿、休憩中若有任何不適，請立即通知服務人員。

(5)本場所若有任何待改進事項，歡迎立即向服務人員反映（並標示服務人員姓名及聯絡方式）。

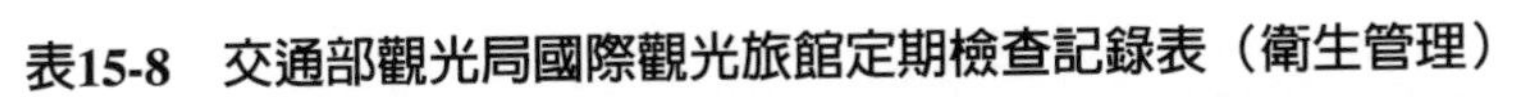
表15-8　交通部觀光局國際觀光旅館定期檢查記錄表（衛生管理）

年　月　日					
旅館名稱：					
檢查項目		檢查結果			備註
		符合規定	不合規定	不合規定事項	
營業衛生管理	1.從業人員健康檢查				
	2.水質檢測				非自來水者需備水質檢測報告
	3.病媒防除				
	4.儲水池（塔）				
	5.空調系統冷卻水塔之清洗與消毒				
	6.採光照明				
	7.客房衛生				
	8.理燙髮美容室				
	9.游泳池（三溫暖）				現場檢測餘氯量： 酸鹼値：
	10.夜總會（空氣品質）				
	11.廚房及餐廳衛生				
	12.公用廁所衛生				
	13.協助衛生宣導				是否設置衛生宣導資料放置架或櫃
	14.辦理自主衛生管理				
	15.其他				
檢查單位及人員簽章： 受檢旅館代表：					

第四節　個案研究

個案

奇特公司的丁協理一行五人來到A飯店，準備參觀一下開會場地，因爲該公司下個月要舉辦一連三天的訓練講習。

丁協理在飯店業務部林主任陪同下，前往大會議廳參觀，由於場地寬敞，剛好符合這次大型講習會人數的要求，且大會議廳格局、裝潢和設施都令人滿意。林主任也胸有成竹地準備接下這個案子。不過，丁協理與隨行人員始終覺得有點不對勁的地方，原來這裡不時傳來陣陣些微的怪氣味，似乎是霉味吧！弄清楚後原來是發自地毯上的怪味。

「好吧！謝謝林主任的解說，我們會好好考慮。」自此以後，奇特公司的人再也沒有和林主任聯絡，後來林主任才知道，這筆生意已被別家飯店接走了。

分析

一、客人都是敏感而挑剔的，而這些敏感也都來自合理要求的權利。由於會議廳地毯所發出的霉味，證明該飯店的地毯缺乏經常性的清洗保養，日積月累，難免會發出怪氣味，終於使幾乎到手的生意，功敗垂成。

二、接案的失敗應該歸咎於該區負責清潔地毯的人員，包括主管與基層同仁。因爲地毯的清潔保養有定期與不定期，而大面積的廳堂經常舉行會議或宴會，必須經常清洗以使地面乾淨而無異味，這是負責地毯清潔人員的責任。這種疏失而致使飯店失去接洽一筆大生意的機會，實在相當可惜。

三、業務部林主任應主動保持與丁協理的聯絡，假若奇特公司雖已訂妥別家飯店，如尚未完全定案，只要靠著林主任的努力爭取，必要時飯店高層人出面請託洽商，仍有挽回的可能，但先決條件是向客人保證地毯及其他方面的乾淨無異味。要是已經無法挽回了，起碼丁協理也已知道A飯店人員改善的誠意，那麼下次接洽的機會仍然很大。

個案思考與訓練

S旅館周圍的所有路燈桿常被一些售屋廣告貼得滿滿地，其紊亂景象與旅館的外庭景觀顯得很不協調。於是公共區域清潔員老陳被吩咐拆除所有路燈桿上的廣告，並且須每天巡視一次，遇有廣告，就當場拆下，以維護旅館周圍之景觀。有一天，老陳照常巡視路燈，並拆卸一些新推案的售屋廣告，但很不巧地，此舉被售屋廣告人員撞見，於是起了嚴重的口角。由於老陳受到威脅，於是將整個情形報告給客房部經理，希望能做適當處理。

第十六章 館內服務

- 客房日常接待服務
- 客房餐飲服務
- 管家服務
- 接待服務中的特殊狀況處理
- 金鑰匙服務
- 個案研究

客房所提供的各種服務，是旅館服務的重要組成部分，不僅爲住客提供全天候的服務，而且在很大程度上表現出旅館的服務水準與品質。客人一旦進住客房裡，所享受的各項服務都在樓層中完成，服務員不但要在工作中做到「賓客至上，服務第一」，更要掌握服務的要領和服務技巧；在服務過程中，要化被動的服務爲積極圓滿的服務。「在第一次做一件事的時候，就把這件事做好。」這是印在維也納馬里奧特（Marriott）旅館《品質手冊》封面上的一句口號，如果旅館的服務訓練良好，服務員對客人服務殷勤而有耐心，讓客人感到親切與安全，願意下次再來，則表示旅館的服務受到肯定。

第一節　客房日常接待服務

爲了使客人在旅館住得稱心如意，日常服務工作便是展現服務水準的關鍵，而服務的不二法門便是正確與迅速。須知客人外出旅行，首先要求的便是感受「安全」，然後才會有「信任」、「親切」，最後才是「愉快」、「舒適」。所以服務的任一環節出錯，引起客人的不便與抱怨，則之前所有的諸種努力也會一起付諸流水。

一、迎送客人的服務

無論迎客送客，服務員應以誠懇的態度歡迎及送別客人。茲分述如下：

(一)迎客服務

在一般國內外的旅館，這項工作都由行李員負責，客人在前檯分配房間後，行李員就幫客人提行李，引路到客房裡。客房的房務員在大廳櫃檯旅客遷入繁忙中，行李員無法陪同客人進入樓層，才按規範要求，帶引客人到房間。

房務員引領客人進入房間的程序如下：

■客人到達樓層

客人走出電梯，房務員微笑相迎問好，問清楚客人之房號，接過客房鑰匙核對房號。

■帶房

房務員應主動幫助客人提行李，貴重物品由客人自己拿，並禮貌地說：「X

先生，請往這邊走。」注意用客人的姓氏及「請」的手勢。給客人帶引時，房務員要走在客人側前方二至四步左右，遇拐彎時向所行方向伸手示意。

■房間設備介紹

房務員到達客房門口後輕微敲門或按門鈴，開門後，打開電燈總開關旋即退到房間一側，用手示意請客人進房間。隨後簡短扼要地介紹房間設備及門後的火警逃生路線圖，對一些特殊設備最好向客人提及，例如電視收看分爲付費和免付費頻道，要禮貌地告知客人；因爲實務上的經驗得知，有些客人在退房結帳時，突然多出一筆費用，而爲之錯愕，引發客人不悅或糾紛。服務員在離房時記得敬告客人外出時鎖好門窗，睡覺時扣上安全鍊，最後向客人說：「如有需要，請撥服務電話XXX，我們二十四小時爲您服務，祝您住宿愉快，再見。」向客人行禮退出房間，輕輕地把門關上。

(二)送客服務

客房服務員必須以迎客時的熱情態度做好送客服務，才能使客人覺得服務良好，下次樂意再度光臨。客人退房離店的工作需要房務員、行李員、客房服務中心等協調一致，共同做好。

■做好送客的工作

客人退房時應立即通知行李員爲客人提行李。送別客人時房務員站立於電梯口一側，向客人親切告辭：「X先生，再見，歡迎您再來！」或說：「祝您旅途愉快，一路平安，再見！」

■客人退房之檢查工作

房務員要迅速查房，注意下列要點：

1.檢查客人有否遺留物品，如發現應速通知前檯，及時送給客人，若已來不及，則做好登記，由房務中心保管處理。
2.檢查房間設備是否完好，各種物品是否齊全（消耗品除外），若房間有嚴重損壞或物品丟失，立即通知大廳值班經理，必要時通知客人賠償。
3.檢查迷你吧酒水、食物耗用情形，如客人臨走前用過，又沒有帳單，應馬上通知前檯出納立刻入帳處理。
4.發現異常狀況，要維持現場並立即報告主管。

檢查完畢，一切正常，服務人員即可進行清掃客房工作，以恢復客房可出售的OK狀態。

二、日常接待服務

日常的接待服務隨著客人不同的需求而呈現多樣化服務，是一種較爲細緻的工作，服務員不可掉以輕心，必須在確認自己瞭解客人意思下進行，一方面能使工作順利圓滿，提高服務品質，一方面避免日後無謂的麻煩。

(一)洗衣服務

國際觀光旅館大部分自設有洗衣房，負責住客及旅館所使用之布巾、制服之洗滌工作。作業分爲水洗、乾洗、熨衣（整燙）（如**表16-1**、**表16-2**、**表16-3**）與縫補。在作業時間上又分爲普通洗（Regular）與快洗（Express），分述如下：

1.客人要求衣物送洗的方式有兩種，一種是客人一早即外出而把送洗物裝在洗衣袋，同時附上填好的洗衣單擺置於床上，以待服務員收取；另一種是客人在房而要求衣物送洗。無論哪種方式，洗衣單的塡寫和客人認可簽字是必要的。
2.服務員要仔細核對送洗物的種類、數量，檢查口袋內是否有東西、鈕扣

表16-1　水洗單

0005940

LAUNDRY（水洗）

Be Our Master, Not Guest

DATE:________________

NAME	Please indicate service required:
ROOM NO.	EXPRESS ☐Items collected before 11:00 a.m. will return by 3:00 p.m. (same day)
MARK	A 50% Express Service Charge will be added
TOTAL PIECES	REGULAR☐Items collected before 11:00 a.m. will return by 8:00 p.m. (same day)

NOTE: Please list the quantity of each article. Unless on itemised list accompanies the articles, our count will be accepted as correct. The Hotel will not be liable for any claims in repect of articles not returned within the above stated time limit. Claims for loss or damage are limited to ten times the amount charged for service. All claims must be made within 24 hours after the finished articles are returned and must be accompanied by the original laundry list. The Hotel cannot be held responsible for any damage resulting from the normal laundry process nor for the loss of buttons, ornaments, or anything left in pockets. Any extra work such as pleating etc. will be charged separately.

備註：
1.請詳列所洗每類衣物之數量，以便核對。
2.所洗之衣物，必須連同一份書面列明之洗單據，否則當以飯店所點之數量爲準。
3.如所洗衣物之起貨時間有所延誤，飯店將不負任何責任。
4.如所洗衣物需要賠償，其賠償之最高金額爲不超過所洗衣物之價目十倍爲準，唯此要求必須在收到衣物後之二十四小時內提出，並有該被洗壞衣物之單據。
5.所洗之衣物內如有任何貴重物品或紐扣鬆脫，飯店概不負責。
6.在正確之洗衣程序下，若衣物有所損壞，飯店概不負責。
7.一切特別衣物之服務，如打摺，價錢另議。

Guest Count	Hotel Count	Gentlemen	PRICES NT$	Item Total	Guest Count	Hotel Count	Ladies	NT$	Item Total
		Shirt 襯衫	85				Dress (1-piece) 單洋服	226	
		Silk Shirt 絲襯衫	141				Suit (2-pieces) 薄套裝	294	
		Sport Shirt 運動衫	86				Shirt 襯衫	75	
		Safari Suit(2-Pieces) 青年裝	258				Skirt 西裙	129	
		Coat or Jacket 夾克	194				Skirt. Full Pleated 全摺裙	235	
		Trousers 西褲	151				Coat or Jacket 上衣	215	
		Pajamas (per set) 睡衣褲	151				Pants 西褲	140	
		Dressing Gown 長睡衣	151				Morning Gown 長睡衣	140	
		Short Pants 短褲	86				Pajamas (per set) 睡衣褲	140	
		Under Shirt 內衣	32				Slips 襯裙	87	
		Under Pants 內褲	32				Brassiere 胸罩	43	
		Socks 襪子	32				Panties 內褲	43	
		Handkerchief 手帕	22				Scarf 絲巾	51	
		Overalls 工作服	265				Stockings 長絲襪	43	
		T Shirt 外用套衫	86				Handkerchief 手帕	21	
		Jeans 牛仔褲	151				Gloves 手套	54	

THIS FORM MUST BE COMPLETED AND SIGNED BY THE GUEST

5% Government Tax included		
Sub Total		
Plus 50% Express Charge		
Plus 10% Service Charge		
Grand Total NT$		

Guest's Signature ________________________

Laundry Dept. 洗衣部

表16-2 乾洗單

DRY CLEANING（乾洗） № 0012792

Be Our Master, Not Guest

DATE:

NAME	Please indicate service required:
ROOM NO.	
MARK	EXPRESS ☐ Items collected before 11:00 a.m. will return by 3:00 p.m. (same day) A 50% Express Service Charge will be added
TOTAL PIECES	REGULAR ☐ Items collected before 11:00 a.m. will return by 8:00 p.m. (same day)

NOTE: Please list the quantity of each article. Unless on itemised list accompanies the articles. our count will be accepted as correct. The Hotel will not be liable for any claims in repect of articles not returned within the above stated time limit. Claims for loss or damage are limited to ten times the amount charged for service. All claims must be made within 24 hours after the finished articles are returned and must be accompanied by the original laundry list. The Hotel cannot be held responsible for any damage resulting from the normal laundry process nor for the loss of buttons, ornaments, or anything left in pockets. Any extra work such as pleating etc. will be charged separately.

備註：

1. 請詳列所洗每類衣物之數量，以便核對。
2. 所洗之衣物，必須連同一份書面列明之洗單據，否則當以飯店所點之數量為準。
3. 如所洗衣物之起貨時間有所延誤，飯店將不負任何責任。
4. 如所洗衣物需要賠償，其賠償之最高金額為不超過所洗衣物之價目十倍為準，唯此要求必須在收到衣物後之二十四小時內提出，並有該被洗壞衣物之單據。
5. 所洗之衣物內如有任何貴重物品或鈕扣鬆脫，飯店概不負責。
6. 在正確之洗衣程序下，若衣物有所損壞，飯店概不負責。
7. 一切特別衣物之服務，如打摺，價錢另議。

Guest Count	Hotel Count	Gentlemen	PRICES NT$	Item Total	Guest Count	Guest Count	Ladies	NT$	Item Total
		Safari 青年裝(上下)	339				Dress (1 Piece) 洋裝	265	
		Suit (2Pcs) 西裝(上下)	402				Coat 女上衣	244	
		Suit (3Pcs) 西衫褲、背心	472				Skirt 西裙	159	
		Jacket or coat 西上	233				Pants 西褲	170	
		Pants 西褲	170				Coat (Long) 長大衣	445	
		Shorts 短褲	151				Blouse 女襯衫	138	
		Tie 領帶	85				Skirt. Full Pleated 全摺裙	293	
		Silk Shirt 絲襯衫	151				Formal Dress 晚禮服	424	
		Shirt 襯衫	127				T-shirt 套衫	125	
		Long Coat 長大衣	445				Spring Coat 風衣	356	
		Waist Coat 背心	117				Morning Gown 晨衣	339	
		Morning Gown 晨衣	339				Sweater 毛衣	138	
		Spring Coat 風衣	343				Silk Shirt 絲襯衫	179	
		Sweater 毛衣	159						

THIS FORM MUST BE COMPLETED AND SIGNED BY THE GUEST

5% Government Tax included	
Sub Total	
Plus 50% Express Charge	
Plus 10% Service Charge	
Grand Total NT$	

Guest's Signature ____________

Laundry Dept. 洗衣部

表16-3　熨洗單

PRESSING（熨衣）　№ 0012556

PRESSING LIST 熨衣單

Be Our Master, Not Guest　　DATE:________

NAME	Please indicate service required:
ROOM NO.	EXPRESS ☐ Items collected before 7:00 p.m. will return three hour after collection. A 50% Express Service Charge will be added
MARK	REGULAR ☐ Items collected before 5:00 p.m. will be return three hours after collection.
TOTAL PIECES	

NOTE: Please list the quantity of each article. Unless on itemised list accompanies the articles, our count will be accepted as correct. The Hotel will not be liable for any claims in repect of articles not returned within the above stated time limit. Claims for loss or damage are limited to ten times the amount charged for service. All claims must be made within 24 hours after the finished articles are returned and must be accompanied by the original laundry list. The Hotel cannot be held responsible for any damage resulting from the normal laundry process nor for the loss of buttons, ornaments, or anything left in pockets. Any extra work such as pleating etc. will be charged separately.

備註：

1.請詳列所洗每類衣物之數量，以便核對。
2.所洗之衣物，必須連同一份書面列明之洗單據，否則當以飯店所點之數量為準。
3.如所洗衣物之起貨時間有所延誤，飯店將不負任何責任。
4.如所洗衣物需要賠償，其賠償之最高金額為不超過所洗衣物之價目十倍為準，唯此要求必須在收到衣物後之二十四小時內提出，並有該被洗壞衣物之單據。
5.所洗之衣物內如有任何貴重物品或鈕扣鬆脫，飯店概不負責。
6.在正確之洗衣程序下，若衣物有所損壞，飯店概不負責。
7.一切特別衣物之服務，如打摺，價錢另議。

Guest Count	Hotel Count	Gentlemen	PRICES NT$	Item Total	Guest Count	Hotel Count	Ladies	NT$	Item Total
		Dress Suit 禮服	283				Dress (1-Piece) 洋裝	159	
		Suit (2pcs) 西衫褲	252				Suit (2-Piece) 套裝	252	
		Suit (3pcs) 西衫褲、背心	283				Skirt 西裙	96	
		Jacket 夾克	148				Pants 西褲	106	
		Pants 西褲	106				Over Coat 大衣	244	
		Long Coat 大衣	252				Sweater 毛衣	755	
		Tie 領帶	53				Blouse 女襯衫	75	
		Shirt 襯衫	64				Coat 女上衣	113	
							Vest 背心	66	

THIS FORM MUST BE COMPLETED AND SIGNED BY THE GUEST

5% Government Tax included	
Sub Total	
Plus 50% Express Charge	
Plus 10% Service Charge	
Grand Total NT$	

Laundry Dept. 洗衣部

Guest's Signature ________

有無脫落、有無嚴重污漬或破損。送洗單塡寫若有不符，應當面向客人說明並予更正，衣物若有缺陷、瑕疵，則應請客人在簽認單上簽名（如**表16-4**），以免日後產生糾紛。若客人不在時應報告主管處理。如發現口袋裡有物件，應放在化粧桌上，如果是貴重品或金錢，應送到房務辦公室保管，俟客人回來時再向客人解釋和歸還。

3.上午十時前收的衣物，通常在當日晚上七時前送回。服務員應在上午十時前巡查一下可能會送洗的房間，及時將送洗衣物收出。上午十時以後若要送洗，且要求在晚間送回，則以快洗處理，快洗之收費爲普通收費項目加百分之五十，洗衣單上通常會寫清楚，但仍要向客人再解釋，以免誤會。

4.沒有塡寫洗衣單的送洗物，依旅館規定不予送洗，要將衣物放回房間。

當客人收到洗好的衣物有所抱怨投訴時，應報告主管並與洗衣部門做好

表16-4　衣物送洗簽認單

DATE：

LAUNDRY & VALET DEPARTMENT

Mr./Ms.__________ Room____________

本卡的背後有註明您送洗衣物的缺陷，本飯店謹此提醒您的注意。

這些衣物即將送洗（乾洗），本飯店保證依正常之程序洗滌，小心處理，如因原有的缺陷所造成的損失，本飯店恕不負責。

__________ __________

顧客簽名　　主管簽名

We respectfully call your attention to the article mentioned on the reverse side of this card which we note has an irregularity, as recorded.

This article will be laundered/dry cleaned at your risk, Kindly sign below as authorization to proceed and we will handle your garment carefully and without delay.

__________ __________

Guest　　Laundry Manager

DAMAGE
損毀內容

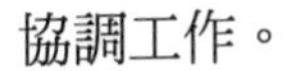

協調工作。

5.對於特殊衣物應報告主管與洗衣房協調是否接受，例如演藝人員表演時所穿著附有亮片的衣服，如果礙於設備、技術上的困難，應予委婉說明不接受之原因，否則貿然接受而洗壞衣服後果相當嚴重。

6.各樓層洗衣單應儘速匯集至房務中心，以便由房務祕書轉交前檯，記入客人的總帳單內，有關客衣送洗的流程詳見**圖16-1**。

■洗衣部洗滌品質標準

洗滌過程中須遵守操作規程。加入各種洗滌劑、漂白劑和酸粉時，應準確掌握配量。三次投水沖洗的溫度、氣壓、洗滌時間合理掌握。洗滌後的各類物品達到潔淨、柔軟、美觀、蓬鬆。清點、打捆數量要準確無務。

■洗衣部客衣管理制度

1.收取客衣時，應檢查衣物和洗衣單，確認無誤後再簽收。

2.重要客衣，VIP客衣或重要賓客客衣洗好後，由部門經理交給客人，以示特別關照。

3.客衣洗滌賠償制度。客衣洗壞、丟失、染色，客人要求賠償時，由部門經理處理，經檢查屬實，須向客人賠禮道歉，並根據客衣洗壞程度賠償，賠償額最高不超洗衣費的十倍。

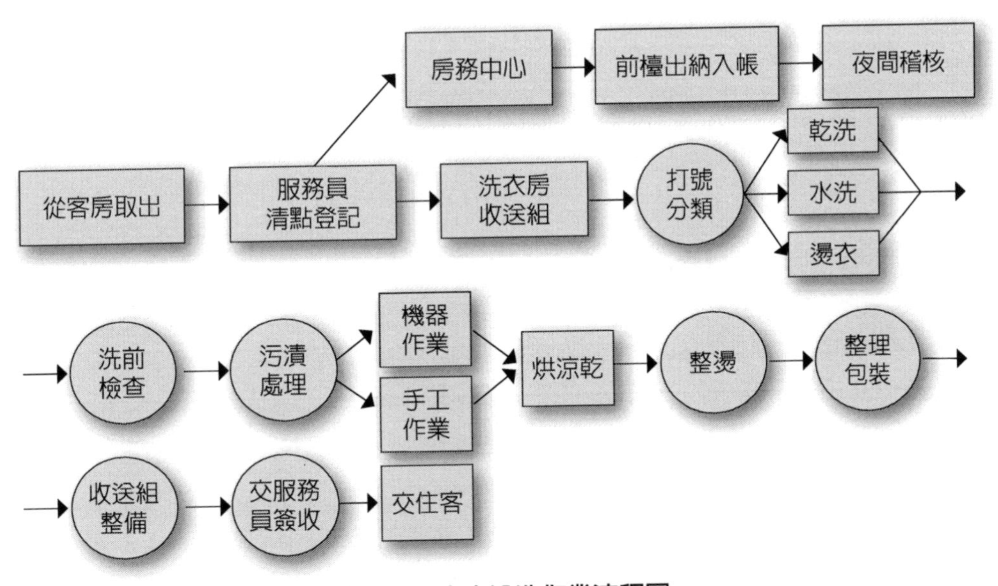

圖16-1　客衣送洗作業流程圖

(二)迷你吧服務

客房內迷你吧的設立有三方面的意義，其一爲提高客房的商品價值；其二爲方便住客，使其能在客房內享受飲料與小食品，而不用外出購買；其三爲增加客房的附屬收益。

爲了減少對客人之騷擾，客房迷你吧飲料與食品由房間服務員負責管理供應，其作業方式說明如下：

▲客房迷你吧

■**標準存量**

1.在客房服務員的工作車內，都有一定的飲食品標準存量，而且可以上鎖。
2.當天所銷售的物品要申請補充回至標準存量，過期或損壞之物品可據以補發。

■**置存**

1.各式飲料和食品及配套之酒杯、水杯、開瓶器、攪拌棒、紙巾及飲料帳單要整齊擺放，不可欠缺。
2.不同品牌的酒類（如威士忌、白蘭地等）應依類別站立放置，其他罐裝果汁、汽水、啤酒等亦應站立放置。
3.所有飲料食品之標識、名稱均應正面朝外。
4.任何損壞、過期、蒸發之物品，必須更新。
5.領班需負責檢視物品之補充和存量。

■**開立帳單和補充物品程序**

1.飲料帳單之分配
 (1)白聯（第一聯）：客人收據（送往櫃檯出納）。
 (2)藍聯（第二聯）：夜間稽核（送往櫃檯出納）。
 (3)黃聯（第三聯）：房務部存根聯。
2.帳單放置在客房迷你吧之櫃架上，並裝置在帳單夾內。
3.領班負責記錄各樓層開立之帳單，以達控制目的（即塡寫迷你吧營業日

報表）。

4.服務員負責工作區域內物品的檢查和補充。

5.當客人帶著行李離開房間，或行李員蒐集行李時，或房務部辦公室通知某客房在辦理結帳時，房務員須即刻往該房間檢查飲料及食品之消耗，並迅速用電話通知房務部辦公室，隨後開立帳單。

6.當進入一個續住房之後，房務員依照所消耗項目逐一記入帳單。

7.帳單上應詳塡消耗項目、數量、房間號碼、檢查時間、開單人姓名和總金額（如**表16-5**）。

8.有些房間是在清晨時結帳，大夜班服務員負責檢查這些飲料食品，並在帳單上方註明「ECO」（提早結帳離開）。

9.所有物品應完全檢查，並確定所有瓶子及其他物品不是空的或客人已使用過的。

10.服務員應在整理房間前，先行補充所消耗之飲料食品。若有下述兩例情形，處理說明如下：

(1)服務員在某些情況下未能馬上補充飲料食品，應在可能情況時及早補充。

(2)房間掛有DND牌或反鎖，致服務員未能補充物品時，領班必須交予下一班之同事代爲補足。

■客房冰塊補充

1.服務員於白天整理房間，下午四時以後檢查房間時須補充冰塊。下班前未能補完，則交予夜班開夜床時補充冰塊。

2.已經編排的客房，必須於客人到達前三十分鐘，於冰桶內補充冰塊。

3.冰塊必須補充至冰桶四分之三的高度。

■客房自助咖啡

1.旅館的房間都有供應免費的咖啡包及茶葉包。

2.以下是標準擺設：

(1)盤子。

(2)盤子墊布。

(3)咖啡／茶盒，內含：

表16-5　迷你吧價目表

PAR	ITEM	PRICE EACH NT$	CONSUMED	TOTAL NT$
2	Sparking Mineral Water 汽泡式礦泉水	160		
8	Imported Premium Juice 特級進口果汁	150		
2	Imported Beer 進口啤酒	175		
2	Taiwan Beer 台灣啤酒	175		
12	Soft Drink 汽水、可樂	140		
6	Premium Scotch Whisky 純麥芽蘇格蘭威士忌	275		
2	Single Malt Scotch Whisky 特級蘇格蘭威士忌	350		
2	Premium Canadian Whisky 特級加拿大威士忌	275		
2	Premium Bourbon Whisky 特級波本威士忌	275		
2	Premium Rum 特級蘭姆酒	275		
4	Premium Gin 特級琴酒	275		
4	Premium Vodka 特級伏特加	275		
2	VSOP Cognac VSOP白蘭地	375		
6	Eau de Vie 水果白蘭地	275		
1	Vintage White Wine 精選法國白酒	900		
1	Vintage Red Wine 精選法國紅酒	900		
1	Vintage Champagne 特級香檳酒	1,400		
1	Shangri-La Corkscrew 香格里拉精製開酒器	200		
1	Deluxe Almonds 精選杏仁果	350		
1	Deluxe Cashews 精選腰果	350		
1	Deluxe Jellybeans 精選軟糖	275		
1	Deluxe Pistachios 精選開心果	275		
	Premium Instant coffee 高級沖泡式咖啡包	COMPLIMENTARY		
	Premium Tea 高級茶包	COMPLIMENTARY		
	Premium Still Mineral Water 進口礦泉水	COMPLIMENTARY		
	TOTAL			

Guest Name________________　　Date________________

Your Attendant________________　　Time________________

Posted by________________　　Room________________

· 二包即溶咖啡
· 二包即溶無咖啡因咖啡
· 二包烏龍茶
· 二包茉莉茶
· 二包紅茶
· 二包奶精
· 二包糖包
· 二包低卡糖包

(4)咖啡杯／茶杯及碟子二套。
(5)咖啡／茶匙二根。
(6)口布二條。
(7)廢物罐一個。

3.房間服務員每次整理房間時，必須清洗和拭乾煮水器，並把電源線拔起置於旁邊。
4.盤子必須乾淨，並放置於沒有污漬或破痕之墊布上。
5.在咖啡／茶盒內，所有物品必須排列整齊，並擺放在規定位置上，且於每日檢視補充。
6.所有續住／退房之房間，使用過之茶杯／盤子和茶匙須每日清洗和拭乾。
7.房間服務員必須於每次整理房間時，確定所有標準之擺設和放置。

(三)擦皮鞋服務

國內大型旅館爲提供商務客人更細膩的服務，有時還提供擦鞋服務，由房務部執行。這些旅館的房間內放有一鞋籃，若客人需要服務，就把鞋置於鞋籃上，或打電話至客房服務中心讓房務部服務人員來收取。

傳統的旅館做法爲若客人有需要擦鞋服務，只須把鞋子置於房門口前，以便服務員前來收取。但以現代旅館而言，此方式有礙觀瞻，並不鼓勵，故在服務指南內會寫明：「請將鞋置於鞋籃上……或請電話通知客房服務中心，請撥XXX，馬上前來收取。」

在下雨天，客人從外面回來進入房間後，鞋子很髒，這時當班服務員應主動徵詢客人做擦鞋服務，如此也可以防止地毯被弄髒，而客人的鞋子也可保光亮如新。擦鞋服務要注意以下幾點：

1.用小紙條寫上客人房號放入鞋內，以免弄錯或忘記，無法將皮鞋送回。
2.分辨清楚客人皮鞋顏色。一般而言旅館只替客人擦黑色及咖啡色，其他則代送給擦鞋匠擦。
3.擦乾淨後送回，若客人外出，則須把鞋子置於適當位置。
4.晚班在做夜床服務時，注意擦鞋籃內是否有要擦的皮鞋。

擦鞋服務在近年來有很大的改變，所以有些客人不知道要把鞋子擺在籃子內而錯過服務，心生抱怨，也有客人挑剔擦鞋品質，所以有些旅館也就以「自動擦鞋機」取而代之，而且是一項免費的「自動擦鞋服務」。

(四)留言服務

國內各大型旅館作業方式如下：

1.當住客外出回來時，發現電話機留言燈閃爍不停，表示有外線電話留言，詢問總機後，通常大廳服務中心會派人遞送訪客留言紙條，客人收到後總機就關掉電話留言燈。
2.如果有關客帳問題、住客包裹等欲與客人聯絡，也會使用留言燈與客人接洽聯絡。
3.留言燈與留言紙條配合使用，以確保傳遞不會有遺漏。

(五)保險箱服務

為方便客人使用保險箱，現在許多旅館在房間內設置電腦控制小型保險箱。這樣可以免去在櫃檯出納登記辦理使用保險箱的手續，同時也減輕了前檯對保險箱的管理負荷。

但仍有多數的旅館在櫃檯出納旁設有保險箱的小房間，提供客人寄存貴重物品，確保客人財物的安全。

■提供保險箱的服務程序

客人申請使用保險箱的程序為：

1.為客人建立保險箱：
(1)客人申用保險箱時，先給客人一張空白登記卡（如**表16-6**），請客人填寫每一項目，包括了姓名、房號、日期、使用時間，並請客人簽字。

表16-6　保險箱登記卡

BOX NO
箱　號

SAFETY DEPOSIT BOX　No 013747

姓　名
Name ________________　房間號碼
Room No. ________________

地　址
Address ________________

Terms and Conditions
規　定　事　項

I hereby agree to the following terms and conditions:
本人同意下列規定事項。

1. Access to safety deposit box shall only be by signature and presentation of key.
使用人在本表下方簽字，並提出保險箱鑰匙時，方得啓用保險箱。
2. If the key is lost or not returned when the guest checks out, the box may be forcibly opened after 30 days. Its contents will be retained or sold in order to pay for the cost of opening the box, replacing the key or any other charges that may result.
使用人遺失鑰匙或遷出本飯店時於卅天內未歸還鑰匙，本飯店得強力開啓保險箱，扣留或出售保險箱中之物品，以支付開啓保險箱更換鑰匙及其他應付的費用。
3. Vault clerk shall not be liable for acts of co-depositors.
本飯店之櫃檯保險箱職員對於共同使用同一保險箱人士的行爲不負法律責任。
4. Vault clerk shall not be liable for entries into said box by unauthorized persons or for any loss or change resulting there from.
本飯店對於其他人開啓保險箱，因而造成的損失或損壞不負賠償責任。
5. Depositor agrees to Immediately notify loss of key to vault clerk in case of lost key, the safety deposit box will be forcibly opened at the expenses of the depositon. (a charge of NT$2,000 for damages resulting from forced entry.)
使用人遺失鑰匙後應立刻通知本飯店櫃檯保險箱職員，倘有鑰匙遺失情事發生，只有僱工破壞保險箱門，方能開啓。（僱工開啓及重新裝配保險箱之費用爲新台幣貳仟元，由保險箱租用人負擔）。

Signature ________ Issued on ________ by ________
簽　名　　　年　月　日　由本飯店 ________ 發給

SAFETY DEPOSIT BOX

Name ________

Rm No. ________

Signature ________

Release On ________

Box No. ________

Cashier ________

Attached this portion to the guest folio till Check-Out.

No 013747

（正面）

USE RECORD

Date / Time	Guest Signature	Cashier

SIGNATURE________RELEASED ON________BY________

（反面）

(2)出納員在電腦上查看房號，核對客人填寫內容無誤後簽名。

2.交付鑰匙：

(1)根據客人登記時所需的保險箱大小，確定所給箱號，取出鑰匙交付客人，並告知客人保存好鑰匙，若丟失需付賠償費新台幣○○○元。

(2)告訴客人詳閱保險箱規定事項，並提醒客人離店前將鑰匙退還出納處。

3.登記與存檔：

(1)在登記卡上寫上箱號，經手人簽名，把卡按順序放好。

(2)在記錄本上逐項登記，包括日期、房號、客人姓名、時間、經手人簽字。

(3)撕下登記卡的附籤（與登記卡相同編號），然後將附籤貼於客人帳卡上，以便客人退房時出納員知道客人有寄放貴重品於保險箱內。

4.開箱與註銷：

(1)當客人要求開箱時，先把登記卡找出來，讓客人在卡上簽名，與原簽名核對無誤後方可給客人開箱，經辦人亦要在卡上簽名。

(2)當客人要註銷使用保險箱時，要求客人在卡的最底欄簽名處簽名，同時經手人也簽名，並寫上日期和時間，最後把卡放到離店客人資料櫃上。

■保險箱作業注意事項

為保證作業上的安全，須注意下列事項：

1.當客人保險箱登記卡背面簽字與原有簽字不符時：

(1)查看客人的房號，檢查保險箱是否現在簽字人所使用的。

(2)如鑰匙無誤而簽字不符，則應請客人稍候，馬上通知客務經理前來處理。

2.客人丟失保險箱鑰匙的處理方法：

(1)客人報失鑰匙時，應在保險箱登記卡的背面請客人簽字，並註明鑰匙丟失，以防他人日後冒領，然後由客務經理簽字認可。

(2)注意客人動向，嚴防他人冒取。

(3)若客人沒能找到鑰匙並要求破箱取物時，除按規定賠償外，在開啓破壞保險箱時，應有下列相關人員在場：工程部人員、客務經理、值班

經理、安全室人員。破箱後由上述人員在破箱報告上作證簽字。

3.客人發現丟失物品的特殊情況：客人聲稱丟失物品後，仍應通知上述相關人員，以便統一做出適時處置。

(六)遞送服務

當客人以電話要求提供物品如開瓶器、茶葉包、信封信紙、筆等，或是毛巾、毛毯、枕頭之類的布巾品時，服務員口氣要和藹誠懇，用心聽完客人陳述，並複述一次，以保證服務的正確，隨後做好登記並做交班記錄。

在送物過程中的規範爲：

1.遞送小物品類的東西，不能用手拿給客人，必須用托盤裝上送去（大件物品除外）。

2.客人要求送物時間已晚，超過夜間十時，只需將物品送至房門口，按電鈴後在門口交予客人即可，避免進入客人房間。

3.服務員進入房間時，門須爲半開狀態，不要關著，也勿和客人閒聊，應儘速離開，以免干擾客人，離開時輕輕把門關上。

4.如遇客人在房間大聲喧譁，應以禮貌態度委婉提醒客人保持安靜，以免影響他人之安寧。

(七)加床服務

在接到客人要求加床服務時，應按客人要求爲客人提供加床服務，其作業方式如下：

1.做好記錄，並聯絡房務中心，俾與前檯作業連接。

2.在加床同時，須按床位數來增加毛巾、浴巾、小方巾、牙刷、肥皂、洗髮精、杯具等等之用品。

(八)保母服務

國內各大飯店提供的保母（Baby Sitter）服務主要是給旅館之長期住客，其家人來旅館與其團圓住宿時，夫婦因事出門或參加宴席，小孩需找人代爲看顧時，旅館乃適時給予此項服務。

住客向房務部申請保母服務時，須填寫申請表格，其格式內容爲：

1.申請照顧時間。
2.兒童性別、特徵、習性、特別注意事項（氣喘、過動、易怒、害羞……）。
3.收費標準。
4.特別需求（Special Requirement）。
5.與客人聯絡電話（Emergency Call）。

保母注意事項：

1.確保嬰兒的安全，不要隨便給小孩東西吃。根據家長的需求來照顧。
2.堅守工作崗位，不得擅離職守。
3.在飯店所規定的區域內照顧小孩。
4.不得隨意將小孩託他人看管。
5.在照顧期間，小孩患突發性急病，應即請示主管人員，同時應立刻通知其父母以得到妥善處理。
6.認眞塡寫托嬰服務報告。

專欄16-1

館內服務一覽表

服務項目	分機號碼
航空公司訂位 / AIRLINE RESERVATIONS 機位確認 / CONFIRMATIONS	
大廳櫃檯接待人員將協助您有關航空公司訂位及機位確認事宜	
冷暖空調 AIR - CONDITIONING CONTROL	
溫度控制表位於牆上，若需任何協助請洽房務部	
保母服務 BABY SITTING SERVICES	
請於四小時前和房務部預約	
行李服務 BAGGAGE SERVICE AND STORAGE	
請洽大廳行李服務檯	
宴會及會議 BANQUETS, MEETINGS, PRIVATE FUNCTIONS	
業務人員將提供您完整的宴會及會議資訊，詳情請洽大廳櫃檯	

服務項目	分機號碼
停車服務　CAR PARKING	
提供代客停車服務，請洽大廳行李服務檯	
租車／轎車出租　CAR RENTAL / LIMOUSINE	
有關租車／轎車及接送事宜，請洽大廳行李服務檯	
信用卡　CREDIT CARDS	
美國運通卡（AMERICAN EXPRESS）、威士卡（VISA）、大來卡（DINERS CLUB）、萬事達卡（MASTER CARD）及J.C.B.	
殘障人士服務　DISABLED FACILITIES	
本館設有殘障客房及輪椅，若需任何服務請與大廳值勤經理聯絡	
緊急事件　EMERGENCY	
為了保障您的安全，敬請詳閱服務指南之防災安全措施及顧客注意事項，並請熟悉置於門後之緊急疏散路線圖	
電壓　ELECTRIC CURRENT	
客房電壓皆為110伏特，每間浴室並設有刮鬍刀專用插頭（110及220伏特）。如需變壓插頭，請與房務部聯絡	
訂花服務　FLOWERS	
請洽房務部	
外幣兌換　FOREIGN EXCHANGE	
請洽大廳櫃檯，櫃檯有匯率兌換表	
高爾夫球　GOLF	
預約打球，請洽顧客服務中心	
顧客服務中心　GUEST SERVICE CENTER	
顧客服務中心將為您安排用餐、健身中心、高爾夫球、市區旅遊等預約事宜	
客房服務　HOUSEKEEPING	
如需枕頭、毛毯或其他房務需要，請洽房務部	
洗衣服務　LAUNDRY/DRY CLEANING	
本館提供乾洗、水洗服務，請聯絡房務員為您收取換洗衣物	
遺留物品　LOST AND FOUND	
請與房務部聯絡	
郵寄服務　MAIL	
請洽一樓大廳櫃檯	
近郊地圖　SUBURBAN MAP	
行李服務檯備有地圖供房客索取	
醫療服務　MEDICAL CLINIC	
請洽值勤經理	
留言服務　MESSAGES	
客房內電話上留言燈閃亮時，請與總機聯絡	

服務項目	分機號碼
總機服務　OPERATOR	
若有電話上之疑問或需要總機轉接電話，請與總機聯絡	
棋類及橋牌租售　PLAYING CARDS	
請洽大廳櫃檯	
客房餐飲　ROOM SERVICES	
客房餐飲提供 24 小時服務，請參考服務指南內之客房餐飲菜單	
擦鞋服務　SHOE SHINE SERVICE	
本館提供自動擦鞋機服務，請洽房務部	
商店街　SHOPS	
商店街出售底片、日常用品、書報雜誌、紀念品及各國精品	

第二節　客房餐飲服務

旅館在餐廳林立的都市裡（甚至鄉間小鎮），必須面臨強烈的競爭壓力。不過，旅館有一很大的優勢是一般餐廳所無法相比的，那就是提供顧客在舒適的客房裡享用美食之客房餐飲服務。

旅館的經理經常在抱怨，客房餐飲獲利太少，人事成本高，實在無利可圖，加以訂餐尖峰集中在早餐，午餐、晚餐較少，要調派足夠的廚師或服務員顯得捉襟見肘，客人又不耐等待，迭有煩言；而用餐完後，客人把剩菜餐盤置於走道之房門口，也十分有礙觀瞻，眞是吃力不討好。有些旅館認爲午餐、晚餐的成長空間很大，乃大力促銷，用盡各種方式，例如贈送葡萄酒或開胃酒免費等，力圖拉高午餐、晚餐生意。

其實，旅館客房餐飲傾向二十四小時服務乃是愈來愈普遍化的趨勢，因爲現代人有更富變化性的生活方式（Flexible Lifestyle），用餐不再是遵循三餐和定時的原則，夜生活的人迅速增加，進食時間的變化（Flexible Dining Hours），使旅館全天候的客房餐飲有存在的理由，且前景看好，這樣看來，客房餐飲似乎是旅館的「必要之惡」（Necessary Evil）。

一、準備與前置工作

準備工作須先遵循下列步驟：

1.客房餐飲的相關主管與服務員每日於上班之後，先開會討論有關影響今日業務的重要因素如何，包括：

(1)團體送餐作業。

(2)高級套房所訂的私人小型宴會及服務項目、作業內容。

(3)住宿率高低及住客的總人數。

(4)是否有缺貨項目，以便因應或以代用品取代之。

(5)每日特餐，以便可推薦給客人。

(6)菜單中的特別料理。

(7)今日菜單的內容。

2.注意看告示牌或白板上所寫的有關工作指示或注意事項。

3.詳細閱讀客房餐飲的交待簿，是否有註明特殊事項，瞭解前班或更前班之相關事項。

最要緊的是服務前所準備的各種餐點、飲料、各式餐具、調味料和帳單等必須一應俱全，倘若遺漏一樣，例如鹽巴或胡椒粉，造成客人的不便與不悅，等於是前功盡棄。完好的服務，也等於是給客人一次愉快的住宿經驗。在競爭激烈的環境中，作業過程應非常謹慎用心。下列所述五點爲服務的重要注意事項：

(一)接受預訂

1.禮貌應答客人的電話預訂（要三響內接聽）：「您好，送餐服務，請問有什麼需要服務的？」（Good morning/ afternoon/ evening, room service, can I help you?）

2.詳細問清客人的房號，要求送餐的時間以及所要的餐點，並複述一遍。

3.將電話預訂進行登記。

4.開好訂單，並在訂單上打上接訂時間。

(二)準備工作

1.根據客人的訂單開出備菜傳票給廚房。

2.根據各種菜式，準備各類餐具、布巾。

3.按訂單要求在餐車上鋪好餐具。

4.準備好菜、咖啡、牛奶、糖、鹽、胡椒等調味品等。

5.開好帳單。

6.整理好個人服裝儀容。

(三)檢查核對

1.領班認眞核對菜餚與訂單是否相符。

2.檢查餐具、布巾及調味品是否潔淨無漬無破損。

3.檢查菜餚點心的品質是否符合標準。

4.檢查從接訂至送達這段時間是否過長，是否在客人要求的時間內準時送達。

5.檢查服務員服裝儀容。

6.對重要來賓，領班要與服務員一起送餐進房，並提供各項服務。

7.檢查送出的餐具在餐後是否及時如數收回。

(四)送餐時

1.使用飯店規定的專用電梯進行送餐服務。

2.核對房號、時間。

3.敲門三下或按門鈴，並說明送餐服務已到，說："Room service"在徵得客人同意後，方可進入房間。

4.客人開門時問好，並請示客人是否可以進入：「早安／午安／晚安，李先生／小姐，送餐服務，請問可以進去嗎？」（Good morning/ afternoon/ evening, Sir or Mr./ Madam or Ms. Lee, Room service, May I come in?）注意稱呼客人姓名。

進入房間後，詢問客人餐車或托盤放在哪裡：「請問李先生／小姐，餐車／托盤放在哪裡？」（Excuse me, Sir / Madam Lee, where can I set the trolly (or put the tray)?）

5.按規定要擺好餐具及其他物品，請客人用餐，並爲客人拉椅。

6.餐間爲客倒茶或咖啡，各種需要的小服務。

7.請客人在帳單上簽字，並核對簽名、房號（或收取現金）「請您在帳

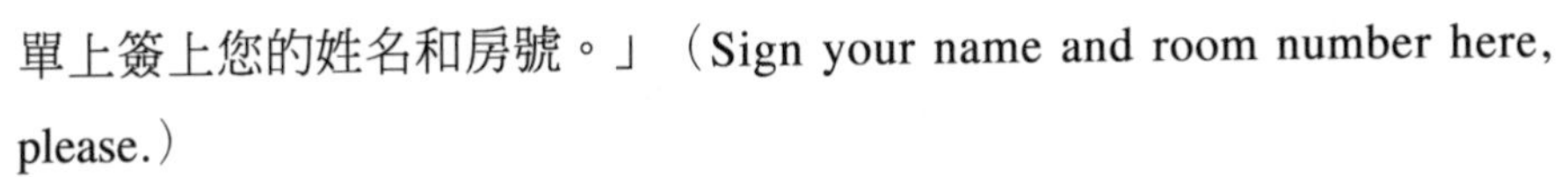

單上簽上您的姓名和房號。」（Sign your name and room number here, please.）

8.問客人還有什麼需要，如不需要，即禮貌向客人道別（Anything else would you like? Enjoy your meal, please, good-bye.）。

9.離開客房時，應面朝客人退三步，然後轉身，出房時隨手輕輕關上房門。

(五)結束工作

1.在登記單上註銷預訂，並寫明離房時間。

2.將住客已簽字的帳單交前檯登入該房的總帳。

3.將帶回的餐具送洗碗房清洗。

4.清潔工作車，更換髒布巾。

5.領取物品，做好準備下次工作。

二、推銷客房餐飲的技巧

客房餐飲的促銷須由大廳櫃檯開始，當客人被安置在客房後，行李員對客房做解說時應提起客房餐飲的服務。而菜單在客房中的擺放應置於顯而易見的地方，易言之，客房餐飲菜單應被明顯地展示出來，如此才能引發客人訂餐的興緻。

這裡要說明的是如何向客人做建議性、示意性的餐飲推銷技巧，即是推薦式銷售（Suggestive Selling），它的意義爲激勵客人多方訂用各式菜色與飲料。推薦式銷售的先決條件爲服務員的反應靈敏、機警和正確的判斷。例如在客人已心有定見並且瞭解菜色時，服務員就不要試圖去改變心意。但是客人如果猶豫不決或不瞭解菜色、心無主見時，做出適時的建議和推薦，不但會贏得客人感激，服務員也成功地推銷出菜餚。

推薦式銷售須講求自然、誠懇，而非生硬與緊張，如果推銷帶有一種強求性或勉強的意味則是不當的。須知道，推銷是好的服務之一部分，其目的是要達到雙贏的結局。旅館方面的贏是多銷售一道菜就多出一道菜的收益；客人方面的贏是能多享受一份美食，以後可能還有機會再光臨旅館來享用。

有效性的推薦式銷售關鍵在於對菜單內容有豐富的知識。服務員要做有效的銷售，須充分瞭解自己的產品，才能很有自信地把菜餚、飲品推銷出去，讓客人樂意接受。服務員要把握以下幾項重要技巧：

1.自我訓練，培養成一種自然、風度翩翩的銷售態度。

2.要表現熱誠，誠則易使客人接受。

3.在形容食物或飲料時注意用詞，例如「新鮮」、「受歡迎」、「大家喜愛」、「好吃可口」、「豐盛」等語，以提高客人的興緻及胃口。

4.向客人詢問一下，以便瞭解客人眞的是餓了，或是只要吃些淡口味的菜，客人是否要來點雞肉或牛肉，是否要來點熱食或冷食。

5.向客人推薦特別菜餚時，注意說話技巧，例如不要單刀直入地問：「您是否要點一碗配餐的湯呢？」，而是要詳細說明清楚：「這麼熱的天氣，點一碗冷式羅宋湯來搭配您的沙拉，感覺會很好。」自然會產生很好的效果。

6.建議自己喜歡的或認爲很好的菜色給客人。當然，服務人員須有先前試吃的經驗與受過訓練。服務員要告訴客人自己嚐過，這道菜很美味可口，例如說：「您會喜歡爐烤子雞的，它是我所喜歡的一道菜。」但這必須是眞實的話語，不要口是心非，明明不喜歡，偏說喜歡。

7.用有選擇意味的話語，譬如說：「您要點有名的乳酪蛋糕呢，或是來些核桃點心餅？」

8.建議一些平時較不常、不易吃到的東西，因爲出外的人總有想吃點平常在家吃不到的新奇口味之慾望。

三、客房餐飲的狀況處理

接到訂餐後，把食物、飲料、餐具、調味品都準備好後，接下來就是運送至客房；在未進入客房前，房間的一切狀況都是未知數，所以也要謹慎處理。

(一)有關客房之安全事項

無論是手頂著托盤或是推餐車送餐，當送餐服務員進入房間後，房間的各種樣態都可能遇到，可能是：浴室的水溢出，弄濕一大片地毯；椅上或桌上擺滿衣物；滿室濃煙燻人；或是報紙滿室亂丟。也許服務員會嘀咕：「這眞是人住的嗎？」不過這就是重點所在，所以進入房間後要謹慎小心。下列所述的注意事項將有助於服務員、客人和餐飲裝備的安全：

1.推餐車時要小心翼翼（手頂托盤亦同）。

客房餐飲
ROOM SERVICE MENU

開胃菜　APPETIZER

精選燻鮭魚盤　NT$.250
Smoked salmon platter served with condiment
米蘭香炒洋菇　NT$.200
Sauted mushroom with herbs

沙拉　SALAD

凱撒沙拉　NT$.200
Caesar salad
田園什錦蔬菜沙拉　NT$.180
Selection of garden salad

湯　SOUP

蟹肉南瓜奶油湯　NT$.160
Pumpkin cream soup with crabs meat
義式蔬菜牛肉湯　NT$.160
Minestrone with beef

主菜　MAIN COURSE

義大利起司肉醬麵　NT$.280
Spaghetti with cheese and meat sauce
義式海鮮焗飯　NT$.280
Gratineed of seafood rice
鮮蝦鳳梨炒飯　NT$.260
Fried rice with shrimps and pineapple
總匯三明治　NT$.220
Club sandwich
爐烤肋眼牛排佐獵人醬　NT$.620
Grilled rib eye steak with hunter sauce
香料草串蝦與鮭魚餐　NT$.420
Herby Shrimps & Salmon

甜點　DESSERT

提拉米蘇　NT$.150
Tiramisu cake
起司蛋糕　NT$.150
Cheese cake
季節水果盤　NT$.150
Seasonal fresh fruits platter

另外20%服務費Plus 20% Service Charge

供應時間：早上11點至晚上10點　From 11:00 AM~10:00 PM

圖16-2　客房餐飲菜單(一)

客房餐飲
ROOM SERVICE MENU

歐式早餐 The Continental

新鮮柳橙汁或葡萄柚汁
Fresh orange juice or grapefruit juice

任選牛角麵包、吐司或丹麥麵包
Selection of croissant, toast or Danish pastries

附牛油、果醬或桔子醬
Served with butter, jam or marmalade

任選咖啡、紅茶
Choice of coffee, tea NT$.280

美式早餐 The American

新鮮柳橙汁或葡萄柚汁或當季水果
Fresh orange juice, grapefruit juice or selection of seasonal fruit platter NT$.140

任選牛角麵包、吐司或丹麥麵包附牛油、果醬或桔子醬
Assorted Danish pastries, croissant with butter, jam or marmalade NT$.230

任選咖啡、紅茶或熱巧克力
Choice of coffee, tea or hot chocolate NT$.330

香稠熱燕麥粥
Creamy oat meal served with hot milk NT$.180

兩枚新鮮雞蛋（做法任選）附培根、火腿或香腸
Two fresh eggs any style with bacon, ham or Sausages NT$.230

現烘麵包籃
牛角麵包、丹麥麵包、全麥麵包、吐司等任選三種
You choice of basket-3pieces croissant, Danish pastries, rye bread or toast NT$.200

現煮咖啡或無因咖啡
Freshly brewed or decaffeinated coffee NT$.140

義式濃縮咖啡或奶油泡沫咖啡
Espresso, cappuccino NT$.150

英式早餐茶、伯爵茶、熱帶水果風味茶
English Breakfast tea ,EarlGray ,tropical fruit tea NT$.130

圖16-3 客房餐飲菜單(二)

熱巧克力飲料或阿華田 Hot chocolate drink or Ovaltine	NT$.130
新鮮牛奶 Fresh milk	NT$.120
新鮮柳橙汁或葡萄柚汁 Fresh orange juice or grapefruit juice	NT$.180
季節性新鮮水果盤 Selection of seasonal fruits platter	NT$.220
風味優酪乳或水果優酪乳 Plain yogurt or with fruit	NT$.220

另外20%服務費Plus 20% Service Charge

供應時間：早上六點三十分至早上十點　From 06:30 AM~10:00 AM

（續）圖16-3　客房餐飲菜單(二)

2.在進入房間前先看看房間地面狀況。

3.進入房間前先把客房內擋路的東西移開，或是禮貌地要求客人把所屬的東西挪開，以便容易進入服務。

4.進入房間後發現房內有槍械、禁藥、毒品、違禁物、寵物或是損壞房間時，勿與客人爭辯或衝突，在送完餐後立刻回來報告主管處理。如果情況讓服務人員心生悸怕，也可藉口快速離開，將遭遇到的情況報告給主管。

5.務必把裝備（餐車）推進客房裡。要是客人不讓服務員進入房間，要求放在門前自行取用，服務員也不可離開，要等客人把所有東西拿進房間後才可離去。畢竟把餐車放在樓層走道上是相當危險的事。

6.把房間的門開至與門擋牢貼，以確保送餐安全，進入房間後房門要保持打開狀態。

(二)住客本身之狀況處理

在送餐時餐飲服務員可能會遇到較特殊或緊急的情形，茲舉數端，以便在服務中碰到時有心理準備，能夠冷靜地處理。

1.客人睡眠中：有些客人很易酣睡，敲門、按電鈴一點回應也沒有，這時試著打電話進客人房間，很有效果。

2.酒醉的客人：碰到酒醉的客人，如果還有旁人，大部分服務尚不成問題。但如果單獨的醉客獨處時，送餐後應隨即迅速離開，必要時報告客房部經理或值班經理知道，以做必要協助，也須讓客房餐飲的主管知道，所服務的房客是位醉客。

3.衣衫不整或行動輕佻的客人：這種情況要保持小心謹慎。要告訴衣衫不整的客人，自己暫出去門口等，俟客人穿好衣服後再進門服務。很禮貌婉轉地回拒客人輕浮行爲，如果令人不能忍受，則要迅速離開，報告主管或安全警衛。

4.生病的客人：要詢問客人是否需要醫務上的協助，如果是的話，要馬上通知總機採取必要之幫忙。記得保護自己以免被客人感染，特別是血液或嘔吐物都有病源，應請受過衛生訓練的服務員速來清理乾淨。

5.槍械、違禁物或大量現鈔：事後要立即報告主管知道，以便保護自己。

6.損壞客房設備：損壞客房設備的原因很多，例如夫妻吵架，或心理變態者，以搗毀設備爲樂。這當然造成旅館的損失，要報告主管及客房部經理關於損壞之程度，以決定客人須賠償的金額。

7.攜帶寵物：立刻報告客房部主管前來協助，要求客人帶開寵物，以免在服務當中冒著被動物咬傷、抓傷的危險。通常寵物是不被允許帶入旅館的。

8.客房維修問題：送餐時，客人也許會向服務人員提及設備故障或不良，這時須告訴客人會立刻請人來修復，並立即以電話通知工程維修部門，請速派人來修復設備。

客房餐飲服務與餐廳服務不同之處是在於其爲被託付的。一旦服務員離開部門到客房服務，就要憑服務員的資質來應付各種狀況，所以專業的訓練與訂定嚴格的紀律是必要的，例如餐具之回收要確實核對、建立收餐工作的輪流制度、嚴禁強要小費、在房間不可東張西望、客人有任何反應要回報主管等。客房餐飲的主管必須是一位強而有力的管理者，較適合擔任此職務。客房餐飲一週七天沒有停歇，又是二十四小時提供服務，工作實非容易。無論主管或服務員，爲了旅館的聲譽，孜孜矻矻地工作，眞是任重道遠。

第三節　管家服務

英文的Butler這個字原為拉丁文"Buticula"（拿著水瓶倒水的人），後來被翻成法文進而延伸為現在用的這個字。茲說明如下：

1.管家服務（Butler Service）屬於客房部或是Concierge Floor，或是禮賓部門，主要針對重要貴賓提供貼身全天候服務，自客人入住飯店，就開始為客戶提供一切顧客所需要的任何事務，大至人員訪客過濾、重要宴會安排， 小至購買飯店無法提供的物品，Butler都必須確實完成，為入住旅客提供One Step Service是管家的基本，也是最重要的服務準則以及工作項目。

2.服務內容方面包括基本的生活起居、餐食安排、合法所需物品購買、行程安排、交通工具安排、特殊喜好事物的事前準備及取得。簡單地說，就是讓客人只要透過Butler就可以達到直接取得一切所有住宿期間的各種需求。

不過管家服務費用很高，所以一般都是針對重要賓客才會提供這樣的服務。之前晶華推出大班廊也就是類似的觀念，強調貼身全天候的服務，讓旅客享受無微不至的服務。各大飯店都有這樣的機制，不過有的飯店會臨時編組而不常態設立這樣的單位或是職務如福華即是如此。

Butler的定義是「家族的首席男管家」。Butler是主要負責監督管理整個家族的僕人，他對待主人友好而服從，能隨時揣測主人的需要，而且善於保護主人的隱私，能有一個這樣的助手是一件很美好的事情。Butler起源於英國的維多利亞時代，發展到現在，已形成為一種類似於「一站式購物」的服務模式。飯店裡的Butler，其實就是客人面對的唯一飯店服務人員，他引導所有的服務、為客人解決問題並盡力照顧好客人。Butler的主要工作就是滿足客人的要求，關注客人從入住到離店的每個細節，盡一切努力使客人滿意。

管家服務主要負責對貴客提供全程跟進式的服務。以「深知您意，盡得您心」的服務理念為核心。對貴客入住期間的需求進行全程的服務，針對不同客人的不同需求做好客史檔案的蒐集與管理。所以作為管家的人才，旅館都會做一番精挑細選，以期把工作做好。

一、素質標準

1.具有大專以上學歷，受過觀光飯店管理專業知識培訓。

2.具有三年以上旅館基層管理、服務工作經驗，熟悉旅館各前檯部門工作流程及工作標準。

3.具有熱誠的服務意識，能夠站在顧客的立場和角度提供優質服務，能顧全大局，工作責任心強。

4.感情成熟、具有較強的溝通、協調能力，能夠妥善處理與客人之間發生的各類問題，與各部門保持良好的溝通、協調。

5.瞭解旅館的各類服務專案、本地區的風土人情、旅遊景點、土產與特產，具有一定的商務知識，能夠簡單處理客人相關的商務業務。

6.具有良好的語言溝通能力，至少熟悉掌握一門外語。

二、管家崗位職責

1.對房務部經理負責，根據旅館接待活動需要，執行房務部經理的工作指令。

2.負責查閱客人的歷史資訊，瞭解抵離店時間，在客人抵店前安排贈品，做好客人抵達的迎候工作。

3.負責客人抵達前的查房工作，引導客人至客房並適時介紹客房設施和特色服務。提供歡迎飲料（茶、咖啡、果汁），爲客人提供行李開箱或裝

箱服務。

4.與各前檯部門密切配合安排客人房間的清潔、整理、夜床服務及餐前準備工作的檢查和用餐服務，確保客人的需求在第一時間予以滿足。

5.負責客房餐飲服務的點菜、用餐服務、免費水果、當日報紙的準備、收取和送還客衣服務，以及安排客人的叫醒、用餐、用車等服務。

6.對客人住店期間的意見進行徵詢，瞭解客人的消費需求，並及時與相關部門協調溝通，確保客人的需求得以適時解決和安排。

7.瞭解本館的產品、當地旅遊和商務資訊等資料，適時向客人推薦旅館的服務產品。

8.致力於提高個人的業務知識、技能和服務品質與其他部門保持良好的溝通、協調關係，二十四小時為客人提供高品質的專業服務。

9.遵守國家法律，行業規範及旅館的安全管理流程與制度。

三、管家工作內容

1.客人抵店前檢查客人的歷史資訊與相關部門進行溝通協調，迎候客人的抵達。

2.客人抵店前做好客房間的檢查工作及餐飲的準備情況，準備客人的房間贈品。

3.引導客人至房間並適時介紹客房設施和特色服務，提供歡迎茶水及行李開箱服務。

4.與各前檯部門密切配合安排客人房間的清潔、整理、夜床服務及餐室、餐前準備工作的檢查、點單和用餐服務。

5.為客人提供客房餐飲服務的點單、用餐服務、免費水果、當日報紙的準備、收取送還客衣服務，以及安排客人的叫醒、用餐、用車等服務。

6.對客人住店期間的意見進行徵詢，瞭解客人消費需求，及時與相關部門協調溝通予以落實。

7.為客人提供會務及商務秘書服務，根據客人的需要及時有效的提供其他相關服務。

8.客人離店前為客人安排行李、計程車服務並歡送客人離館。

9.整理、蒐集客人住館期間的消費資訊及生活習慣等相關資料，做好客史檔案的記錄和存檔工作。

第四節　接待服務中的特殊狀況處理

旅館猶如社會的縮影，在接待服務中，不可避免地也會出現各式各樣的特殊狀況。服務員要根據不同的情況，做出敏銳的觀察和判斷，來進行不同的處理和接待，以便把服務工作做得很圓滿。

一、遺留物的處理

遺留物品的發現大多在客人退房離館，服務員在檢查房間或是整理房間時發現。只要是客人所遺留之物，應設法儘速歸還，不但會贏得客人的感激與讚揚，也贏得旅館的好評與聲譽。

(一)遺留物處理程序

遺留物處理程序如下：

1.凡房務工作人員拾獲顧客遺失物，均須交由客房部辦公室職員或秘書處理。
2.當值秘書會馬上登記及填寫「遺失物拾獲收據」（一式三份）給拾獲者。
3.接著填寫「遺失物拾獲招貼」，將此招貼在遺失物袋上，然後將遺失物放置於袋中，並將遺失物交由客房部職員儲存及處理。
4.客房部秘書將遺失物存於室內不同月份架上，並隨時將所有資料記錄在「遺失物招領記錄本」上（遺失物拾獲者有權隨時查看此本，如**表16-7**）。

表16-7　遺失物招領記錄本

拾獲登記欄							領取登記欄					
日期	時間	地點	品名	件數	拾獲者	經辦人	領取人簽名	身分證號碼	護照號碼	領取日期	領取時間	備註

5.秘書在每天下班前，必須將「遺失物招領記錄本」呈交客房部經理批閱。

6.若失主認領，則提出證件並出示身分證等證件，作出登記，請客人簽名於「遺失物招領記錄本」上，便可領回。

7.如有已離店之住客來函報失及詢問有關物品，客房部秘書必須回覆結果，經查核證明該遺失物確是報失者所述時，如果失主願意交付郵資，則經會計部經理批准後，便可寄還失主，同時秘書須填寫顧客「失物詢問記錄表」。

8.如果不是物主本人來領取，必須出示領取人證件和委託文件，經核對無誤後，予以領取。

9.如遺失物在員工工作範圍內拾獲，客房部秘書須通知人事部，人事部便會在員工告示板（公布欄）上刊出失物描繪，請員工留意。

10.一般物品於六個月後，如仍沒人認領，則會經由客房部定期發函知會人事室所有當月認領的失物編號登於員工告示板上，員工可協同收據於有效期內到客房部領取物品。

11.領取物品後，同時秘書會將失物連同物品發放紙（一式兩份）交於失物尋獲人，發放紙副本留在客房部之發放紙檔案內，從而尋獲人將發放紙交於員工出入通道之警衛員，尋獲人則可繳交副本，帶失物合法地離去。

(二)房務部遺留物處理實務

■樓層處理程序（標準四步驟）

1.步驟一：打電話通知辦公室

——房號。

——遺留物是什麼。

2.步驟二：把遺留物裝起來

——用塑膠袋。

——用紙寫上房號、日期、拾獲者。

3.步驟三：交到辦公室

——中午補飲料前交一次。

——下班前再交一次。

4.步驟四：下班前再檢查一次

——檢查備品車有無遺留物？

——檢查服務檯有無遺留物？

■辦公室處理程序（標準四步驟）

1.步驟一：留電話記錄

——接到樓層通知時一定要做電話記錄。

2.步驟二：追蹤遺留物

——下班前一定要追蹤遺留物是否交到辦公室。

3.步驟三：交到辦公室

——精確做好遺留物之登載；分類、儲藏、管理。

4.步驟四：下班前再檢查一次

——依客人領回的標準作業程序。

——依遺留物寄出的標準程序。

二、住客問題的處理

住客的問題也有各式不同型態，大抵為傷病、醉酒或不法之事，旅館人員必須保持警覺，既可協助客人，也維護旅館的聲譽。

(一)住客傷病處理

客人本身原就帶病，或是旅途勞累，氣候、水土不服，或是受到感染、受到風邪、食物中毒、跌倒撞傷等。遇到這種情況的處理方法如下：

1.服務員發現住客生病或發生意外事故時，要立即報告主管，同時詢問住客的身體情況，表示關心和樂於協助。

2.房務部接到服務員的報告後，應立即與醫務室聯繫，並趕至現場，如果旅館沒有醫務室，通常都有特約醫生，則應請來給客人看病。對傷病嚴重、須緊急救護的客人，應立刻送醫，切勿延誤時間。

3.對於客人傷病事件之處理，應做詳細書面報告，說明病傷原因、症狀、處理經過和結果。

(二)酒醉客人的處理

酒醉問題在旅館中經常發生，其處理方式並無一定標準，乃因人而異，有

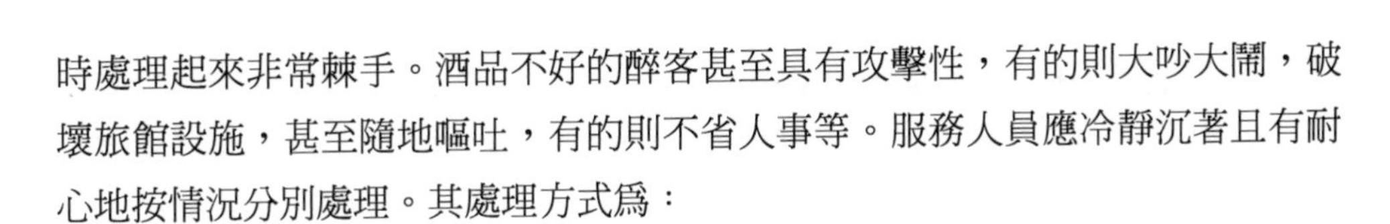

時處理起來非常棘手。酒品不好的醉客甚至具有攻擊性，有的則大吵大鬧，破壞旅館設施，甚至隨地嘔吐，有的則不省人事等。服務人員應冷靜沉著且有耐心地按情況分別處理。其處理方式爲：

1.對輕度醉客，應以疏導方式，安置其回房休息；對重度醉客則應協同安全人員處理，以免擾亂其他住客或傷害住客本身。
2.陪同醉客回房休息時，如果有嘔吐前兆，應帶至浴室，協助其嘔吐至馬桶裡，以維持客房清潔衛生。如果客人到處隨地嘔吐，服務員應速清理，並報告主管，向客人酌收清潔費用。
3.服務員要特別注意其房內動靜，以免客房用品受到損壞，或因其吸菸發生火災等危險情況。

(三)客人死亡事件的處理

客人在旅館死亡有多種原因，從性質上可分爲正常死亡和非正常死亡兩類。確定客人死亡性質主要是治安機關的事，旅館方面對客人正常死亡、意外死亡以及非他殺性死亡要配合有關部門妥善處理。國人在旅館死亡，經治安機關檢驗屍體作出非他殺性死因結論後，處理方式較爲簡單。而外國人員在旅館死亡，處理時既要符合我國法律程序，又要適應死者的國情風俗。因此，旅館方面在處理境外人員死亡事件時，要注意做好以下幾項工作：

■認真保護現場，及時報告治安機關

治安人員到達現場的主要任務是調查死因，確定死亡性質。治安人員調查死因，要對屍體現場進行勘驗，一般做法是，以屍體所在地爲中心，對現場的每個部位和物體，以及現場的周圍環境等進行全面仔細地勘驗，設法提取各種痕跡、物品。如果在現場找到證實自殺的物證、書證，就爲以後順利處理死亡工作鋪平了道路。所以說，保護好現場是處理死亡事件最重要的一環。

■展開必要的調查訪問

旅館安全部門主要是配合治安機關開展調查工作。在治安人員尙未到達之前，安全部門要積極展開一些必要的調查訪問工作。首先要向報案人或發現人瞭解所見所聞，其次向死者家屬或同行人進行訪問，再從旅館服務員中瞭解死者在旅館的各種情況，最後把調查訪問的情況綜合後提供給警察局及有關部門參考。

■配合旅館公關部做好家屬接待工作

外國人死亡後，家屬或友人接到通知即會趕來。由旅館公關部出面接待，並做好家屬、友人安排工作。安全部門要派人加強注意，預防家屬親友出現其他意外事件。

■配合家屬做好遺體處理工作

死亡事件性質確定後，家屬、友人就可以處理遺體。旅館安全部門要始終配合家屬、友人，在法律允許範圍內，按照家屬提出處理遺體的習俗要求，盡可能幫助解決一些實際問題。注意遺體運出時儘量不驚動他人，悄悄的由後門運出。

■其他意外事件發生後的善後措施

其他意外事件，是除治安災害事故之外的、超出人們正常預定設想的、意外發生的事件。這些事件的預防雖不是安全部門的職責範圍，但事件發生後會給旅館造成一定的影響。因此，安全部門要配合有關部門開展工作。事件發生後，安全部門要採取以下的安全措施：

1.做好客人的情緒穩定工作：事件發生後，要使客人情緒穩定、感覺安全。首先要控制、安撫員工的情緒，保證正常的經營秩序；其次要做好事件的保密工作。如部分員工知道事件的發生，簡要說明事件狀況，告誡客人注意事項或通知客人如何撤離，有秩序地進入安全地帶。
2.組織力量搶險救災：旅館發生任何事故，安全部要組織力量到現場。首先要制止事故危害的蔓延發展，發現受傷人員立即組織救護；其次採取措施排除險情或障礙，協助有關部門修復損壞的機器設備，使經營秩序儘快恢復。還應封鎖現場，防止無關人員進入現場。
3.協助有關部門調查事件原因：旅館發生意外事件，安全部要與事件直接有關的部門調查發生的原因。如屬操作人員疏忽大意，未盡到責任，不遵守有關規章制度等而造成的責任性事故，情節不足以追究刑事責任的，由有關部門按責任性事故處理。
4.指導有關部門制定安全制度：從事故中總結經驗教訓，指導有關部門制定安全制度，是防止今後不再發生類似事件的有效措施。安全制度制定後，安全部要發揮監督、檢查、指導的作用，定期開展安全檢查或抽查，尋找漏洞、隱患和不安全的因素，及時修訂完善之安全制度。

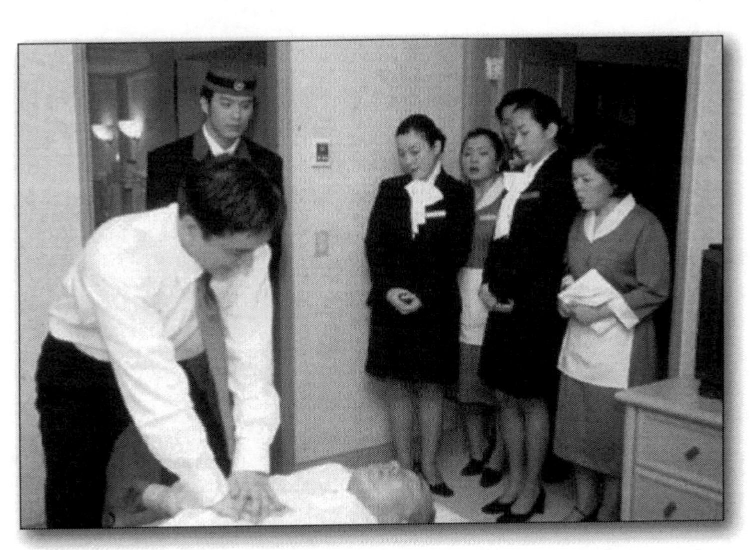

▲旅館客房部正示範CPR訓練

5.相關主管要撰寫報告：客房部經理與安全部主管必須將整個事情之處理過程，包括事件原因、處理過程、事後結果、影響與檢討撰寫報告，以便呈給旅館高層（如董事長、總經理、總監等）瞭解整個事件情況。

(四)住客的違法行爲

由於客房具有高度的隱私性，所以不法之徒往往利用此客房特性進行吸毒、販毒、走私品交易、色情交易或賭博等。所以客房服務員必須接受安全管理的訓練，並養成職業的警覺性，提高觀察、識別、判斷和處理問題的能力。不僅在發現現行不法行爲要報告主管通知治安機關，客房內如有槍械、違禁物、寵物或是大量金錢時也要上報，並加強對樓層之監控。治安人員進入樓層時，要主動配合與協助，充分提供客情。

第五節　金鑰匙服務

在高檔的旅館大廳或門口，總是可看到領口掛著金十字鑰匙，著深色制服的服務人員。金鑰匙就是代表世界級金管家之榮耀，2002年，台灣正式加入金鑰匙協會，現在有將近二千多名飯店服務業人員想成爲金鑰匙會員，但是到目前爲止，全台只有四十名會員（逐年增加中），讓這個新行業更增添了神秘感，很多人好奇，金鑰匙是何物？金鑰匙服務員是何許人也？

資料來源：http://www.jobank.com.tw/December.php?activity=3

一、「金鑰匙」的涵義

「金鑰匙」是一種「委託代辦」（concierge）的服務概念。“concierge”一詞最早起源於法國，指古代旅館的守門人，負責客人的迎來送往和鑰匙的保管，但隨著旅館業的發展，其工作範圍不斷地擴大，在現代旅館業中，concierge已成爲客人提供全方位「一條龍」服務的崗位，只要不違反道德和法律，任何事情concierge都盡力辦到，以滿足客人的要求。其代表人物就是「金鑰匙」，他們見多識廣、經驗豐富、謙虛熱情、彬彬有禮、善解人意。

「金鑰匙」（les chefs d'or）通常身著燕尾服，上面別著十字形金鑰匙，這是委託代辦的國際組織——「國際飯店金鑰匙組織聯合會」（Union Internationale des Concierge d'Hôtels Les Clefs d'Or，簡稱爲U.I.C.H Les Clefs d'Or）會員的標誌，它象徵著“concierge”就如同萬能的「金鑰匙」一般，可以爲客人解決一切難題。

「金鑰匙」儘管不是無所不能，但一定要做到竭盡所能。這就是「金鑰匙」的服務哲學。

二、「金鑰匙」的崗位職責

金鑰匙通常是旅館禮賓司主管，其崗位職責主要有：

1.全方位滿足住店客人提出的特殊要求，並提供多種服務，如行李服務、安排鐘點醫療服務、托嬰服務、約會安排、推薦特色餐館、導遊、購物等，客人有求必應。
2.協助大廳經理處理館內各類投訴。
3.保持個人的職業形象，以大方得體的儀表和親切自然的言談舉止，迎送

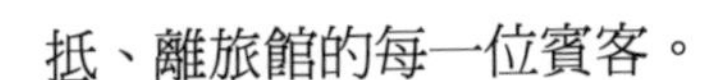

抵、離旅館的每一位賓客。

4.檢查大廳及其他公共活動區域。

5.協同保安部對行爲不軌的客人進行調查。

6.對行李員工作活動進行管理和控制，並做好有關紀錄。

7.對抵、離店客人給予及時關心。

8.將上級命令和所有重要事件或事情記在行李員、門僮交接班本上，每日早晨呈交客務部經理，以便查詢。

9.控制旅館門前車輛活動。

10.對受客務部經理委派進行培訓的行李員進行指導和訓練。

11.在客人住宿登記時，指導每個行李員幫助客人。

12.與團隊協調關係，使團隊行李順利運送。

13.確保行李房和旅館大廳的衛生清潔。

14.保證大門外、門內、大廳三個崗位有人值班。

15.保證行李部服務設備運轉正常；隨時檢查行李車、秤、行李存放架、輪椅。

第六節　個案研究

個案

高雄一家旅館訂房員小玉接到順利旅行社預訂十五間標準單人房，日期是十月七日下午三時左右進住旅館，旅行社並求代購十五張十月九日下午兩時由高雄至台北的自強號火車票。由於十月十日是雙十國慶，所以十月九日的車票非常難買，歷年來都是一票難求，碰巧又是連續假期，預料火車站又是人潮洶湧。前檯林經理慶幸大日子還能買到車票，不負客人請託。

十月七日下午順利旅行社侯導遊終於帶了一團日本觀光客進來。接待員在侯導遊辦好團體住宿登記手續後，微笑地向侯導遊說：「侯先生，您先前交待購買的火車票也購好了，請點收一下，票款我們會一併登入團體帳裡。」侯導遊只淡淡地回答：「哦！算了，我們已改變行程，那十五張車票就不要了！」這突如其來的改變主意，整個櫃檯人員都瞠目結舌，面面相覷。前檯林經理更爲之氣結，一時也難以適應過來。

分析

一、旅館與衆多顧客之間的互動關係複雜萬端，也可能隱含衝突的因子在內。從業人員對此應有充分的心理準備，當碰到事情發生時較能釋懷而坦然面對。任何事件的發生，旅館應審愼去處理，但絕對無權與客人有任何的爭端。

二、在本案例中，雖然旅館的人員花了一番功夫，辛辛苦苦買到的車票，客人卻一點也不領情，反而棄如鄙屣，旅館人員的反應是可以理解的，但應以心平氣和的態度來處理後續事宜。嚴格說來，這件事並非很嚴重，林經理或櫃檯接待要向侯導遊適時說明，既然已不需車票，旅館就要立即去退票，所損失的退票手續費須由順利旅行社負擔，這種要求是合理的。

個案思考與訓練

某日下午，客人找到客房經理，很懊惱地抱怨：「我回來時發現床頭櫃上的一張小紙條不見了，上面用鉛筆寫著我客户的聯絡電話，卻被服務員打掃房間時清掉了，這筆生意的線也斷了……。」

第十七章 客房安全

- 旅館安全制度
- 火災問題與處理
- 竊盜預防管理
- 客房職業安全
- 個案研究

安全問題是旅館最不能忽視的一環，因為旅館既以其設施提供客人住宿（睡眠）、開會、用餐和娛樂，就必須讓客人有安全的保障，而另一方面旅館也要給予員工無虞的工作環境和訓練其安全意識，保障自己的工作安全，所以旅館的安全（Safety and Security）是同時牽涉到旅館本身及顧客的兩個面向。

第一節　旅館安全制度

旅館必須建立一套周全的安全制度，以便讓員工和客人免於恐懼，旅館的財務也從而獲得保障。以下將詳述旅館安全管理的特點與制度之建立。

一、旅館安全管理的特點

安全管理是一項繁複、持久且專業性很強的工作，沒有安全，一切服務和生產也就無從談起。安全管理的特點如下：

(一)不安全因素較多

旅館大多數為高層建築，設備與結構複雜，用火、用電、用油、用氣量大，易燃易爆危險品多，潛在不安全因素相對提高。

(二)安全管理責任大

旅館對保證住店客人生命財產具有義不容辭的責任。客人住店期間發生意外事故，不僅使客人蒙受損失，更重要的是給旅館聲譽帶來惡劣的影響，甚至要負法律上的責任，對旅館經濟的損失是難以估量的。所以旅館必須加強各項防範措施，對安全要有高標準的要求。

(三)服務人員要具安全意識

服務人員重視本身的安全衛生條件外，對旅館的安全管理如防火、防盜、防爆等公共安全事件須具備高度安全意識。由於客人居住的時間短、流動性高，隨時都有任何突發事件，旅館員工必須提高警覺性，維護公共安全。

二、建立各項安全制度

各項安全制度的建立有助於消弭任何不安全因素，提高服務水準。

(一)住宿登記的證件查驗

凡是進住旅館客人，無論是本國人或外國人，在遷入登記時須持本人有效身分證、護照、外國人居留證等，由櫃檯接待人員確實核對，並發給旅館住宿證（Hotel Passport）。

(二)對來訪人員進行登記

爲維護館內秩序，保障旅客的安全，須對訪客進行登記工作。

(三)加強追蹤檢查客房

凡客人外出或退房，必須由服務員對客房做追蹤檢查：

1.房間設備、物品是否有損壞或遺失。
2.迷你吧之酒水是否有使用。
3.是否有未熄菸火及其他異常狀況，並記錄客人外出時間、查房時間及簽上檢查員名字。

(四)建立巡樓檢查制度

除了以電子監視系統對各重要角落進行監視外，房務員、安全警衛、值班經理（大廳副理）交叉巡樓，注意檢查下列項目：

1.樓層是否有閒雜人員。
2.是否有菸火隱患，消防器材是否正常。
3.門窗是否已上鎖或損壞。
4.房內是否有異常聲響及其他情況。
5.是否有設備、設施損壞情況及是否整潔。

(五)治安事件報案制度

遇有行凶暴力、搶劫事件、鬥毆事件、發現爆裂物或發生爆炸事件、突發性事件時，立刻通知治安機關報案，並做好記錄（如案發地點、時間、過程）。控制人員，封鎖現場，提供治安人員任何可能的線索。

(六)火警、火災的預警

定期檢查火警受信總機及消防系統，以便一旦狀況發生能隨時發出警告並採取緊急應變措施。旅館也應定期做消防講習與消防演練。

(七)遺留物品的處理

凡在旅館範圍內拾獲的一切無主物品視爲遺留物品。任何人拾獲，須馬上登記拾獲人姓名、日期、時間、地點及品名等，上交部門主管，由旅館統一登記造冊與存放，私存遺留物品的視爲竊盜處理。

(八)做好交接班工作

各當班人員必須有交班簿（表），當班人員須認眞詳細地塡好各項交班事項，簽上自己的姓名，交接班以書面形諸文字爲準，必要時也可用口頭表達清楚。

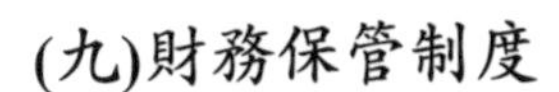

(九)財務保管制度

貴重物品的保管，一般由櫃檯出納負責處理。在新型的旅館客房中均設有電子保險箱，供客人存放貴重品。貴重品的保管，無論在櫃檯或客房，可以有效遏止竊盜事件之發生。

(十)員工外出的檢查

員工外出必須接受安全警衛之檢查私有物，若有攜帶旅館物品或特殊之物，須持有主管簽名核可的「攜出物放行條」，否則必須加以扣留並接受調查。

(十一)設備的檢查制度

落實對各項重型設備的定期及不定期檢查，如電力系統、鍋爐、冷氣系統的維修和安檢，尤其旅館備有發電機，應定期測試，一旦遇有停電情況，發電機能夠馬上銜接供電，可以避免停電造成的恐慌。

(十二)留意住宿客人的房間狀況

房務部各級職人員必須注意下列房間內之狀況：

1.是否有槍械等凶器。
2.是否有違禁及管制的藥品、毒品。
3.是否在客房內烹煮食物及使用耗電之電器用品。
4.房內有否強烈異味。
5.房內有否寵物。
6.客人是否生病。
7.房內是否有大量金錢及金飾珠寶。

第二節　火災問題與處理

現代旅館多爲防火的建築，且受到消防法令的規範，不過火災的潛在危險與威脅仍然存在。旅館人員須隨時提高警覺，注意任何造成火災的原因與跡象，才能夠防患於未然。

一、火災的預防管理

預防火災的發生須從消防設備與消防措施著手，分述如下：

(一)消防設備器材

大多數旅館在各樓層皆有完善的監控預警、滅火、逃生用的各種消防安全設備（如**表17-1**）所示。

(二)防火措施

有效的防火措施能減少災害的發生，茲分述如下：

1.客房內的服務指南附有安全須知，床頭櫃上放有「請勿在床上吸菸」告示牌，通道、電梯口有菸灰桶。
2.鼓勵員工「不吸菸」及「不喝酒」，以便減少火災發生之可能，並限制員工吸菸區域，便於管理及防患未然。
3.所有服務員都要牢記太平門、滅火器、消防栓的位置，並熟練滅火器的使用方法（如**表17-2**）。
4.當班服務員隨時提高警覺，發現火警徵兆或問題要及時採取措施，及時報告。
5.禁止客人在房內使用電爐，對長期住客使用自備的家電用品特別留意，防止超負荷用電。
6.各部門職工人員應瞭解各該工作區域的空調、照明、瓦斯、水電系統之開關位置，以便於災變發生時能迅速管制。
7.定期檢查各項設備之功能：

表17-1　樓層消防設備

·溫度感應器	·逃生路線圖
·自動灑水頭	·逃生方向指示牌
·逃生梯	·緊急出口指示牌
·客房用逃生繩索	·滅火器
·消防栓	·排煙匣門
·煙霧測試器	·報警器
·緊急電源	·手電筒

表17-2　滅火器種類及使用方法

種類	適用範圍	使用方法
酸鹼式滅火器	撲滅一般固體物質火災	1.將滅火器倒置 2.將水與氣噴向燃燒物
泡沫滅火器	用於油類和一般固體物質及可燃液體火災	1.將滅火器倒置 2.將泡沫液體噴向火源
二氧化碳滅火器	用於低壓電氣火災和貴重物品（精密設備、重要文件）之滅火	1.拔去保險鎖或鋁封 2.壓手柄或開閥門 3.對準燃燒物由外圈向中間噴射
乾粉滅火器	與二氧化碳滅火器適用範圍相同，但不宜貴重物品的滅火	1.拔去保險鎖 2.按下手柄 3.將乾粉噴向燃燒物
四氯化碳滅火器	上述滅火範圍都可以適用，特別適用於精密儀器、電氣設備、檔案資料的滅火	1.拔去保險鎖 2.打開閥門 3.噴向火源

(1)建築物內外之防火結構及使用狀況。

(2)防火區、逃生區的劃分。

(3)電器、機器設備。

(4)室內防火栓設備。

(5)警報設備。

(6)避難設備。

(7)避難通路引導標幟（逃生方向指示牌）。

(8)消防用水。

8.消防安全工作的組織化：

(1)成立消防安全委員會：消防安全編組應是有權有責的單位，處理火災及其他災害事件的發生，由總經理擔任主任委員，其他各有關部門主管爲委員，其職責如下：

・擬訂消防安全章程。

・審議消防安全計畫。

・擬訂消防設備的改善與加強。

・消防知識的培訓、講習。

(2)成立消防應變指揮自衛編組：本編組仍由旅館總經理擔任指揮官（如**圖17-1**及**表17-3**），通信工具爲無線對講機及自動電話。

9.依規定每一工作場所之滅火器數量必須充足，並定期檢修其噴壓與換藥，保持可使用之狀態。放置處所應明顯而易見，四周亦不應堆積雜物妨礙取用。

10.易燃品之儲存處所應保持良好的通風，勿置於高溫或明火作業場所。

二、火災的事故處理

旅館火災所造成的人員傷亡大多是處理不當所造成的。因此，旅館在平時就應落實消防安全委員會的各項消防安全計畫，遇有火警時亦應充分發揮消防應變指揮編組的功能，正確處理火警事故才能畢竟其功。

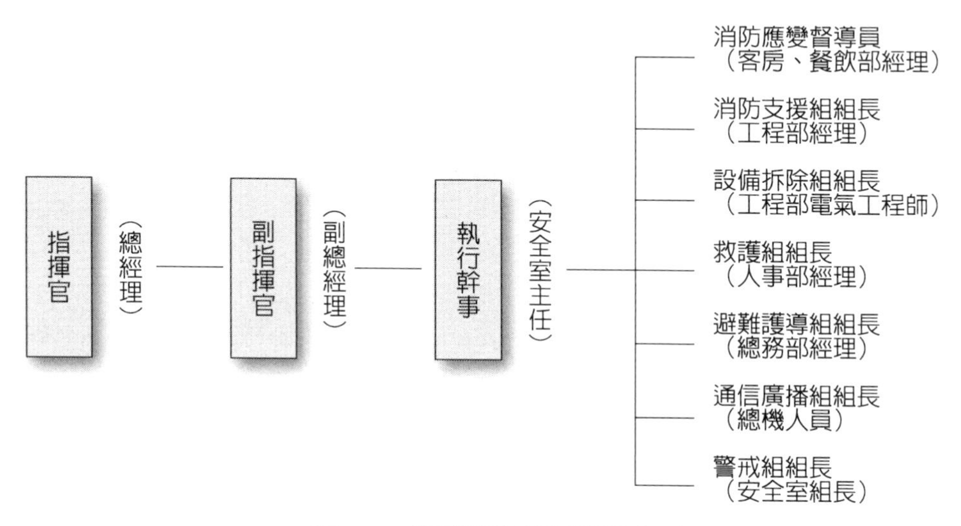

圖17-1　旅館消防應變指揮編組表

表17-3　旅館火災應變專案

報警和接警	1.一旦發生火情，應迅速將火警資訊傳到消防控制中心或安全部，報警方式通常有三種： (1)自動報警裝置報警。 (2)員工報警，應講清著火地點、部位、燃燒物品、目前狀況及報警人姓名和電話。 (3)客人報警，應向報警人仔細詢問著火地點、部位、燃燒物品、目前狀況及報警人姓名和電話，並準確做好記錄。 2.消防控制中心或安全部接到報警後，要迅速透過對講機通知安全巡邏員到現場檢查： (1)如屬誤報，就解除報警。 (2)如確認起火，即通知電話總機聯繫相關部門或向119報警。

（續）表17-3　旅館火災應變專案

成立滅火救災指揮中心	1.滅火救災指揮部由下列人員組成：當時在旅館的主要主管和安全、工程及事發部門的負責人（夜間由夜間值班經理和安全、工程及事發部門的值班人員組成）。 2.指揮部地點設在掌握資訊的消防控制中心（或中央控制中心），或視事發現場另選合適地點。 3.指揮部的主要職責是： (1)確定現場滅火指揮人，成立現場指揮組，由安全部主管、工程部有關技術人員和事發部門的工作人員組成，掌握火勢發展情況，指揮參戰人員滅火，根據火勢及時採取進一步措施，並向指揮部彙報，警局消防人員到現場後，協同組織滅火搶救。 (2)根據火情，決定是否通報人員疏散並組織實施，通報的次序為：著火層、著火層以上各層，有可能蔓延的以下樓層，語言通報可利用消防應急廣播。 (3)指令各部門按火災應變預案的規定，應採取應急措施，履行各自的職責。 (4)密切注意館內的情況，穩定客人情緒，做好安全工作。 (5)警局消防到達後，及時向火場指揮報告情況，按照布置的要求，帶領員工貫徹執行。
滅火與救護	現場指揮組在著火現場組織滅火與救護。 1.組織滅火、指揮參戰人員滅火，並根據火勢，切斷著火層電源和可燃氣體源，關閉著火層防火分區的防火門，阻止火勢蔓延。 2.組織救護，指揮參戰人員在著火層救護人員、疏散和搶救物資。
各部室應採取的措施	**1.安全部** (1)銜命負責現場指揮，組織、指揮義務消防隊員和就近員工滅火、救人、搶救物資。 (2)備好手推消防器材車和現場必須的大容量滅火器、防煙防毒面具及破拆工具，保證供給無虞。 (3)指派安全人員或義務消防隊員在旅館首層控制消防電梯使用。 (4)指派安全人員或義務消防隊員在著火層執行警戒任務，指導疏散人流向安全區，有秩序地撤離，防止有人趁火打劫，搗亂破壞。 (5)車場組加強旅館周邊和各出入口的安全警戒，旅館周邊的警戒任務是：清除車道上路障，指導疏散旅館周圍和館內的無關車輛，為安全消防隊到場展開滅火行動維持好秩序。 (6)監控室應嚴密注視無人警戒的樓面及出入口，及時發現火勢蔓延情況和不法分子進行打劫和破壞。 **2.工程部** (1)指派技術人員在消防泵房，並確保消防水泵正常運轉和用水不間斷。 (2)派出電工控制著火區域的電源，該切斷的及時切斷，並設法解決滅火救災現場必須的照明，同時保證消防用電不間斷。 (3)將客用電梯降至底層關閉，消防電梯切換為手動控制，交消防隊和安全部使用。 (4)關閉空調裝置和煤氣（瓦斯）總閥。 (5)組織本部門人員投入滅火。 **3.客房部** (1)客房部應準備足夠的濕毛巾，用於客人和滅火人員防煙嗆。

（續）表17-3　旅館火災應變專案

各部室應採取的措施	(2)組織客房工作人員滅火和搶救，疏散顧客至安全區域，並配合總櫃檯工作人員準確統計撤離人數，安撫客人情緒。 (3)如是客房火災，滅火後派人留守警戒。 (4)總櫃檯停止營業，看管好錢物、帳單和設備，並準備好旅客登記單，與客房樓面工作人員一起檢查客人是否全部撤離到指定地點，並安撫客人。 (5)行李房要看管好客人存放的行李，並按指令和視火情迅速移運至安全區域。 (6)電話總機房在未接到總指揮撤離的命令前，應堅守崗位，快速、準確無誤地傳遞火情資訊和指揮部指令。 (7)商務中心和娛樂中心停止營業，安撫和疏散客人，看管好錢物、帳單和設備，並按指令撤離和疏散物資、商品及設備。 **4.餐飲部** (1)停止營業，管好錢物。 (2)廚房應關閉煤氣（瓦斯）閥門。 (3)按指令或視火情由服務員引導疏散客人到安全地帶。 (4)組織部門人員投入滅火和搶救行動。 (5)準備和提供滅火人員及顧客所需的食品。 **5.其他部／室** (1)指派酒店醫務人員進行現場搶救。 (2)安排車輛及駕駛員待命，聽候調遣。 (3)指派專人在部門值班，聽候工作指令。 (4)組織人員投入滅火及救護工作，提供滅火救災中必需的其他物品。

第三節　竊盜預防管理

竊盜事件的預防是客房安全的重要工作。發生在旅館客房的偷竊事件主要與住客、外來人員及員工有相當的關係，旅館藉由良好的安全管理可以減少這類事情的發生。一般而言，房門未上鎖、物品儲存控制不良和平常的疏忽、缺乏警覺性，都是提供竊盜犯罪的溫床。

一、房間鑰匙的控制與管理

客房鑰匙控制關係到住客人身和財產安全，也關係到住客隱私權的維護，而客房內的設備及貴重品又成爲盜賊竊取的對象，所以客房鑰匙控制是旅館保護財物安全的重要手段。

(一)鑰匙的種類

由於鑰匙的重要性與使用領域不同而分爲以下三種：

■緊急鑰匙

緊急鑰匙（Emergency Key）能打開旅館的全部房間，甚至客人從房間內反鎖亦可以打開。它必須小心存放，置於安全的地方。使用的時機僅在緊急必要的狀況之下，例如火災發生時，客人或是員工被鎖在房間內需及時打開協助等情況，房務員作業時並不需用到此種鑰匙。

■主鑰匙

主鑰匙（Master Keys）因使用的功能又分爲以下三種：

1.總鑰匙（Grand Master Key）：此種鑰匙能夠打開所有房間及房務儲藏室，但如果房門反鎖是無法打開的。不過它也使用於緊急必要之狀況，所以通常總鑰匙都存放在大廳櫃檯，以備不時之需。
2.區域鑰匙（Section Master Key）：此種鑰匙只能使用於數個樓層或旅館所劃分的責任區域，由領班以上職級的幹部使用，尤其是做樓層巡視時。
3.樓層鑰匙（Floor Key）：此種鑰匙只適用於單一樓層。當房務員整理樓層及客房時才使用。如果房務員需要到另一樓層工作，則要用另外一把能夠適用該樓層的鑰匙。它也能打開所適用樓層的儲藏室。

■客房鑰匙

這是給住客使用的單一客房的鑰匙，所有客房鑰匙（Guestroom Keys）均置於櫃檯，當客人辦完住宿遷入手續後，分發給客人使用，退房遷出時交回給櫃檯。

(二)鑰匙的控制與管理

做好鑰匙控制的方式說明如下：

1.主鑰匙的使用必須記錄於「使用登記簿」裡，登載內容包括日期、時間、使用人簽名（領取與繳回均要簽名），分發與收回鑰匙的人同時也要簽名以示負責（如**表17-4**）。主鑰匙由房務中心負責管理。
2.房務員只能在當班時領取和使用各樓層鑰匙，下班離店必須繳回，不能隨身帶走。員工若違反旅館使用客房鑰匙的規定，或遺失鑰匙者，要承

表17-4　主鑰匙使用登記簿

主鑰匙使用登記簿 日期＿＿＿＿							
鑰匙編號	領取人	領取人簽名	領取時間	鑰匙分發人	繳回時間	繳回簽名	鑰匙承收人

擔過失責任。

3.員工領取主鑰匙要隨身保管。旅館通常會分發鑰匙鍊以連結鑰匙，可繫於腰帶或掛於頸部。不可將之置於工作車上、客房裡或任何易丟失的地方。

4.不可將主鑰匙隨便借予其他同事，因爲既然簽名領取它，就要負責保管到底。

5.禁止使用主鑰匙爲客人打開房間。當客人要求房務員爲其打開客房門時，應很禮貌地說明旅館措施，並請客人到大廳櫃檯請求協助。

6.房務員整理房間時發現客房鑰匙置於房間裡應將之收藏在工作車的鑰匙箱中，事後繳回櫃檯，千萬不可置於工作車上。如果工作車沒有鑰匙箱的設計，則應藏放於安全之處。

7.當員工發現住客把鑰匙插在門鎖外邊時要及時，取出並交給櫃檯保管。

8.工程部人員、行李員需進入客房，均須由房務員開門，如果房間已是住宿房而客人外出時，房務員要待到該員工完成任務後方可離開。

二、防盜措施

要完全阻絕客人和員工的偷竊行爲不是一件容易的事，但適當的預防可以避免這類事情的發生。

(一)客人的偷竊事件

防止客人的竊盜事件發生，可採下列措施：

1.房務當班人員提高警覺，掌握客人出入情況，做好來訪登記工作，注意觀察進出客人攜帶物品情況。
2.房態報表、交接班簿本對外保密。
3.房務員整理房間時，將工作車停在打開的客房門口，調整好工作車的位置，使工作車上的床單等物品面對客房，防止被人順手牽羊。
4.對儲藏室的管制與上鎖，不可讓客人自己進入儲藏室拿取備品或布巾用品。
5.加強樓層巡視。凡發現房門未關的，應提醒客人把門關好，鑰匙插在鎖頭上的，要取出交還客人。
6.客房中較有價值的東西如掛畫、燈飾等，應該採用較大尺寸，以便無法將其裝入行李箱中，至於客用備品或設施（如冰箱、電視等），應打上旅館的標幟，有助於打消客人偷盜的意圖。
7.客人可能帶走浴巾、浴袍之類用品作爲紀念品，而不視之爲是一種竊盜行爲，其他如鬧鐘、電視遙控器、文具夾等，客人順手帶走的確防不勝防，則應以房間價格來適度反映這些風險。
8.各重要角落應全天候以監視器監視錄影，加強出入口控制，防止外來人員竄入作案。

(二)員工的偷竊問題

旅館也存在員工偷竊的問題，如果不加以防範和正視，將腐蝕營運的成果。其防治方法如下：

1.主管應以身作則，才可有立場糾正和管理員工的不良行爲，並應明定有關偷竊的罰責以便共同遵守。
2.主管應對面談應徵的人員先做背景的瞭解，是否過去有前科或不良紀錄，可向治安機關請求調閱資料。
3.對儲藏室做好控制管理可減少員工偷竊念頭，對各項物品的進出須做好明細帳，每月至少盤點一次，如果各項物品帳目有異或短少，可能就是偷竊的徵兆，應積極調查清楚。

4.加強對員工的培訓，以提高他們遵守法紀的自覺性。

5.旅館員工多，尤其是流動率高的旅館，新舊員工常常更替，應積極要求配戴識別證，作為辨識人員的基礎。

6.設立員工專用通道，防止員工或施工人員攜帶旅館財務離店。理想的員工停車場應稍遠離旅館建築物，至少不要設在建築物之隔鄰，以免員工偷竊得逞，亦可減少員工非分之意圖。

7.員工進出旅館應自動接受安全警衛的檢查，不得從營業處所進出，攜出公物要有主管人員的放行證明。

第四節　客房職業安全

房務員在清掃整理房間或進行其他作業過程中，必須注意安全，嚴格遵守旅館所規定的安全守則，以杜絕事故發生。根據統計，80%的事故都是由於服務員不遵守操作規程、粗心大意、工作不專心、精神不集中造成的，只有20%是因為設備原因所致。因此，所有的房務人員在執行工作當中，都必須有安全意識，防止事故的發生。

一、事故發生的主要原因分析

事故的發生主要以三方面來加以分析：

(一)員工的危險行為

房務員的不安全動作是造成意外的原因之一，茲列舉如下：

1.進房間不開電燈。

2.把手伸進垃圾桶裡。

3.清潔浴室時沒有注意到洗臉檯上的刮鬍刀。

4.掛浴簾時不使用梯型凳，而是站在浴缸的邊緣上。

5.行動匆忙或抄捷徑。

6.抬舉重物的方式不恰當。

7.輕忽安全指示或守則。

專欄17-1

安全抬舉重物要領

為避免傷害應仔細觀察並遵行下列規定：

1.先估量荷物之重量、大小、形狀，考慮你的體能如何搬動。
2.將腳靠近荷物的二十至三十公分，以使保持平衡。
3.彎膝至舒適而好把握住荷物的程度，然後運用雙腿與背部肌肉抬舉。
4.伸直雙腿將荷物平直舉起，保持荷物靠近身體。
5.抬舉荷物至搬運位置，未完成抬舉時不能轉動或扭動身體。
6.變動腳的位置來轉動身體，並且先要確認運送途徑清潔無阻礙。
7.放下與舉起荷物是同樣重要，彎膝運用雙腿與背肌放下荷物，當荷物放穩之後才鬆開雙手。

(二)工作環境不安全

工作環境的不安全也是一種潛在的危險，茲列舉如下：

1.沒有留意地面上的玻璃碎片。
2.未留意有缺口的破損瓷器和玻璃器皿。
3.潑在地上的液體或食物未清理。
4.搬動家具不小心被釘子或有刺東西刺傷。
5.插頭的電線沒有靠牆角放置而被絆倒。
6.鬆或滑的地板表面。
7.設備堆置或存放方式不當。
8.照明不夠。

(三)設備或工具操作維護不當

器械的操作維護不當也是人爲因素的潛在危險，茲列舉如下：

1.不遵照機器操作規定。

2.使用表層絕緣體破損的電線。

3.失效或功能欠佳的工具、材料沒有報修。

二、安全操作須知

安全操作以創造沒有危險的工作環境爲目標，是主管與操作人員共同努力的方向，茲分述如下：

(一)主管人員的責任

主管人員應在其責任區中負有防止意外事故之責任：

1.主管應對下屬施以正確的教導，監督工作之安全，若有不安全行爲時，隨時加以修正以防止意外發生：

(1)防止工作方法錯誤引起之危害。

(2)防止物料儲運、儲存方法錯誤之危害。

(3)防止機械、電氣、器具等設備使用不當所引起之危害。

(4)防止火災、颱風、地震引起之危害。

(5)其他維護顧客、員工健康、生命安全等之必要措施。

2.各主管負責督導工作地區範圍內之清潔及整頓工作。

3.對於新進人員詳細解釋有關安全之規定及工作方法。

(二)作業人員的須知

作業人員爲實際第一線的操作人員，如果能確實遵守安全操作須知，可以避免意外事件的發生：

1.在旅館範圍內不得奔跑。

2.工作地帶濕滑或有油污，應立即抹去以防滑倒跌傷。

3.員工制服不宜過長，以免絆倒。發現鞋底過分平滑時要更換。

4.取高處物品應使用梯架。

5.舉笨重的物品時，要用腳力，勿用背力。

6.保持各種設備和用具完整無缺，有損壞的物件切不可再用，要立即報告送修。

7.發現公共地方照明系統發生故障，須馬上報告立即修復，以免行人碰撞發生危險。

8.在公共地方放置的工作車、吸塵器、洗地毯機等，應靠邊停放，電線要整理好，不能妨礙客人和員工行走。

9.所有玻璃或鏡子，如發現有破裂，必須立即報告，及時更換，暫不能更換的，也要用強力膠帶貼上，以防墜下。

10.清洗地毯、地板時，切勿弄濕電源插頭和插座，小心觸電。濕滑地面要有警告標示。

11.化粧室內及露天花園的地板、樓梯梯階等不宜打蠟，以防滑倒。

12.在玻璃門或窗上要貼上標幟或色條，提醒賓客或員工，以免不慎撞傷。

13.家具或地毯如有尖釘要馬上拔除，以防刺傷他人，地板有坑洞或崩裂，要立即修理。

14.化粧室熱水龍頭要有說明指示。

15.清理破碎玻璃及此類物品時，要用垃圾鏟，勿用手收拾，處理時應與一般垃圾分開。

16.開門關門，必須用手按門鎖，勿用手按在門邊。

17.不要將燃著的香菸棄置在垃圾桶內。

18.手濕時，切勿接觸電器，防止漏電。

19.經常留意是否有危險的因素。

20.放置清潔劑、殺蟲劑的倉庫要與放食物、棉織品的倉庫分開，並要做明顯的標示。

第五節　個案研究

個案

有一天，客房服務員正打掃著1802房的浴室，門敞開著，工作車置於樓層走道中，房務員一邊輕聲哼著歌曲，一邊清洗浴缸。這時，一名在旅館多次作案的慣竊，輕手輕腳地溜進房間，坐在床上大模大樣地假裝打電話。服務員清洗完畢，看到房內有人，以爲是住客回來了，不宜打擾，於是退出房間，關上了房門。

於是慣竊就在房內有恃無恐地作案，撬開客房小保險箱，偷走了現款及有價值的物品，隨後迅速離開房間。晚間客人回來發現失竊，立即報案。在當地派出所的協助下，逮到這名慣竊，追回贓物，但是這件事已嚴重地傷害了旅館的名譽。

分析

一、客房服務員必須具有高度的安全意識，確保客人的生命和財產安全，這是旅館職工的基本責任。該服務員的安全意識低，毫無警覺性，見到客人回到房間，沒有主動打招呼、問好，並確認他是否該房住客，假若房務員能及時瞭解「客人」身分，可能可以避免這樁竊案。

二、房務員沒有按照操作規程去做，將工作車堵住房門，可防止小偷和閒雜人員乘機混入。服務員發現房間有客人，應主動徵求意見是否繼續做清潔工作，並禮貌地請客人出示住宿證件（或是鑰匙卡），就不會給不速之客作案的機會。

個案思考與訓練

夜間稽核員小李在值班記錄簿上寫著：「最近幾天，約莫在凌晨兩點半左右，總有一輛老舊轎車停在大門口右前方，似乎在對本飯店觀察什麼，當警衛欲上前盤問，即趨車離開。不久之後，又會有兩、三名年輕騎士，以機車快速在大門與側門之間盤旋，機車聲震耳欲聾。如此已連續數天之久。」

客房部張經理閱完記錄簿，簽了名，並批示：「有事請多與警衛配合，提高警覺。」憑著他二十多年的旅館經驗，這可能是事端的前兆。

第十八章

布巾品的管理

- 員工制服的管理
- 布巾類備品的管理
- 個案研究

布巾類備品的管理工作包括員工制服和客房內各類布巾品的發放、洗滌與維護，由布巾室負責此項工作，雖是不接觸客人的單位，但在整個對客服務的過程中卻是相當重要的角色。

第一節　員工制服的管理

旅館各職能單位的制服款式各不相同，但是美觀大方、整齊挺直之要求是一致的。員工在執勤時穿著筆挺而乾淨的制服，不僅能表現出朝氣而神采奕奕的風貌，也代表旅館的整體形象。如果員工穿著的是不符合職業要求的制服，或制服不整潔、缺鈕扣、破損等，都會引起客人異樣的眼光，影響服務品質，所以管理好員工制服是確保服務質量的重要一環。

一、制服的發放與保存

員工制服的發放與保存都有一定的程序，以便於管理，茲分述如下：

1.制服室服務員按人事部發給的「制服請領單」及「員工領用制服須知」（如**表18-1**）向員工發放制服。
2.「制服請領單」須由有關部門主管簽名核可。
3.將領帶、領結或其他裝飾物，根據規定統一發給員工。
4.員工領取兩套制服，其中一套由自己保留，另一套在制服室保存。
5.試穿合身後，在制服的號碼標籤上用簽字筆填寫部門及員工編號。
6.存放於制服室的一套掛於衣櫃裡，根據部門的不同掛於不同的衣櫃，並按照員工編號依次排列。

二、員工制服的記錄與存檔

每一員工領取制服就必須列入記錄管理（如**表18-2**）其方式如下：

1.按各部門及員工編號詳細分類記錄。
2.在記錄本上記錄發放每位員工制服內容，包括件數、型號、部門及員工本人簽名。
3.建立卡式存檔，記錄發給每位員工制服的種類及數量。

表18-1　員工領用制服須知

員工領用制服須知

須知　　　　　　　　　　　　　　　　　　日期：
NOTICE________　　　　　　　　　　　　Date__________

對發放給我的制服，我應負責，無論由於何種原因，改變職務或離開飯店公司時，我將如數交回所有制服。

我同意，制服如有遺失或非正常損壞，需修補時賠償費從本人工資中扣除。

我深知，這些制服是飯店的財產，絕不允許帶出飯店。

I understand that the uniforms issued to me are my sole responsibility and that it I should change position or leave the company for any reason whatsoever, I will return the complete uniforms as issued.

I authorize the hotel to deduct from my salary the cost of any missing items or for the cost of repairing uniform damaged from other than normal wear.

I further understand that these uniforms will not be taken off the hotel property at any time.

員工簽名：
ACKNOWLEDGED：（Employee's Signature________）

表18-2　員工制服卡片

員工制服卡片

EMPLOYEE UNIFORM CARD

名字
NAME：__________________　　　員工號碼
I.D. NO.__________________

部門職位
DEPT./SECTION：__________________　　　職務
POSITION：__________________

日期 DATE	服裝式樣 DESCRIPTION OF UNIFORM	數量 QTY	簽字 SIGNATURE	歸還日期 DATE RET.	由誰接收 REC'D BY	其他 REMARKS

4.按照各部門詳細分類存卡，並按照人事部所分配的員工編號依序排列。

5.卡式存檔須記錄以下內容：

(1)制服種類。

(2)制服的件數。

(3)附加物，如領帶、領巾、領結或裝飾物。

三、制服的管理

員工的制服亦需要洗燙、修補及更新，其作業方式如下：

1.員工每天上班前，可將髒制服交到布巾室，換回另一套已洗乾淨的制服。在白天也可以隨時以髒換新。

2.制服要分類管理，如中餐、西餐、客務、房務、廚房員工、管理人員制服等，要實行分類洗滌、存放，確保清潔衛生，防止疾病傳染。

3.制服要實行統一修補，發現有破損、缺釦、開線等，由布巾室縫紉工統一修補，不能修補或補後影響員工儀表儀容的，由布巾室主管批准，從後備制服中換發。

4.制服不能穿出旅館，下班後要放到員工衣櫃保管。

專欄18-1

制服管理規定

一、新進申請

新進員工憑制服申請單至管衣室領取工作制服。

二、制服訂製

1.員工服務期間，工作制服已屆使用年限，公司將為員工再訂製工作制服。

2.新進員工服務滿三個月，公司代為訂製工作制服。

三、制服賠償

1.員工已訂製工作制服，如繼續在本店服務，未滿三個月而離職時，

將照訂價半價賠償。

2.員工已訂製工作制服，如繼續在本店服務三個月以上未滿一年而離職時，依訂價三分之一賠償。

3.員工遺失制服者應自動呈報工作制服管理單位，並按其可使用價值計價賠償。

四、制服使用期限

員工工作制服劃分冬夏兩季者，工作制服以乾洗者使用年限為三年，水洗為二年；未劃分季節者，工作制服以乾洗者使用年限二年，水洗為一年。

五、制服報廢

1.工作制服破損且已達使用年限，按公司規定程序予以報廢。

2.工作制服破損且無法修補者，若未達使用年限，按實情分析申請報廢。

3.工作單位改變工作制服型式，不再合用之工作制服，由工作制服管理單位保管時限一年，若超過保管時效應予呈請拍賣或報廢。

4.報廢程序：依據實際情形，或已達使用年限確實無法使用者，由管衣室填具財務報廢單，按級呈報總經理核准繳入倉庫專案處理。

六、記錄帳卡

凡經公司核定之制服，依性別、型式，建立帳卡登記，並建立個人領用制服記錄卡。

七、離職繳回

凡工作滿一年以上之離職人員其所領制服憑離職通知單繳回管衣室管制使用。

第二節　布巾類備品的管理

客人評價房間的衛生清潔品質時，對床上用品及入浴用毛巾類的衛生最爲注意，破損或不潔的布巾備品將會嚴重影響客房服務品質，損害客人的利益。因此，保證供給合格的布巾備品是布巾室的主要工作之一。

一、布巾品的管理和控制

布巾備品的管理和控制也是成本控制的手段，其方式說明如下：

1.布巾品類的存放要求是定點定量。有關員工必須知道存放的地點、具體位置、數量和擺放的方式，按統一之規定，便於使用、管理和控制。
2.在點核或疊放布巾品時，應將有破損或污跡的布巾品分揀出來以便單獨處理。
3.要嚴格禁止員工對巾品的不正當使用，例如用做抹布。如果發現客人不正當使用布巾備品時也應禮貌地給予忠告。
4.旅館沒有自己的洗衣部門而外送洗滌時，要嚴格查點進出數量及洗滌品質。
5.定期盤點，瞭解布巾品的使用、消耗、儲存情況，發現問題及時處理。進行清點時，應包括儲存在樓層服務員工作間內的、工作車上的和洗衣房、布巾室的布巾（如**表18-3**）。

二、布巾品的儲存

布巾品的儲存必須避免潮濕，保持通風透風，防止發霉或微生物繁衍。同時，布巾的儲存量要充足，能隨時應付客房業務的週轉，維持客房運轉的服務品質。

1.通常客房備有至少三套的布巾用來週轉，一套在客房，一套在洗衣房，另一套在布巾室的架子上或是樓層的工作間，可以多至五套亦無妨，端視旅館營業狀況、客房住宿率、洗衣房運轉情形、部門預算等因素。按一般旅館之標準，每一間客房所配備的一次性使用布巾總量稱之為一套（即床組布巾類、毛巾類、棉織品類的總合）。
2.布巾品不能與化學物品、食品存放在一起，儲存室要保持清潔，定期進行安全檢查。
3.布巾儲存室或樓層工作間的布巾品，須折疊整齊，分類上架，並附有標示。
4.在布巾品的使用與儲存中，必須注意保養，以延長其使用壽命。儘量減少庫存時間，以免因庫存時間過長而影響品質及使用壽命。

表18-3　布巾類清點表

房務中心客用布巾類清點表

樓別：____月____日____清點人：____________領班：____________

類別／項目	房間內使用數	今日送洗數量	庫存量	合計	領用數（該有數量）	差額	備註
床單(A)							
床單(B)							
浴巾66×132.1							
面巾41×76.2							
方巾30.3×30.3							
腳踏布							
枕頭17×32							
枕頭17×25							
枕頭套53.5×91.5							
枕頭套46×81.2							
毛毯96×100							
毛毯84×96							
床罩190×200							
床罩140×200							
床罩120×200							
床裙190×200							
床裙140×200							
床裙120×200							
床墊189×198							
床墊138×198							
床墊120×198							
浴袍							

主任：____________

5.備用布巾品應以「先進先出」的原則使用。新布巾品必須在洗滌後再投入使用。布巾品洗滌後應在架子上擱置一段時間，以利其散熱透氣。

三、布巾品的修補與報廢

布巾品經過一段時間，也有修補與報廢的機會，按下述程序處理：

1.檢查：凡洗衣房送回的所有布巾品都要仔細檢查是否有破損。

2.修補：任何能夠修補的布巾品都要交給縫紉工做必要的修補。

3.鑑定：所有低於標準的布巾品都要經過房務領班的鑑定後才能決定是否繼續使用或做進一步的處理。

4.記錄：

(1)在工作記錄簿上將全部報廢的布巾種類、數量進行登記。

(2)每月將彙總報告交房務領班及財務部。

5.廢物利用：報廢的布巾也應保存好，用來做抹布或其他用途。

四、布巾品的補充申領

布巾品因破損、報廢或遺失等原因而減少其數量，影響日常運作時，應加以申領補充。

(一)確定申領

根據布巾的報廢及損失情況，確定申領的種類和數量。

(二)填寫申領單

1.填寫申領單（領料單，如**表18-4**），註明各項申請項目、單位、數量、料號等。

2.交房務部經理核閱批准。

(三)提取與核實

1.憑申領單到成控室領取所需補充的布巾。

2.領取布巾時，仔細核查布巾數量、種類、規格是否合乎標準要求。

五、布巾品的洗滌和保養方法

針對目前旅館（餐廳）所用的布巾類產品，爲延長產品的使用壽命，下列的洗滌和保養方法是必要的：

1.做好洗滌前的分檢工作，包括布巾種類的分檢和雜物的分離。可簡單歸納爲如下幾個類別：

表18-4　領料單

領料單

GENERAL REQUISITION

No.______

部 門：
DEPT.：______

日 期：
DATE：______

料號 ARTICLE NO.	項目 ITEM	單位 UNIT	需要數量 QUANTITY REQUEST	實發數量 QUANTITY ISSUED	單價 UNIT PRICE		合計 TOTAL AMOUNT	

領料者 RECEIVED BY	部門主管 APPROVED BY	發料者ISSUED BY　登帳ACCOUNT	總計TOTAL

財 務 部ORIGINAL（白色）：ACCOUNTING
倉　庫 1ST COPY（黃色）：STORE
領用單位2ND COPY（紅色）：REQUESTING DEPT.

(1)注意產品分類洗滌：

·床上用品類：床單、床罩、被套、枕套類、保潔墊。

·毛巾類產品：面巾、浴巾、方巾、地巾、浴袍等。

·餐檯用的檯布、口布、椅子套、沙發套等。

(2)按汙染程度的不同分開洗滌。

(3)按衣物顏色深淺不同分開洗滌。

(4)新舊衣物分開洗滌。舊布巾的自然破損與不正常破損應區分對待，新舊布巾強度不同，脫水時間長短也應有所不同。

(5)不同的質料成分，應分開洗滌〔如純棉、T/C（即紗織）、眞絲〕。

2.針對不同的產品選用不同的洗滌方法如乾洗、水洗和燙洗。被芯類、枕芯類、毯子類產品就不適合水洗。

3.經常檢查機器，布巾的蒐集和輸送要小心，防止二次汙染和人爲損壞，洗滌時裝載量要合適，太多或太少對布巾的洗淨度和磨損都有影響，並根據產品的洗滌輕重程度不同設置流程。比如毛巾類產品脫水時要比床單類、口布類產品速度要低些、時間短些。

4.洗滌前注意檢查物品中是否夾有硬物（硬幣、鎖匙、針剪、打火機、項鍊之類）。以免損壞機器及衣物。空機檢查機器滾筒內是否有尖銳、鐵質雜物存留。

5.注意本地區的水質：使用軟水，偏硬的最好對水質進行處理。

6.正確使用洗滌劑，掌握合理的加料時間和溫度，瞭解洗滌劑的基本特性和使用方法，避免棉織品直接接觸具有強酸性或腐蝕性的化學品。對頑固污漬應先用溫水（約攝氏四十度）加對應的除污劑浸泡一至二小時。

7.對易引起勾絲或變形的物件需用洗衣袋裝好。

8.以下幾種不當的洗滌方法容易造成破損：

(1)洗滌時加料時間不對。在機器內水量不足的情況下投料，尤其注意漂白性的化學品，這樣容易使洗滌劑集中在布巾的局部而造成損壞。

(2)漂白劑使用不當。誤用洗滌劑，要針對不同的污漬，選用合適的產品。

(3)洗滌藥物用量過多，清洗不徹底，殘留在衣物上。

(4)帶拉鏈的衣物和易勾絲起球的衣物混洗。

9.衣物的烘乾及涼晒，須注意不同面料的織物，選擇對應烘乾溫度（一般

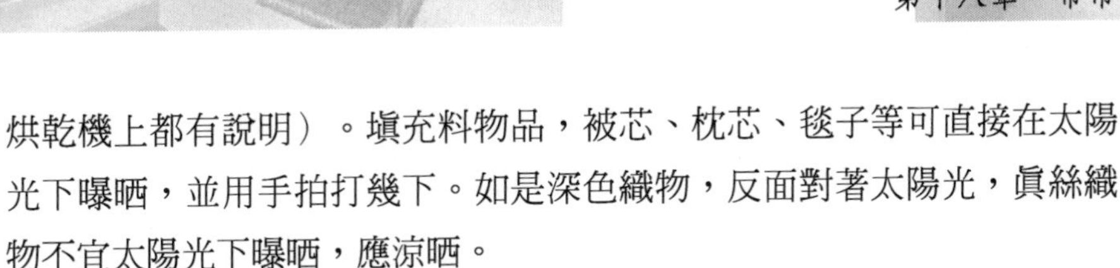

烘乾機上都有說明）。填充料物品，被芯、枕芯、毯子等可直接在太陽光下曝晒，並用手拍打幾下。如是深色織物，反面對著太陽光，眞絲織物不宜太陽光下曝晒，應涼晒。

10.儲藏、換季物品在晾乾之後最好用密實袋裝好，存放到乾燥通風的地方。

11.幾種布巾面料正常機洗的大約使用壽命如下：

(1)純棉床單、枕套：130-150次。

(2)混紡（棉35%）：180-220次。

(3)毛巾類：100-110次。

(4)檯布、口布：120-130次。

第三節　個案研究

個案

S旅館進住了一位國內知名大公司的女性高級主管。有一天早上，她把要送洗的紅色背心裝進洗衣袋，爲著趕赴公事，匆忙地外出而忘了填寫洗衣單。晚間回到客房時，她收到了送回的洗衣，打開看一看，令她訝異不已的是，怎麼背心變小了，小到無法穿著。於是她趕忙找來房務員，問明是否送錯了衣服。房務員向她說明：「小姐，凡是客人的送洗物件我們都打碼編號，應該不會弄錯的。今早來收送洗衣物時，因沒有妳填寫的洗衣單，我們給妳補填了水洗的洗衣單才送去洗衣房的，是否有任何問題嗎？」客人聽完後很生氣地回答：「難道說有專業技術的洗衣房也不會判斷水洗還是乾洗嗎？」說完後，表示要向大廳副理投訴，一定要旅館給予賠償。

分析

一、關於洗衣的投訴，在旅館是屢見不鮮的。本案例爲客人收到送回來的背心已經縮水變型。很顯然地，責任在旅館方面，旅館必須承擔賠償的責任。這宗投訴案給我們的教訓是，作爲一名合格的房務員，應該具備辨別衣物質料的常識，分清哪些衣物可以水洗，哪些衣物一定要乾洗。所以客人的送洗物，雖然沒有填寫洗衣單，也能正確地判斷衣物的乾洗或濕洗而予代填洗衣單。

二、按操作標準規程，洗衣房要嚴格檢查客衣洗滌情況，特別是在洗衣前，務必要檢查清楚客人填寫洗衣單的洗衣要求與該洗衣質料是否相符，若有錯誤應向客人提出改正。如果有專業技術的洗衣房師傅，由於檢查不嚴或粗心大意而出現差錯，最終客人的抱怨不但造成有形的經濟損失——賠償，而無形的損失——旅館聲譽也連帶賠了進去。

個案思考與訓練

向井先生是M旅館的長期住客，他有過兩次不愉快的送洗經驗。第一次是他將襪子與衣物一併送洗，傍晚送回來後，發現少了一隻襪子。他也向房務經理反應過，經理也答應要追查與改善。第二次送洗時，衣物送回來時短少一條手帕，這令向井懊惱不已。他認爲這是旅館的管理問題，類似的狀況必也發生在其他住客上，於是他決定搬遷至其他旅館。

參考書目

一、中文書目

《現代旅館實務》，詹益政著。
《觀光飯店計劃》，阮仲仁著，旺文社。
《旅館管理基本作業》，潘朝達著，水牛出版社。
《旅館產業的開發與規劃》，姚德雄著，揚智文化。
《觀光旅館業經營管理常用法規彙編》，觀光局。
《台灣地區國際觀光旅館營運分析報告（1989-1993）》，葉樹菁著，觀光局。
《客房實務》，王更力、鄭少云、趙之強合著，廣州中山大學出版社。
《北京長城大飯店客房部作業手冊》，北京長城大飯店。
《廣州花園大酒店客房部作業手冊》，廣州花園大酒店。
《香港東方文華大酒店櫃檯作業手冊》，香港東方文華大酒店。
《觀光旅館雜誌》，中華民國旅館事業協會。
《世界著名飯店集團管理精要》，谷慧敏、秦宇合著，遼寧科學技術出版社。
《現代賓館酒店人力資源管理》，梭倫著，中國紡織出版社。
《餐旅概論》，李欽明著，台科大出版社。

二、日文書目

《ホテルマンの基礎實務，宿泊編》，池田試著，柴田書店。
《ホテル事業論》，作占眞義著，柴田書店。
《ホテル經營の實際》，日本ホテル經營研究會，柴田書店。
《コミュニティホテルの建設の運營》，前澤秀治著，柴田書店。
《月刊ホテル旅館》，柴田書店 。
《ホテル旅館の販売促進》，城堅人著，柴田書店 。
《ホテル旅館業務 マニュアル》，和田稔著，柴田書店。
《ホテル事業の仕組と運營》，日本ホテル研究會，柴田書店。
《儲かる旅館．潰れる旅館經營》，溝上幸伸著，ェール出版社。
《幸福なホテル——流ホテルを創る人間》，知惠文庫，関根きょうこ。

三、英文書目

Managing Front Office Operations, Michael L. Kasavana and Richard M. Brooks / AH & MA.

Managing Housekeeping Operations, Sheryl lFried / AH & MA.

Professional Management of Housekeeping Operations, Robert J. Martin and Thomas J. A.Jones / John Wiley & Sons.

*Principles of Hotel Front Office O*ue Baker / Cassell.

Front Officce Operations, Colin Dix and Chris Baird / Pitman Publishing.

Hotel and Motel Management and Operations, Gray and Liguori / Prentice Hall, Inc.

Hotel Front Office, Bruce Braham / Virtue & Company Limited.

Hotel Reception, Paul B. White and Helen Beckley / Edward Arnold.

Hotel, Hostel And Hospital Housekeeping, Joan C. Branson and Margaret Lennox / Edward Arnold.

Hotel Front Office Management, James A. Bardi / Van Nostrand Reinhold.

Hospitality Management Accounting, Coltman, Michael M. / Van Nostrand Reinhold.

四、網路資料

http://www.canyin168.com/Print.aspx?id=10427&page=1

http://guanli.veryeast.cn/guanli/34/index_8.htm

http://www.wiseivr.com/Shop/HangyeFL/Zhusucanyinye/200701/Shop_20070122135140_12137.html

http://www.wiseivr.com/Shop/HangyeFL/Zhusucanyinye/200612/Shop_20061225180648_11797.html

http://www.jobank.com.tw/December.php?activity=1

http://www.jobank.com.tw/December.php?activity=3

http://tw.myblog.yahoo.com/jw!AHgSa4WZFQfYt8WG059Y/article?mid=49

http://www.scrtvu.net/support/refer/jxczy/jxc/dz/qmfx/doc/05c/jj/fdyx.htm

http://www.zhuzheli.com/big5/news/view_28507.html

http://info.meadin.com/FamousColumn/2008-12-31/08123182305.shtml

http://blog.xuite.net/evanhoe/balihun/6428365

http://www.bbit.cn/informatio/Special/Case/Index.htm

http://www.redisoft.com.cn/Information.htm

旅館客房管理實務（精華版）

作　　者／李欽明
出 版 者／揚智文化事業股份有限公司
發 行 人／葉忠賢
總 編 輯／閻富萍
地　　址／台北縣深坑鄉北深路三段 260 號 8 樓
電　　話／(02)8662-6826
傳　　真／(02)2664-7633
網　　址／http://www.ycrc.com.tw
E-mail　／service@ycrc.com.tw
印　　刷／鼎易印刷事業股份有限公司
ISBN　／978957-818-954-6
初版一刷／2010 年 5 月
定　　價／新台幣 550 元

國家圖書館出版品預行編目資料

旅館客房管理實務= Hotel front office and housekeeping management /李欽明著. --初版. -- 臺北縣深坑鄉：揚智文化, 2010.05
面；　公分.
精華版
參考書目：面
ISBN 978-957-818-954-6（平裝）

1.旅館業管理 2.旅館經營

489.2　　　99007407